Selenium WebDriver 3 实战宝典（Java 版）

吴晓华　俞美玲　编著

电子工业出版社
Publishing House of Electronics Industry
北京·BEIJING

内 容 简 介

本书是一本从入门到精通模式的 Selenium WebDriver 实战经验分享书籍。全书共分为四个部分：第一部分为基础篇，主要讲解与自动化测试相关的基础理论、WebDriver 环境安装、单元测试工具的使用方法及 WebDrvier 的入门使用实例；第二部分为实战应用篇，基于丰富的实战案例讲解页面元素的定位方法及 WebDriver 的最常用 API 使用方法；第三部分为自动化测试框架搭建篇，深入讲解了页面对象的设计模式，以及分布式并发执行测试框架、数据驱动测试框架、行为驱动测试框架、关键字驱动测试框架和混合驱动测试框架的实例源码，还讲解了如何基于 Maven 搭建数据驱动测试框架；第四部分为常见问题和解决方法，讲解了在 WebDriver 使用过程中的常见疑难问题和解决方法。

本书既适合 WebDriver 的初学者阅读，也适合供尝试编写自动化测试框架的中、高级自动化测试工程师参考。

未经许可，不得以任何方式复制或抄袭本书之部分或全部内容。
版权所有，侵权必究。

图书在版编目（CIP）数据

Selenium WebDriver 3 实战宝典：Java 版 / 吴晓华，俞美玲编著. —北京：电子工业出版社，2019.6
ISBN 978-7-121-36866-0

Ⅰ. ①S… Ⅱ. ①吴… ②俞… Ⅲ. ①软件工具—自动检测 Ⅳ. ①TP311.56

中国版本图书馆 CIP 数据核字（2019）第 118183 号

策划编辑：王　群
责任编辑：徐蔷薇　　　文字编辑：王　群
印　　刷：北京七彩京通数码快印有限公司
装　　订：北京七彩京通数码快印有限公司
出版发行：电子工业出版社
　　　　　北京市海淀区万寿路 173 信箱　邮编：100036
开　　本：787×1 092　1/16　印张：31.25　字数：683 千字
版　　次：2019 年 6 月第 1 版
印　　次：2023 年 1 月第 6 次印刷
定　　价：109.00 元

凡所购买电子工业出版社图书有缺损问题，请向购买书店调换。若书店售缺，请与本社发行部联系，联系及邮购电话：（010）88254888，88258888。
质量投诉请发邮件至 zlts@phei.com.cn，盗版侵权举报请发邮件至 dbqq@phei.com.cn。
本书咨询联系方式：（010）88254758。

Preface 前言

随着互联网的高速发展,中国的互联网繁荣程度达到了一个空前的发达水平,数亿量级用户的产品登上了中国的互联网发展舞台,阿里巴巴、腾讯、百度等多个互联网巨头也开始在世界的互联网舞台上崭露头角,互联网行业的从业人员也达到了上百万人的规模,中国的互联网产品已经深入网民生活的方方面面。

互联网行业在中国的迅猛发展,对中国的软件开发和测试行业也提出了更高的技术要求与质量要求,软件测试从业者的技术水平也被提升到空前且不绝后的高要求阶段。以往我们看到,测试人员的招聘重点都是对于测试用例设计和业务的理解,现今我们看到,更多的测试职位对测试人员提出了更高的技术能力要求,例如,精通一门编程语言,熟悉 MySQL 或者 Oracle 数据库,精通自动化测试和性能测试等。为了更好地适应互联网社会的发展潮流,软件测试从业者只有在技术能力上不断地提升自己,才能真正站在职业发展的巅峰。

自动化测试技术对测试人员来说是一个必要的高级技能要求,越来越多的测试从业者并不甘于仅仅使用手工方式进行测试,他们非常希望使用自动化的方式来减少枯燥无味且不断重复的手工测试劳动。目前,主流的 Web 自动化测试开源工具 Selenium WebDriver 成为众多软件测试从业者学习的热点,但是市面上针对 Selenium 自动化测试的书籍很少,基于实践来讲解 Selenium 应用技术的书籍更是凤毛麟角。因此,笔者个人非常希望能够写出一本基于实践操作的 Selenium 教学书籍,来解决软件测试人员的自动化测试学习问题。

本书采用图文并茂的方式分步骤讲解 Selenium 的各种实用技巧,并且提供被测试对象的实现代码或者被测试对象的访问网址,方便读者在本地搭建自己的测试环境或者访问互联网上的网站,从而进行自动化测试的实践。

这是我第一次写一本技术方面的书籍，当我真正开始提笔的时候，深深感觉到用简洁的语言讲明白工具的使用方法和测试程序代码绝非易事，为此我投入了大量的精力来不断组织、优化书中的文字和图片，希望能够让读者通过本书深入掌握 Selenium 的使用技巧，在自动化测试上助大家一臂之力。

由于我平时还要忙于其他工作，只能利用业余时间来编写此书，所以足足耗时 8 个月之久才完成此书，共写了 30 多万字，希望能够获得读者的欢迎。非常感谢我的妻子和女儿，她们对我给予了巨大支持。我相信通过我的努力一定可以改变一些人的命运，所以和大家共勉，希望我们共同努力，改变中国测试行业技术含量低的现状。

各章内容介绍：

第一篇　基础篇：包括第 1～8 章。

第 1 章介绍了 Selenium 的发展历史及组成 Selenium 的工具套件，列举了 Selenium 1 和 Selenium 2 支持的浏览器和平台，讲解了 Selenium RC 和 WebDriver 的实现原理，同时介绍了 Selenium 1、Selenium 2 和 Selenium 3 的各自特点及区别。

第 2 章介绍了在日常测试工作中常见的自动化测试目标，讲解了如何获得公司管理层对开展自动化测试的支持，介绍了如何衡量自动化测试工作的投入产出比及在敏捷开发中的自动化测试应用，讲解了自动化测试工作的分工及测试工具的选择和推广使用，分享了实际项目的最佳实践经验，说明了学习 Selenium 工具的能力要求。

第 3 章主要讲解了与 Selenium 工具使用相关的辅助工具。

第 4 章主要讲解了 Selenium IDE 插件的安装、界面和基本的使用方法，并且讲解了使用实例和导出脚本的方法。

第 5 章主要讲解了如何搭建 Java 环境和 Eclipse 集成开发环境，并且介绍了 Eclipse 开发环境的最佳配置方法。

第 6 章主要讲解了 WebDriver 的安装和配置方法。

第 7 章主要讲解了单元测试的基本知识，并且结合 JUnit 和 TestNG 单元测试框架讲解了单元测试的实例。

第 8 章主要讲解了在自动化测试过程中使用的页面元素定位方法，包括 ID 定位方法、Name 定位方法、链接定位方法、Class 名称定位方法、XPath 定位方法、CSS 定位方法和 jQuery 定位方法，推荐将 XPath 定位方法作为页面元素定位的主要方法。

第二篇　实战应用篇：包括第 9～11 章。

第 9 章讲解了如何使用 WebDriver 工具分别操作 IE 浏览器、Firefox 浏览器和 Chrome 浏览器进行自动化测试，介绍了 TestNG 工具的并发兼容性测试实例。

第 10 章通过实例全面讲解了 WebDriver 的常用 API，共介绍了 41 个实例。

第 11 章讲解了 WebDriver 的 20 个高级应用实例。

第三篇　自动化测试框架搭建篇：包括第 12～17 章。

第 12 章讲解了数据驱动的概念，以及如何基于 TestNG 工具，使用 CSV 文件、Excel 文件和 MySQL 数据库分别进行数据驱动测试。

第 13 章介绍了页面对象（Page Object）设计模式，通过使用类函数封装方式实现自动化测试框架的设计模式。

第 14 章介绍了基于 Cucumber 工具的行为驱动测试实例,分别基于中文测试用例文件和英文测试用例文件进行了实例讲解。

第 15 章介绍了如何基于 Selenium Gird 组件实现并发执行测试用例,并基于实例进行了深入讲解。

第 16 章深入讲解了如何从零开始，搭建数据驱动测试框架、关键字驱动测试框架和混合驱动测试框架，并提供了完整的框架实例代码。此章为本书最重要的章节，建议读者在阅读前面所有章节后再阅读此章节。

第 17 章以数据驱动框架为例，讲解了基于 Maven 的数据驱动测试框架的构建，提供了完整的框架实例代码。此章为实战的进阶内容，建议读者在阅读时，在本地计算机中进行实践搭建。

第四篇　常见问题和解决方法：包含第 18 章。

第 18 章讲解了在 WebDriver 使用过程中的常见问题和解决方法，读者可以在使用 WebDrvier 遇到问题时进行查阅。

特别致谢：

感谢我的好朋友王浩、李雄刚和部凯文帮忙校对本书中的所有实例和代码，从中发现了不少书写错误和代码问题，在此对他们表示真挚的感谢。

吴晓华
2019 年 4 月

目录

第一篇 基础篇

第 1 章 Selenium 简介 002
- 1.1 Selenium 的"前世今生" 002
- 1.2 Selenium 工具套件介绍 003
- 1.3 Selenium 支持的浏览器和操作系统 004
  - 1.3.1 Selenium IDE 和 Selenium 1 支持的浏览器和操作系统 004
  - 1.3.2 Selenium 2 和 Selenium 3 支持的浏览器 005
- 1.4 Selenium 1 和 WebDriver 的实现原理 006
  - 1.4.1 Selenium 1 的实现原理 006
  - 1.4.2 WebDriver 的实现原理 008
- 1.5 Selenium 的特性 014
  - 1.5.1 Selenium 1 和 Selenium 2 的特点 014
  - 1.5.2 Selenium 3 的新特性 015

第 2 章 自动化测试的那点事儿 016
- 2.1 自动化测试的目标 016
- 2.2 管理层的支持 020
- 2.3 投入产出比 020

2.4 敏捷开发中的自动化测试应用 ·· 021
2.5 自动化测试人员分工 ··· 023
2.6 自动化测试工具的选择和推广使用 ······································· 024
　　2.6.1 自动化测试工具的选择 ·· 024
　　2.6.2 Selenium WebDriver 和 QTP 的工具特点比较 ················· 025
2.7 在项目中实施自动化测试的最佳实践 ···································· 025
2.8 学习 Selenium 工具的能力要求 ·· 028

第 3 章　自动化测试辅助工具 ·· 029
3.1 56 版本 Firefox 浏览器的安装 ··· 029
3.2 安装 xPath Finder 插件 ·· 030
3.3 xPath Finder 插件的使用 ·· 032
　　3.3.1 启动 xPath Finder 插件 ··· 032
　　3.3.2 使用 xPath Finder 插件 ··· 032
3.4 使用 Firefox 开发版浏览器查找页面元素对应的 HTML 代码 ····· 033
3.5 Chrome 浏览器自带的辅助开发工具 ···································· 034
3.6 IE 浏览器自带的辅助开发工具 ·· 035

第 4 章　Selenium IDE ·· 036
4.1 什么是 Selenium IDE ··· 036
4.2 安装 Selenium IDE ·· 037
4.3 Selenium IDE 插件的基本功能 ·· 038
　　4.3.1 新建一个测试工程，录制并执行脚本 ··························· 038
　　4.3.2 常用工具栏 ··· 041
　　4.3.3 脚本编辑区域 ·· 041
4.4 Selenium IDE 脚本介绍——Selenese ···································· 042

第 5 章　搭建 Java 环境和 Eclipse 集成开发环境 ······························· 043
5.1 安装 Java JDK，配置 Java 环境 ··· 043
　　5.1.1 下载 JDK 1.8 版本的安装文件 ····································· 043
　　5.1.2 安装 JDK 1.8 版本 ·· 044
　　5.1.3 配置 Java 环境变量 ·· 046

5.2 安装 Java IDE 开发工具 Eclipse ··· 049
5.3 新建一个 Java 工程和一个类 ·· 052
5.4 Eclipse 集成开发环境的使用技巧 ·· 055
    5.4.1 增大程序代码和注释字体 ··· 055
    5.4.2 自动补全功能 ·· 056

第 6 章 WebDriver 的安装配置 ·· 057
6.1 在 Eclipse 中配置 WebDriver ·· 057
6.2 第一个 WebDriver 脚本 ·· 060

第 7 章 单元测试框架的基本介绍 ··· 062
7.1 什么是单元测试 ·· 062
7.2 JUnit 单元测试框架 ·· 062
    7.2.1 什么是 JUnit ··· 063
    7.2.2 安装 JUnit 4 ··· 063
    7.2.3 JUnit 的常见注解 ·· 064
    7.2.4 创建 JUnit 4 Test Suite ··· 070
    7.2.5 使用 JUnit 编写的 WebDriver 脚本 ······························ 072
7.3 TestNG 单元测试框架 ·· 073
    7.3.1 什么是 TestNG ·· 073
    7.3.2 TestNG 的优点 ·· 073
    7.3.3 编写 TestNG 测试用例的步骤 ···································· 074
    7.3.4 在 Eclipse 中安装 TestNG 插件 ··································· 074
    7.3.5 在 TestNG 中运行第一个 WebDriver 测试用例 ··················· 077
    7.3.6 TestNG 的常用注解 ·· 081
    7.3.7 测试集合 ··· 085
    7.3.8 测试用例的分组 ·· 087
    7.3.9 依赖测试 ··· 090
    7.3.10 按照特定顺序执行测试用例 ····································· 091
    7.3.11 跳过某个测试方法 ··· 092
    7.3.12 测试报告中的自定义日志 ·· 093
    7.3.13 断言 ··· 094

第 8 章 页面元素的定位方法 097

8.1 定位页面元素的方法汇总 097
8.2 使用 ID 定位 098
8.3 使用 name 定位 099
8.4 使用链接的全部文字定位 099
8.5 使用部分链接的文字定位 100
8.6 使用标签名称定位 101
8.7 使用 Class 名称定位 101
8.8 使用 XPath 方式定位 102
8.8.1 什么是 XPath 102
8.8.2 XPath 语法 103
8.9 使用 CSS 方式定位 108
8.9.1 什么是 CSS 108
8.9.2 CSS 语法 108
8.9.3 XPath 定位和 CSS 定位的比较 113
8.10 使用 jQuery 方式定位 113
8.10.1 什么是 jQuery 113
8.10.2 jQuery 的定位代码实例 114
8.11 表格的定位方法 116
8.11.1 遍历表格的全部单元格 116
8.11.2 定位表格中的某个单元格 118
8.11.3 定位表格中的子元素 119

第二篇 实战应用篇

第 9 章 WebDriver 的多浏览器测试 122

9.1 使用 IE 浏览器进行测试 122
9.2 使用 Firefox 浏览器进行测试 123
9.3 使用 Chrome 浏览器进行测试 124
9.4 使用 Mac 系统中的 Safari 浏览器进行测试 126
9.5 使用 TestNG 进行并发兼容性测试 126

第 10 章 　WebDriver API 实例详解 ·········· 131

10.1 　访问某网页地址 ·········· 131

10.2 　返回上一个访问的网页（模拟单击浏览器的后退功能）·········· 132

10.3 　从上次访问网页前进到下一个网页（模拟单击浏览器的前进功能）·········· 132

10.4 　刷新当前网页 ·········· 133

10.5 　操作浏览器窗口 ·········· 133

10.6 　获取页面的 Title 属性 ·········· 134

10.7 　获取页面的源代码 ·········· 134

10.8 　获取当前页面的 URL 地址 ·········· 135

10.9 　在输入框中清除原有的文字内容 ·········· 135

10.10 　在输入框中输入指定内容 ·········· 136

10.11 　单击按钮 ·········· 136

10.12 　双击某个元素 ·········· 137

10.13 　操作单选下拉列表 ·········· 137

10.14 　检查单选列表的选项文字是否符合期望 ·········· 138

10.15 　操作多选的选择列表 ·········· 139

10.16 　操作单选框 ·········· 140

10.17 　操作复选框 ·········· 141

10.18 　杀掉 Windows 的浏览器进程 ·········· 142

10.19 　对当前浏览器窗口进行截屏 ·········· 143

10.20 　检查页面元素的文本内容是否出现 ·········· 143

10.21 　执行 JavaScript 脚本 ·········· 144

10.22 　拖曳页面元素 ·········· 145

10.23 　模拟键盘的操作 ·········· 145

10.24 　模拟鼠标右键操作 ·········· 146

10.25 　在指定元素上方进行鼠标悬浮 ·········· 146

10.26 　在指定元素上进行鼠标单击左键和释放的操作 ·········· 148

10.27 　查看页面元素的属性 ·········· 149

10.28 　获取页面元素的 CSS 属性值 ·········· 150

10.29 　隐式等待 ·········· 150

10.30	常用的显式等待	151
10.31	自定义的显式等待	153
10.32	判断页面元素是否存在	154
10.33	使用 Title 属性识别和操作新弹出的浏览器窗口	155
10.34	使用页面的文字内容识别和处理新弹出的浏览器窗口	157
10.35	操作 JavaScript 的 Alert 弹窗	158
10.36	操作 JavaScript 的 confirm 弹窗	159
10.37	操作 JavaScript 的 prompt 弹窗	160
10.38	操作 frame 中的页面元素	161
10.39	使用 frame 中的 HTML 源码内容来操作 frame	164
10.40	操作 iframe 中的页面元素	165
10.41	操作浏览器的 Cookie	166

第 11 章 WebDriver 的高级应用实例 168

11.1	使用 JavaScriptExecutor 单击元素	168
11.2	在使用 Ajax 方式产生的浮动框中，单击选择包含某个关键字的选项	170
11.3	设置一个页面对象的属性值	172
11.4	在日期选择器上进行日期选择	174
11.5	无人化自动下载某个文件	175
11.6	使用 sendKeys 方法上传一个文件附件	179
11.7	使用第三方工具 AutoIt 上传文件	180
11.8	操作 Web 页面的滚动条	186
11.9	启动带有用户配置信息的 Firefox 浏览器窗口	188
11.10	通过 Robot 对象操作键盘	190
11.11	对象库（UI Map）	193
11.12	操作富文本框	196
11.13	精确比对网页截图图片	202
11.14	高亮显示正在被操作的页面元素	204
11.15	在断言失败时进行屏幕截图	206
11.16	使用 Log4j 在测试过程中打印执行日志	211
11.17	封装操作表格的公用类	216

11.18 控制基于 HTML5 语言实现的视频播放器 ·············· 219
11.19 在 HTML5 的画布元素上进行绘画操作 ··············· 222
11.20 操作 HTML5 的存储对象 ····························· 223

第三篇 自动化测试框架搭建篇

第 12 章 数据驱动测试 ······································ 228
12.1 什么是数据驱动 ·· 228
12.2 使用 TestNG 进行数据驱动 ····························· 228
12.3 使用 TestNG 和 CSV 文件进行数据驱动 ················ 231
12.4 使用 TestNG、Apache POI 和 Excel 文件进行数据驱动测试 ····· 234
12.5 使用 MySQL 数据库实现数据驱动测试 ················· 239

第 13 章 页面对象（Page Object）模式 ···················· 244
13.1 页面对象模式简介 ····································· 244
13.2 使用 PageFactory 类 ···································· 245
  13.2.1 使用 PageFactory 类给测试类提供待操作的页面元素 ····· 245
  13.2.2 使用 PageFactory 类封装页面元素的操作方法 ······· 247
13.3 使用 LoadableComponent 类 ····························· 250
13.4 多个 PageObject 的自动化测试实例 ···················· 252

第 14 章 行为驱动测试 ····································· 260
14.1 行为驱动开发和 Cucumber 简介 ························ 260
14.2 Cucumber 在 Eclipse 中的环境搭建 ····················· 261
14.3 在 Eclipse 中使用 JUnit 和英文语言进行行为驱动测试 ······ 263
14.4 在 Eclipse 中使用 JUnit 和中文语言进行行为驱动测试 ······ 272

第 15 章 Selenium Grid 的使用 ······························ 276
15.1 Selenium Grid 简介 ····································· 276
15.2 Selenium Grid 的使用方法 ····························· 278
  15.2.1 远程使用 Firefox 浏览器进行自动化测试 ············ 278
  15.2.2 远程使用 IE 浏览器进行自动化测试 ··············· 282

15.3 通过 TestNG 使用 Firefox、IE 和 Chrome 浏览器进行并发的远程自动化测试 ···· 284

    15.3.1 使用静态类实现并发的远程自动化测试 ································ 284

    15.3.2 通过 TestNG 的配置文件参数方法进行远程并发自动化测试 ··········· 288

15.4 使用 Selenium Grid 时，在远程 Node 计算机上进行截图 ······················ 294

第 16 章 自动化测试框架的 Step By Step 搭建及测试实战 ··············· 296

16.1 什么是自动化测试框架 ·· 296

16.2 数据驱动测试框架搭建及实战 ··· 299

16.3 关键字驱动测试框架搭建及实战 ·· 331

16.4 混合驱动测试框架搭建及实战 ··· 398

第 17 章 基于 Maven 的数据驱动框架搭建及测试实战 ····················· 432

17.1 Maven 的安装与配置 ·· 432

    17.1.1 下载 Maven 安装文件 ·· 432

    17.1.2 配置 Maven 环境变量 ·· 433

    17.1.3 配置 "settings.xml" ·· 435

17.2 基于 Maven 的数据驱动框架搭建 ·· 437

17.3 基于 Maven 的数据驱动框架测试实践 ·· 478

第四篇 常见问题和解决方法

第 18 章 自动化测试中的常见问题和解决方法 ······························ 482

18.1 如何让 WebDriver 支持 IE 11 ··· 482

18.2 "Unexpected error launching Internet Explorer.Browser zoom level was set to 75%（或其他百分比）"的错误如何解决 ························· 483

18.3 如何消除 Chrome 浏览器中的 "--ignore-certificate- errors" 提示 ············ 484

18.4 为什么在某些 IE 浏览器中输入数字和英文特别慢 ····························· 485

18.5 常见异常和解决方法 ·· 485

第一篇

/

基础篇

第1章
Selenium 简介

Selenium 工具诞生的时间已经超过了 10 年，目前在软件开发公司中得到了大规模的应用，但很少有人能够清晰地描述此工具的发展历史和特点，本章的内容能够让读者了解 Selenium 工具的"前世今生"及特点。

1.1 Selenium 的"前世今生"

2004 年，在 ThoughtWorks 公司，一个名为 Jason Huggins 的测试同行为了减少手工测试的工作量，自己实现了一套基于 JavaScript 语言的代码库，使用这套代码库可以进行页面的交互操作，并且可以重复地在不同浏览器中进行各种测试操作。通过不断地改进和优化，这个代码库逐步发展成 Selenium Core。Selenium Core 为 Selenium Remote Control（简称 Selenium RC）和 Selenium IDE 提供了坚实的核心基础能力。

当时的自动化测试工具较少，已有的工具也无法灵活地支持各种复杂的测试操作，大部分测试人员只能使用手工的方式完成 Web 产品的测试工作。开发人员不断地开发代码，测试人员不断地发现 bug，开发人员不断地修改 bug，测试人员不断地进行回归测试来确认 bug 已经被修正，并且确认在程序中没有引入新的 bug。这样的产品开发模式，导致测试人员必须经常性地手工回归测试系统的大部分功能，由此产生了大量的重复性手工操作。Jason Huggins 想改变这样的现状，所以他开发了基于 JavaScript 语言的代码库，希望帮助测试人员从日常的重复性工作中解脱出来。经过其不懈努力，Selenium 1 诞生了。

Web 自动化测试工具 Selenium 是划时代的，因为其允许测试工程师使用多种开发语言来控制不同类型的浏览器，从而实现不同的测试目标。Selenium 是开源工具软件，用户不需要付费就可以使用，甚至可以根据自己的使用需求来进行深入的定制化，改写其中的一些代码。基于以上优点，越来越多的测试人员开始使用此工具来进行 Web 自动化测试工作。在短短几年时间内，在世界范围内都有了 Selenium 工具的忠实拥护者，国内的几大互联网公司均使用 Selenium 作为 Web 自动化测试的主要工具。

但随着互联网技术的不断发展及浏览器对 JavaScript 语言的安全限制，Selenium 的发展也遇到了瓶颈。由于其自身实现的机制，Selenium 无法突破浏览器沙盒的限制，导致很多测试场景的测试需求难以满足。

2006 年，Google 的工程师 Simon Stewart 启动了 WebDriver 项目，此项目可以直接让测试工具调用浏览器和操作系统本身提供的内置方法，以此绕过 JavaScript 环境的沙盒限制，WebDriver 项目的目标就是解决 Selenium 的痛处。随着各厂商新版本浏览器的发布，原有的 Selenium 1 被越来越多的浏览器内部安全机制所限制，需要新版本的 Selenium 来解决这个问题。2008 年，Selenium 项目和 WebDriver 项目进行了合并，于是 Selenium WebDriver 2（简称 Selenium 2）出现了。

Selenium 2 =Selenium 1 + WebDriver

Selenium 的官网地址是 www.seleniumhq.org，网站提供了 Selenium WebDriver 的安装文件和使用教程。Selenium 2 是 Selenium 1 的升级版本，它本身向下兼容 Selenium 1 的所有功能，同时又提供了更多的新 API 来满足自动化测试的各种复杂需求。

2016 年 10 月，Selenium WebDriver 3（简称 Selenium 3）诞生。开发者在 Selenium 2 的基础上做了很多了不起的工作，这个版本有很多新特性，主要实现了核心 API 与客户端 Driver 的分离，同时去掉了用得越来越少的 Selenium RC 的功能。3.0 时代所有支持的浏览器均由浏览器官方提供支持，这意味着浏览器 UI 测试的速度和稳定性会有较大的提升。现阶段，Selenium 1 已经退出了历史舞台，大部分 Web 自动化测试人员已经完全转向使用 Selenium 2 或 Selenium（WebDriver）来搭建自己的自动化测试框架。本书全部的案例均基于 Windows 7 操作系统上的 Selenium 3 进行讲解。

1.2　Selenium 工具套件介绍

- Selenium 3（Selenium WebDriver 3）：Selenium 3 所有支持的浏览器均由浏览器官方提供支持，使得浏览器 Ui 测试的速度和稳定性得到了较大的提升。Selenium 3 取消了对 Selenium RC 的支持，这意味着 WebDriver 协议已经成为业内公认的浏览器 UI 测试的标准。

- Selenium 2（Selenium WebDriver 2）：提供了极佳的特性，例如，面向对象 API，提供 Selenium 1 的接口用于向下兼容等。
- Selenium 1（Selenium RC）：支持更多的浏览器，支持更多的编程语言（如 Java、JavaScript、Ruby、PHP、Python、Perl 和 C#）。
- Selenium IDE（集成开发环境）：Firefox 插件，提供图形界面来录制和回放脚本，我们并不希望测试工程师使用此工具来运行大批量的测试脚本。此插件需要使用第三方的 JavaScript 代码库才能支持循环和条件判断。
- Selenium-Grid：可以在多个测试环境中以并发的方式执行测试脚本，进而实现测试脚本的并发执行，能够缩短大量测试脚本的执行时间。

1.3　Selenium 支持的浏览器和操作系统

1.3.1　Selenium IDE 和 Selenium 1 支持的浏览器和操作系统

Selenium IDE 和 Selenium 1 支持的浏览器和操作系统如表 1-1 所示。

表 1-1

浏览器	Selenium IDE	Selenium 1 (Selenium RC)	操作系统
Firefox 3	录制脚本和回放脚本	启动浏览器 运行测试脚本	Windows、Linux、Mac
Firefox 2	录制脚本和回放脚本	启动浏览器 运行测试脚本	Windows、Linux、Mac
IE 8	仅能通过 Selenium 1（RC）来运行测试脚本	启动浏览器 运行测试脚本	Windows
IE 7	仅能通过 Selenium 1（RC）来运行测试脚本	启动浏览器 运行测试脚本	Windows
IE 6	仅能通过 Selenium 1（RC）来运行测试脚本	启动浏览器 运行测试脚本	Windows
Safari 4	仅能通过 Selenium 1（RC）来运行测试脚本	启动浏览器 运行测试脚本	Windows、Mac

续表

浏览器	Selenium IDE	Selenium 1（Selenium RC）	操作系统
Safari 3	仅能通过 Selenium 1（RC）来运行测试脚本	启动浏览器运行测试脚本	Windows、Mac
Safari 2	仅能通过 Selenium 1（RC）来运行测试脚本	启动浏览器运行测试脚本	Windows、Mac
Opera 10	仅能通过 Selenium 1（RC）来运行测试脚本	启动浏览器运行测试脚本	Windows、Linux、Mac
Opera 9	仅能通过 Selenium 1（RC）来运行测试脚本	启动浏览器运行测试脚本	Windows、Linux、Mac
Opera 8	仅能通过 Selenium 1（RC）来运行测试脚本	启动浏览器运行测试脚本	Windows、Linux、Mac
Google Chrome	仅能通过 Selenium 1（RC）来运行测试脚本	启动浏览器运行测试脚本	Windows、Linux、Mac

注：Internet Explorer 简称 IE。

1.3.2　Selenium 2 和 Selenium 3 支持的浏览器

Selenium 官网中并没有明确列出 Selenium WebDriver 支持的浏览器的所有版本号，仅列出了浏览器的名称。下面结合作者个人的实际使用情况，列出 Selenium WebDriver 支持的浏览器版本，请读者在测试实践中进行再次确认。

- Google Chrome；
- IE 6、IE 7、IE 8、IE 9、IE 10、IE 11 和 IE Edge 浏览器；
- Mac 操作系统的 Safari 默认版本；
- Firefox 的大部分版本；
- Opera；
- Android 手机操作系统的默认浏览器；
- iOS 手机操作系统的默认浏览器；
- 在不启动浏览器的情况下，使用 PhantomJS 运行自动化测试用例，并可以执行网页中的 JS。

因为 Firefox 浏览器、Google Chrome 浏览器和其他浏览器会持续更新，所以要想保证 Selenium WebDriver 的正常使用，就必须使用 Selenium 3 和最新版本的浏览器驱动程序。

1.4　Selenium 1 和 WebDriver 的实现原理

当执行 Selenium 自动化测试脚本时，测试人员可以看到浏览器中发生的神奇一幕：页面上会自动执行各种操作，如打开新窗口、在输入框中输入文字、选择下拉列表框等。为此，测试人员不禁要问一句："这到底是怎么实现的？"为了了解 Selenium 工具的神奇之处，读者必须深入了解其实现原理和机制。

1.4.1　Selenium 1 的实现原理

Selenium 1 的实现原理如图 1-1 所示。

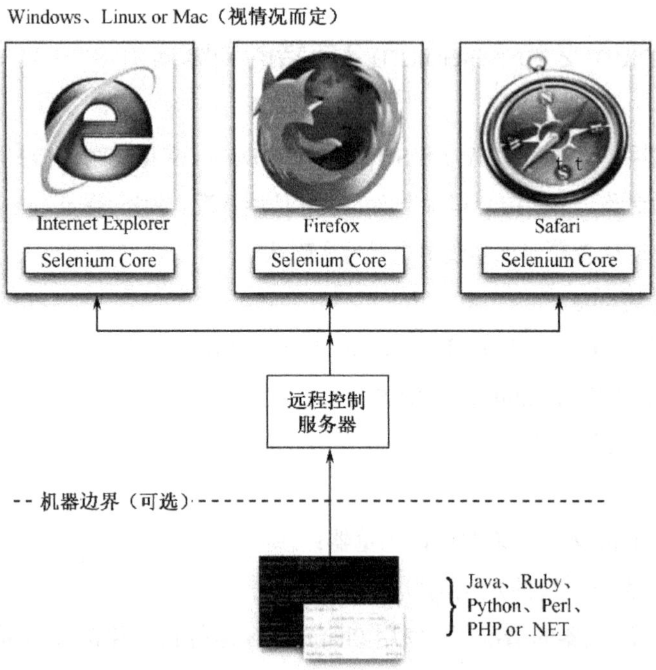

图 1-1

Selenium 1 的自动化测试执行步骤如下。

第一步：测试人员基于 Selenium 支持的编程语言编写测试脚本程序。

第二步：测试人员执行测试程序。

第三步：测试脚本程序发送访问网站的 Http 请求给 Remote RC。

第四步：Remote RC 收到请求后，访问被测试网站并获取网页数据内容，并在网页中插入 Selenium Core 的 JavaScript 代码库，然后返回给测试人员执行测试的浏览器。

第五步：测试脚本在浏览器内部再调用 Selenium Core 来执行测试代码，最后记录测试结果，完成测试。

参阅以上几个步骤，有人会疑惑，为什么要执行第四步？我们需要先学习一下浏览器的 JavaScript 安全机制——同源策略。在浏览器访问某个网站后，会打开此网站的网页来获取内容。网页内容包含了要在网页中执行的 JavaScript 语句或外部引用的 JavaScript 文件，浏览器会执行属于此网站域名的 JavaScript 语句和文件。如果外部引用的 JavaScript 文件的 URL 和当前网页的域名不一致，那么浏览器会拒绝执行此 JavaScript 文件中的代码。通过此方式，浏览器就可以防止一些恶意的 JavaScript 文件被加载到用户的浏览器中，起到一定的安全防护作用。

Selenium 1 工具的核心部分是基于 JavaScript 代码库实现的，这个库默认和被测试网站是分离的，也就是说，这个 JavaScript 库的 URL 和被测试网站的域名肯定是不一致的。参阅上面提到的浏览器同源策略，Selenium 1 的 JavaScript 库是被禁止执行的，这样就无法实现对网站的自动化测试。为了应对浏览器的安全机制，Selenium 1 使用了代理方法来解决此问题。如图 1-2 所示为 Selenium 1 代理模式的实现机制。

Selenium 1 代理模式的实现机制具体如下。

第一步：执行测试脚本，向 Selenium Server 发起请求，要求和 Selenium Server 建立连接。

第二步：Selenium Server 的 Launcher 启动浏览器，向浏览器中插入 Selenium Core 的 JavaScript 代码库，并把浏览器的代理设置为 Selenium Server 的 Http Proxy。

第三步：测试脚本向 Selenium Server 发送 Http 请求，Selenium Server 对请求进行解析，然后通过 Http Proxy 发送 JS 命令通知 Selenium Core 执行操作浏览器的动作。

第四步：Selenium Core 在接收到指令后，执行测试脚本指定的网页操作命令。

第五步：浏览器收到新的页面请求信息（在第四步中，Selenium Core 的操作可能引发新的页面请求），发送 Http 请求给 Selenium Server 的 Http Proxy，请求新的 Web 页面。

第六步：由于 Selenium Server 在启动浏览器时设定了浏览器的代理访问地址为 Selenium Server 的 Http Proxy，所以 Selenium Server 会接收到所有由它启动的浏览器发送的请求。Selenium Server 在接收到浏览器发送的 Http 请求后，自己重组 Http 请求，获取对应的 Web 页面。

第七步：Selenium Server 的 Http Proxy 把接收的 Web 页面返回浏览器。

通过以上步骤，我们实现了将 Selenium Core 的 JavaScript 代码库插入被测试网页的目的，然后就可以基于此代码库，在被测试网页中进行各种自动化测试操作了。此种方式是一种非常巧妙的"欺骗"，必须由衷地赞扬一下 Selenium 1 作者的智慧。

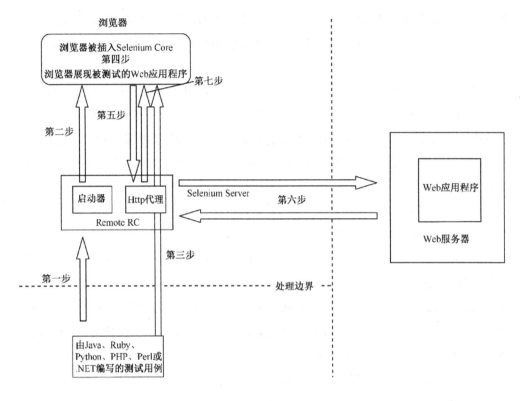

图 1-2

1.4.2 WebDriver 的实现原理

WebDriver 与 Selenium 1 的 JavaScript 插入方式不同，它直接利用浏览器的内部接口来操作浏览器。对于不同平台中的不同浏览器，必须依赖浏览器内部的 Native Component（原生组件），将 WebDriver API 的调用转化为浏览器内部接口的调用。

Selenium 1 采用 JavaScript 的合成事件来处理页面元素的操作，例如，要单击某个页面元素，要先使用 JavaScript 定位这个元素，然后触发单击事件。而 WebDriver 使用的是系统的内部接口或函数，找到这个元素的坐标位置，并在这个坐标点触发一个鼠标左键的单击操作。由此可以看出，WebDriver 能更好地模拟真实的环境，但仅能测试那些可见的页面元素。也正因为如此，有些隐藏的页面元素可以使用 Selenium 1 进行操作，而 WebDriver 却无法实现。当 WebDriver 尝试单击时，就会产生 "can not clickable" 的错误提示信息。WebDriver 的工作流程如图 1-3 所示，步骤说明以 Firefox 为例。

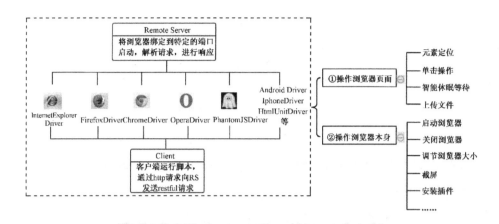

图 1-3

第一步：当客户端测试脚本启动 Firefox 时，Selenium WebDriver 会首先在新线程中启动 Firefox 浏览器。如果在测试脚本中指定了 Firefox 的 profile，那么就以此 profile 启动，否则，以新的 profile 启动 Firefox；

第二步：Firefox 一般以"-no-remote"的方法启动，启动后，Selenium WebDriver 会将 Firefox 绑定到特定的端口，绑定完成后，此 Firefox 实例便作为 WebDriver 的 Remote Server 存在；

第三步：客户端（测试脚本）创建 1 个 session，在该 session 中通过 Http 请求向 Remote Server 发送 restful 请求，Remoter Server 通过驱动程序来解析请求，完成相应的操作并返回 response；

第四步：客户端接收 response，并分析其返回值以决定是转到第三步还是结束脚本。

以上就是 WebDriver 的工作流程，下面我们用一组实例来具体分析 WebDriver 和浏览器之间的信息交互。

步骤一：下载 WebDriver 的 JAR 文件。

（1）访问 Selenium 官网下载地址（http://www.seleniumhq.org/download/），单击"3.10.0"进行下载，如图 1-4 所示。

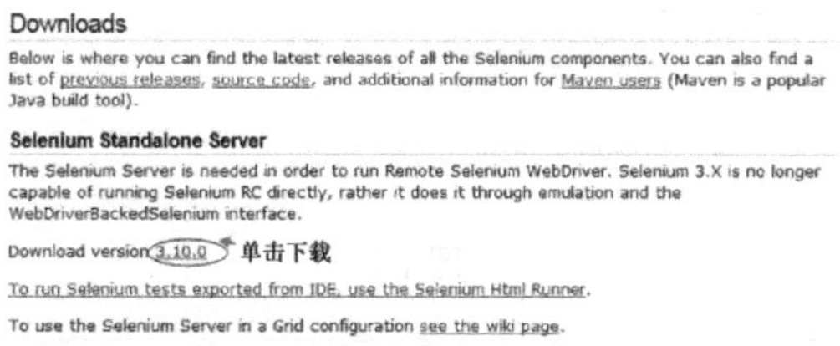

图 1-4

（2）在弹出的保存文件窗口中，单击"保存文件"按钮，如图 1-5 所示，下载 selenium-server-standalone-3.10.0.jar 文件，并保存在 D 盘中，如："D:\"。

图 1-5

步骤二：进入文件所在目录，输入：java -jar selenium-server-standalone-3.10.0.jar，执行结果如图 1-6 所示。

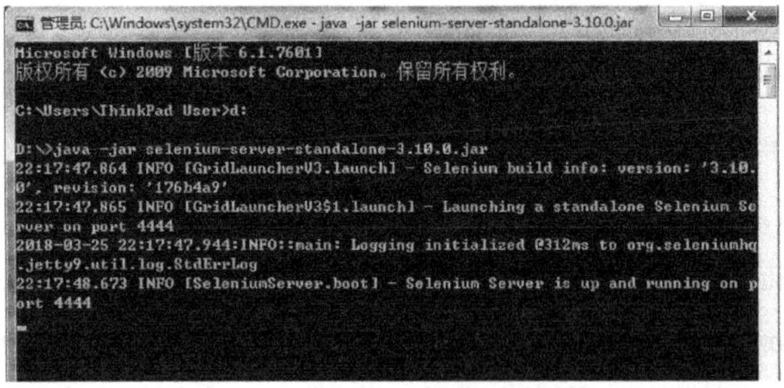

图 1-6

步骤三：Selenium 3 对 Firefox 浏览器的支持，要求必须下载驱动文件，下载路径为 https://github.com/mozilla/geckodriver/releases，界面如图 1-7 所示。在弹出的保存文件窗口中，单击"保存"按钮，如图 1-8 所示，将 geckodriver-v0.19.1-win64.zip 文件保存在 D 盘中。

图 1-7

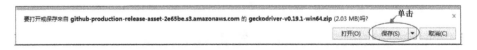

图 1-8

步骤四：编写测试代码，新建 TestFirefox.java 类，代码如下。

```
package cn.gloryroad;

import java.net.URL;

import org.openqa.selenium.By;
import org.openqa.selenium.WebDriver;
import org.openqa.selenium.remote.DesiredCapabilities;
import org.openqa.selenium.remote.RemoteWebDriver;
import org.testng.annotations.Test;

public class TestFirefox {
    public static String nodeUrl ="http://localhost:4444/wd/hub";
    @Test
    public static void testFirfox() {
      System.setProperty("webdriver.gecko.driver", "D://geckodriver.exe");
      DesiredCapabilities aDesiredcap = DesiredCapabilities.firefox();
      aDesiredcap.setBrowserName("firefox");
      WebDriver dr;
      try {
         dr = new RemoteWebDriver(new URL(nodeUrl), aDesiredcap);
         dr.get("http://www.sogou.com");
         dr.findElement(By.id("query")).sendKeys("gloryroad");
         dr.findElement(By.id("stb")).click();
         Thread.sleep(3000);
         dr.quit();
      } catch (Exception e) {
         e.printStackTrace();
      }
    }
}
```

步骤五：在运行上述代码后，控制台会出现详细的打印信息，如图 1-9 所示。

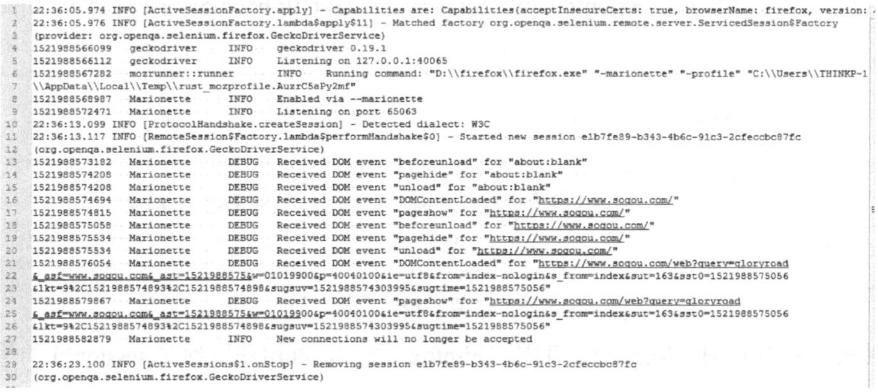

```
22:36:05.974 INFO [ActiveSessionFactory.apply] - Capabilities are: Capabilities(acceptInsecureCerts: true, browserName: firefox, version:
22:36:05.976 INFO [ActiveSessionFactory.lambda$apply$11] - Matched factory org.openqa.selenium.remote.server.ServicedSession$Factory
(provider: org.openqa.selenium.firefox.GeckoDriverService)
1521988566099   geckodriver     INFO    geckodriver 0.19.1
1521988566112   geckodriver     INFO    Listening on 127.0.0.1:40065
1521988567282   mozrunner::runner       INFO    Running command: "D:\\firefox\\firefox.exe" "-marionette" "-profile" "C:\\Users\\THINKP~1
\\AppData\\Local\\Temp\\rust_mozprofile.AuzrC5aPy2mf"
1521988568987   Marionette      INFO    Enabled via --marionette
1521988572471   Marionette      INFO    Listening on port 65063
22:36:13.099 INFO [ProtocolHandshake.createSession] - Detected dialect: W3C
22:36:13.117 INFO [RemoteSession$Factory.lambda$performHandshake$0] - Started new session e1b7fe89-b343-4b6c-91c3-2cfeccbc87fc
(org.openqa.selenium.firefox.GeckoDriverService)
1521988573182   Marionette      DEBUG   Received DOM event "beforeunload" for "about:blank"
1521988574208   Marionette      DEBUG   Received DOM event "pagehide" for "about:blank"
1521988574208   Marionette      DEBUG   Received DOM event "unload" for "about:blank"
1521988574694   Marionette      DEBUG   Received DOM event "DOMContentLoaded" for "https://www.sogou.com/"
1521988574815   Marionette      DEBUG   Received DOM event "pageshow" for "https://www.sogou.com/"
1521988575058   Marionette      DEBUG   Received DOM event "beforeunload" for "https://www.sogou.com/"
1521988575534   Marionette      DEBUG   Received DOM event "pagehide" for "https://www.sogou.com/"
1521988575534   Marionette      DEBUG   Received DOM event "unload" for "https://www.sogou.com/"
1521988576054   Marionette      DEBUG   Received DOM event "DOMContentLoaded" for "https://www.sogou.com/web?query=gloryroad
&_asf=www.sogou.com&_ast=1521988575&w=01019900&p=40040100&ie=utf8&from=index-nologin&s_from=index&sut=163&sst0=1521988575056
&lkt=9%2C1521988574893%2C1521988574898&sugsuv=1521988574303995&sugtime=1521988575056"
1521988579867   Marionette      DEBUG   Received DOM event "pageshow" for "https://www.sogou.com/web?query=gloryroad
&_asf=www.sogou.com&_ast=1521988575&w=01019900&p=40040100&ie=utf8&from=index-nologin&s_from=index&sut=163&sst0=1521988575056
&lkt=9%2C1521988574893%2C1521988574898&sugsuv=1521988574303995&sugtime=1521988575056"
1521988582879   Marionette      INFO    New connections will no longer be accepted

22:36:23.100 INFO [ActiveSessions$1.onStop] - Removing session e1b7fe89-b343-4b6c-91c3-2cfeccbc87fc
(org.openqa.selenium.firefox.GeckoDriverService)
```

图 1-9

通过日志我们可以看到，WebDriver启动目标浏览器，绑定到指定端口，该启动的浏览器实例作为WebDriver的Remote Server；客户端创建session向Remote Server发送restful请求；Remote Server依靠浏览器驱动来转换浏览器的native调用，即操作浏览器。

以上是使用客户端脚本的WebDriver工作流程，我们也可以通过WebDriver协议提供的接口来操作，实现相同的效果。

步骤一：进入 selenium-server-standalone-3.10.0.jar 文件所在目录，输入：java -jar selenium-server-standalone-3.10.0.jar（同前一方法的步骤二）。

步骤二：在浏览器中输入：http://localhost:4444/wd/hub，单击Create Session按钮创建一个session，Browser选择Firefox，单击"OK"，然后单击"Load Script"按钮，如图1-10所示。

图 1-10

步骤三：在Script URL输入框中输入：http://www.sogou.com，单击"OK"，获取session值，如图1-11所示。

图 1-11

步骤四：获取页面中sessionId的值：5a0bbad7-1c23-410f-b5bd-5a49be313d29，如图1-12所示。

图 1-12

步骤五：打开HttpRequester工具（Firefox插件），利用获取到的sessionId的值进行接口请求，在URL中输入：http://localhost:4444/wd/hub/session/5a0bbad7-1c23-410f-b5bd-5a49be 313d29/url，在POST请求体中输入：{"url": "http://www.sogou.com/"}，单击"POST"

请求访问搜狗首页，如图 1-13 所示，该步骤与代码中 dr.get("http://www.sogou.com")的执行效果一致。

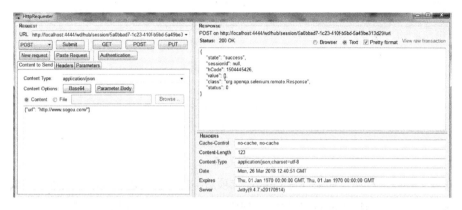

图 1-13

步骤六：请求访问搜狗首页成功后，查看搜狗搜索的输入框，调用接口"/session/{sessionid}/element"，在 URL 中输入：http://localhost:4444/wd/hub/session/5a0bbad7-1c23-410f-b5bd-5a49be313d29/element，在 POST 请求体中输入：{"using": "id","value": "query"}，单击"POST"请求，请求结果如图 1-14 所示，该步骤与代码中"dr.findElement(By.id("query"))"的执行效果一致。

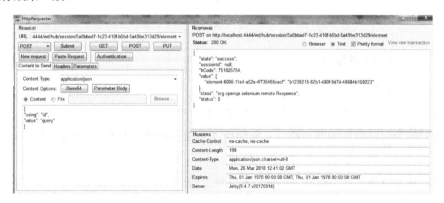

图 1-14

步骤七：在查找到搜索输入框后，要在搜索输入框中输入内容，调用接口/session/{sessionid}/element/{elementid}/value，在 URL 中输入：http://localhost:4444/wd/hub/session/ 5a0bbad7-1c23-410f-b5bd-5a49be313d29/element/b1238215-82b1-480f-9d7d-48684b108223/value，注意此处的 element id 为步骤六的响应结果，即"element-6066-11e4-a52e-4f735466cecf"的值"b1238215-82b1-480f-9d7d-48684b108223"，在 POST 请求体中输入：{"value": ["gloryroad"]}，单击"POST"，如图 1-15 所示，该步骤与代码中"dr.findElement (By.id("query")).sendKeys ("gloryroad")"的执行效果一致。

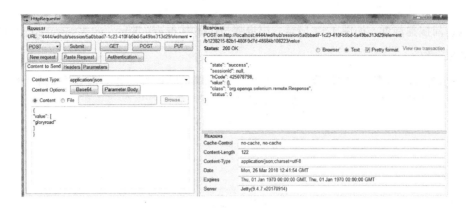

图 1-15

在以上实践过程中，如果选择 Firefox 选项后不能成功创建 session，则可以尝试选择"Internet Explorer"或"Chrome"选项来创建 session，从而完成以上实践。

1.5 Selenium 的特性

1.5.1 Selenium 1 和 Selenium 2 的特点

1. Selenium 1 的缺点

Selenium 1 有以下缺点：

（1）本机的键盘和鼠标事件无法调用和触发；

（2）因为浏览器的同源策略，只能使用 JavaScript 插入方式来进行网页操作的模拟测试；

（3）基本身份认证、自签名的证书和文件上传/下载的框体无法处理。

2. Selenium 2 的优点

Selenium 2 具有以下优点：

（1）Selenium 1 必须操作真实的浏览器，但 Selenium 2 可以使用 HtmlUnit 进行测试，在不打开浏览器的情况下进行快速测试；

（2）Selenium 2 基于浏览器的内部接口实现自动化测试，更接近用户使用的真实情况；

（3）Selenium 2 提供了更简洁的面向对象 API，提高了测试脚本的编写效率；

（4）在使用过程中，Selenium 2 无须单独启动 Selenium Server。

1.5.2　Selenium 3 的新特性

Selenium 3 以开发一款聚焦 Web 端和移动端的自动化测试工具为目标，WebDriver API 是 Selenium 2 的主要插件，Selenium 3 依然沿用，并且基于 W3C 标准。Selenium 会不断扩充 WebDriver API，提供移动端的测试套件，以提高不同项目间的相互操作性。同时，Selenium 3 更关注系统的稳定性，移除了 Selenium RC API。与 Selenium 2 相比，Selenium 3 的新特性如下。

（1）Selenium 3 去掉了 Selenium RC，这是 Selenium 3 最大的变化。

（2）Selenium 3 只支持 Java 8 及以上版本。

（3）Selenium 3 不再提供默认浏览器支持，所有支持的浏览器均由浏览器官方提供支持，即由官方提供相应的驱动程序，由此提升了自动化测试的稳定性。Selenium 3 以前的版本能直接启动 Firefox 浏览器，而 Selenium 3 需要下载 Firefox 官方提供的 GeckDriver 驱动才能启动 Firefox 浏览器，并且 Firefox 浏览器必须是 48 版本以上。

（4）Selenium 3 通过 Apple 自己的 SafariDriver 支持 MacOS 上的 Safari 浏览器。Safari 浏览器的驱动直接集成到 Selenium Server 上。也就是说，想在 Safari 浏览器上执行自动化测试脚本，必须使用 Selenium Server。

（5）Selenium 3 通过 Microsoft 官方提供的 Microsoft WebDriver 支持 Edge 浏览器，在 Windows 10 系统中就可以实现 Edge 浏览器的自动化测试，只需要访问 "https://developer.microsoft.com/en-us/microsoft-edge/tools/webdriver/" 并下载相应版本的驱动程序即可实现。

（6）Selenium 3 只支持 IE 9.0 及以上版本，早期版本也许还能工作，但不再提供支持。

Selenium 3 让 Web 自动化测试运行更稳定，性能更高，支持的浏览器更多、更新。Selenium 1、Selenium 2 和 Selenium 3 之间的关系如图 1-16 所示。

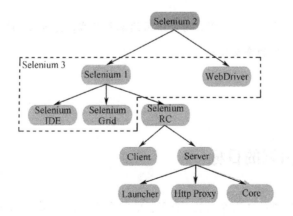

图 1-16

| 第 2 章 |
自动化测试的那点事儿

Selenium 工具诞生已经超过了 10 年，目前在软件开发公司中得到了大规模的应用，但很少有人能够清晰地描述此工具的发展历史和特点，本章的内容能够让读者了解 Selenium 工具的"前世今生"及特点。

虽然每个测试工程师都了解一些"自动化测试"的知识，但是很少有人能够准确地回答以下问题：

- 在自动化测试过程中应该如何设定自动化测试的目标？
- 如何衡量自动化测试的投入产出比？
- 需要什么样的人员分工？
- 自动化测试的最佳实践是什么？

要想知道以上问题的答案，请仔细阅读本章内容，实际上，这比自己搭建一个自动化测试框架的意义还要大。

2.1 自动化测试的目标

我们做任何事情都应该有个目的，有了目的就会产生相应的目标，然后再基于这个目标进行相关活动，以此来达到目的。类似地，我们在进行自动化测试的时候，首先要明确自动化测试的目标，即实现了自动化测试到底能为我们带来什么好处、解决什么问题？我们不能为了自动化而自动化，必须在实施自动化测试之前明确自动化测试的目标。

作者基于自身多年的自动化测试实践，列出了一些相对通用的自动化测试目标。

1．提高测试人员的工作成就感和幸福感，减少手工测试中的重复性工作

目前，在中国的大部分中小企业中，手工测试在日常测试工作中占了很大比例，测试人员必须跟随开发团队，不断地进行迭代式开发和测试，一个功能模块在整个测试周期中被重复测试的次数可能超过 10 次。测试人员在执行了如此多的重复工作之后，常常会对"IT 民工"这个词有了更深的感触。

如何改变这个现状呢？自动化测试肯定是个很好的选择。在脚本写好以后，可以不断地重复运行，测试人员只需要单击某个按钮就可以开始测试了，然后去喝喝茶、看看报纸，一会儿回来看一下测试结果，就完成了以往手工测试需要花费很长时间的工作。测试工作的成就感和幸福感油然而生，测试人员也会有精力和意愿去主动地推进自动化测试在不同项目中的深入实施。

如何验证达到了此目的呢？可以通过满意度调查来了解是否提高了测试人员的成就感和满意度。

2．提高测试用例的执行效率，实现快速的自动化回归测试，快速地给予开发团队质量反馈

使用手工方式来执行测试用例，执行速度必然是很慢的。人是一种生物，而不是机器，工作时间长了必然会觉得劳累，测试执行的速度自然就慢了下来。在测试用例非常多的情况下，测试一遍所有测试用例的时间成本就会相当高。

使用自动化测试取代手工测试，那么测试用例的执行者就变成了机器，机器可以 24 小时不停地执行，它可以毫无怨言地、不知疲倦地、快速地完成测试脚本指派给它的测试任务。此种方式势必可以大大提高测试执行的效率，减少测试用例的执行时间，提高测试执行的准确性。

目前，敏捷开发模式也在各类软件企业中开始普及和应用。敏捷开发对被开发产品的质量反馈有很高的要求，需要每星期甚至每天开发出一个 build 版本，并且部署在测试环境中，同时希望测试人员能够给予快速反馈。目前，只有通过自动化测试的方式，才能真正满足大型敏捷开发项目的质量反馈需求，缺少自动化测试的敏捷开发项目有较高失败风险。

如何验证达到了此目的呢？可以和以前手工测试的执行时间进行对比，了解是否明显缩短了测试用例的执行时间；也可以询问开发人员，了解质量反馈速度的提升能否为快速

发布产品带来帮助。

3．减少测试人员的数量，提高开发和测试的比例，节省企业的人力成本

在大部分 IT 企业的运营成本中，50%～70%的成本是人工成本，更好地控制人工成本，对于企业的发展有着重要意义。采用自动化测试的方式，势必会减少手工测试的工作量，从而达到减少测试人员数量的目的，进而降低企业的人工成本，增强企业的盈利能力。

如何验证达到了此目的呢？在测试工作量相同的情况下，企业可以测算在使用自动化测试后，是否减少了测试人员投入数量和工作时长。

4．在线产品的运行状态监控

在完成产品开发和测试工作后，产品会被发布到生产环境，正式为用户提供服务。但在生产环境中，产品总是会由于各类原因产生各种运行问题或故障。如何快速发现这样的问题呢？有人认为，"出了问题一定会有用户给客服打电话进行投诉，那我们就可以发现生产环境中的问题了。"如果采用这样的处理方式，势必会降低用户对产品使用的满意度。另外，如果没有热心的用户进行投诉，那么发现生产环境问题的时间会被推迟，所以依靠客户投诉的方式是不可取的。

为了保证快速、及时地发现生产环境的不定期问题，建议采用拨测的方式来监控产品的运行状态，可以编写自动化测试脚本来测试产品的主要功能逻辑，定时运行测试脚本来检查产品系统是否依旧可以正常工作。如果在运行测试脚本后没有发现任何问题，则休眠等待一段时间后再运行测试脚本。如果在运行测试脚本后，发现了产品系统的运行问题，在重复几次之后确认产品系统的问题依旧存在，则测试脚本会自动给系统运维的值班人员发送报警邮件和短信。相关人员在收到报警后，可以人工处理系统出现的运行故障，这样就达到了实时监控产品系统的目的，可以在第一时间发现和处理系统的故障。

如何验证达到了此目的呢？在生产环境中运行的产品，如果系统出现了问题，可以在几分钟内实现自动报警。

5．插入大量测试数据

在系统级别的测试过程中，经常要插入大量的测试数据来验证系统的处理能力。例如，如果测试人员想要插入 100 个注册用户，并且每个用户都有特定的 10 条用户数据，那么需要插入的数据量足有 1000 条之多，使用手工的方式来插入这些数据势必会花费很长的时间和很多的精力。测试人员可以通过 3 种自动化的方式来完成上述测试数据的插入。

第一种方式：测试人员编写数据库的存储过程脚本，在数据库的不同数据表中插入测试数据，使用这样的方式可以实现海量数据的快速插入。当然此种方式也有缺点，如果搞不清楚数据库中各表的逻辑关系和数据格式的插入要求，很可能插入错误数据，导致无法得到正确结果。

第二种方式：按照系统接口的调用规范，在测试系统的接口层编写测试脚本，调用插入数据的系统接口，实现测试数据的快速插入，速度虽然不一定有第一种方式快，但是能够基本保证插入数据的准确性。但是，如果被测系统没有接口层，那么此种方式就无法实施了。

第三种方式：使用前台的自动化测试工具，在系统的前台界面模拟用户的真实操作行为来输入各类测试数据，然后再提交给测试系统。此种方式的优点是可以真正模拟用户插入数据的行为，保证数据插入的准确性和完整性，包含前台界面的系统均可使用此种方式。但此种方式的缺点是插入数据的速度要比前两种方式慢很多。

针对被测系统的实际情况，测试人员可以灵活选择某种方式来满足测试数据的插入需求。

6. 常见的错误目标：自动化测试完全替代手工测试，使用自动化测试发现更多的新 bug

很多测试人员都有一个错误的想法，就是用自动化测试完全替代手工测试。如果设定此目标，就会给自动化测试的实施带来极大的困难。测试工作本身就是一门艺术，需要测试人员用智慧去探索系统中可能出现的问题，并且需要在测试过程中使用不同的测试方法、测试数据和测试策略来发现更多问题。自动化测试则使用固定的方法和数据实施测试，无法像人一样根据测试系统的响应情况做出及时的测试策略调整，势必会造成测试逻辑的低覆盖率。另外，在测试用例中有很多异常操作很难用程序来进行模拟，完全采用自动化测试来模拟会带来极大的技术挑战。所以，以自动化测试能够替代一定比例的手工测试为目标即可，千万不可对自动化测试的覆盖度设定过高的值。

还有的测试人员期望使用自动化测试来发现更多的新 bug，这也是一个常见误区。虽然在编写自动化测试用例的过程中会发现大部分的 bug，但自动化测试的作用不是发现新 bug，而是验证以前能够正常工作的功能是否依旧可以正常工作。举例来说，一个被测系统有 100 个功能点，由 5 万行代码实现，这 100 个功能点在上一个版本中均通过测试，在下一个迭代版本开发中，程序员根据产品人员的 5 个新需求修改了 5 个复杂的功能点，并且新增和修改了 500 行代码，那么测试人员针对这样的场景应如何进行测试呢？因为测试人员不知道这 500 行代码会对整体的 100 个功能点产生怎样的影响，所以只能把 100 个功能点都测试一遍，测试通过后才能放心地进行版本发布和上线。100 个功能点的测试工作量就这样产生了。如果采用手工测试的方式，则测试用例的执行周期肯定会很长。如果测试人员发现了新 bug 后，程序员又修改了 100 行代码，那么是不是又要重新测试这 100 个功能点呢？如果再次测试，那么测试人员就陷入了周而复始的重复劳动中；如果不全部测试，那么被修改代码产生的不确定性义难以评估。如果测试人员拥有了这 100 个功能点的自动化测试脚本，就不会陷入进退两难的境地了，测试人员可以使用自动化测试脚本快速验证原有的 95 个功能点是否正常工作，只要手工测试 5 个被修改的功能点即可，这可以大大降低手工测试的重复性。测试人员充分测试这 5 个功能点并确认没有 bug 产生后，可以再编写这 5 个功能点的自动化测试用例，用于下一个版本的自动化测试。从该例可以看出，自动化测试更适合回归测试，而不适合用来发现新 bug。

基于以上 6 个常见的自动化测试目标，测试人员应根据测试项目的具体要求正确设定目标。

2.2　管理层的支持

在一个企业中推广自动化测试是一项非常困难的任务，因为改变原有的手工测试习惯、工作模式和工作流程，必然会让整个开发和测试团队有不适应的地方，难免会遇到抵制、不理解和不配合的情况。若能借助管理层的力量，那么自动化测试的推广工作势必会事半功倍。如果想在企业中推广自动化测试，首先要寻求管理层的支持，让高层管理人员在开发和测试团队中宣传自动化测试的意义和实施目标，并要求公司和团队给予必要的资源与时间支持。如果缺乏管理层的支持，自动化测试的推广工作基本上都会无疾而终。

在自动化测试实施过程中，要先选择合适的项目进行试点实施，建议选择开发进度不太紧张且产品需求相对稳定的项目。在实施过程中，要合理地设定自动化测试的实施目标，并争取在实施结束后实现目标。将试点项目的自动化测试成果汇报给相关管理层，让他们进一步理解自动化测试的意义、成果和作用。基于试点项目的杰出成果，让管理层再进行其他项目的宣传和推广，逐步地在全公司开展自动化测试工作。

2.3　投入产出比

大部分软件企业或互联网企业的经营都是为了谋取尽可能多的利润，其都希望投入尽可能少的成本来获取尽可能多的利润，所以本节从这个角度来谈一下自动化测试的投入产出比问题。

在进行自动化测试实践时，测试团队需要分析要投入哪些资源，如技术人员的时间投入、购买相关软件版权的费用,以及机柜、带宽和服务器的投入等,需要列出具体的资源需求。结合项目的实际情况,测试团队制定自动化测试的短期目标和长期目标,并列出可能获取的收益,再提交给研发团队的管理层进行投入产出比评估。若管理层认为投入产出比较高,那么就可以开始实施工作了;否则,很可能无法实施。

建议测试团队从以下几个方面考虑自动化测试的成本投入:

(1)项目本身是否适合实施自动化测试?测试脚本的编写和维护成本是否较高?

(2)现有的测试团队成员是否具备自动化测试的实施能力?如果不具备,是采用培训的方式来培养,还是从外部招聘有能力的自动化测试实施人员?

(3)使用何种自动化测试软件?是否需要购买版权?

(4)现有的硬件设施是否符合自动化测试的实施要求?

(5)研发团队管理层对于自动化测试的潜在期望和要求是什么?

建议测试团队从以下几个方面重点考虑自动化测试的产出:

(1)从短期和长期来分析,能够节省多少测试人力资源?

(2)是否能够搭建比较成熟的自动化测试框架,解决测试脚本编写和维护成本高的问题?

(3)自动化测试脚本是否可以快速执行?应确认哪些具体量化指标?

(4)自动化测试的引入是否会提高开发人员的开发效率和质量?应确认哪些具体量化指标?

2.4 敏捷开发中的自动化测试应用

目前,敏捷开发模式已经在国内众多的开发团队中盛行,开发团队已经逐步享受到敏捷开发带来的效率和价值,其中,敏捷团队的全员质量负责方式和大规模的自动化测试引入成为热门话题。敏捷开发的本质到底是什么呢?为什么大家开始高度认可其价值呢?本节我们进行简单的解释说明。

首先,我们讲一下传统开发模式遇到的问题。传统的开发模式大部分采用长周期和里程碑的方式进行管理,分为需求、设计、开发、测试和上线等几个阶段,产品的发布周期也比较长,一般为2~3个月,长的甚至达1~2年。虽然每个阶段都有明确的目标和工作范围,但是令人困扰的是,需求总在不断地产生变化,影响项目的设计、开发、测试等多个阶段,导致项目设计人员在初期就要想办法进行各种冗余的系统设计来防止未来变更的需求带来的负面影响。然而,计划总是赶不上变化,需求的变化和不确定性依然会带来各种问题，导致项目被不断推延，团队成员也越来越抵制需求的变更，项目质量也会不断下降。

敏捷开发模式和传统开发模式完全不同，其只会实现明确的需求，采用自动化测试和重构的方式来应对不断变化的需求，实现每月、每周甚至每天发布新版本的目标，解决了传统开发模式的很多问题。

敏捷开发的核心理念是小步快跑，具有如下 6 个特点。

（1）鼓励团队成员的面对面沟通，敏捷开发模式认为，人和人的相互交流胜于任何流程和工具。

（2）客户协作胜过合同谈判。

（3）把工作重点放在可执行的程序上，而不是编写大量的文档。

（4）团队协作和团队激励，团队对产品的发布承担责任，明确团队的统一目标。

（5）响应变化胜过遵循计划。

（6）采用持续集成和自动化测试的方式快速反馈项目质量，及时地适应新的需求，保证产品的高质量。

其中，自动化测试是敏捷开发中很重要的一个环节，因为敏捷开发模式一般会每天提交开发的代码到代码版本控制系统中。为了保证提交的所有代码都是正确的，开发团队通常都会使用自动化测试手段来进行回归测试，验证所有代码修改没有影响以前版本的功能。通过自动化测试手段，开发团队可以实现每天代码集成的开发任务，并保证每天的代码开发质量。自动化测试是敏捷开发模式的基础，如果缺少自动化测试，那敏捷开发通常都会失败，因为项目本身无法控制在持续集成的过程中出现的代码修改风险，也无法对项目的不断重构提供快速测试的支持，势必会引发项目延期、质量下降等一系列问题，无法真正实现小步快跑的目标。

在敏捷开发中，通常使用测试驱动开发（Test Driven Development，TDD）的方法。这种方法不同于传统的软件开发方法，它要求在编写某个功能的代码之前先编写测试代码，开发人员只编写能够通过测试的功能代码，以此来推动整个开发的进行。此种方式可以确保开发人员集中精力在明确的需求上，防止过度设计，尽可能保持代码的简洁性，提高开发效率。

还有一种敏捷开发中常用的方法就是行为驱动开发（Behavior Driven Development，BDD）。BDD 是 TDD 的进化方法，可以有效地改善设计，并在系统的演化过程中为团队指明前进方向。BDD 使用客户和开发者通用的语言来定义系统的行为，从而实现符合客户需求的设计，避免在其他开发模式中常见的客户和开发双方对于需求理解的不一致性。

敏捷开发中的测试可以按照如图 2-1 所示的 3 个层级进行。

图 2-1

图 2-1 是一个三角形的示意，在三层中，每层区域大小代表每个层级测试的收益大小。由图 2-1 可以看出，单元测试的收益是最大的，接口测试其次，UI 测试的收益最小。单元测试的颗粒度是最小的，测试范围集中在类和方法，测试用例的编写相对简单，并且在出现 bug 后，定位问题相对快速，可以在开发初期发现大部分问题，并且单元测试执行的速度最快，通常在毫秒级别的运行时间内就可以得到测试结果。接口测试的颗粒度稍大一些，测试范围集中在模块与子模块之间的数据交互，定位问题相对复杂，需要分析的代码量很大，测试执行速度也比单元测试慢很多。UI 测试的收益最小，通常在系统测试和验收测试阶段进行，基于全部的系统代码进行测试，在测试出现问题后定位和分析困难。UI 测试通常在用户使用的界面进行，测试执行相对于单元测试和接口测试慢很多，并且因为 UI 界面经常发生变化和调整，自动化执行和维护的成本也很高。

敏捷开发中的自动化测试可以基于这 3 种方式进行。基于上述的收益说明，敏捷测试更鼓励在单元测试和接口测试上投入更多资源，以此来实现快速编写、快速执行、快速定位问题的测试目的，能够快速地给予项目质量反馈。UI 测试虽然相对来说收益最低，但 UI 层对用户来说是最直观的感知，所以也要在这个层级实现一定程度的自动化测试，尽可能模拟用户的各种真实操作，确保用户的最佳产品体验。

2.5 自动化测试人员分工

自动化测试通常涉及 3 种分工角色：
（1）测试框架搭建人员；
（2）基于测试框架编写测试脚本的人员；
（3）编写自动化测试用例及测试框架需求的人员。

这3种角色可以根据测试团队人员的实际水平进行角色合并。在通常情况下，测试开发人员承担第一种角色和第二种角色，非测试开发人员承担第三种角色。测试框架搭建人员的技术能力要求最高，通常在人才市场中处于抢手的地位，优秀的测试开发人员的年薪一般为20万~30万元，并且他们的职业发展空间比传统的手工测试人员更大，更容易晋升到测试团队的管理层。

2.6 自动化测试工具的选择和推广使用

目前，可供测试团队使用的自动化测试工具有数十种之多，到底应该选择哪些测试工具才能让测试团队顺利地开展自动化测试是一个亟须解决的问题。测试团队必须科学地分析自身的使用需求和技术能力，才能选择出适合团队使用的自动化测试工具。本节我们将介绍如何选择合适的自动化测试工具。

2.6.1 自动化测试工具的选择

高效实施自动化测试的前提是选择一个适合测试团队使用的自动化测试工具。优秀的测试工具会让自动化测试工作的实施事半功倍，反之则可能给自动化测试的实施工作带来很大困难。在选择自动化测试工具时，要持谨慎态度，需要结合工具特点和测试团队的实际情况进行综合分析，最终决定选择哪个工具。

表2-1列出了选择自动化测试工具时需要考虑的关键点。

表2-1

工具特点	团队现状
收费/开源	团队是否有购买预算，以及团队是否有优化测试工具的能力
测试工具支持的编程语言	团队成员是否具备相关编程基础
测试工具的兼容性	是否满足被测试对象的兼容性要求
工具学习成本	根据团队成员能力评估工具学习的时间成本和人工成本
是否支持持续集成工具	评估是否易于和持续集成工具进行集成
工具运行的稳定性	是否可以在无人值守的状态下稳定、不间断地运行

2.6.2 Selenium WebDriver 和 QTP 的工具特点比较

目前，主流的 Web 自动化测试工具是 Selenium WebDriver 和 QTP，下面详细比较一下这两种工具的特点，如表 2-2 所示。

表 2-2

比 较 项	说 明
用户仿真	Selenium：在浏览器后台执行，在执行时可以最小化，可以在一台机器上同时执行多个测试
	QTP：完全模拟终端用户，独占屏幕，只能开启一个独立的实例
UI 元素组件的支持	Selenium：支持主要的组件，但是对某些事件、方法和对象属性的支持不够
	QTP：具有良好的支持，提供对.NET 的组件支持
UI 对象的管理和支持	Selenium：需要自写代码实现，相对复杂
	QTP：具有很好的支持，支持录制添加
对话框的支持	Selenium：只支持一部分浏览器的弹出框，需要调用第三方工具来进行操作
	QTP：基本都支持
浏览器的支持	Selenium：支持多种主流浏览器，如 IE、Firefox、Chrome、Opera 和 Safari
	QTP：只支持 IE 和 Firefox
面向对象语言和扩展性支持	Selenium：支持多种编程语言和外部库，如 Java、Python、C#等
	QTP：只能使用 VBScript 编写脚本，不支持其他语言和外部库
支持的操作系统/平台	Selenium：支持跨平台
	QTP：只支持 Windows
脚本创建难易度	Selenium：创建脚本相对困难
	QTP：创建脚本相对简单
版权费用	Selenium：免费
	QTP：按照安装的机器台数计费，版权费用昂贵
持续集成工具	Selenium：支持主流的持续集成工具
	QTP：不支持

综合以上几点，具备一定编程能力的测试团队更适合选择 Selenium WebDriver 作为团队的主要 Web 自动化测试工具，预算充裕且团队成员编程能力一般的测试团队更适合选择 QTP 作为团队的主要 Web 自动化测试工具。

2.7 在项目中实施自动化测试的最佳实践

自动化测试在大部分企业的推行过程中都会遇到各种困难，在不合适的项目和不适当的项目阶段实施自动化测试，会导致自动化测试实施效果不佳，自动化测试团队会被质疑其存在的价值。自动化测试的实施是一个复杂的过程，须结合企业文化、研发流程、团队技术能力、项目情况及实施成本等多种因素来逐步实施。以下为企业在自动化实施过程中的 10 个最佳实践，供各位读者参考。

（1）在自动化测试实施前，建立可衡量和易达到的自动化测试实施目标，不要在初期确立过高的目标和期望。

俗话说，"好的开始是成功的一半。"为了之后能够更好地推广和实施自动化测试，须在初期就让研发团队和相关参与者了解自动化测试能够带来的好处，增强大家成功实施自动化测试的信心。可衡量的目标有助于参与各方有效地评估自动化测试的效果；易达到的目标会进一步鼓励自动化测试实施者按部就班地开展实施工作，避免采用急功近利和好高骛远的实施方法。

（2）选择适合公司普遍使用的测试工具，可以是一个工具或者一组工具，之后需要针对选定的工具进行深入研究。

每种测试工具都有其优点和缺点，也都有各自适用的场景，建议充分了解工具后再进行团队内部的使用培训，夯实自动化测试实施的技术基础。另外，建议中小型企业尽可能选择开源的测试工具，降低购买商业测试工具的成本。

（3）分析测试项目的特点，编写符合项目特点的自动化测试框架，减少编写测试脚本的重复性和复杂性，降低其他测试人员编写自动化测试脚本的门槛。

每个测试项目都是独特的，总会有一些很独特的测试需求。在仔细分析其特点后，测试开发团队可以搭建适合当前项目使用的自动化测试框架。一个好的自动化测试框架可以有效地推动自动化测试在项目中的实施。由于大部分测试人员的编程能力都有一定局限性，须依靠好的自动化测试框架来降低编写自动化测试脚本的难度，从而让尽可能多的测试人员从自动化测试中受益，更好地调动团队积极性去支持自动化测试的进一步实施。

（4）聘用具备丰富开发经验的工程师承担测试框架的开发工作，并根据测试框架的推广程度不断进行优化。

自动化测试框架的意义无须赘述，为了更好地服务测试人员，团队应该聘用优秀的技术开发人员来承担测试框架的开发工作。好的测试框架会极大地增加自动化测试的成功率。但好的测试框架不会短周期内被迅速开发出来，必须经过一个长期的优化过程，才能打磨出一套适应公司大多数项目的自动化测试框架。因此，建议长期投入优化测试框架的人力。

（5）在大规模推广自动化测试之前，须在中小类型项目中进行充分试点实施，充分评估实施自动化测试的风险和产出，总结在试点实施中的问题和收益，并在后期的推广过程中尽可能扬长避短。

为了降低自动化测试实施过程中的风险，测试团队应该提前进行风险分析，做好针对性的风险应对计划，证明测试团队已经做好了实施自动化测试的充分准备。在试点过程中尽可能多地发现问题，并通过不断解决问题来完善自动化测试的方法和流程，为后续的大规模推广做好充分准备。

（6）获得开发团队的协作支持，提高开发代码的可测试性，降低自动化测试实施的难度。

由于测试工具本身的局限性、测试人员的编程能力及被测试对象的复杂性，有时需要开发团队的配合才能实现较为复杂的自动化测试脚本。在自动化测试实施前，测试团队应该和开发团队对代码的可测试性要求达成共识，建议制定代码开发的可测试性标准或规范，并在自动化测试实施过程中不断完善。

（7）在需求相对稳定的阶段，开始 UI 层大规模自动化测试脚本的编写。

在项目启动阶段，项目需求一般都是不太稳定的，UI 层的需求变化很大。如果在项目启动阶段就开始编写大量 UI 层的自动化测试脚本，一旦需求发生了大的变化，自动化测试脚本的维护工作量也会随之产生。这不但会降低自动化测试人员的实施积极性，也会增加自动化测试投入的人工成本。自动化测试工程师会质疑自己为什么每天都要维护以前可以正常运行的自动化测试脚本。为了降低自动化脚本维护的成本，须在项目需求稳定阶段且大部分严重 bug 已经修改完毕的情况下，再进行大规模自动化测试脚本的编写，尽量降低维护测试脚本的工作量，使自动化测试脚本的使用周期更长。

（8）在测试过程中，使用局部自动化测试的实施策略。

有时候，大规模实施自动化测试可能会遇到各种困难，维护大量的自动化测试脚本的工作可能也没有太多人力和时间去完成，这种情况可能会导致测试团队不愿使用自动化测试技术。测试人员可以尝试使用局部自动化测试的实施策略，找到重复的手工测试部分，然后编写自动化测试脚本来替代重复性的工作。少量测试脚本的编写和调试会比较容易，耗时更少，并且更易于传递给其他测试人员使用。如果能够减少一些测试人员的手工测试工作量，测试团队何尝不想多做一些这样的尝试呢？小脚本积累多了，总会有爆发的一天。

（9）全面提高自动化测试实施人员的技术素质。

实施自动化测试的技术要求很高，为了能够保证自动化测试的创新性和普适性，测试团队负责人须尽可能提高自动化测试实施人员的技术素质。只有每个人的技术基础都打好了，后续才能充分发挥主观能动性，结合项目应用场景，因地制宜地编写出优秀的自动化测试框架和高质量的测试脚本。我们要认识到，企业中的"人"才是最重要的资产，应当让这些重要的资产不断增值。

（10）定期做好自动化测试最佳实践的总结。

自动化测试的实施不可能一蹴而就，也不可能一帆风顺，总会遇到各种困难和问题。

自动化测试的实施团队应该定期总结一段时间内自动化测试的得失，不断形成团队最佳实践的自动化测试知识库，这样才能让自动化测试技术在企业中的实施更加深入和全面，确保企业在人员流失的时候不至于丢掉宝贵的最佳实践经验。建议最佳实践经验的资料都放到团队内部的培训文档中，让更多的后来者能够站在前人的肩膀上不断成长，为企业降低自动化测试实施成本，提高人员的劳动产出率。

2.8 学习 Selenium 工具的能力要求

相对于手工测试来说，自动化测试需要更多的知识和编程技能，以下列出在使用 Selenium WebDriver 工具时常遇到的一些知识领域：HTML、XML、CSS、JavaScript、Ajax、Java/Python/C#/Ruby（编程语言）、MySQL 数据库、JUnit/TestNG、Ant/Maven、Jenkins/Hudson、Cucumber 测试框架。

建议 Selenium WebDriver 工具的使用者尽可能地深入学习以上知识，尤其要增加学习编程技能的时间，因为编程能力的高低直接决定你是否可以搭建出优秀的自动化测试框架。真正的自动化测试高手，从技术能力上来说，比中等开发人员的水平还要高，所以想成为一个能够独当一面的自动化测试工程师，须不断地学习各类开发知识。不是每个测试工程师都可以成为自动化测试工程师，要想改变常年手工测试的局面，必须坚持不懈地学习和实践。这样我们才能离自动化测试的巅峰越来越近，终有一天我们会站在顶峰摇旗呐喊。

| 第 3 章 |
自动化测试辅助工具

Selenium 工具本身虽然很强大，但是也需要一些辅助工具来解决某些特定问题。本章主要介绍与 Selenium 工具配合使用的辅助工具。

3.1 56 版本 Firefox 浏览器的安装

本书自动化测试案例使用的 56 版本 Firefox 浏览器的安装方法如下。

（1）Firefox 历史版本下载请访问 http://ftp.mozilla.org/pub/firefox/releases/。

（2）选择版本号为 56 的中文版本进行下载，64 位版本的下载链接：http://ftp.mozilla.org/pub/firefox/releases/56.0/win64/zh-CN/。

（3）下载后，双击下载文件，按照向导选择默认路径安装即可。

为了能够方便地定位网页元素，并且使用最新的 xPath Finder 插件，需要安装最新的 Firefox 浏览器的开发版本（Developer Edition）。

（1）下载地址：https://www.mozilla.org/zh-CN/firefox/developer/，进入后的页面如图 3-1 所示。将文件下载并保存到本地。

图 3-1

（2）双击下载的文件，即可开始安装，如图 3-2 所示。

图 3-2

（3）安装完成后，启动开发版 Firefox 浏览器，显示界面如图 3-3 所示。

图 3-3

3.2　安装 xPath Finder 插件

安装 xPath Finder 插件的操作步骤如下。

（1）在桌面上，双击 Firefox 开发版浏览器的快捷图标，启动 Firefox 开发版浏览器。

（2）访问网址：https://addons.mozilla.org/zh-CN/firefox/? utm_source=discovery. addons. mozilla.org&utm_medium=firefox-browser&utm_content=find-more-link-top&src=api，显示界面如图 3-4 所示。

图 3-4

(3)在查找附加组件的输入框中输入"XPath",并按 Enter 键确认。

(4)显示搜索结果,如图 3-5 所示。

图 3-5

(5)在页面单击 xPath Finder 的链接,显示如图 3-6 所示的界面。

图 3-6

(6)单击"添加到 Firefox"按钮,显示如图 3-7 所示的界面。

图 3-7

（7）单击"添加"按钮，完成添加。

（8）完成后，显示如图 3-8 所示的界面。

图 3-8

至此，xPath Finder 插件的安装工作全部完成。

3.3　xPath Finder 插件的使用

3.3.1　启动 xPath Finder 插件

启动 xPath Finder 插件的步骤如下。

（1）启动 Firefox 开发版浏览器。

（2）在浏览器工具栏的最右侧区域，单击 xPath Finder 插件的图标进行启动，如图 3-9 所示。

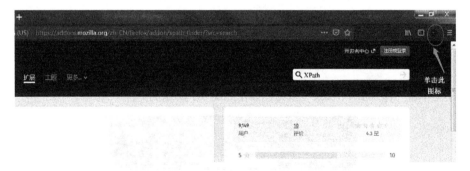

图 3-9

3.3.2　使用 xPath Finder 插件

（1）在启动插件以后，使用 Firefox 开发版浏览器访问"http://www.baidu.com"。

（2）将鼠标光标放在百度首页的输入框上，鼠标的光标显示为十字状，然后单击输入框，则浏览器页面的左下角会显示输入框的 XPath 路径，如图 3-10 所示。

图 3-10

（3）网页元素的 XPath 路径的获取，均可以在启动 xPath Finder 插件后，通过单击网页元素来获取。

3.4　使用 Firefox 开发版浏览器查找页面元素对应的 HTML 代码

（1）使用 Firefox 开发版浏览器，访问"http://www.baidu.com"。
（2）在输入框的位置，单击鼠标右键，显示如图 3-11 所示的菜单。

图 3-11

（3）单击"查看元素"，就可以看到在当前页面下方高亮显示的输入框对应的 HTML 代码，如图 3-12 所示。

图 3-12

（4）参考该源码行，手工编写与之对应的 XPath 定位表达式；也可分析搜索输入框和其他页面元素之间的相对位置关系。

3.5　Chrome 浏览器自带的辅助开发工具

（1）打开 Chrome 浏览器，访问 http://www.baidu.com。
（2）按下键盘上的 F12 键，启动 Chrome 浏览器的开发者工具，如图 3-13 所示。

图 3-13

（3）单击开发者工具栏最左侧的元素选择工具 。
（4）单击搜索输入框，可以看到输入框对应的 HTML 代码被高亮显示，如图 3-14 所示。
（5）单击任意 HTML 代码，按下"Ctrl+F"组合键，在开发者工具的最下方会显示查找元素的输入框，在此输入框中可以输入 XPath 表达式来查找对应的页面元素，例如，输入"//input[@id='kw']"，可以找到输入框对应的 HTML 源码，输入框对应的 HTML 源码被高亮显示，如图 3-15 所示。

第 3 章
自动化测试辅助工具

图 3-14

图 3-15

（6）通过此方式，可以验证手写的 XPath 表达式是否可以成功定位页面元素，如果可以，则在后续的自动化测试脚本中可以使用此 XPath 表达式。

3.6 IE 浏览器自带的辅助开发工具

IE 8 及以上版本均带有辅助开发工具，功能也与 Chrome 浏览器的开发者工具类似，可用于查看页面元素。但 IE 的辅助开发工具不支持 XPath 表达式定位。

在启动 IE 浏览器后，按下 F12 键即可打开 IE 浏览器的辅助开发工具，如图 3-16 所示。

图 3-16

在自动化测试脚本开发过程中，此辅助开发工具主要用于查看页面元素的 HTML 代码。当在 Firefox 浏览器或者 Chrome 浏览器中不能正常显示页面元素时，可结合此工具来查看页面元素的 HTML 代码，以便于后续编写页面元素的 XPath 或者 CSS 定位表达式。

| 第 4 章 |
Selenium IDE

在一般情况下，初级自动化测试工程师都是从使用 Selenium IDE 插件开始自己的自动化测试生涯的。此工具的特点是，基于图形界面进行操作，容易上手，支持录制操作，录制的脚本还支持其他浏览器的使用。但是，此工具不太适合在复杂的自动化项目中使用，其仅支持 Firefox 浏览器。使用纯编程方式编写自动化测试脚本的读者，可以跳过此章。

4.1 什么是 Selenium IDE

Selenium IDE 是一种 Firefox 浏览器插件，仅限安装于 Firefox 浏览器中，可实现网页操作步骤的录制和回放。使用此插件可实施测试逻辑较简单的自动化测试，可将 Selenium IDE 插件的脚本导出为 Java、Python、C#等多种语言格式的程序代码，可将人为操作网页的各种动作直接转换为自动化测试的程序代码，便于编写更加复杂的测试代码。

此插件的优点是小巧简单，没有编程经验的人员也能够快速上手使用，可使用列表方式选择操作命令；缺点是当录制脚本转换为其他语言脚本时有可能出现错误，还需要自动化测试工程师手动修改。学习此插件需要熟悉 HTML、JavaScript 和 DOM 相关的知识。

基于测试行业内的最佳实践经验，Selenium IDE 仅适用于执行具有简单逻辑的自动化测试脚本，或通过录制方式导出相关语言的自动化测试脚本，不适用于执行中大型项目的自动化测试程序，因此本章仅介绍此插件的常用功能。

4.2 安装 Selenium IDE

安装 Selenium IDE 的具体操作步骤如下。

（1）打开 Firefox 开发版浏览器，访问网址：

https://addons.mozilla.org/zh-CN/firefox/addon/selenium-ide/。

（2）进入网站后，界面显示如图 4-1 所示。

图 4-1

（3）单击"添加到 Firefox"按钮，显示添加 Selenium IDE 插件的提示，如图 4-2 所示。

图 4-2

（4）单击"添加"按钮后，会在浏览器的右上角显示 Selenium IDE 插件图标，如图 4-3 所示。

图 4-3

（5）在安装完成后，单击 Selenium IDE 插件图标，显示 Selenium IDE 插件的图形界面，如图 4-4 所示。

图 4-4

4.3　Selenium IDE 插件的基本功能

Selenium IDE 具有操作界面，基于界面可以让测试工程师便捷地进行各种操作。

4.3.1　新建一个测试工程，录制并执行脚本

Selenium IDE 插件的主界面如图 4-4 所示，单击链接"Record a new test in a new project"，显示如图 4-5 所示的界面，在"PROJECT NAME"输入框中输入项目名称，如"百度首页测试"。

图 4-5

单击"OK"按钮后，显示如图 4-6 所示的界面，需要填写访问的 URL 地址，填入"https://www.baidu.com"。

图 4-6

单击"Start Recording"按钮后，Firefox 浏览器将自动访问百度首页，如图 4-7 所示。

图 4-7

在百度首页的搜索框中输入"光荣之路自动化测试培训"，单击"百度一下"按钮，完成搜索操作。打开 Selenium IDE 界面，单击 ■ 按钮，结束录制，如图 4-8 所示。

图 4-8

在图 4-8 中，我们可以看到，在 Selenium IDE 插件中生成了百度搜索过程的脚本。在结束录制后，会显示为测试用例命名的界面，在"TEST NAME"中输入"homepage"，如图 4-9 所示，单击"OK"保存。

图 4-9

录制的脚本不一定全部运行成功，可以先修改脚本，去掉一些不必要的逻辑，整理后的脚本如图 4-10 所示。

图 4-10

单击运行按钮 ▷ 后，脚本会自动运行。在运行成功后，会显示如图 4-11 所示的运行结果。

图 4-11

第 4 章
Selenium IDE

4.3.2 常用工具栏

Selenium IDE 插件的常用工具栏如下。

- ▷≣ 执行全部的测试脚本。
- ▷ 执行当前选中的测试用例。
- 单步执行当前选中的测试用例。
- 设置测试用例执行的速度。
- 取消断点。
- 当出现异常时暂停。
- 录制。
- 新建工程。
- 打开工程。
- 保存工程。

4.3.3 脚本编辑区域

Selenium IDE 插件的脚本编辑区域如图 4-12 所示。

图 4-12

（1）Command：显示操作命令名称。

（2）Target：显示被操作页面元素的 ID、Name、CSS 或者 XPath 定位语句。

(3) Value：显示本行操作要使用的数值，可以是文本、数字、变量或表达式。

(4) 🔲 🔍：在显示的页面中获取某个页面元素的定位表达式。

4.4 Selenium IDE 脚本介绍——Selenese

Selenium IDE 的 Command 命令也被称为 Selenese 命令。

- Selenese 命令最多有两个参数，一个是 target，另一个是 value。
- 根据命令类型的不同，Selenese 命令可以没有参数，也可以只有一个参数或者有两个参数。
- 当 Selenese 命令只有一个参数时，参数值写在 target 列中。

Selenese 命令的 3 种类型如表 4-1 所示。

表 4-1

命令类型	含 义
Actions（动作）类型	此类命令直接和页面元素进行交互。 例如，"click" 命令会在页面中直接单击页面元素；"type" 命令会在页面的文本框中输入文字，输入的文字内容会显示在文本框中
Accessors（存储器）类型	此类命令允许将值存储到变量中。 例如，"store title" 命令属于存储器类型命令，其只会将页面的 title 信息读取出来，并存储到变量中，它本身不和页面元素产生任何交互
Assertions（断言）类型	此类命令用于验证某个条件是否真实发生。 3 种断言命令如下。 ● assert：当 assert 命令执行失败时，脚本会立刻停止执行，后续脚本内容不会被执行。 ● verify：当 verify 命令执行失败时，会在 Selenium IDE 的执行日志区域打印一条失败信息，然后继续执行后续脚本内容。 ● wait for xxxx 命令：在继续下一个命令之前，"wait for" 命令会等待某个条件真实发生，例如，"wait for element present" 表示等待某个元素显示出来。 ➢ 在等待期间内，条件定义的情况发生了，脚本会继续执行。 ➢ 在等待期间内，条件定义的情况没有发生，脚本会在 Selenium IDE 的执行日志区域打印一条失败信息，然后继续执行后续的脚本内容。 ➢ 在 value 字段中可以设定等待时间，单位是毫秒。例如，设定值为 3000，表示等待 3 秒

由于 Selenium IDE 在自动化测试中使用较少，为了节省篇幅，本书仅做了一些简要的介绍。

| 第 5 章 |
搭建 Java 环境和 Eclipse 集成开发环境

Java 语言编写的 Selenium 自动化测试脚本通常在 Eclipse 集成开发环境中运行。因此，在进行 Selenium 的环境搭建前，要先熟悉 Eclipse 集成开发环境的搭建和使用。

5.1 安装 Java JDK，配置 Java 环境

Eclipse 集成开发环境依赖 Java 的运行环境，所以本节先讲解 Java 环境的搭建和配置。由于从 Selenium 3 开始，只支持 JAVA 8 及以上版本，所以在本书中，作者均是基于 JDK 1.8 版本来讲解的。

5.1.1 下载 JDK 1.8 版本的安装文件

具体操作步骤如下。

（1）访问"https://profile.oracle.com/myprofile/account/create-account.jspx"，先注册 Oracle 用户，注册过程请参阅页面提示信息，需要使用个人有效邮箱进行验证才能激活帐户。

（2）在注册成功后，在页面"http://www.oracle.com/index.html"进行用户登录。

（3）在登录成功后，访问"http://www.oracle.com/technetwork/java/archive-139210.html"，选择 Java SE 8 版本，如图 5-1 所示。

图 5-1

(4)单击"Java SE 8"链接,进入下载页面。

(5)在下载版本选择页面,单击"Accept License Agreement",然后选择和当前操作系统版本对应的 32 位或 64 位版本进行下载,如图 5-2 所示。

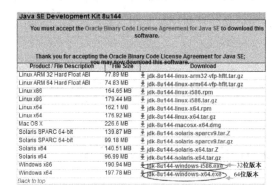

图 5-2

(6)在选择相应版本后,单击"保存文件"按钮开始下载 JDK 1.8 的安装文件,如图 5-3 所示。

图 5-3

5.1.2 安装 JDK 1.8 版本

具体操作步骤如下。

第 5 章
搭建 Java 环境和 Eclipse 集成开发环境

（1）双击下载的 JDK 1.8 安装文件 "jdk-8u152-windows-x64.exe"，显示如图 5-4 所示的界面。

（2）单击 "下一步" 按钮，显示如图 5-5 所示的界面。

图 5-4　　　　　　　　　　　　　　图 5-5

（3）为了后续设置 Java 环境变量更方便，单击 "更改" 按钮，将安装路径修改为 "C:\jdk1.8\"，如图 5-6 所示。

（4）在修改完成后，单击 "确定" 按钮回到安装主界面，单击 "下一步" 按钮。

（5）继续安装 JDK 1.8，如图 5-7 所示。

 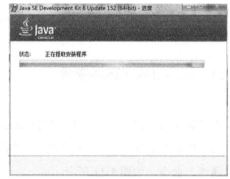

图 5-6　　　　　　　　　　　　　　图 5-7

（6）在安装完毕后，弹出安装 JRE（Java 运行环境）的界面，单击 "更改" 按钮，如图 5-8 所示。

（7）为了配置 JRE 环境更加简便，将 JRE 安装路径设定为 "C:\jre1.8"，如图 5-9 所示。

（8）在修改安装路径后，单击 "下一步" 按钮。

（9）继续安装过程，安装结束后显示如图 5-10 所示的界面。

图 5-8　　　　　　　　　　　　　图 5-9

图 5-10

（10）单击"关闭"按钮，完成 JDK 和 JRE 的安装。

5.1.3　配置 Java 环境变量

以 Windows 7 操作系统为例，配置 Java 环境变量，具体操作步骤如下。

（1）在桌面上找到"计算机"图标，在图标上单击鼠标右键，在弹出的快捷菜单中选择"属性"命令，如图 5-11 所示。

（2）此时弹出控制面板界面，单击"高级系统设置"，如图 5-12 所示。

图 5-11　　　　　　　　　　　　　图 5-12

(3)弹出"系统属性"对话框,单击"高级"标签栏,单击"环境变量"按钮,如图 5-13 所示。

(4)此时弹出"环境变量"对话框,在系统变量的下方单击"新建"按钮,如图 5-14 所示。

图 5-13　　　　　　　　　　　　　　图 5-14

(5)弹出"新建系统变量"对话框,按照图示内容进行输入,并单击"确定"按钮保存,如图 5-15 所示。

(6)单击"确定"按钮后,返回到"环境变量"对话框,在系统变量中找到 Path 变量行,单击"编辑"按钮,如图 5-16 所示。

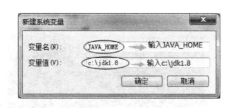

图 5-15　　　　　　　　　　　　　　图 5-16

(7)弹出 Path 的"编辑环境变量"界面,在变量值的最后面增加";%JAVA_HOME%\bin"关键字,如图 5-17 所示。

(8)单击"确定"按钮,保存修改,并返回"环境变量"对话框,再次单击"新建"

按钮，如图 5-18 所示。

图 5-17　　　　　　　　　　　　　　　图 5-18

（9）弹出"新建系统变量"对话框，在"变量名"输入框中输入"CLASSPATH"，在"变量值"输入框中输入".;%JAVA_HOME%\lib\dt.jar;%JAVA_HOME%\lib\tools.jar"，如图 5-19 所示。

（10）单击"确定"按钮，完成全部 Java 环境变量的配置。

（11）在"运行"输入框中输入"cmd"，如图 5-20 所示。

图 5-19　　　　　　　　　　　　　　　图 5-20

（12）弹出 CMD 界面，如图 5-21 所示。

（13）在 CMD 界面中输入 java，按 Enter 键后显示如图 5-22 所示的信息，表示 Java 环境安装成功。

图 5-21　　　　　　　　　　　　　　　图 5-22

第 5 章
搭建 Java 环境和 Eclipse 集成开发环境

（14）在 CMD 界面中输入 java -version，按 Enter 键后显示如图 5-23 所示的信息，表示 Java 环境中的 jdk 1.8 版本安装成功。

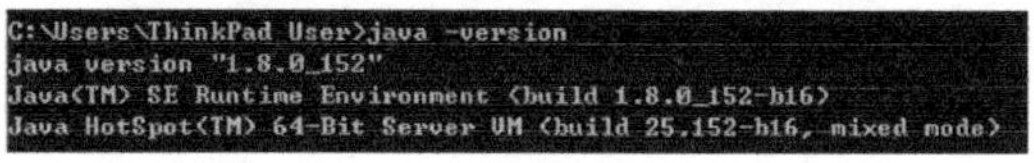

图 5-23

5.2 安装 Java IDE 开发工具 Eclipse

Eclipse 是 Java 开发工程师最常用的一款 IDE 开发工具，本书的所有实例均默认使用此开发工具，其安装步骤如下。

（1）打开 IE 浏览器，访问网址 http://www.eclipse.org/downloads。
（2）在打开的页面中，根据当前计算机操作系统的位数选择对应的 Eclipse 下载版本，如图 5-24 所示。

图 5-24

（3）单击下载链接后，跳转到下载页面，单击如图 5-25 所示的下载链接。

图 5-25

（4）跳转到下载页面，自动开始下载 Eclipse 软件。若未开始下载，单击图 5-26 中的

"click here"链接进行下载，将文件保存到本地。

图 5-26

（5）下载完成后，在下载目录中生成 Eclipse 的安装文件，文件名为"eclipse-inst-win64.exe"。

（6）双击.exe 安装文件，单击运行按钮，如图 5-27 所示。

（7）单击运行按钮后，会进入 Eclipse 的安装界面，如图 5-28 所示，单击选择"Eclipse IDE for Java Developers"。

图 5-27　　　　　　　　　　　　　图 5-28

（8）在选择安装"Eclipse IDE for Java Developers"后，进入确认安装页面，更改安装地址，如图 5-29 所示。

（9）选择目录"E:\java_oxygen"，单击"INSTALL"按钮，如图 5-30 所示，开始安装程序。

图 5-29　　　　　　　　　　　　　　　图 5-30

（10）在安装协议页面，单击"Accept Now"按钮继续安装，如图 5-31 所示。

（11）等待安装完成，如图 5-32，单击"LAUNCH"按钮，屏幕显示 Eclipse 的欢迎界面，表明已成功安装 Eclipse 软件。

图 5-31　　　　　　　　　　　　　　　图 5-32

（12）设定好代码保存的工作路径（Workspace 路径），单击"Launch"按钮，Eclipse 完成启动过程，如图 5-33 所示。启动后的 Eclipse 欢迎界面如图 5-34 所示。

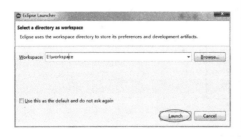

图 5-33　　　　　　　　　　　　　　　图 5-34

（13）进入 Eclipse 的操作界面，即可使用 Eclipse 集成开发环境，主界面如图 5-35 所示。

图 5-35

5.3　新建一个 Java 工程和一个类

具体操作步骤如下。

（1）选择"File"→"New"→"Java Project"命令，如图 5-36 所示。

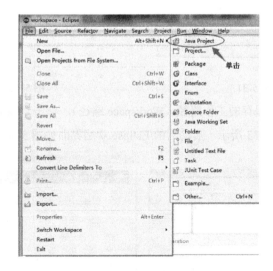

图 5-36

（2）弹出新建 Java 工程对话框，在"Project name"输入框中输入自定义的 Java 工程名称，如"SeleniumDemo"，单击"Finish"按钮，如图 5-37 所示。

（3）Eclipse 主界面左侧的"Package Explorer"区域会显示新建的 Java 工程，如图 5-38 所示。

图 5-37　　　　　　　　　　　　　　图 5-38

（4）单击工程名称左边的小三角图标 ▷，显示新建 Java 工程下的所有目录，如图 5-39 所示。

（5）在 src 目录上单击鼠标右键，在弹出的快捷菜单中选择"New"→"Class"命令，如图 5-40 所示。

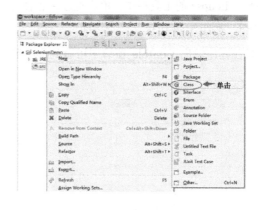

图 5-39　　　　　　　　　　　　　　图 5-40

（6）弹出新建类对话框，在"Package"输入框中输入的自定义包名，在"Name"输入框中输入新建类的自定义名称（默认首字母大写），如输入"HelloWorld"，勾选"public static void main（String[] args）"复选框，如图 5-41 所示。

（7）单击"Finish"按钮后，在 Eclipse 代码区域会自动生成如图 5-42 所示的 Java 代码。

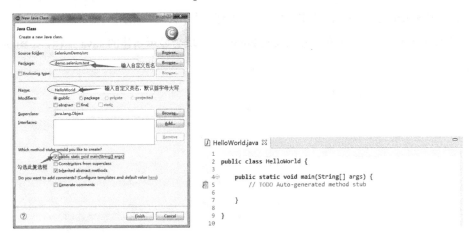

图 5-41   图 5-42

（8）插入一行著名的 Hello World 代码"System.out.println("Hello World");"。

（9）插入后的代码如图 5-43 所示。

```
public class HelloWorld {

    public static void main(String[] args) {
        System.out.println("Hello World");
    }
}
```

图 5-43

（10）在 Eclipse 的工具栏中，单击程序运行按钮 ，弹出保存和启动提示框，单击"OK"按钮，如图 5-44 所示。

（11）在程序输出 Console 窗口中可看到程序输出结果为"Hello World"，如图 5-45 所示。

图 5-44    图 5-45

5.4　Eclipse 集成开发环境的使用技巧

Eclipse 具有强大的编辑、调试、编译和打包功能，全面掌握它的使用技巧是一个难以完成的任务，因此本节仅讲解 Eclipse 中较常用的功能。

5.4.1　增大程序代码和注释字体

具体操作步骤如下。

（1）启动 Eclipse，选择"Windows"→"Preferences"命令，如图 5-46 所示。

（2）单击弹出对话框的"Appearance"选项下的"Colors and Fonts"，再单击"Java Editor Text Font"，再单击"Edit"按钮，弹出"字体"对话框，选择"脚本"字符为"中欧字符"，并在"大小"下拉列表中选择更大的字号，分别单击"确定"和"Apply and Close"按钮进行保存，如图 5-47 所示。

（3）保存成功后，在 Java 代码编辑区中，代码和注释字体均变大。

图 5-46　　　　　　　　　　　　　　　　图 5-47

5.4.2 自动补全功能

具体操作步骤如下。

（1）访问如下顺序的菜单项："Window"→"Preferences"→"Java"→"Editor"→"Content Assist"，如图 5-48 所示。

图 5-48

（2）在图 5-48 右下角的"Auto activation triggers for Java"输入框中，将原有内容改为"abcdefghijklmnopqrstuvwxyzABCDEFGHIJKLMNOPQRSTUVWXYZ0123456789"；在"Auto activation delay（ms）"输入框中，根据个人偏好修改自动提示的延迟时间。

（3）在代码编辑区域输入 Java 代码时，Eclipse 均会自动显示补全的 Java 代码提示信息。对开发人员来说，此配置可以大大提高代码的输入效率，建议读者进行上述配置。

第6章
WebDriver 的安装配置

本章主要讲解 WebDriver 的安装和配置方法，请读者按照本章的内容在本机进行安装，并配置好 WebDriver 的运行环境，后续章节均是基于实例讲解的，需要基于 WebDriver 环境运行测试程序以查看程序的运行结果。

6.1 在 Eclipse 中配置 WebDriver

具体操作步骤如下。

（1）安装 JDK 环境，配置好 Java 环境变量（请参阅第 5 章内容）。

（2）下载 Eclipse 安装文件，并完成安装（请参阅第 5 章内容）。

（3）下载 WebDriver 的 JAR 文件（请参阅 1.4 节内容）。

（4）下载 Firefox 浏览器的驱动程序，Selenium 3 对 Firefox 浏览器的支持需要基于驱动程序。驱动程序下载地址： https://github.com/mozilla/geckodriver/releases，根据实际的操作系统选择下载"geckodriver-v0.24.0-win64.zip"或"geckodriver-v0.24.0-win32.zip"即可，下载后，将压缩文件进行解压缩并保存到 D 盘根目录下。

（5）启动 Eclipse，配置 WebDriver。

① 创建一个新的 Java 工程，命名为"SeleniumProj"（创建方法请参阅第 5 章内容）。

② 在新建工程的 src 目录上单击鼠标右键，在弹出的快捷菜单中选择"New"→"Package"命令，如图 6-1 所示。

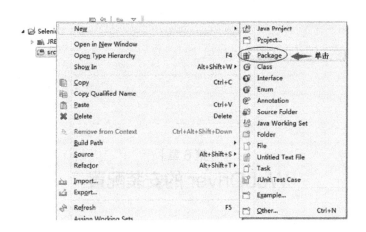

图 6-1

③ 弹出 "New Java Package" 对话框，在 "Name" 输入框中输入自定义的 Package 名称，如 "cn.gloryroad"，单击 "Finish" 按钮成功创建 Package，如图 6-2 所示。

④ 在当前工程下，创建一个名为 "FirstWebDriverDemo" 的测试类（创建方法请参阅第 5 章）。

⑤ 在当前工程名称上单击鼠标右键，在弹出的快捷菜单中选择 "Properties" 命令，如图 6-3 所示。

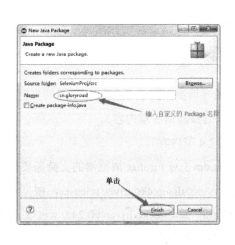

图 6-2

图 6-3

⑥ 在弹出的对话框中，单击 "Java Build Path" 选项后，选择 "Libraries" 标签栏，再单击 "Add External JARs" 按钮，如图 6-4 所示。

第 6 章
WebDriver 的安装配置

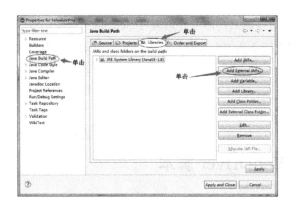

图 6-4

⑦ 弹出文件浏览框，进入解压缩的 Selenium 文件夹，选择"selenium-server-standalone-3.10.0.jar"文件，单击"打开"按钮，如图 6-5 所示。

图 6-5

⑧ 在工程属性的"Libraries"标签栏下可以看到新增加的 JAR 文件，如图 6-6 所示，单击"Apply and Close"按钮后，即完成了在 Eclipse 中的 WebDriver 配置。

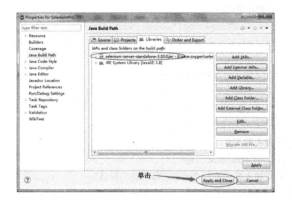

图 6-6

（6）完成上述配置步骤后，即可开始编写 Selenium 自动化测试脚本，本书所有实例所用的 Firefox 浏览器版本为"56.0.2"，geckodriver 驱动版本为"0.24.0"，Selenium 版本为"3.10.0"。

6.2 第一个 WebDriver 脚本

测试目标：

验证 WebDriver 在 Eclipse 中的配置是否正确。

测试步骤：

（1）在 Firefox 浏览器中打开搜狗首页。

（2）在搜索输入框中输入"光荣之路自动化测试"。

（3）单击"搜索"按钮。

（4）页面显示搜索结果。

脚本程序：

```java
package cn.gloryroad;

import org.openqa.selenium.*;
import org.openqa.selenium.firefox.FirefoxDriver;

public class FirstWebDriverDemo {
    public static void main(String[] args) {
        WebDriver driver;
        String baseUrl;
        /*
         * 若 WebDriver 无法打开 Firefox 浏览器，才需增加此行代码以设定 Firefox
         * 浏览器的位置路径
         * System.setProperty("webdriver.firefox.bin","C:\\Program
         * Files\\Firefox Developer Edition\\firefox.exe");
         */
        //加载 Firefox 浏览器的驱动程序
        System.setProperty("webdriver.gecko.driver", "d:\\geckodriver.exe");
        driver = new FirefoxDriver();
        baseUrl = "http://www.sogou.com/";
        // 打开搜狗首页
        driver.get(baseUrl + "/");
        // 在搜索输入框中输入"光荣之路自动化测试"
        driver.findElement(By.id("query")).sendKeys("光荣之路自动化测试");
        // 单击"搜索"按钮
```

第 6 章
WebDriver 的安装配置

```
        driver.findElement(By.id("stb")).click();
        
        try {
            Thread.sleep(5000);
        } catch (InterruptedException e) {
            // TODO Auto-generated catch block
            e.printStackTrace();
        }
        
        driver.close();
    }
}
```

建议：在安装 Firefox 浏览器时，如果使用了自定义的 Firefox 安装路径，则可能无法找到 firefox.exe 来启动执行此测试脚本的 Firefox 浏览器。在执行此测试脚本时，程序可能会报如下错误：

Exception in thread "main"org.openqa.selenium.WebDriverException: Cannot find firefox binary in PATH. Make sure firefox is installed.

解决方法：

在"driver = new FirefoxDriver();"代码行前增加如下代码：

System.setProperty("webdriver.firefox.bin"," C:\\Program Files\\Firefox Developer Edition\\firefox.exe");

其中，"C:\\Program Files\\Firefox Developer Edition\\firefox.exe"代表"firefox.exe"文件的位置路径，读者须根据实际的"firefox.exe"文件所在位置进行修改。

| 第 7 章 |
单元测试框架的基本介绍

用 Java 语言编写的 WebDriver 测试程序通常使用单元测试框架来运行,所以读者有必要了解单元测试框架的基本情况及单元测试框架的使用技巧。

7.1 什么是单元测试

单元测试(Unit Testing)是指对软件中的程序单元进行检查和验证。
单元测试的特点如下:
- 程序单元是最小可测试部件,通常采用基于类的方法进行测试。
- 程序单元和其他单元是相互独立的。
- 单元测试的执行速度很快。
- 单元测试发现的问题,相对容易定位。
- 单元测试通常由开发人员来完成。
- 通过了解代码的实现逻辑进行的测试,通常称为白盒测试。

7.2 JUnit 单元测试框架

JUnit 单元测试框架是基于 Java 语言的主流单元测试框架,多数 Java IDE 软件都已经集成了 JUnit 单元测试框架。JUnit 单元测试框架是目前世界上使用最普遍的单元测试框架之一。

7.2.1 什么是 JUnit

JUnit 是由 Erich Gamma 和 Kent Beck 编写的一个回归测试框架（Regression Testing Framework），主要用于 Java 语言程序的单元测试，目前使用的主流版本是 JUnit 4 及以上版本。

此测试框架可用于执行 WebDriver 的自动化测试用例，所以本章详细讲解 JUnit 4 的常见用法。

7.2.2 安装 JUnit 4

具体操作步骤如下。

（1）启动 Eclipse，新建一个 Java 工程，命名为"Junit4Proj"。

（2）在新建工程的名称上单击鼠标右键，在弹出的快捷菜单中选择"Properties"命令，如图 7-1 所示。

（3）弹出当前工程的属性对话框，选择"Java Build Path"选项，单击"Libraries"标签栏，单击"Add Library"按钮，如图 7-2 所示。

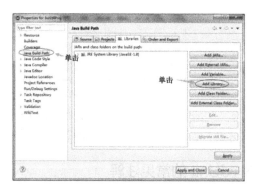

图 7-1   图 7-2

（4）在弹出的"Add Library"对话框中，选择"JUnit"选项，单击"Next"按钮，如图 7-3 所示。

（5）在弹出的"JUnit Library"对话框中，单击"Finish"按钮，如图 7-4 所示。

图 7-3　　　　　　　　　　　　　　　　　图 7-4

（6）在"Java Build Path"对话框中，显示 JUnit 4 图标，表示引入 JUnit 4 成功，如图 7-5 所示。

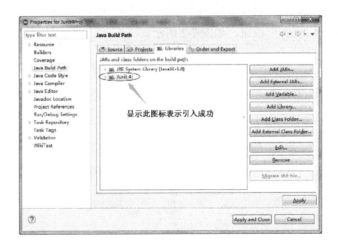

图 7-5

7.2.3　JUnit 的常见注解

被测试类代码的编写步骤如下：

（1）在 Eclipse 中新建一个 Java 工程，命名为"Junit4Proj"。

（2）在新建工程中新建一个 Package，命名为"cn.gloryroad"。

（3）在此 Pacakage 下，新建一个名为"Calculator"的类。

（4）被测试类代码如下。

```java
package cn.gloryroad;

public class Calculator {

    public int result=0;
    public int add(int operand1,int operand2){
        result= operand1+ operand2;    //对两个传入参数执行相加操作
        return result;
    }
    public int subtract(int operand1,int operand2){
        result= operand1 - operand2;   //对两个传入参数执行相减操作
        return result;
    }
    public int multiple(int operand1,int operand2){
        result= operand1 * operand2;   //对两个传入参数执行相乘操作
        for (;;){                      //此段代码写了一个死循环
        }

    }
    public int divide(int operand1,int operand2){
        result= operand1/0;            //此段代码写了一个除数为 0 的除法运算
        return result;
    }
    public int getResult(){
        return this.result;            //返回计算结果
    }
}
```

创建 JUnit 4 的测试代码。

（1）在 Calculator 类所在的 Package 下，创建一个"JUnit Test Case"。在 Package 名称上单击鼠标右键，在弹出的快捷菜单中选择"New"→"JUnit Test Case"命令，如图 7-6 所示。

（2）弹出"New JUnit Test Case"对话框，在"Name"输入框中输入"TestCalculator"，并勾选"setUpBeforeClass()""setUp()""tearDownAfterClass()""tearDown()"4 个复选框，并在"Class under test"输入框中输入"cn.gloryroad.Calculator"，单击"Finish"按钮，如图 7-7 所示。

图 7-6　　　　　　　　　　　　　　　　图 7-7

（3）Eclipse 自动生成如图 7-8 所示的代码。

图 7-8

（4）完成 JUnit 4 测试用例模板的创建工作，基于具体的测试需求，可在此模板的基础上编写单元测试代码。

（5）针对 Calculator 类的内部实现逻辑，创建如下 JUnit 4 测试代码。

```
package cn.gloryroad;

import static org.junit.Assert.*;
import org.junit.After;
import org.junit.AfterClass;
import org.junit.Before;
import org.junit.BeforeClass;
import org.junit.Ignore;
import org.junit.Test;
```

```java
public class TestCalculator {

    private static Calculator cal=new Calculator();

    @BeforeClass
    public static void setUpBeforeClass() throws Exception {
        System.out.println("@BeforeClass");
    }

    @AfterClass
    public static void tearDownAfterClass() throws Exception {
        System.out.println("@AfterClass");
    }

    @Before
    public void setUp() throws Exception {
        System.out.println("测试开始");
    }

    @After
    public void tearDown() throws Exception {
        System.out.println("测试结束");
    }

    @Test
    public void testAdd() {
        cal.add(2,2);
        assertEquals(4,cal.getResult());
        //fail("Not yet implemented");
    }

    @Test
    public void testSubstract() {
        cal.subtract(4,2);
        assertEquals(2, cal.getResult());
        //fail("Not yet implemented");
    }

    @Ignore
    public void testMultiply() {
        fail("Not yet implemented");
    }

    @Test(timeout = 2000)
    public void testDivide(){
        for(;;);
```

```
    }
    @Test(expected = ArithmeticException.class)
    public void testDivideByZero(){
        cal.divide(4,0);
    }
}
```

执行 TestCalculator 测试类的代码,测试结果如图 7-9 所示。

图 7-9

测试结果说明:

- 在 4 个测试用例中,只有"testDivide"方法执行失败,其他 3 个方法均执行成功。
- 在 Eclipse 的"Console"标签栏中,显示如下内容:

```
@BeforeClass
测试开始
测试结束
测试开始
测试结束
测试开始
测试结束
测试开始
测试结束
@AfterClass
```

更多说明:

通过 Eclipse 的 JUnit Test Case 向导,可自动生成测试框架方法,每个方法上方均含有一个@字符的关键字描述,此关键字即为 JUnit 4 新增的注解(Annotation)功能,每个注解关键字都有其自身含义。

如表 7-1 所示是常见的注解及其含义。

表 7-1

注解名称	注解含义
@BeforeClass	表示使用此注解的方法在测试类被调用之前执行,在一个测试类中只能声明此注解一次,此注解对应的方法只能执行一次
@AfterClass	表示使用此注解的方法在测试类被调用结束退出之前执行,在一个测试类中只能声明此注解一次,并且此注解对应的方法只能执行一次
@Before	表示使用此注解的方法在每个@Test 调用之前执行,即一个类中有多少个@Test 注解方法,@Before 注解方法就会被调用多少次

续表

注解名称	注解含义
@After	表示使用此注解的方法在每个@Test 调用结束之后执行，即一个类中有多少个@Test 注解方法，@After 注解方法就会被调用多少次
@Test	表示使用此注解的方法为一个单元测试用例，在一个测试类中可以多次声明此注解，每个注解为@Test 的方法只执行一次
@Ignore	表示使用此注解的方法为暂时不执行的测试用例方法，会被 JUnit 4 忽略执行

在 Console 界面的输出结果中，可看出 setUpBeforeClass()和 tearDownAfterClass()方法在整个测试类的运行过程中只执行了一次，setUp()和 tearDown()方法在每次@Test 方法执行之前均被调用，执行了多次。

```
@Test(timeout = 2000)
public void testDivide(){
        for(;;);
}
```

上例代码中的表达式"timeout=2000"表示此测试用例的执行时间不能超过 2000 毫秒（2 秒）。由于方法体中的实现代码为死循环，所以此方法的执行时间肯定超过了 2 秒，导致此测试用例执行失败。

```
@Test(expected = ArithmeticException.class)
public void testDivideByZero(){
        cal.divide(4,0);
}
```

上例代码中的表达式"expected = ArithmeticException.class"表示此方法执行后，必须抛出 ArithmeticException 异常错误才能认为测试执行成功。此方法的实现代码包含"4/0"的非法计算逻辑，因为除数不能为 0，因此测试程序执行后会抛出 ArithmeticException 异常。此测试方法接收抛出的异常信息，判断是否为 ArithmeticException 异常。如果是，则设定此测试用例为执行成功状态。此用法主要用于验证某种异常是否被正确抛出。

```
@Test
public void testSubstract() {
    cal.subtract(4,2);
    assertEquals(2, cal.getResult());
//fail("Not yet implemented");
}
```

包含 assert 关键字的方法通常称为断言方法，上述代码用于判断期望结果是否和代码的实际执行结果一致，若一致就继续执行后续代码；若不一致则设定此测试用例为执行失败状态，且不继续执行后续代码。此测试方法调用 Calculator 实例的 subtract()方法，分别传入 4 个和 2 个参数，调用 assertEquals()方法断言实际计算结果是否等于 2。实际计算结果为 2，所以测试程序断言成功，设定测试用例的执行为成功状态。

7.2.4 创建 JUnit 4 Test Suite

具体创建步骤如下。

（1）在 7.2.2 节创建的 Java 工程中，再次新建一个测试类，命名为"TestCalculator2"，测试类的具体代码如下。

```
package cn.gloryroad;
import org.junit.Test;

public class TestCalculator2 {

    @Test
    public void test() {
        System.out.println("TestCalculator2 的测试方法被调用");
    }
}
```

（2）创建成功后，在 JunitProj 工程名称上单击鼠标右键，在弹出的快捷菜单中选择"New"→"Other"命令，如图 7-10 所示。

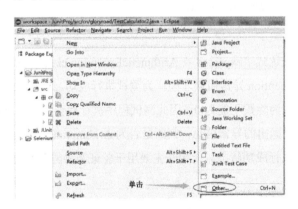

图 7-10

（3）在弹出的对话框中，选中"JUnit"下的"JUnit Test Suite"选项，再单击"Next"按钮，如图 7-11 所示。

（4）弹出"New JUnit Test Suite"对话框，在"Package"的输入框中，输入"cn.gloryroad"，选中"TestCalculator"和"TestCalculator2"这两个类，再单击"Finish"按钮，如图 7-12 所示。

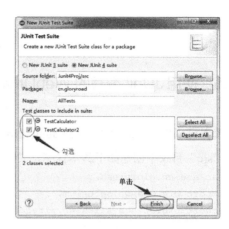

图 7-11　　　　　　　　　　　图 7-12

（5）生成一个名为"AllTests"的测试类，类的具体代码如下。

```
package cn.gloryroad;

import org.junit.runner.RunWith;
import org.junit.runners.Suite;
import org.junit.runners.Suite.SuiteClasses;

@RunWith(Suite.class)
@SuiteClasses({ TestCalculator.class, TestCalculator2.class })
public class AllTests {

}
```

（6）执行此类代码，单击执行按钮 ▶，可看到两个测试类的测试方法均被调用执行，并输出如图 7-13 所示的测试结果。

图 7-13

JUnit Test Suite 主要用来批量执行不同测试类中的测试用例，自动化测试工程师可以根据测试需求生成不同组合的测试用例集合。

7.2.5 使用 JUnit 编写的 WebDriver 脚本

读者可以先打开之前创建的"Junit4Proj"工程,在此工程的"cn.gloryroad package"下的"src"目录中创建如下脚本程序,文件名称为"FirstJunit4WebDriverDemo.java"。

```java
package cn.gloryroad;
import org.openqa.selenium.*;
import org.openqa.selenium.firefox.FirefoxDriver;
import org.junit.After;
import org.junit.Before;
import org.junit.Test;

public class FirstJunit4WebDriverDemo {
    public WebDriver driver;
    String baseUrl = "http://www.sogou.com/"; //设定访问网站的地址
    @Before
    public void setUp() throws Exception {
        //若 WebDriver 无法打开 Firefox 浏览器,才需增加此行代码设定 Firefox 浏览器的
        //所在路径
        System.setProperty("webdriver.firefox.bin","C:\\Program Files\\Firefox Developer Edition\\firefox.exe");
        //加载 Firefox 浏览器的驱动程序
        System.setProperty("webdriver.gecko.driver","d:\\geckodriver.exe");
        driver = new FirefoxDriver();         //打开 Firefox 浏览器
    }

    @After
    public void tearDown() throws Exception {
        driver.quit();                        //关闭打开的浏览器
    }

    @Test
    public void test() {
        //打开搜狗首页
        driver.get(baseUrl + "/");
        //在搜索框中输入"光荣之路自动化测试"
        driver.findElement(By.id("query")).sendKeys("光荣之路自动化测试");
        //单击"搜索"按钮
        driver.findElement(By.id("stb")).click();

    }
}
```

更多说明：

在"setup"函数中进行测试前的准备工作，本实例中的准备工作是打开 Firefox 浏览器。

"teardown"函数主要负责测试用例执行后的环境清理和还原工作，本实例中的清理工作是关闭已打开的 Firefox 浏览器。

在"test"函数中执行测试用例代码。

7.3 TestNG 单元测试框架

TestNG 单元测试框架比 JUnit 单元测试框架更强大，它提供了更多的扩展功能。目前，很大一部分自动化测试工程师已经开始转向使用 TestNG 单元测试框架来运行复杂的自动化测试用例。

7.3.1 什么是 TestNG

TestNG 是一种单元测试框架，由 Cedric Beust 创建。其借鉴了 JUnit 和 Nunit 框架的优秀设计思想，引入了更易用和更强大的功能。TestNG 是一种开源自动化测试框架，NG（Next Generation）就是下一代的意思。TestNG 的使用和 JUnit 有些类似，但它的设计比 JUnit 框架更好，提供了更灵活和更强大的功能。TestNG 消除了一些老式框架的限制，让程序员通过注解、分组、序列化和参数化等多种方式组织和执行自动化测试脚本。

7.3.2 TestNG 的优点

TestNG 具有以下优点：

（1）全面的 HTML 格式测试报告。

（2）支持并发测试。

（3）参数化测试更简单。

（4）支持输出日志。

（5）支持更多功能的注解。

7.3.3 编写 TestNG 测试用例的步骤

编写 TestNG 测试用例的步骤如下。

（1）使用 Eclipse 生成 TestNG 的测试程序框架。

（2）在生成的程序框架中编写测试代码。

（3）根据测试代码逻辑，插入 TestNG 注解标签。

（4）配置"Testng.xml"文件，设定测试类、测试方法、测试分组的执行信息。

（5）执行 TestNG 测试程序。

7.3.4 在 Eclipse 中安装 TestNG 插件

具体安装步骤如下。

（1）启动 Eclipse，选择"Help"→"Install New Software"命令，如图 7-14 所示。

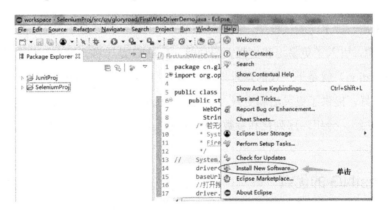

图 7-14

（2）在弹出的对话框中单击"Add"按钮，如图 7-15 所示。

（3）在弹出的"Add Repository"对话框的"Name"输入框中输入"TestNG"，在"Location"输入框中输入"http://beust.com/eclipse/"，单击"OK"按钮，如图 7-16 所示。

（4）在弹出的"Install"对话框中，勾选"TestNG"复选框，单击"Next"按钮，如图 7-17 所示。

第 7 章
单元测试框架的基本介绍

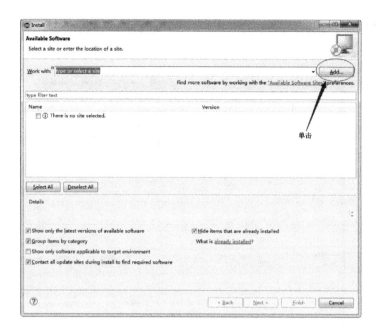

图 7-15

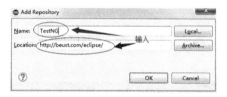

图 7-16

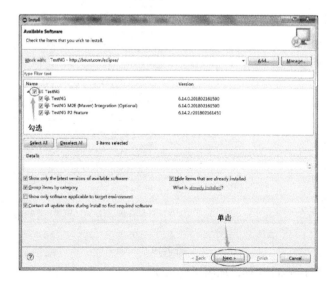

图 7-17

（5）开始 TestNG 插件安装前的准备工作，加载成功后，单击"Next"按钮，如图 7-18 所示。

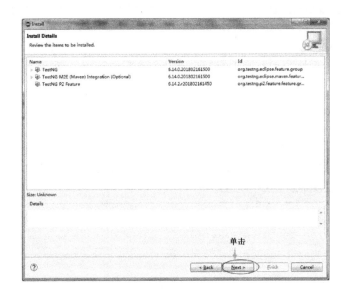

图 7-18

（6）在协议内容界面中，选择"I accept the terms of the license agreement"，单击"Finish"按钮，如图 7-19 所示。

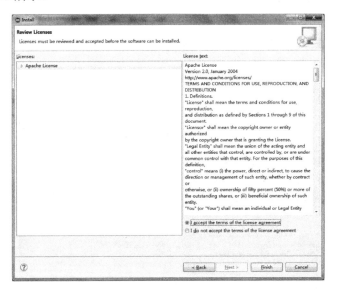

图 7-19

（7）开始安装 TestNG 插件，如图 7-20 所示。

（8）在安装过程中会弹出警告框，单击"Install anyway"按钮继续安装，如图 7-21 所示。

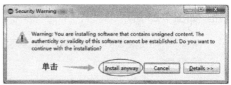

图 7-20　　　　　　　　　　　　　图 7-21

（9）安装完成后，系统提示重启 Eclipse，单击"Restart Now"按钮，如图 7-22 所示。

（10）Eclipse 重启后，在工程名称上单击鼠标右键，弹出的快捷菜单中显示 TestNG 菜单项，表示安装成功，如图 7-23 所示。

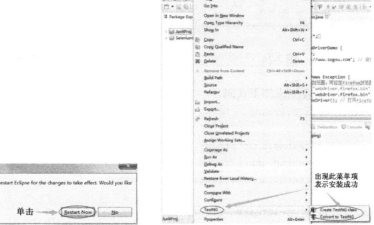

图 7-22　　　　　　　　　　　　　图 7-23

7.3.5　在 TestNG 中运行第一个 WebDriver 测试用例

运行过程如下。

（1）启动 Eclipse，新建一个 Java 工程，命名为"TestNGProj"，参照 6.1 节的内容配置好运行 WebDriver 的相关 JAR 文件。同时，需要在工程的"Configure Build Path"界面进行"Add Library"操作，将"TestNG"添加到工程中。

（2）单击选中新建工程的名称，按下"Ctrl+N"组合键，在弹出的对话框中选择"TestNG"下的"TestNG class"选项，单击"Next"按钮，如图 7-24 所示。

（3）在弹出对话框的"Source folder"输入框中输入"/TestNGProj/src"，在"Package　name"输入框中输入"cn.gloryroad"，在"Class　name"输入框中输入自定义的测试类名称"FirstTestNGDemo"，勾选"@BeforeMethod"和"@AfterMethod"复选框，单击"Finish"

按钮，如图 7-25 所示。

图 7-24　　　　　　　　　　　　　　图 7-25

（4）Eclipse 会生成如下代码。

```
package cn.gloryroad;

import org.testng.annotations.Test;
import org.testng.annotations.BeforeMethod;
import org.testng.annotations.AfterMethod;

public class FirstTestNGDemo {
    @Test
    public void f() {
    }
    @BeforeMethod
    public void beforeMethod() {
    }
    @AfterMethod
    public void afterMethod() {
    }
}
```

（5）在生成的程序测试框架中，编写 WebDriver 的测试代码，具体测试代码如下。

```
package cn.gloryroad;

import org.openqa.selenium.By;
import org.openqa.selenium.WebDriver;
import org.openqa.selenium.firefox.FirefoxDriver;
import org.testng.annotations.Test;
import org.testng.annotations.BeforeMethod;
import org.testng.annotations.AfterMethod;

public class FirstTestNGDemo {
```

```
        public WebDriver driver;
          String baseUrl = "http://www.sogou.com/"; //设定访问网站的地址
        @Test
        public void testSearch() {
            //打开搜狗首页
            driver.get(baseUrl + "/");
            //在搜索框中输入"光荣之路自动化测试"
            driver.findElement(By.id("query")).sendKeys("光荣之路自动化测试");
            //单击"搜索"按钮
            driver.findElement(By.id("stb")).click();
        }
        @BeforeMethod
        public void beforeMethod() {
            //若 WebDriver 无法打开 Firefox 浏览器，才需增加此行代码设定 Firefox 浏览器的
            //所在路径
            System.setProperty("webdriver.firefox.bin","C:\\Program Files\\Firefox Developer Edition\\firefox.exe");
            //加载 Firefox 浏览器的驱动程序
            System.setProperty("webdriver.gecko.driver","d:\\geckodriver.exe");
            //打开 Firefox 浏览器
            driver = new FirefoxDriver();
        }
        @AfterMethod
      public void afterMethod() {
            //关闭打开的浏览器
            driver.quit();
        }
    }
```

（6）在 Eclipse 的代码编辑区域，单击鼠标右键，在弹出的快捷菜单中选择"Debug As"→"TestNG Test"命令，如图 7-26 所示。

（7）在弹出的对话框中单击"OK"按钮，开始执行 TestNG 测试用例，如图 7-27 所示。

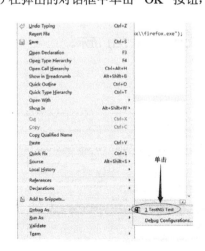
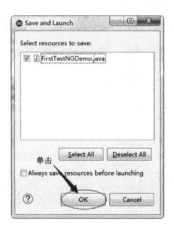

图 7-26　　　　　　　　　　图 7-27

（8）测试用例执行后，在"Console"标签栏中显示测试用例的执行结果，如图 7-28 所示。

图 7-28

（9）查看"Results of running class FirstTestNGDemo"标签栏，可以看到测试用例的图形化运行结果，如图 7-29 所示。

图 7-29

（10）TestNG 也会输出 HTML 格式的测试报告，访问工程目录下的"test-output"目录，如图 7-30 所示。

（11）打开其中的"emailable-report.html"文件，如图 7-31 所示。

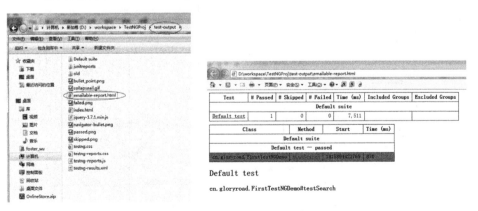

图 7-30　　　　　　　　　　　　　图 7-31

（12）TestNG 也会在"test-output"目录中生成"index.html"文件，此报告提供更加详细的测试用例执行信息，如图 7-32 所示。

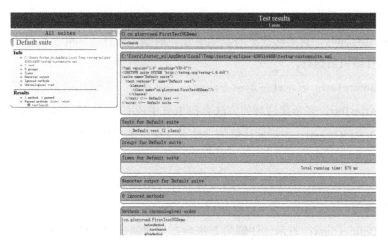

图 7-32

7.3.6 TestNG 的常用注解

TestNG 的常见测试用例的组织结构如下。

- Test Suite 由一个或者多个 Test 组成。
- Test 由一个或者多个测试 Class 组成。
- 一个测试 Class 由一个或者多个测试方法组成。

"testing.xml"的配置层级结构如下。

```
<suite>
    <test>
            <classes>

                    <method>

                    </method>

            </classes>

    </test>

</suite>
```

运行不同层级的测试用例时，可通过不同注解完成测试前的初始化工作、测试用例执行工作和测试后的清理工作。

常用注解如下。

- @BeforeSuite：表示此注解的方法会在当前测试集合（Suite）中的任一测试用例开始运行前执行。
- @AfterSuite：表示此注解的方法会在当前测试集合（Suite）中的所有测试程序运行结束后执行。
- @BeforeTest：表示此注解的方法会在 Test 中任一测试用例开始运行前执行。
- @AfterTest：表示此注解的方法会在 Test 中所有测试用例运行结束后执行。
- @BeforeGroups：表示此注解的方法会在分组测试用例的任一测试用例开始运行前执行。
- @AfterGroups：表示此注解的方法会在分组测试用例的所有测试用例运行结束后执行。
- @BeforeClass：表示此注解的方法会在当前测试类的任一测试用例开始运行前执行。
- @AfterClass：表示此注解的方法会在当前测试类的所有测试用例运行结束后执行。
- @BeforeMethod：表示此注解的方法会在每个测试方法开始运行前执行。
- @AfterMethod：表示此注解的方法会在每个测试方法运行结束后执行。
- @Test：表示此注解的方法会被认为是一个测试方法，即一个测试用例。

使用注解编写 TestNG 测试用例的步骤如下。

（1）在工程"TestNGProj"中新建一个名为"Annotation"的 Java 类。

（2）输入如下测试代码。

```
package cn.gloryroad;

import org.testng.annotations.AfterClass;
import org.testng.annotations.AfterMethod;
import org.testng.annotations.AfterSuite;
import org.testng.annotations.AfterTest;
import org.testng.annotations.BeforeClass;
import org.testng.annotations.BeforeMethod;
import org.testng.annotations.BeforeSuite;
import org.testng.annotations.BeforeTest;
import org.testng.annotations.Test;

public class Annotation {

    @Test
    public void testCase1() {
```

```java
        System.out.println("执行测试用例1");

    }

    @Test
    public void testCase2() {

        System.out.println("执行测试用例2");

    }

    @BeforeMethod
    public void beforeMethod() {

        System.out.println("在每个测试方法开始运行前执行");

    }

    @AfterMethod
    public void afterMethod() {

        System.out.println("在所有测试方法运行结束后执行");

    }

    @BeforeClass
    public void beforeClass() {

        System.out.println("在当前测试类的第一个测试方法开始调用前执行");

    }

    @AfterClass
    public void afterClass() {

        System.out.println("在当前测试类的最后一个测试方法结束运行后执行");

    }

    @BeforeTest
    public void beforeTest() {

        System.out.println("在测试类中的 Test 开始运行前执行");

    }
```

```
@AfterTest
public void afterTest() {
    System.out.println("在测试类中的 Test 运行结束后执行");
}

@BeforeSuite
public void beforeSuite() {
    System.out.println("在当前测试集合中的所有测试程序开始运行前执行");
}

@AfterSuite
public void afterSuite() {
    System.out.println("在当前测试集合中的所有测试程序运行结束后执行");
}
}
```

（3）选中"Annotation.java"类名，单击鼠标右键，在弹出的快捷菜单中选择"Run As"→"TestNG Test"命令执行当前测试类中的 TestNG 测试用例，如图 7-33 所示。

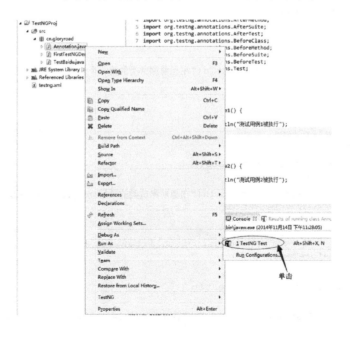

图 7-33

(4)测试结果如下。

```
[RemoteTestNG] detected TestNG version 6.14.2
在当前测试集合中的所有测试程序开始运行前执行
在测试类中的 Test 开始运行前执行
在当前测试类的第一个测试方法开始调用前执行
在每个测试方法开始运行前执行
执行测试用例 1
在所有测试方法运行结束后执行
在每个测试方法开始运行前执行
执行测试用例 2
在所有测试方法运行结束后执行
在当前测试类的最后一个测试方法结束运行后执行
在测试类中的 Test 运行结束后执行
PASSED: testCase1
PASSED: testCase2

===============================================
    Default test
    Tests run: 2, Failures: 0, Skips: 0
===============================================

在当前测试集合中的所有测试程序运行结束后执行

===============================================
Default suite
Total tests run: 2, Failures: 0, Skips: 0
===============================================
```

每个含有注解的类方法如果被调用,均会打印出其对应的注解含义,从执行的结果可以看出不同的注解方法会在何时被调用,基于此实例可以更好地理解注解的执行含义。

7.3.7 测试集合

在自动化测试的执行过程中,通常会产生批量运行多个测试用例的需求,此需求称为运行测试集合(Test Suite)。TestNG 的测试用例可以是相互独立的,也可以按照特定的顺序来执行。

通过"TestNG.xml"的配置,可运行多个测试用例的不同组合。

操作步骤如下。

(1)在"TestNGProj"工程中,新建一个名为"TestBaidu"的 Java 测试类,在测试类中实现一个类似测试搜狗首页的测试用例。

（2）在工程名称上单击鼠标右键，在弹出的快捷菜单中选择"New"→"File"命令，如图 7-34 所示。

（3）在弹出的"New File"对话框的"File name"输入框中输入"testng.xml"，单击"Finish"按钮创建 TestNG 的 XML 配置文件，如图 7-35 所示。

图 7-34　　　　　　　　　　　　　　　　　图 7-35

（4）"testng.xml"在工程中创建成功，如图 7-36 所示。

（5）双击"testng.xml"文件，显示文件编辑窗口，选择"Source"标签栏进行编辑，如图 7-37 所示。

（6）在"testng.xml"的文件编辑区域输入如下内容并保存。其中，"suite name"定义测试集合名称；"test name"定义测试名称；classes 定义测试类，本实例中定义了当前工程中的两个测试类"FirstTestNGDemo"和"TestBaidu"。

```xml
<suite name="TestNGSuite">
    <test name="test1">
        <classes>

            <class name="cn.gloryroad.FirstTestNGDemo"/>
            <class name="cn.gloryroad.TestBaidu"/>

        </classes>
    </test>
</suite>
```

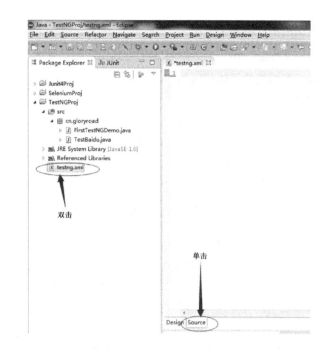

图 7-36　　　　　　　　　　　　　　　　图 7-37

（7）单击"testng.xml"文件名，单击 Eclipse 的执行按钮 ，在测试结果中可看到两个测试类的测试方法均成功执行。

```
[RemoteTestNG] detected TestNG version 6.14.2


===============================================
TestNGSuite
Total tests run: 2, Failures: 0, Skips: 0
===============================================
```

上述实例演示了如何批量执行测试类中的多个测试方法，读者可以根据测试需求来定义测试类。

7.3.8　测试用例的分组

TestNG 使用"group"关键字进行分组，用来执行多个 Test 的测试用例。

操作步骤如下。

（1）在工程"TestNGProj"中新建一个名为"Grouping"的测试类。

（2）编写两个归属于命名为"人"的测试用例分组的类方法，编写两个归属于命名为"动物"的测试用例分组的类方法，编写一个既归属于"人"测试用例分组又归属于"动物"测试用例分组的类方法。

（3）使用(groups = {"分组名"})的方式设定测试方法与分组的归属关系。

（4）测试类的具体代码如下。

```java
package cn.gloryroad;

import org.testng.annotations.Test;

public class  Grouping {
    @Test (groups = { "人" })
    public void student() {
        System.out.println("学生方法被调用");
    }
    @Test (groups = { "人" })
    public void teacher() {
        System.out.println("老师方法被调用");
    }
    @Test (groups = { "动物" })
    public void cat() {
        System.out.println("小猫方法被调用");
    }
    @Test (groups = { "动物" })
    public void dog() {
        System.out.println("小狗方法被调用");
    }
    @Test (groups = { "人", "动物" })
    public void feeder() {
        System.out.println("饲养员方法被调用");
    }
}
```

（5）"testng.xml"的内容配置如下。

```xml
<suite name="Suite">

<test name="Grouping">

<groups>

    <run>

        <include name="动物"/>

    </run>

</groups>

<classes>
```

```
            <class name="cn.gloryroad.Grouping"/>

        </classes>

    </test>

</suite>
```

（6）单击"testng.xml"文件名称，使用 TestNG Test 的方式运行。

（7）测试结果如下。

```
[RemoteTestNG] detected TestNG version 6.14.2
小猫方法被调用
小狗方法被调用
饲养员方法被调用


===============================================
Suite
Total tests run: 3, Failures: 0, Skips: 0
===============================================
```

（8）从测试结果可看出，"testng.xml"配置的"动物"分组测试方法全部被调用。在 XML 文件中将"动物"改为"人"，再次执行测试程序，则会调用"人"分组中的所有测试方法。

（9）如果想同时执行两个分组中的所有测试用例，可将"testng.xml"文件修改为如下内容。

```
<suite name="Suite">

    <test name="Grouping">

    <groups>

        <define name="All">

            <include name="人"/>

            <include name="动物"/>

        </define>

        <run>

            <include name="All"/>

        </run>
```

```
            </groups>

            <classes>

                <class name="cn.gloryroad.Grouping"/>

            </classes>

        </test>

    </suite>
```
使用此方法可将测试用例进行任意分组,并根据测试需求执行不同分组的测试用例。

7.3.9 依赖测试

某些复杂的测试场景需要按照某种特定顺序执行测试用例,以保证某个测试用例被执行后才执行其他测试用例,此测试场景运行需求称为依赖测试。通过依赖测试,可在不同测试方法间共享数据和程序状态。TestNG 支持依赖测试,使用"dependsOnMethods"参数来实现。

测试代码:
```java
package cn.gloryroad;

import org.testng.annotations.Test;

public class DependentTest {
@Test (dependsOnMethods = { "OpenBrowser" })
public void SignIn() {
    System.out.println("SignIn方法被调用!");
}
@Test
public void OpenBrowser() {
    System.out.println("OpenBrowser方法被调用!");
}
@Test (dependsOnMethods = { "SignIn" })
public void LogOut() {
    System.out.println("LogOut方法被调用!");
  }
}
```

测试执行结果:

[RemoteTestNG] detected TestNG version 6.14.2

OpenBrowser方法被调用!

```
SignIn 方法被调用！
LogOut 方法被调用！
PASSED: OpenBrowser
PASSED: SignIn
PASSED: LogOut

===============================================
    Default test
    Tests run: 3, Failures: 0, Skips: 0
===============================================
```

更多说明：

此测试代码中共有 3 个测试方法，实现的测试逻辑分别是打开浏览器、用户登录和用户注销，此测试逻辑在测试工作中很常见，且必须按照固定顺序执行，否则测试用例无法执行成功。SignIn 方法使用了参数 " dependsOnMethods= {"OpenBrowser"} "，表示在 OpenBrowser 测试方法被调用后才能执行 SignIn 方法；LogOut 方法使用了参数 "dependsOnMethods = {"SignIn"}"，表示在 SignIn 测试方法被调用后才能执行 LogOut 方法。

通过使用参数 "dependsOnMethods"，TestNG 实现了依赖测试。

7.3.10 按照特定顺序执行测试用例

使用参数 "priority" 可实现按照特定顺序执行测试用例。

测试代码：

```
package cn.gloryroad;

import org.testng.annotations.Test;

public class SequenceTest {
    @Test(priority = 2)
    public void test3() {
        System.out.println("test3 方法被调用");
    }
    @Test(priority = 3)
    public void test4() {
        System.out.println("test4 方法被调用");
    }
    @Test(priority = 0)

    public void test1() {
        System.out.println("test1 方法被调用");
      }
    @Test(priority = 1)
```

```java
    public void test2() {
        System.out.println("test2 方法被调用");
    }
}
```

测试结果：

```
[RemoteTestNG] detected TestNG version 6.14.2


test1 方法被调用
test2 方法被调用
test3 方法被调用
test4 方法被调用
PASSED: test1
PASSED: test2
PASSED: test3
PASSED: test4

===============================================
    Default test
    Tests run: 4, Failures: 0, Skips: 0
===============================================
```

更多说明：

分别在 test1~test4 方法的注解@Test 后添加了参数"priority"，并分别赋值 1~4。从测试结果可以看出，测试代码中顺序靠后的 test1 和 test2 方法分别作为第一个和第二个方法被调用，然后才调用 test3 和 test4 方法。通过此方式，TestNG 实现了按照特定顺序执行测试用例。

7.3.11 跳过某个测试方法

使用参数"enabled=false"来跳过某个测试方法。

测试代码：

```java
package cn.gloryroad;

import org.testng.annotations.Test;

public class SequenceTest {
    @Test(priority = 2)
    public void test3() {
        System.out.println("test3 方法被调用");
    }
    @Test(priority = 0)
    public void test1() {
```

```
            System.out.println("test1 方法被调用");
        }
        @Test(priority = 1,enabled=false)
        public void test2() {
            System.out.println("test2 方法被调用");
        }
}
```

测试结果：

```
[RemoteTestNG] detected TestNG version 6.14.2

test1 方法被调用
test3 方法被调用
PASSED: test1
PASSED: test3

===============================================
    Default test
    Tests run: 2, Failures: 0, Skips: 0
===============================================
```

更多说明：

从测试结果可以看出，使用参数"enabled=false"的 test2 方法被忽略执行了，test1 和 test3 方法被执行了。TestNG 测试报告中显示"Skips：0"，这又是为什么呢？在进行依赖测试时，如有前置的测试方法未被成功执行，则后续未执行的依赖测试方法个数会被标记为"Skips"的显示数量。

7.3.12 测试报告中的自定义日志

TestNG 提供了日志功能，在测试过程中可通过自定义的方式记录测试脚本的运行信息，如记录测试程序的执行步骤及测试出错时的异常信息等。日志信息一般使用两种模式进行记录，即高层级和低层级。低层级模式会记录所有的测试步骤信息，高层级模式只记录测试脚本中的主要事件信息。读者可根据测试需求选择日志信息的记录层级。

测试代码：

```
package cn.gloryroad;
import org.testng.annotations.Test;
import org.testng.Reporter;

public class TestngReporter {
    @Test
    public void OpenBrowser() {
            System.out.println("OpenBrowser 方法被调用！");
```

```
            Reporter.log("调用打开浏览器的方法");
        }
    @Test
    public void SignIn() {
            System.out.println("SignIn 方法被调用！");
            Reporter.log("调用登录方法");
        }
    @Test
    public void LogOut() {
            System.out.println("LogOut 方法被调用！");
            Reporter.log("调用注销方法");
        }
}
```

测试结果：

在 TestNG 测试报告中，可查看测试运行的 Report output 信息，如图 7-38 所示。

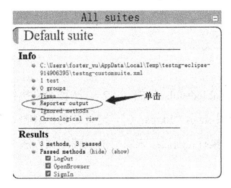
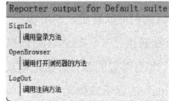

图 7-38

7.3.13　断言

TestNG 允许在测试执行过程中对测试程序变量的中间状态进行断言（Assert），从而辅助判断测试用例的执行结果是成功还是失败。

TestNG 中常用的断言方法如下。

- assertTrue：判断是否为 true。
- assertFalse：判断是否为 false。
- assertSame：判断引用地址是否相同
- assertNotSame：判断引用地址是否不相同。
- assertNull：判断是否为 Null。
- assertNotNull：判断是否不为 Null。

第 7 章
单元测试框架的基本介绍

- assertEquals：判断是否相等，Object 类型的对象需实现 hashCode 及 equals 方法。
- assertNotEquals：判断是否不相等。
- assertEqualsNoOrder：判断忽略顺序是否相等。

下面使用 WebDrvier 测试实例来说明断言的使用方法。

测试用例：

（1）打开 Firefox 浏览器，访问搜狗首页。

（2）查找首页上的输入框元素。

（3）断言输入框是否存在。

（4）输入搜索关键词。

（5）单击"搜索"按钮。

测试程序：

```java
package cn.gloryroad;

import org.openqa.selenium.By;
import org.openqa.selenium.WebDriver;
import org.openqa.selenium.WebElement;
import org.openqa.selenium.firefox.FirefoxDriver;
import org.testng.annotations.Test;
import org.testng.annotations.BeforeMethod;
import org.testng.annotations.AfterMethod;
import org.testng.Assert;

public class AssertTest {
    public WebDriver driver;
     //设定访问网站的地址
     String baseUrl = "http://www.sogou.com/";
    @Test
    public void testSogouSearch() {
      //打开搜狗首页
      driver.get(baseUrl + "/");
      //在搜索框中输入"光荣之路自动化测试"
      WebElement inputBox=driver.findElement(By.id("query"));
      /* 使用 Assert 类的 assertTrue 方法断言搜索输入框是否在页面显示
       * isDisplayed 方法根据页面元素的显示状态返回判断值，在页面显示则返回 true,
       * 不显示则返回 false
       */
      Assert.assertTrue(inputBox.isDisplayed());
      inputBox.sendKeys("光荣之路自动化测试");
      //单击"搜索"按钮
      driver.findElement(By.id("stb")).click();
    }
    @BeforeMethod
      public void beforeMethod() {
```

```
        //若 WebDriver 无法打开 Firefox 浏览器，才需增加此行代码设定 Firefox 浏览器的所在路径
        System.setProperty("webdriver.firefox.bin","C:\\Program Files\\Firefox
Developer Edition\\firefox.exe");
        //加载 Firefox 浏览器的驱动程序
        System.setProperty("webdriver.gecko.driver","d:\\geckodriver.exe");
        //打开 Firefox 浏览器
        driver = new FirefoxDriver();
    }

    @AfterMethod
    public void afterMethod() {
        //关闭打开的浏览器
        driver.quit();
    }
}
```

测试结果：

```
[RemoteTestNG] detected TestNG version 6.14.2

PASSED: testSogouSearch

===============================================
    Default test
    Tests run: 1, Failures: 0, Skips: 0
===============================================
```

更多说明：

"inputBox.isDisplayed()"用来判断输入框是否显示在搜狗首页中。若显示则此函数返回值为 true，若未显示则返回值为 false。

"Assert.assertTrue(inputBox.isDisplayed())"用来判断"inputBox.isDisplayed()"函数返回值是否为 true。若函数返回值为 true，则断言测试用例执行成功，测试程序会继续执行后续语句；否则当前测试用例会被设定为执行失败，且不继续执行后续语句。

第 8 章
页面元素的定位方法

在自动化测试实施过程中,测试程序中常用的页面元素操作如下。

(1) 定位网页上的页面元素,并存储到一个变量中。

(2) 对变量中存储的页面元素进行操作,如单击链接、选择下拉列表或在输入框中输入文字等。

(3) 设定页面元素的操作值,如选择下拉列表中的某一项或在输入框中输入字符。

执行以上 3 个步骤,可以完成对页面元素的自动化操作,其中,定位页面元素是第一个步骤,若无法定位页面元素,后面两个步骤也无法完成。在自动化测试实施过程中,由于网页技术的实现过于复杂,经常造成各种页面元素难以定位,常常有人绞尽脑汁也无法定位页面上显示的页面元素。为了更好地解决页面元素的定位难题,本章将对定位页面元素的常用方法和最佳实践经验进行详尽说明。

8.1 定位页面元素的方法汇总

WebDriver 对象的 findElement 函数可用于定位一个页面元素,findElements 函数可用于定位多个页面元素,定位到的页面元素需使用 WebElement 对象进行存储,以便在测试程序中继续使用。常用的定位页面元素的方法如表 8-1 所示。

表 8-1

定位方法	定位方法的 Java 语言实现实例
使用 ID 定位	driver.findElement(By.id("ID 值"));
使用 name 定位	driver.findElement(By.name("name 值"));
使用链接的全部文字定位	driver.findElement(By.linkText("链接的全部文字内容"));
使用部分链接的文字定位	driver.findElement(By.partialLinkText("链接的部分文字内容"));
使用标签名称定位	driver.findElement(By.tagName("页面中的 HTML 标签名称"));
使用 Class 名称定位	driver.findElement(By.className("页面元素的 Class 属性值"));
使用 XPath 方式定位	driver.findElement(By.xpath("XPath 定位表达式"));
使用 CSS 方式定位	driver.findElement(By.cssSelector("CSS 定位表达式"));
使用 jQuery 方式定位	js.executeScript("return jQuery.find('jQuery 定位表达式')");

8.2 使用 ID 定位

被测试网页的 HTML 代码：

```
<html>
    <body>
        <label>用户名</label>
        <input id="username"></input>
        <label>密码</label>
        <input id="password"></input>
        <br>
        <button id="submit">登录</button>
    </body>
</html>
```

定位语句代码：

```
WebElement username= driver.findElement(By.id("username"));
WebElement password= driver.findElement(By.id("password"));
WebElement submit= driver.findElement(By.id("submit"));
```

代码解释：

语句 1 使用 driver 对象的 findElement 函数进行页面元素定位查找，"By.id("username")"表示使用 ID 定位方式，查看被测试网页的 HTML 代码可找到用户名输入框的 ID 值"username"，程序使用"username"作为 ID 值进行定位。

同理，语句 2 和语句 3 分别用"password"和"submit"作为 ID 值。

由于页面元素的 ID 属性在当前网页中是唯一的，所以使用 ID 值定位可以保证定位的唯一性，不会像其他定位方式一样可能定位到多个页面元素。但在自动化测试的实施过程中，很多核心的页面元素均无 ID 属性值，导致无法使用 ID 值进行定位操作。

建议：和页面开发工程师约定所有的核心页面元素均需增加 ID 值，以此提高网页程序的可测试性，降低自动化测试的实施难度。

8.3 使用 name 定位

被测试网页的 HTML 代码：
```
<html>
    <body>
        <label>用户名</label>
        <input name="username"></input>
        <label>密码</label>
        <input name="password"></input>
        <br>
        <button name="submit">登录</button>
    </body>
</html>
```

定位语句代码：
```
WebElement username= driver.findElement(By.name("username"));
WebElement password= driver.findElement(By.name("password"));
WebElement password=driver.findElement(By.name("submit"));
```

代码解释：

语句 1 使用 driver 对象的 findElement 函数进行页面元素定位查找，"By.name("username")"表示使用 name 定位方式定位，查看被测试网页的 HTML 代码可找到用户名输入框的 name 值"username"，程序使用"username"作为 name 值进行定位。

同理，语句 2 和语句 3 分别设定"password"和"submit"为 name 值进行定位。

更多说明：

页面元素的 name 属性和 ID 属性有所区别，name 属性值在当前网页中可以不是唯一的，而 ID 属性值必须是唯一的，因此使用 name 定位可能会同时定位到多个元素，还需进一步定位才能获取实施测试操作的唯一页面元素。

8.4 使用链接的全部文字定位

被测试网页的 HTML 代码：

```
<html>
    <body>
        <a href="http://www.sogou.com"> sogou 搜索</a><br>
        <a href="http://www.baidu.com"> baidu 搜索</a>
    </body>
</html>
```

定位语句代码：
`WebElement link= driver.findElement(By.linkText("sogou 搜索"));`

代码解释：

使用 driver 对象的 findElement 函数进行页面元素定位查找，"By.linkText("sogou 搜索")" 表示查找显示文字为 "sogou 搜索" 的页面链接，链接的显示文字需要完全匹配 "sogou 搜索" 关键字。若无法精确匹配，则无法找到链接。

更多说明：

使用此方式定位链接需要完全匹配链接的显示文字，常用于页面中多个链接文字高度相似的情况，且无法使用部分链接文字进行定位。

8.5 使用部分链接的文字定位

被测试网页的 HTML 代码：
```
<html>
    <body>
        <a href="http://www.sogou.com"> sogou 搜索</a><br>
        <a href="http://www.baidu.com"> baidu 搜索</a>
    </body>
</html>
```

定位语句代码：
```
WebElement link= driver.findElement(By.partialLinkText("sog"));
List<WebElement> links=driver.findElements(By.partialLinkText("搜索"));
```

代码解释：

第一行代码使用 driver 对象的 findElement 函数进行页面元素定位查找，"By.partialLinkText("sog")" 表示查找包含 "sog" 字母的链接。若匹配到多个包含 "sog" 字母的链接，则会将第一个匹配的链接对象赋值给 link 变量。

第二行代码使用 driver 对象的 findElements 函数进行页面元素定位查找，表示查找包含 "搜索" 两个字的所有链接。在被测试网页的 HTML 代码中可看到有两个包含 "搜索" 关键字的链接，这两个链接对象都会被定位，且存储到名为 "links" 的 List 容器变量中。

更多说明：

此方式只需模糊匹配链接的显示文字即可，常用于匹配页面链接文字不定期发生少量文字变化的情况。使用模糊匹配的方式可以提高链接定位的准确率，也可以用于模糊匹配一组链接的情况。

8.6 使用标签名称定位

被测试网页的 HTML 代码：
```
<html>
    <body>
        <a href="http://www.sogou.com"> sogou 搜索</a><br>
        <a href="http://www.baidu.com"> baidu 搜索</a>
    </body>
</html>
```

定位语句代码：
```
WebElement link= driver.findElement(By.tagName("a"));
List<WebElement> links=driver.findElements(By.tagName("a"));
```

代码解释：

第一行代码使用 driver 对象的 findElement 函数进行页面元素定位查找，"By.tagName("a")"表示查找页面上的链接，因为被测试网页中有多个链接，所以只有第一个被匹配的链接对象会赋值给 link 变量。

第二行代码使用 driver 对象的 findElements 函数进行页面元素定位查找，表示查找当前页面的所有链接。所有包含"a"关键字的链接都会被定位，且被存储到名为"links"的 List 容器变量中。

更多说明：

标签名称的定位方式主要用于匹配多个页面元素，对查找到的网页元素对象进行计数、遍历、修改属性等操作。

8.7 使用 Class 名称定位

被测试网页的 HTML 代码：
```
<html>
    <head>
```

```
            <style type="text/css">
                input.spread { FONT-SIZE: 20pt;}
                input.tight  { FONT-SIZE: 10pt;}
            </style>
        </head>
        <body>
            <input class="spread" type=text></input>
            <input class="tight" type=text></input>
        </body>
</html>
```

定位语句代码：

`WebElement input= driver.findElement(By.className("tight"));`

程序解释：

在被测试网页的 HTML 代码中可以看到两个输入框均有 class 属性，spread 类定义的字体比 tight 类大了 10 pt。"By.className("tight")" 表示使用 class 属性的名称来查找页面元素。

更多说明：

可以根据 class 属性值来查找一个或者一组显示效果相同的页面元素。

8.8　使用 XPath 方式定位

XPath 定位方式是自动化测试定位技术中的必杀技，几乎可以解决所有的定位难题，强烈推荐读者深入掌握此节的全部内容。

8.8.1　什么是 XPath

XPath 是 XML Path 的缩写，主要用于在 XML 文档中选择文档中的节点。基于 XML 树状文档结构，XPath 语言可以用于在整棵树中寻找指定的节点。XPath 定位与即将讲到的 CSS 定位相比，具备更大的灵活性，在 XML 文档树中既可以向前搜索，也可以向后搜索，而 CSS 定位只能在 XML 文档树中向前搜索；但 XPath 的定位速度要比 CSS 慢一些。

8.8.2 XPath 语法

由于网页的 HTML 代码是一种特殊的 XML 文档，因此 XPath 也支持在 HTML 代码中定位 HTML 树状文档结构中的节点，后续小节均使用如下 HTML 代码实例来解释 XPath 的语法。

被测试网页的 HTML 代码：
```
<html>
    <body>
        <div id="div1">
            <input name="div1input"></input>
            <a href="http://www.sogou.com">搜狗搜索</a>
            <img alt="div1-img1" src="http://www.sogou.com/images/logo/new/sogou.png"
            href="http://www.sogou.com">搜狗图片</img>
            <input type="button" value="查询"></>
        </div>
        <br>
        <div name="div2">
        <input name="div2input"></input>
        <a href="http://www.baidu.com">百度搜索</a>
            <img alt="div2-img2" src="http://www.baidu.com/img/bdlogo.png"
            href="http://www.baidu.com">百度图片</img>
        </div>
    </body>
</html>
```
使用上述代码生成被测试网页，基于此网页来实践各种不同页面元素的 XPath 定位方法。

1. 使用绝对路径来定位元素

在被测试网页中，查找第一个 div 标签中的按钮。

XPath 表达式：
/html/body/div/input[@value="查询"]

Java 定位语句：
WebElement button= driver.findElement(By.xpath("/html/body/div/input[@value='查询']"));

代码解释：

XPath 表达式表示从 HTML 代码的最外层节点逐层查找，最后定位到按钮节点。

"By.xpath("/html/body/div/input[@value='查询']")" 表示使用 XPath 定位方式进行查找。

更多说明：

使用绝对路径的好处在于可以验证页面是否发生变化。如果页面发生变化，一般会造成原有定位成功的 XPath 表达式定位失败，由此可发现网页结构发生了改变。使用绝对路径进行定位是十分脆弱的，因为即便页面代码发生了微小的变化，也会造成原有的 XPath 表达式定位失败。在自动化测试的定位方式中，优先推荐使用相对路径的定位方式。

2．使用相对路径来定位元素

在被测试网页中，查找第一个 div 标签中的按钮。

XPath 表达式：
```
//input[@value="查询"]
```

Java 定位语句：
```
WebElement button= driver.findElement(By.xpath("//input[@value='查询']"));
```

代码解释：

XPath 表达式中的"//"表示在 HTML 文档的全部层级位置进行查找，"input[@value='查询']"表示定位显示"查询"两个字的按钮。

更多说明：

相对路径的 XPath 表达式更加简洁，不管页面发生了何种变化，只要 input 的 value 值是"查询"两个字就可以被定位到。推荐使用相对路径的 XPath 表达式，可大大降低测试脚本中定位表达式的维护成本。

3．使用索引号来定位元素

在被测试网页中，查找第二个 div 标签中的"查询"按钮。

XPath 表达式：
```
//input[2]
```

Java 定位语句：
```
WebElement button= driver.findElement(By.xpath("//input[2]"));
```

代码解释：

根据元素类型在页面中出现的先后顺序，可以使用序号来查找指定的页面元素。本实例的 XPath 表达式表示查找页面中第二个出现的 input 元素，即被测试页面上的按钮元素。

更多说明：

若在不同浏览器的定位插件中使用"//input[1]"，会发现被测试网页的两个输入框元素均被定位到，这和查找到第一个 input 元素的预期结果有偏差。这是因为页面中含有两个 div 节点，每个 div 里均包含 input 元素，XPath 在查找的时候把每个 div 节点当作相同的起始层级开始查找，所以使用"//input[1]"表达式会同时查找到两个 div 节点中的第一个 input 元素。因此在使用序号进行页面元素定位的时候，需要注意网页 HTML 代码中是否包含多个层级完全相同的代码结构（如本例的两个 div 结构），若包含多个则会定位到多个页面元素。

若想使用 XPath 表达式同时定位多个页面元素,并将定位到的多个元素存储到 List 对象中,可以参考如下 Java 语句:

```
List<WebElement> inputs=driver.findElements(By.xpath("//input[1]"));
```

若页面元素经常有新增或者减少的情况,不建议使用该方式,因为页面变化很可能会让使用索引号的 XPath 表达式定位失败。

4. 使用页面元素的属性值来定位元素

在定位页面元素的时候,会遇到各种结构复杂的网页,并且经常出现无法使用 ID、name 方式定位的情况。若不想使用绝对路径进行定位,又搞不清楚到底应该使用什么序号来定位页面元素,那么推荐使用属性值。

尝试定位被测试网页中的第一个图片元素。

XPath 表达式:

```
//img[@alt='div1-img1']
```

Java 定位语句:

```
WebElement img= driver.findElement(By.xpath("//img[@alt='div1-img1']"));
```

代码解释:

表达式使用了相对路径定位方式,并且使用了图片的 alt 属性值来进行定位,通过查看页面的 HTML 代码可获取图片的 alt 值。

更多说明:

被测试网页的元素通常会包含各种各样的属性值,并且很多属性值具有唯一性。若能确认属性值发生变更的可能性很低且具有唯一值,强烈建议使用相对路径和属性值结合的定位的方式来编写 XPath 定位表达式,基于此定位方法,可解决 99%的页面元素定位难题。基于实例中的被测试网页,下面给出更多的属性值定位实例,如表 8-2 所示。

表 8-2

预期定位的页面元素	定位表达式实例	使用的属性值
定位页面的第一张图片	//img[@href='http://www.sogou.com']	使用 img 标签的 href 属性值
定位第二个 div 中第一个 input 输入框	//div[@name='div2']/input[@name='div2input']	使用 div 标签的 name 属性值 使用 input 标签的 name 属性值
定位第一个 div 中的第一个链接	//div[@id='div1']/a[@href='http://www.sogou.com']	使用 div 标签的 ID 属性值 使用 a 标签的 href 属性值
定位页面的查询按钮	//input[@type='button']	使用 type 属性值

5. 使用模糊的属性值来定位元素

在自动化测试的实施过程中,会遇到另外一种情况:页面元素的属性值会被动态地生成,即每次看到的页面元素属性值是不一样的,这种情况会加大定位难度,使用模糊的属性值进行定位可在一定程度上解决此类难题。XPath 函数可满足模糊属性值的定位需求。

XPath 常用函数如表 8-3 所示。

表 8-3

XPath 函数	定位表达式实例	表达式解释
Starts-with()	//img[starts-with(@alt,'div1')]	查找图片 alt 属性开始位置包含"div1"关键字的页面元素
Contains()	//img[contains(@alt,'g1')]	查找图片 alt 属性包含"g1"关键字的页面元素

Contains()函数属于 XPath 函数的高级用法，使用场景较多，只要具有固定不变的几个关键字，即使页面元素的属性值经常发生一定程度的变化，依旧可以使用 Contains()函数进行定位。

6．使用 XPath 轴（Axis）来定位元素

使用 XPath 轴（Axis）的定位方式可依据文档树中元素的相对位置关系进行定位。先找到一个相对好定位的元素，依据其和要定位元素的相对位置进行定位，可解决一些元素难以定位的问题。

根据本节中的被测试网页 HTML 代码，画出一个图形化的文档树状图，如图 8-1 所示。XPath 轴常用关键字如表 8-4 所示。

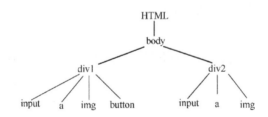

图 8-1

表 8-4

XPath 轴关键字	轴的含义说明	定位表达式实例	表达式解释
parent	选择当前节点的上层父节点	//img[@alt='div2-img2']/parent::div	查找到 alt 属性值为"div2-img"的图片，并基于图片位置找到它上一级的 div 页面元素
child	选择当前节点的下层子节点	//div[@id='div1']/child::img	查找到 ID 属性值为"div1"的 div 页面元素，并基于 div 的位置找到它下层节点中的 img 页面元素
ancestor	选择当前节点所有上层的节点	//img[@alt='div2-img2']/ancestor::div	查找到 alt 属性值为"div2-img2"的图片，并基于图片位置找到它上级的 div 页面元素

续表

XPath 轴关键字	轴的含义说明	定位表达式实例	表达式解释
descendant	选择当前节点所有下层的节点	//div[@name='div2']/descendant::img	查找到 name 属性值为"div2"的 div 页面元素，并基于该位置找到它下级所有节点中的 img 页面元素
following	选择在当前节点之后显示的所有节点	//div[@id='div1']/following::img	查找到 ID 属性值为"div1"的 div 页面元素，并基于该位置找到它后面节点中的 img 页面元素
following-sibling	选择当前节点的所有同级节点	//a[@href='http://www.sogou.com']/following-sibling::input	查找到链接地址为"http://www.sogou.com"的链接页面元素，并基于链接的位置找到它后续节点中的 input 页面元素
preceding	选择当前节点前面的所有节点	//img[@alt='div2-img2']/preceding::div	查找到 alt 属性值为"div2-img2"的图片页面元素，并基于图片的位置找到它前面节点中的 div 页面元素
preceding-sibling	选择当前节点前面的所有同级节点	//img[@alt='div2-img2']/preceding-sibling::a[1]	查找到 alt 属性值为"div2-img2"的图片页面元素，并基于图片的位置找到它前面同级节点中的第二个链接页面元素

7．使用页面元素的文本来定位元素

使用 text()函数可以定位包含某些关键字的页面元素。

XPath 表达式：

表达式 1：`//a[text()='百度搜索']`
表达式 2：`//a[contains(text(),'百度')]`
表达式 3：`//a[contains(text(),'百度')]/preceding::div`

Java 定位语句：
```
WebElement a=driver.findElement(By.xpath("//a[text()='百度搜索']"));
WebElement a=driver.findElement(By.xpath("//a[contains(text(),'百度')]"));
WebElement div=driver.findElement(By.xpath("//a[contains(text(),'百度')]/preceding::div"));
```

代码解释：

- XPath 表达式 1：表示查找包含"百度搜索"的链接页面元素，使用的是精确匹配方式，一个字不能多，一个字也不能少。
- XPath 表达式 2：表示搜索包含"百度"两个字的链接页面元素，实现根据部分文字内容进行匹配。
- XPath 表达式 3：表示在包含"百度"两个字的链接页面元素的前面查找 div 页面元素。

更多说明：

使用文字匹配模式进行定位，为定位复杂的页面元素提供了一种强大的定位模式，在遇到定位困难的时候，可优先使用此方法进行定位。建议读者使用此定位方法进行大量练习，做到可随意定位页面中的任意元素。

8.9　使用 CSS 方式定位

CSS 定位方式和 XPath 定位方式类似,能够解决大部分常见的定位难题,如果读者已经深入掌握了 XPath 定位的使用方法,则可以选择跳过此节。

8.9.1　什么是 CSS

CSS 是 Cascading Style Sheets 的缩写,是一种用来表现 HTML 或 XML 等文件样式的前端页面语言,主要用于描述页面元素的展现和样式定义。

8.9.2　CSS 语法

CSS 定位和 XPath 定位方式基本相同,只不过 CSS 表达式有其自有的表达式格式。CSS 定位的优势在于定位速度比 XPath 定位快,且比 XPath 定位更加稳定。下面介绍一下 CSS 定位的使用方法。

被测试网页的 HTML 代码:
```
<html>
<head>
    <style type="text/css">
        input.spread { FONT-SIZE: 20pt;}
        input.tight { FONT-SIZE: 10pt;}
    </style>
</head>

<body onload="document.getElementById('div1input').focus()">
    <div id="div1">
        <input id="div1input" class="spread"></input>
        <a href="http://www.sogou.com">搜狗搜索</a>
        <img alt="div1-img1"src=http://www.sogou.com/images/logo/new/sogou.png href="http://www.sogou.com">搜狗图片</img>
        <input type="button" value="查询"></>
    </div>
    <br>
        <p>第一段文字:时间管理好,每天学习 1 小时,改变只会手工测试的命运</p>
```

```
            <p>第二段文字：现在不努力，老大搞 IT</p>
            <p>第三段文字：1 万小时理论，1 万小时的努力和积累让你与众不同</p>
        <input type="checkbox" >学习</input>
            <div name="div2">
            <input name="div2input"  class="tight"></input>
            <a href="http://www.baidu.com">百度搜索</a>
                <img alt="div2-img2" src="http://www.baidu.com/img/bdlogo.png"
href="http://www.baidu.com">百度图片</img>
            </div>
        </body>
    </html>
```

1．使用绝对路径进行定位

在被测试网页中，查找第一个 div 标签中的按钮。

CSS 定位表达式：

```
html>body >div >input[type='button']
```

Java 定位语句：

```
WebElement button1=driver.findElement(By.cssSelector("html >body >div >input[type='button']"));
```

代码解释：

CSS 定位表达式使用绝对路径来定位页面元素。findElement 函数使用 By.cssSelector 函数定位按钮，"cssSelector"表示使用 CSS 定位方式进行定位。

提示：不推荐在频繁变化的被测试页面上使用绝对路径进行定位。

2．使用相对路径进行定位

在被测试网页中，查找第一个 div 标签中的按钮。

CSS 定位表达式：

```
input[type='button']
```

Java 定位语句：

```
WebElement button=driver.findElement(By.cssSelector("input[type='button']"));
```

代码解释：

CSS 定位表达式使用元素名称和元素属性值进行相对路径的定位。

3．使用 class 名称进行定位

在被测试网页中，查找第一个 div 标签中的按钮。

CSS 定位表达式：

```
input.spread
```

Java 定位语句：

```
WebElement button=driver.findElement(By.cssSelector("input.spread"));
```

代码解释：

CSS 定位表达式使用 input 页面元素的 class 名称进行定位。

4．使用 ID 属性值进行定位

在被测试网页中，查找第一个 div 标签中 ID 为"div1input"的 input 页面元素。

CSS 定位表达式：
```
input#div1input
```

Java 定位语句：
```
WebElement input=driver.findElement(By.cssSelector("input#div1input"));
```

代码解释：

CSS 定位表达式使用 input 页面元素的 ID 属性值"div1input"进行定位。

5．使用页面其他属性值进行定位

在被测试网页中，查找 div 标签中的第一张图片。

CSS 定位表达式：
表达式 1：`Img[alt='div1-img1']`
表达式 2：`Img[alt='div1-img1'][href=http://www.sogou.com]`

Java 定位语句：
```
WebElement img1 =driver.findElement(By.cssSelector("Img[alt='div1-img1']"));
WebElement img2 =driver.findElement(By.cssSelector("Img[alt='div1-img1'][href='http://www.sogou.com']"));
```

代码解释：

- 表达式 1：表示使用 img 页面元素的 alt 属性"div1-img1"进行定位。若定位的页面元素始终具有唯一的属性值，此定位方法可解决页面频繁变化的部分定位难题。
- 表达式 2：表示同时使用了 alt 属性和 href 属性进行页面元素的定位。在某些复杂的定位场景中，可使用多个属性来定位页面中的唯一元素。

6．使用页面元素属性值的一部分关键字进行定位

在被测试网页中，查找 sogou 搜索的链接。

CSS 定位表达式：
表达式 1：`a[href^='http://www.so']`
表达式 2：`a[href$='gou.com']`
表达式 3：`a[href*='so']`

Java 定位语句：
```
WebElement link1 =driver.findElement(By.cssSelector("a[href^='http://www. so']"));
WebElement link2 =driver.findElement(By.cssSelector("a[href$='gou.com']"));
WebElement link3 =driver.findElement(By.cssSelector("a[href*='so']"));
```

代码解释：
- 表达式 1：表示匹配链接地址开头包含"http://www.so"关键字的链接。
- 表达式 2：表示匹配链接地址结尾包含"gou.com"关键字的链接。
- 表达式 3：表示匹配链接地址包含"so"关键字的链接。

使用此模糊定位方式，可匹配属性值动态变化的页面元素，只要找到属性值固定不变的关键字部分，即可进行模糊匹配定位。此方式是复杂定位难题的杀手锏。

7. 使用页面元素进行子页面元素的查找

在被测试网页中，查找第一个 div 下的第一个页面元素。

CSS 定位表达式：

```
div#div1 > input#div1input
```

Java 定位语句：

```
WebElement input =driver.findElement(By.cssSelector("div#div1 > input#div1input"));
```

代码解释：

CSS 定位表达式中的"div#div1"表示在被测试页面上定位 ID 属性值为"div1"的 div 页面元素，">"表示在 div 页面元素里进行子页面元素的查找，"input#div1input"表示查找 ID 属性值为"div1input"的 input 页面元素。此方式可实现查找 div 子页面元素的目标。

8. 使用伪类表达式进行定位

在被测试网页中，查找第一个 div 下的指定子页面元素。

CSS 定位表达式：

表达式 1：`div#div1 :first-child`
表达式 2：`div#div1 :nth-child(2)`
表达式 3：`div#div1 :last-child`
表达式 4：`input:focus`
表达式 5：`input:enabled`
表达式 6：`input:checked`

Java 定位语句：

```
WebElement input1 =driver.findElement(By.cssSelector("div#div1 :first-child"));
WebElement a =driver.findElement(By.cssSelector("div#div1 :nth-child(2)"));
WebElement input3 =driver.findElement(By.cssSelector("div#div1 :last-child"));
WebElement input =driver.findElement(By.cssSelector("input:focus"));
WebElement checkbox1=driver.findElement(By.cssSelector("input:enabled"));
WebElement checkbox2=driver.findElement(By.cssSelector("input:checked"));
```

代码解释：

伪类表达式是 CSS 语法支持的定位方式，前 3 个表达式要特别注意，":"前面一定要加一个空格,否则无法定位子页面元素。

- 表达式 1:表示查找 ID 属性值为"div1"的 div 页面元素下的第一个元素,参考被测试网页的 HTML 可以看到,定位到的页面元素是 input 元素,":first-child"表示查找某个页面元素里的第一个子页面元素。
- 表达式 2:表示查找 ID 属性值为"div1"的 div 页面元素下的第二个元素,参考被测试网页的 HTML 可看到,定位到的页面元素是一个链接元素,":nth-child(2)"表示查找某个页面元素里面的第二个子页面元素。
- 表达式 3:表示查找 ID 属性值为"div1"的 div 页面元素下的最后一个元素,参考被测试网页的 HTML 可看到,定位到的页面元素是按钮元素,":last-child"表示查找某个页面元素里的最后一个子页面元素。
- 表达式 4:表示查找当前获取焦点的 input 页面元素。
- 表达式 5:表示查找可操作的 input 页面元素。
- 表达式 6:表示查找被勾选状态的 checkbox 页面元素。

更多说明:

伪类定位方式可基于子元素的相对位置和元素的状态进行定位,此定位方式可解决自动化测试中的大部分定位难题。

9. 查找同级兄弟页面元素

在被测试网页中,查找第一个 div 下第一个 input 页面元素的同级兄弟页面元素。

CSS 定位表达式:

表达式 1:`div#div1 > input + a`
表达式 2:`div#div1 > input + a+ img`
表达式 3:`div#div1 > input + * +img`

Java 定位语句:

```
WebElement link =driver.findElement(By.cssSelector("div#div1 > input + a"));
WebElement img1 =driver.findElement(By.cssSelector("div#div1 > input + a+ img"));
WebElement img2 =driver.findElement(By.cssSelector("div#div1 > input + * + img"));
```

代码解释:

- 表达式 1:表示在 ID 属性值为"div1"的 div 页面元素下,查找 input 页面元素后面的同级链接元素。
- 表达式 2:表示在 ID 属性值为"div1"的 div 页面元素下,查找 input 页面元素和链接元素后面的同级图片元素。
- 表达式 3:表示在 ID 属性值为"div1"的 div 页面元素下,查找 input 页面元素和某种类型页面元素后面的同级图片元素,"*"表示任意类型的页面元素。

更多说明：

使用此方式可基于相对位置和页面元素类型来定位页面元素，使用"*"字符进行模糊匹配可解决更多的疑难定位问题。

8.9.3 XPath 定位和 CSS 定位的比较

XPath 和 CSS 的定位方式相似，XPath 定位功能相对更强大一些，而 CSS 定位方式执行速度更快，但是某些浏览器并不支持 CSS 定位方式。由于在自动化测试实施中使用 XPath 定位方式要比使用 CSS 定位方式更加普遍，所以建议优先掌握 XPath 定位方法。

XPath 语法和 CSS 3 语法的常用表达式比较如表 8-5 所示。

表 8-5

定位元素目标	XPath	CSS 3
所有元素	//*	*
所有的 div 元素	//div	div
所有的 div 元素的子元素	//div/*	div> *
根据 ID 属性获取元素	//*[@id='div1']	#div1
根据 class 属性获取元素	//*[contains(@class,'spread')]	.spread
拥有某个属性的元素	//*[@herf]	*[href]
所有 div 元素的第一个子元素	//div/*[1]	div> *:first-child
所有拥有子元素 a 的 div 元素	//div[a]	无法实现
input 的下一个兄弟元素	//input/following-sibling::*[1]	input+ *

8.10 使用 jQuery 方式定位

如果读者有一些 JavaScript 的编程经验，则可以选择使用 jQuery 定位方式来解决一些疑难定位问题。如果已经熟练掌握 XPath 定位技术的使用技巧，可以选择跳过此节。

8.10.1 什么是 jQuery

jQuery 是一个兼容多浏览器的 JavaScript 库，核心理念是"Write Less，Do More（写得更少，做得更多）"。jQuery 于 2006 年 1 月由美国人 John Resig 在纽约的 barcamp 发布，

吸引了来自世界各地的众多 JavaScript 高手加入，由 Dave Methvin 率领团队进行开发。如今，jQuery 已经成为最流行的 JavaScript 库，在世界前 10 000 个访问最多的网站中，有超过 55%的网站正在使用 jQuery。

　　jQuery 定位方式实际上是调用 jQuery 库的查找功能，主要用于不能良好支持 CSS 定位方式的浏览器。当然，页面本身如果引入了 jQuery 库，也可通过 jQuery 库操作页面元素，实现一些复杂操作。本节主要讲解 jQuery 定位页面元素的方式，具体深入学习请参阅 jQuery 官方文档（地址：http://api.jquery.com/）。

8.10.2　jQuery 的定位代码实例

查找搜狗首页中的所有链接元素。

Java 实例代码：

```java
package cn.gloryroad;

import static org.junit.Assert.*;
import java.util.*;
import org.junit.*;
import org.openqa.selenium.*;
import org.openqa.selenium.firefox.FirefoxDriver;

    public class JQueryTest{
        WebDriver driver;
        JavascriptExecutor js;
    @SuppressWarnings("unchecked")
    @Test
    public void jQueryTest() throws InterruptedException {
        //若 WebDriver 无法打开 Firefox 浏览器，才需增加此行代码设定 Firefox 浏览器的
        //所在路径
        System.setProperty("webdriver.firefox.bin","C:\\Program Files\\Firefox Developer Edition\\firefox.exe");
        //加载 Firefox 浏览器的驱动程序
        System.setProperty("webdriver.gecko.driver","d:\\geckodriver.exe");
        //打开 Firefox 浏览器
        driver = new FirefoxDriver();
        driver.get("http://www.sogou.com/");
        js = (JavascriptExecutor) driver;
        injectjQueryIfNeeded();
        List<WebElement> elements = (List<WebElement>) js.executeScript ("return jQuery.find('a')");
        assertEquals(128, elements.size()); //验证超链接的数量
        for (int i = 0; i<elements.size(); i++) {
```

```
                System.out.print(elements.get(i).getText() + "、");
            }
        driver.close();
        }
    private void injectjQueryIfNeeded() {
        if (!jQueryLoaded())
            injectjQuery();
        }

    //判断是否已加载 jQuery
    public Boolean jQueryLoaded() {
            Boolean loaded;
            try {
                loaded = (Boolean) js.executeScript("return " + "jQuery()!=null");
              } catch (WebDriverException e) {
                loaded = false;
              }
            return loaded;
        }

    //通过注入 jQuery
    public void injectjQuery() {
        js.executeScript(" var headID = "
                + "document.getElementsByTagName(\"head\")[0];"
                + "var newScript = document.createElement('script');"
                + "newScript.type = 'text/javascript';" + "newScript.src = "
                + "'http://ajax.googleapis.com/ajax/"
                + "libs/jquery/1.7.2/jquery.min.js';"
                + "headID.appendChild(newScript);");
        }
}
```

代码解释：

（1）"js = (JavascriptExecutor) driver; "：将 driver 转换为 JavascriptExecutor 的对象。

（2）"js.executeScript("return jQuery.find('a')");"：在 JavascriptExecutor 对象的 executeScript 函数中执行 JavaScript 语句，"return jQuery.find('a')" 表示调用 jQuery 的 find 方法查找页面中所有 a 标签的页面元素（链接元素），返回的结果存储到一个 List 对象中。

（3）"assertEquals(128, elements.size());"：此行代码表示断言 List 对象 elements 里是否包含 128 个链接对象，若包含则断言成功，测试执行通过；否则断言失败，测试用例也被设定为执行失败状态。

（4）由于网页页面可能不会默认包含 jQuery 库，所以在使用 jQuery 定位方式前必须先在页面中插入 jQuery 库。injectjQueryIfNeeded 函数调用 jQueryLoaded 函数判断当前页面是否加载了 jQuery 库，若页面没有加载（即 jQueryLoaded 函数返回"false"），则调用

injectjQuery 函数在页面中加载 jQuery 库。

更多说明：

在 jQuery 定位中，使用 CSS 定位表达式来进行元素定位，表 8-6 列出了更多的实例表达式，以供参考。

表 8-6

实例表达式	含 义
input	查找页面上所有的 input 页面元素
input#query	查找页面上 ID 属性为 "query" 的 input 页面元素
input.q	查找页面上 class 属性为 "q" 的 input 页面元素
a[href=\\'http://pic.sogou.com\\']	查找页面上 href 地址为 "http://pic.sogou.com" 的链接元素
a[href*=\\'http://pic.so \\']	查找页面上 href 地址包含 "http://pic.so" 关键字的链接元素

8.11　表格的定位方法

网站页面常常会包含各类表格的页面元素，自动化测试工程师会经常操作表格中的行、列及某些特定的单元格，因此熟练掌握表格定位方法是自动化测试实施的必要技能。

8.11.1　遍历表格的全部单元格

被测试网页的 HTML 代码：

```
<html>
<body>
<table width="400" border="1" id="table">
<tr>
<td align="left">消费项目....</th>
<td align="right">一月</th>
<td align="right">二月</th>
</tr>
<tr>
<td align="left">衣服</td>
<td align="right">1000 元</td>
<td align="right">500 元</td>
</tr>
<tr>
<td align="left">化妆品</td>
<td align="right">3000 元</td>
```

```html
<td align="right">500 元</td>
</tr>
<tr>
<td align="left">食物</td>
<td align="right">3000 元</td>
<td align="right">650 元</td>
</tr>
<tr>
<td align="left">总计</th>
<td align="right">7000 元</th>
<td align="right">1150 元</th>
</tr>
</table>
</body>
</html>
```

页面展现内容如图 8-2 所示。

消费项目....	一月	二月
衣服	1000元	500元
化妆品	3000元	500元
食物	3000元	650元
总计	7000元	1150元

图 8-2

Java 实例代码：

```java
@Test
public void LocateTable() {
        WebElement table=driver.findElement(By.id("table"));
        List<WebElement> rows=table.findElements(By.tagName("tr"));
        assertEquals(5,rows.size());
        for(WebElement row:rows){
            List<WebElement> cols=row.findElements(By.tagName("td"));
            for (WebElement col:cols){
                System.out.print(col.getText()+"\t");
            }
            System.out.println("");
        }
}
```

程序执行后输出：

```
消费项目....    一月          二月
衣服           1000 元       500 元
化妆品         3000 元       500 元
食物           3000 元       650 元
总计           7000 元       1150 元
```

代码解释：

代码实现逻辑如下。

（1）先定位表格的页面元素对象。
```
WebElement table=driver.findElement(By.id("table"));
```

（2）在表格页面元素对象中，把所有的 tr 元素对象存储到 List 对象中（即把表格中每行的对象存储到一个 List 中）。
```
List<WebElement> rows=table.findElements(By.tagName("tr"));
```

（3）使用 for 循环，先将表格行对象从 rows 对象中取出，使用 findElements 函数将表格行对象中的所有单元格对象存储到名为"cols"的 List 对象中，然后再次使用 for 循环，把每行的单元格文本遍历输出。
```
for(WebElement row:rows){
        List<WebElement> cols=row.findElements(By.tagName("td"));
        for (WebElement col:cols){
             System.out.print(col.getText()+"\t");
        }
System.out.println("");
}
```

"col.getText()"表示获取单元格的文本内容。

以上步骤完成表格中所有单元格的遍历输出，通过遍历可以读取任意单元格的内容。

8.11.2 定位表格中的某个单元格

在被测试网站的网页中，定位显示表格第二行第二列的单元格。

XPath 表达式实例：
```
//*[@id='table']/tbody/tr[2]/td[2]
```

Java 实例代码：
```
WebElement cell = driver.findElement(By.xpath("//*[@id='table']/tbody/tr[2]/td[2]"));
```

更多说明：

表达式中的"tr[2]"表示第二行，"td[2]"表示第二列，组合起来就是第二行第二列的单元格。

CSS 表达式：
```
html body table#table tbody tr:nth-child(2) td:nth-child(2)
```

Java 实例代码：
```
WebElement cell = driver.findElement(By.cssSelector("html body table#table tbody tr:nth-child(2) td:nth-child(2)"));
```

代码解释：

表达式中的"tr:nth-child(2)"表示第二行，"td:nth-child(2)"表示第二列，组合起来就是第二行第二列的单元格。

8.11.3　定位表格中的子元素

被测试网页的 HTML 代码：
```
<html>
<body>
<table width="400" border="1" id="table">
<tr>
<td align="left">消费项目....</th>
<td align="right">一月</th>
<td align="right">二月</th>
</tr>
<tr>
<td align="left">衣服<input type='checkbox'>外套</input><input type='checkbox'>内衣</input></></td>
<td align="right">1000 元</></td>
<td align="right">500 元</td>
</tr>
<tr>
<td align="left">化妆品<input type='checkbox'>面霜</input><input type='checkbox'>沐浴露</input></td>
<td align="right">3000 元</td>
<td align="right">500 元</td>
</tr>
<tr>
<td align="left">食物<input type='checkbox'>主食</input><input type='checkbox'>蔬菜</input></td>
<td align="right">3000 元</td>
<td align="right">650 元</td>
</tr>
<tr>
<td align="left">总计</th>
<td align="right">7000 元</th>
<td align="right">1150 元</th>
</tr>
</table>
```
页面展现内容如图 8-3 所示。

消费项目....	一月	二月
衣服□外套□内衣	1000元	500元
化妆品□面霜□沐浴露	3000元	500元
食物□主食□蔬菜	3000元	650元
总计	7000元	1150元

图 8-3

定位要求：定位到表格中的"面霜"复选框。

XPath 表达式：

`//td[contains(text(),'化妆')]/input[2]`

Java 实例代码：

`WebElement cell=driver.findElement(By.xpath("//td[contains(text(),'化妆')]/input[2]"));`

代码解释：

先找到包含子元素的单元格，在单元格中寻找子元素即可。表达式中的"//td[contains(text(),'化妆')]"表示模糊匹配到包含"化妆"关键字的单元格，"/input[2]"表示单元格里面的第二个 input 元素。也可使用 XPath 轴来查找子元素，如"//td[contains(text(),'化妆')]/descendant::input[2]"。

第二篇

实战应用篇

| 第 9 章 |
WebDriver 的多浏览器测试

本章讲解的实例均基于强大的 TestNG 框架。读者若想使用 JUnit 来执行相关测试用例，请参考 JUnit 章节自行改写实例代码，主要是更换 import 的 jar 包和相关注解，核心代码本身不用改变。

9.1 使用 IE 浏览器进行测试

环境准备：

（1）在 IE 浏览器中使用 WebDriver 进行自动化测试时，需要先访问 "http://www.seleniumhq.org/download/"，下载一个 WebDriver 操作 IE 浏览器的驱动程序，文件的名称为 "IEDriver Server.exe"。

下载页面的下载链接如图 9-1 所示。

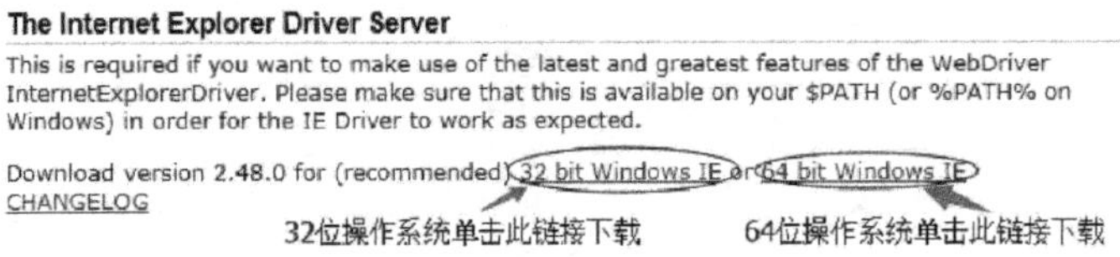

图 9-1

（2）下载的文件可以保存在本地硬盘的任意位置，如 "D:\"。

基于 TestNG 的 Java 实例代码：

```
package cn.gloryroad;
```

```java
import org.testng.*;
import org.testng.annotations.AfterMethod;
import org.testng.annotations.BeforeMethod;
import org.testng.annotations.Test;
import org.openqa.selenium.*;
import org.openqa.selenium.ie.InternetExplorerDriver;

public class VisitSogouByIE {

    WebDriver driver ;
    String baseUrl;
    @BeforeMethod
    public void setUp() throws Exception {
        //设定连接 IE 浏览器驱动程序所在的磁盘位置，并添加为系统属性值
        baseUrl = "http://www.sogou.com";
        System.setProperty("webdriver.ie.driver","D:\\IEDriverServer.exe");
        driver = new InternetExplorerDriver();
    }
    @Test
    public void visitSogou() {
        driver.get(baseUrl + "/");

    }
    @AfterMethod
    public void tearDown() throws Exception {
        driver.quit();     //关闭打开的浏览器
    }

}
```

代码解释：

（1）将 IE 浏览器驱动程序的所在路径设定为系统属性值。

```
System.setProperty("webdriver.ie.driver", "D:\\IEDriverServer.exe");
```

（2）将 driver 实例化为 InternetExplorerDriver 对象。

```
driver = new InternetExplorerDriver();
```

（3）打开 IE 浏览器访问搜狗首页。

```
driver.get(baseUrl + "/");
```

9.2 使用 Firefox 浏览器进行测试

环境准备：

（1）需要在本地操作系统中安装 Firefox 浏览器。

（2）下载 Firefox 浏览器的驱动文件（具体可参阅 6.1 节内容）。

（3）在某些环境下，作者也遇到一些不需要驱动就可以使用的情况。

基于 TestNG 的 Java 实例代码：

```java
package cn.gloryroad;

import org.testng.annotations.AfterMethod;
import org.testng.annotations.BeforeMethod;
import org.testng.annotations.Test;
import org.openqa.selenium.*;
import org.openqa.selenium.firefox.FirefoxDriver;

public class VisitSogouByFirefox {
    WebDriver driver;
    String baseUrl;

    @BeforeMethod
    public void setUp() throws Exception {
        baseUrl = "http://www.sogou.com";
        //若 WebDriver 无法打开 Firefox 浏览器，才需要增加此行代码设定 Firefox 浏览器的
        //所在路径
        System.setProperty("webdriver.firefox.bin","C:\\Program Files\\Firefox Developer Edition\\firefox.exe");
        //加载驱动。注意：有些环境无须使用下一行语句来加载驱动
        System.setProperty("webdriver.gecko.driver","e:\\geckodriver.exe");
        driver = new FirefoxDriver();
    }

    @Test
    public void visitSogou() {
        driver.get(baseUrl + "/");
    }

    @AfterMethod
    public void tearDown() throws Exception {
        driver.quit();     //关闭打开的浏览器
    }

}
```

9.3 使用 Chrome 浏览器进行测试

环境准备：

（1）使用 WebDriver 在 Chrome 浏览器中进行测试时，需要访问"http://chromedriver.storage.googleapis.com/index.html?path=2.33/"，下载 WebDriver 操作 Chrome 浏览器的驱动

程序，需下载文件的名称为“chromedriver.exe”。

下载页面如图 9-2 所示，读者可根据自己使用的操作系统类型选择要下载的文件。

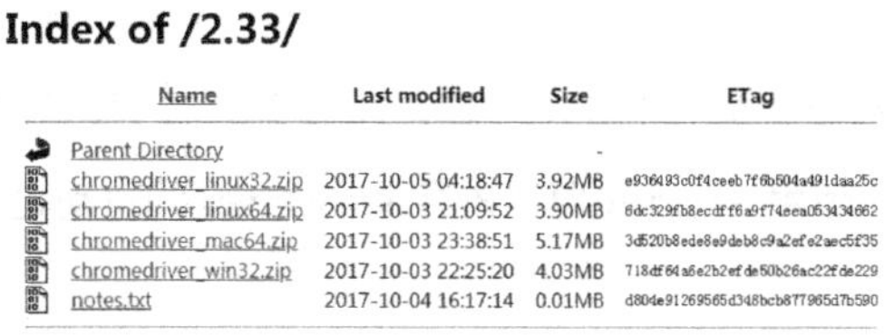

Index of /2.33/

Name	Last modified	Size	ETag
Parent Directory		-	
chromedriver_linux32.zip	2017-10-05 04:18:47	3.92MB	e936493c0f4ceeb7f6b504a491daa25c
chromedriver_linux64.zip	2017-10-03 21:09:52	3.90MB	6dc329fb8ecdff6a9f74eea053434662
chromedriver_mac64.zip	2017-10-03 23:38:51	5.17MB	3d520b8ede8e9deb8c9a2efe2aec5f35
chromedriver_win32.zip	2017-10-03 22:25:20	4.03MB	718df64a6e2b2efde50b26ac22fde229
notes.txt	2017-10-04 16:17:14	0.01MB	d804e91269565d348bcb877965d7b590

图 9-2

（2）将下载文件解压缩后，可将“chromedriver.exe”保存在本地硬盘的任意位置，如“D:\”。

基于 TestNG 的 Java 实例代码：

```
package cn.gloryroad;

import org.testng.annotations.AfterMethod;
import org.testng.annotations.BeforeMethod;
import org.testng.annotations.Test;
import org.openqa.selenium.*;
import org.openqa.selenium.chrome.ChromeDriver;

public class VisitSogouByChrome {

    WebDriver driver ;
    String baseUrl;
    @BeforeMethod
    public void setUp() throws Exception {
        baseUrl = "http://www.sogou.com";
        //设定连接 Chrome 浏览器驱动程序所在的磁盘位置，并添加为系统属性值
        System.setProperty("webdriver.chrome.driver","d:\\chromedriver.exe");
        driver=new ChromeDriver();
    }
    @Test
    public void visitSogou() {
        driver.get(baseUrl + "/");
    }
    @AfterMethod
    public void tearDown() throws Exception {
        driver.quit();    //关闭打开的浏览器
    }

}
```

9.4　使用 Mac 系统中的 Safari 浏览器进行测试

环境准备：

（1）Mac 系统默认都会安装 Safari 浏览器，所以无须进行特别的安装配置。

（2）在 Mac 系统中，使用 Safari 浏览器进行 WebDriver 的自动化测试时，无须下载驱动程序。

基于 TestNG 的 Java 实例代码：

```java
package cn.gloryroad;

import org.openqa.selenium.WebDriver;
import org.openqa.selenium.safari.SafariDriver;
import org.testng.annotations.Test;
import org.testng.annotations.BeforeMethod;
import org.testng.annotations.AfterMethod;

public class VisitSogou {
    WebDriver driver;
    String baseUrl;
    @Test
    public void  visitSogouBySafari() {
      baseUrl="http://www.sogou.com";
      driver.get("http://www.sogou.com");
    }
    @BeforeMethod
    public void setUp() {
    driver =new SafariDriver();
    }

    @AfterMethod
    public void tearDown() {
      driver.quit();
    }

}
```

9.5　使用 TestNG 进行并发兼容性测试

Web 测试项目经常包含浏览器兼容性相关的测试工作，因为兼容性测试的工作重复性相当高，所以常常导致测试人员的测试积极性大大降低。手工测试工程师经常会考虑如何提高工作效率，以及如何一次性执行多个浏览器的兼容性测试用例。TestNG 提供了并

第9章 WebDriver 的多浏览器测试

发执行测试用例的功能，可以让测试用例以并发的形式执行，实现并发测试不同浏览器的兼容性测试需求。

测试用例说明：

分别使用 IE、Chrome 和 Firefox 浏览器，TestNG 以并发方式在搜狗首页中搜索某个关键词。

测试代码：

```java
package cn.gloryroad;

import org.openqa.selenium.By;
import org.openqa.selenium.WebDriver;
import org.openqa.selenium.WebElement;
import org.openqa.selenium.chrome.ChromeDriver;
import org.openqa.selenium.firefox.FirefoxDriver;
import org.openqa.selenium.ie.InternetExplorerDriver;
import org.testng.Assert;
import org.testng.annotations.AfterClass;
import org.testng.annotations.BeforeClass;
import org.testng.annotations.Parameters;
import org.testng.annotations.Test;

public class MultipleBrowserSearchTest {
public WebDriver driver;
String baseUrl = "http://www.sogou.com/"; //设定访问网站的地址
@Parameters("browser")
@BeforeClass
public void beforeTest(String Browser) {
    if(Browser.equalsIgnoreCase("firefox")) {
        //若 WebDriver 无法打开 Firefox 浏览器，才需增加此行代码设定 Firefox 浏览器的
        //所在路径
        System.setProperty("webdriver.firefox.bin","C:\\Program Files\\Firefox Developer Edition\\firefox.exe");
        //加载 Firefox 浏览器的驱动程序
        System.setProperty("webdriver.gecko.driver","d:\\geckodriver.exe");
        //打开 Firefox 浏览器
        driver = new FirefoxDriver();

      }else if (Browser.equalsIgnoreCase("ie")) {

        System.setProperty("webdriver.ie.driver", "D:\\IEDriverServer.exe");
        driver = new InternetExplorerDriver();

    }
    else {
    System.setProperty("webdriver.chrome.driver", "D:\\chromedriver.exe");
```

```java
            driver = new ChromeDriver();
        }

    }
    @Test
    public void testSogouSearch() {
        //打开搜狗首页
        driver.get(baseUrl + "/");
        //在搜索框中输入"光荣之路自动化测试"
        WebElement inputBox=driver.findElement(By.id("query"));
        Assert.assertTrue(inputBox.isDisplayed());
        inputBox.sendKeys("光荣之路自动化测试");
        //单击"搜索"按钮
        driver.findElement(By.id("stb")).click();
        //单击"搜索"按钮后等待 3 秒钟，让页面完成显示过程
        try {
            Thread.sleep(3000);
        } catch (InterruptedException e) {
            e.printStackTrace();
        }
        //判断搜索结果中是否包含测试数据中期望的关键词
        Assert.assertTrue(driver.getPageSource().contains("光荣之路"));
    }

    @AfterClass
    public void afterTest() {
        driver.quit();     //关闭打开的浏览器
    }
}
```

当前工程中的"testng.xml"文件的配置内容：

```xml
<?xml version="1.0" encoding="UTF-8"?>

<!DOCTYPE suite SYSTEM "http://testng.org/testng-1.0.dtd">

<suite name="Suite" parallel="tests" thread-count="3">

<test name="FirefoxTest">

<parameter name="browser" value="firefox"/>

<classes>

<class name="cn.gloryroad.MultipleBrowserSearchTest"/>

</classes>

</test>
```

```xml
<test name="IETest">

<parameter name="browser" value="ie"/>

<classes>

<class name="cn.gloryroad.MultipleBrowserSearchTest"/>

</classes>

</test>

<test name="ChromeTest">

<parameter name="browser" value="chrome"/>

<classes>

<class name="cn.gloryroad.MultipleBrowserSearchTest"/>

</classes>

</test>
</suite>
```

运行方法：

在当前工程的"testng.xml"文件上单击鼠标右键，在弹出的快捷菜单中选择"Run As"→"TestNG Suite"命令来运行测试脚本。

执行结果：

```
Started InternetExplorerDriver server (32-bit)
2.48.0.0
Listening on port 22967
1520777199904 geckodriver    INFO geckodriver 0.19.1
1520777199916 geckodriver    INFO Listening on 127.0.0.1:20997
Starting ChromeDriver 2.33.506120 (e3e53437346286c0bc2d2dc9aa4915ba81d9023f) on port 27651


===============================================
Suite
Total tests run: 3, Failures: 0, Skips: 0
===============================================
```

代码解释：

在运行过程中，可看到系统同时弹出 IE、Chrome 和 Firefox 的浏览器窗口，并在这 3 个窗口中运行测试脚本定义的操作步骤，实现了多个浏览器的并发测试。"testng.xml"中的配置内容设置了测试用例的并发执行参数和方式。

```
@Parameters("browser")
```

此注解定义了 browser 参数，在测试执行的过程中，此参数的具体值由"testng.xml"中的""配置来传递给测试程序。

beforeTest 方法中包含下面的逻辑判断语句：

```
if(Browser.equalsIgnoreCase("firefox")
else if (Browser.equalsIgnoreCase("ie"))
else
```

上述语句表示传入的 Browser 参数是何种浏览器的名称，根据 Browser 参数的值来进行 WebDriver 浏览器对象的初始化工作，从而实现浏览器类型的动态选择。

testng.xml：`<suite name="Suite" parallel="tests" thread-count="3">`

"parallel="tests""表示使用不同的线程运行本文件中 test 标签定义的测试类。"thread-count= "3""表示同时开启运行测试脚本的线程数。

第10章
WebDriver API 实例详解

本章主要详细描述 WebDriver 的常用 API 使用方法，所有实例会给出被测试页面的 HTML 代码或者被测试网站的网址，方便读者在本地进行 API 的调用实践。API 的调用代码会包含在 @Test 测试方法中，文中不再赘述。WebDriver 对象的声明和 System.setProperty() 设定等测试执行准备的相关代码，请读者参考第 9 章的内容来获取完整的 TestNG 执行测试用例代码结构，只要把本章节的 @Test 方法加到测试类中即可运行。

10.1 访问某网页地址

被测试网页的网址：

http://www.sogou.com

Java 语言版本的 API 实例代码：

方法 1：

```
@Test
public void visitURL() {
    String baseUrl="http://www.sogou.com";
    driver.get(baseUrl);
}
```

方法 2：

```
@Test
public void visitURL() {
    String baseUrl="http://www.sogou.com";
```

```
        driver.navigate().to(baseUrl);    //访问搜狗首页
    }
```

10.2　返回上一个访问的网页（模拟单击浏览器的后退功能）

被测试网页的网址：

http://www.sogou.com

http://www.baidu.com

Java 语言版本的 API 实例代码：

```
    @Test
    public void visitRecentURL() {
        String url1="http://www.sogou.com";
        String url2="http://www.baidu.com";
        driver.navigate().to(url1);    //先访问搜狗首页
        driver.navigate().to(url2);    //再跳转访问百度首页
        driver.navigate().back();      //返回到上一次访问的搜狗首页
    }
```

10.3　从上次访问网页前进到下一个网页（模拟单击浏览器的前进功能）

被测试网页的网址：

http://www.sogou.com

http://www.baidu.com

Java 语言版本的 API 实例代码：

```
@Test
    public void visitNextURL() {
        String url1="http://www.sogou.com";
        String url2="http://www.baidu.com";
        driver.navigate().to(url1);       //先访问搜狗首页
        driver.navigate().to(url2);       //再跳转访问百度首页
        driver.navigate().back();         //返回到上一次访问的搜狗首页
        driver.navigate().forward();      //从搜狗首页跳转到百度首页
    }
```

10.4 刷新当前网页

被测试网页的网址：

http://www.sogou.com

Java 语言版本的 API 实例代码：
```
@Test
public void freshCurrentPage() {
    String url="http://www.sogou.com";
    driver.navigate().to(url);
    driver.navigate().refresh();     //刷新当前页面
}
```

10.5 操作浏览器窗口

被测试网页的网址：

http://www.sogou.com

Java 语言版本的 API 实例代码：
```
@Test
    public void operateBrowser() {
        /* 声明一个 Point 对象，两个 150 表示浏览器的位置相对于屏幕的左上角(0,0)的
        横坐标距离和纵坐标距离 */
        Point point =new Point(150,150);
        //声明 Dimension 对象，两个 500 表示浏览器窗口的长度和宽度
        Dimension dimension=new Dimension(500,500);
        /* setPositon 方法表示设定浏览器在屏幕上的位置为 point 对象的坐标(150,150)，
           在某些版本浏览器中此方法失效 */
        driver.manage().window().setPosition(point);
        //setSize 方法表示设定浏览器窗口的大小：长为 500 个单位和宽为 500 个单位
        driver.manage().window().setSize(dimension);
        //getPostion 方法表示获取浏览器在屏幕的位置，在某些浏览器版本中此方法失效
        System.out.println(driver.manage().window().getPosition());
        //getSize 方法表示获取当前浏览器窗口的大小
        System.out.println(driver.manage().window().getSize());
       //maximize 方法表示将浏览器窗口最大化
```

```
            driver.manage().window().maximize();
            driver.get("http://www.sogou.com");
    }
```

10.6　获取页面的 Title 属性

被测试网页的网址：

http://www.sogou.com

Java 语言版本的 API 实例代码：
```
@Test
    public void getTitle() {
        //访问搜狗首页
        driver.get("http://www.sogou.com");
        //调用 driver 的 getTitle 方法获取页面的 Title 属性
        String title=driver.getTitle();
        //打印从当前页面获取的 Title 内容
        System.out.println(title);
        //断言页面的 Title 是否是"搜狗搜索引擎 - 上网从搜狗开始"
        Assert.assertEquals("搜狗搜索引擎 - 上网从搜狗开始", title);
    }
```

10.7　获取页面的源代码

被测试网页的网址：

http://www.sogou.com

Java 语言版本的 API 实例代码：
```
@Test
public void getPageSource() {
    //访问搜狗首页
     driver.get("http://www.sogou.com");
    //调用 driver 的 getPageSource 方法获取页面的源代码
     String pageSource=driver.getPageSource();
    //打印当前页面的源代码
     System.out.println(pageSource);
    //断言页面的源代码中是否包含"购物"关键字，以此判断页面内容是否正确
     Assert.assertTrue(pageSource.contains("购物"));
    }
```

10.8 获取当前页面的 URL 地址

被测试网页的网址：

http://www.sogou.com/

Java 语言版本的 API 实例代码：
```
@Test
public void getCurrentPageUrl() {
    //访问搜狗首页
     driver.get("http://www.sogou.com/");
    //获取当前页面的 URL 地址
     String CurrentPageUrl=driver.getCurrentUrl();
    //打印当前页面的 URL 地址
     System.out.println(CurrentPageUrl);
    //断言当前页面的 URL 地址是否为 "http://www.sogou.com/"
     Assert.assertEquals("https://www.sogou.com/", CurrentPageUrl);
}
```

10.9 在输入框中清除原有的文字内容

被测试网页的 HTML 源码：
```
<html>
    <body>
       <input type="text" id="text" value="文本框默认内容">文本框</input>
    </body>
</html>
```

Java 语言版本的 API 实例代码：
```
@Test
public void clearInputBoxText() {
    WebElement input=driver.findElement(By.id("text"));
    //清除文本框中的默认文字
    input.clear();
    //此 try catch 代码段可选，主要用于等待 3 秒，查看操作后的结果
    try {
        Thread.sleep(3000);
```

```
        } catch (InterruptedException e) {
            e.printStackTrace();
        }
    }
```

10.10 在输入框中输入指定内容

被测试网页的 HTML 代码：

同 10.9 节的网页 HTML 代码。

Java 语言版本的 API 实例代码：

```
@Test
public void sendTextToInputBoxText() {
    String inputString="测试工程师指定的输入内容";
    WebElement input=driver.findElement(By.id("text"));
    input.clear();  //首先清除文本框中的原有内容，防止原有内容影响测试结果，建议都清除掉
    input.sendKeys(inputString);    //将自定义变量中的内容输入到文本框中

    try {
        //此 try catch 代码段可选，主要用于等待 3 秒，查看操作后的结果
        Thread.sleep(3000);
    } catch (InterruptedException e) {
        e.printStackTrace();
    }
}
```

10.11 单击按钮

被测试网页的 HTML 代码：

```
<html>
<body>
    <input type="text" id="text" value="文本框默认内容">文本框</input>
    <input type="button" id ="button" value="改变文本框的文字"
    onClick=document.getElementById("text").value="改变了！"></input>
</body>
</html>
```

Java 语言版本的 API 实例代码：

```
@Test
```

```java
public void clickButton() {
    WebElement button=driver.findElement(By.id("button"));
    button.click();
}
```

10.12 双击某个元素

被测试网页的 HTML 代码：
```html
<html>
    <body>
    <input id='inputBox' type="text" ondblclick="javascript:this.style.background='red'">请双击</>
    </body>
</html>
```

Java 语言版本的 API 实例代码：
```java
@Test
public void doubleClick() {
    //根据 ID 值"inputBox"找到页面的输入框元素
    WebElement inputBox=driver.findElement(By.id("inputBox"));
    //声明 Action 对象
    Actions builder=new Actions(driver);
    //使用 doubleClick 方法在输入框元素中进行鼠标的双击操作
    builder.doubleClick(inputBox).build().perform();
}
```

10.13 操作单选下拉列表

被测试网页的 HTML 代码：
```html
<html>
<body>
    <select name='fruit' size=1>
        <option id='peach'     value='taozi'>桃子</option>
        <option id='watermelon' value='xigua'>西瓜</option>
        <option id='orange'    value='juzi'>橘子</option>
        <option id='kiwifruit' value='mihoutao'>猕猴桃</option>
        <option id='maybush'   value='shanzha'>山楂</option>
        <option id='litchi'    value='lizhi'>荔枝</option>
    </select>
```

```
        </body>
</html>
```

Java 语言版本的 API 实例代码:

```
@Test
public void operateDropList() {
    //使用 name 属性找到页面上 name 属性为 "fruit" 的下拉列表元素
    Select dropList=new Select(driver.findElement(By.name("fruit")));

    //isMultiple 表示判断此下拉列表是否允许多选,被测试网页是一个单选下拉列表,所以
    //此函数的返回结果是 "false"
    Assert.assertFalse(dropList.isMultiple());

    //getFirstSelectedOption().getText()方法表示获取当前被选中的下拉列表选项文本
    //Assert.assertEquals 方法断言当前选中的选项文本是否是 "桃子"
    Assert.assertEquals("桃子",dropList.getFirstSelectedOption().getText());

    //selectByIndex 方法表示选中下拉列表的第四个选项,即 "猕猴桃" 选项,0 表示第一个选项
    dropList.selectByIndex(3);
    Assert.assertEquals("猕猴",dropList.getFirstSelectedOption().getText());
    /* selectByValue 方法表示使用下拉列表选项的 value 属性值进行选中操作,"shanzha"
    是选项山楂 value 属性的值   */
    dropList.selectByValue("shanzha");
    Assert.assertEquals("山楂",dropList.getFirstSelectedOption().getText());

    //selectByVisibleText 方法表示通过选项的文字进行选中
    dropList.selectByVisibleText("荔枝");
    Assert.assertEquals("荔枝",dropList.getFirstSelectedOption().getText());
}
```

10.14　检查单选列表的选项文字是否符合期望

被测试网页的 HTML 代码:

同 10.13 节的代码。

Java 语言版本的 API 实例代码:

```
@Test
public void checkSelectText() {

    //使用 name 属性找到页面上 name 属性为 "fruit" 的下拉列表元素
    Select dropList=new Select(driver.findElement(By.name("fruit")));

    /* 声明一个 List 对象存储下拉列表中所有期望出现的选项文字,并且通过泛型<String> 限定 List
```

```
         * 对象中的存储对象类型是 Strig, "Arrays.asList"表示将一个数组转换为一个 List 对象
         */
        List<String> expect_options=Arrays.asList((new String[]{"桃子","西瓜","橘
子","猕猴桃","山楂","荔枝"}));

        //声明一个新的 List 对象,用于存取从页面上获取的所有选项文字
        List<String> actual_option=new ArrayList<String>();

        //dropList.getOptions 方法用于获取页面上下拉列表中的所有选项对象,
        // actual_option.add 方法用于将实际打开页面中的每个选项添加到 actual_option 列表中
            for (WebElement option: dropList.getOptions())
                actual_option.add(option.getText());

            //断言期望对象和实际对象的数组值是否完全一致
          Assert.assertEquals(expect_options.toArray(),actual_option. toArray());
    }
```

10.15 操作多选的选择列表

被测试网页的 HTML 代码：

```
<html>
<body>

    <select name='fruit' size=6 multiple=true>
        <option id='peach'          value='taozi'>桃子</option>
        <option id='watermelon'     value='xigua'>西瓜</option>
        <option id='orange'         value='juzi'>橘子</option>
        <option id='kiwifruit'      value='mihoutao'>猕猴桃</option>
        <option id='maybush'        value='shanzha'>山楂</option>
        <option id='litchi'         value='lizhi'>荔枝</option>
    </select>

</body>
</html>
```

Java 语言版本的 API 实例代码：
```
@Test
public void operateMultipleOptionDropList() {
    //找到页面的下拉列表元素
    Select dropList=new Select(driver.findElement(By.name("fruit")));

    //判断页面的下拉列表是否支持多选,支持多选则 isMultiple 方法返回"true"
    Assert.assertTrue(dropList.isMultiple());
```

```
        //使用选择项索引选择"猕猴桃"选项
        dropList.selectByIndex(3);
        //使用 value 属性值选择"山楂"选项
        dropList.selectByValue("shanzha");
        //使用选项文字选择"荔枝"选项
        dropList.selectByVisibleText("荔枝");
        //deselectAll 方法表示取消所有选项的选中状态
        dropList.deselectAll();

        //再次选中 3 个选项
        dropList.selectByIndex(3);
        dropList.selectByValue("shanzha");
        dropList.selectByVisibleText("荔枝");

        //deselectByIndex 方法表示取消索引为 3 的选项的选中状态
        dropList.deselectByIndex(3);

        //deselectByValue 方法表示取消 value 属性值为"shanzha"的选项的选中状态
        dropList.deselectByValue("shanzha");

        //deselectByVisibleText 方法表示通过选项文字取消"荔枝"选项的选中状态
        dropList.deselectByVisibleText("荔枝");
    }
```

10.16 操作单选框

被测试网页的 HTML 代码：

```
<html>
<body>

    <form>
        <input type="radio" name="fruit" value="berry" />草莓</input>
        <br />
        <input type="radio" name="fruit" value="watermelon" />西瓜</input>
        <br />
        <input type="radio" name="fruit" value="orange" />橙子</input>
    </form>

</body>
</html>
```

Java 语言版本的 API 实例代码:

```java
@Test
public void operateRadio() {
        //查找属性为"berry"的单选按钮对象
         WebElement radioOption= driver.findElement(By.xpath("//input[@value='berry']"));
        //如果此单选按钮处于未被选中状态,则调用 click 方法选中此单选按钮
         if (!radioOption.isSelected())
             radioOption.click();
        //断言属性值为"berry"的单选按钮是否处于选中状态
         Assert.assertTrue(radioOption.isSelected());

        //查找 name 属性值为"fruit"的所有单选按钮对象,并存储到一个 List 容器中
         List<WebElement> fruits=driver.findElements(By.name("fruit"));
        /* 使用 for 循环对 List 容器中的每个单选按钮进行遍历,查找 value 属性值为
"watermelon"的单选按钮,如果查找到的此单选按钮未处于选中状态,则调用 click 方法进行单击选择 */
         for (WebElement fruit: fruits){
           if (fruit.getAttribute("value").equals("watermelon")){
              if (!fruit.isSelected())
                  fruit.click();
              //断言单选按钮是否被成功选中
                Assert.assertTrue(fruit.isSelected());
              //成功选中后,退出 for 循环
              break;
           }
         }
 }
```

10.17 操作复选框

被测试网页的 HTML 代码:

```html
<html>
<body>
    <form>
         <input type="checkbox" name="fruit" value="berry"/>草莓</input>
         <br />
         <input type="checkbox" name="fruit" value="watermelon" />西瓜</input>
         <br />
         <input type="checkbox" name="fruit" value="orange"/>橘子</input>
    </form>

</body>
```

```
</html>
```

Java 语言版本的 API 实例代码：

```
@Test
public void operateCheckBox() {
    //查找 value 属性值为 "orange" 的复选框元素
    WebElement orangeCheckbox=driver.findElement(By.xpath("//input [@value='orange']"));
    //如果此复选框未被选中，则调用 click 方法单击选中此复选框
    if (!orangeCheckbox.isSelected())
        orangeCheckbox.click();
    //断言此复选框是否被成功选中
    Assert.assertTrue(orangeCheckbox.isSelected());
    //如果复选框处于选中状态，则再次调用 click 方法单击取消复选框的选中状态
    if (orangeCheckbox.isSelected())
        orangeCheckbox.click();
    //断言复选框处于非选中状态
    Assert.assertFalse(orangeCheckbox.isSelected());

    //查找所有 name 属性值为 "fruit" 的复选框，并存放在 List 容器内
    List<WebElement> checkboxs=driver.findElements(By.name("fruit"));
    //遍历 List 容器中的所有复选框元素，调用 click 方法单击所有复选框，让全部
    //复选框处于选中状态
    for (WebElement checkbox:checkboxs)
        checkbox.click();
}
```

10.18 杀掉 Windows 的浏览器进程

测试前准备：

（1）打开一个 Firefox 浏览器。

（2）打开一个 IE 浏览器。

（3）打开一个 Chrome 浏览器。

Java 语言版本的 API 实例代码：

需要在测试程序中引入 WindowsUtils：

```
import org.openqa.selenium.os.WindowsUtils;
@Test
    public void operateWindowsProcess() {
        //杀掉 Windows 进程中的 Firefox 浏览器进程，关闭所有 Firefox 浏览器
        WindowsUtils.killByName("firefox.exe");
        //杀掉 Windows 进程中的 IE 浏览器进程，关闭所有 IE 浏览器
```

第 10 章
WebDriver API 实例详解

```
        WindowsUtils.killByName("iexplore.exe");
        //杀掉 Windows 进程中的 Chrome 浏览器进程，关闭所有 Chrome 浏览器
        WindowsUtils.killByName("chrome.exe");
}
```

10.19 对当前浏览器窗口进行截屏

被测试网页的网址：

http://www.sogou.com

Java 语言版本的 API 实例代码：

```java
@Test
public void captureScreenInCurrentWindow() {
    //访问搜狗首页
    driver.get("http://www.sogou.com");
    //调用 getScreenshotAs 方法对当前浏览器打开的页面进行截图，保存到一个 File 对象中
    File scrFile=((TakesScreenshot)driver).getScreenshotAs(OutputType.FILE);
    try {
        //把 File 对象转换为一个保存在 C 盘下 testing 目录中的名为"test.png"的文件
        FileUtils.copyFile(scrFile, new File("c:\\testing\\test.png"));
    } catch (IOException e) {
        e.printStackTrace();
    }
}
```

10.20 检查页面元素的文本内容是否出现

被测试网页的 HTML 代码：

```html
<html>
<body>
    <p>《光荣之路》这个电影真的很棒！</p>
    <p>主要是詹姆斯不错！</p>
</body>
</html>
```

Java 语言版本的 API 实例代码：

```java
@Test
public void isElementTextPresent() {
    //使用 XPath 找到第一个 p 元素
```

```java
        WebElement text=driver.findElement(By.xpath("//p[1]"));
        //获取 p 元素标签的文字内容
        String contentText=text.getText();
        //判断页面 p 标签文字内容是否和"《光荣之路》这个电影真的很棒!"完全匹配
        Assert.assertEquals("《光荣之路》这个电影真的很棒!",contentText);
        //判断页面 p 标签文字内容是否包含"光荣之路"这几个字
        Assert.assertTrue(contentText.contains("光荣之路"));
        //判断页面 p 标签文字内容的开始文字是否是"《光荣"
        Assert.assertTrue(contentText.startsWith("《光荣"));
        //判断页面 p 标签文字内容的末尾文字是否是"很棒!"
        Assert.assertTrue(contentText.endsWith("很棒!"));
    }
```

10.21 执行 JavaScript 脚本

被测试网页的网址:

http://www.sogou.com

被测试网页的 HTML 代码:

```java
@Test
public void executeJavaScript () {
        //访问搜狗首页
        driver.get("http://www.sogou.com");
        //声明一个 JavaScript 执行器对象
        JavascriptExecutor js=(JavascriptExecutor) driver;
        //调用执行器对象的 executeScript 方法来执行 JavaScript 脚本
        //"returndocument.title"
        String title=(String) js.executeScript("return document.title" );
        //return document.title 是 JavaScript 代码,表示返回当前浏览器窗口的 Title 值
        // 断言 JavaScript 代码实际获得的浏览器 Title 值是否符合期望文字
        Assert.assertEquals("搜狗搜索引擎 - 上网从搜狗开始", title);
        //document.getElementById('stb') 是 JavaScript 代码,表示获取页面的搜索按钮对象
        //return button.value 表示返回搜索按钮上的文字
        String serachButtonText=(String) js.executeScript("var button= document.getElementById('stb');return button.value");
        System.out.println(serachButtonText);
    }
```

10.22 拖曳页面元素

被测试网页的网址:

http://jqueryui.com/resources/demos/draggable/scroll.html

此页面的 3 个方框元素可以被拖动。

Java 语言版本的 API 实例代码:

```java
//通过此方式可以将页面元素拖曳到页面中的指定位置
@Test
public void dragPageElement() {
    //访问被测试网页
    driver.get("http://jqueryui.com/resources/demos/draggable/scroll.html");
    //找到页面上第一个能被拖曳的方框页面对象
    WebElement draggable = driver.findElement(By.id("draggable"));

    // 向下拖动 10 个像素，共拖动 5 次
    for (int i = 0; i < 5; i++) {
        // "10" 表示元素的纵坐标向下移动 10 个像素, "0" 表示元素的横坐标不变
        new Actions(driver).dragAndDropBy(draggable, 0, 10).build().perform();
    }
    // 向右拖动 10 个像素，共拖动 5 次
    for (int i = 0; i < 5; i++) {
        // "10" 表示元素的横坐标向右移动 10 个像素, "0" 表示元素的纵坐标不变
        new Actions(driver).dragAndDropBy(draggable, 10, 0).build().perform();
    }
}
```

10.23 模拟键盘的操作

被测试网页的网址:

http://www.sogou.com

Java 语言版本的 API 实例代码:

```java
@Test
public void clickKeys() {
    driver.get("http://www.sogou.com");//打开搜狗首页，焦点会自动定位搜索输入框
    Actions action = new Actions(driver);
    action.keyDown(Keys.CONTROL);      // 按下 Ctrl 键
    action.keyDown(Keys.SHIFT);        // 按下 Shift 键
    action.keyDown(Keys.ALT);          // 按下 Alt 键
    action.keyUp(Keys.CONTROL);        // 释放 Ctrl 键
```

```
        action.keyUp(Keys.SHIFT);           // 释放 Shift 键
        action.keyUp(Keys.ALT);             // 释放 Alt 键
        //模拟键盘在搜索输入框中输入大写的字符"ABCDEFG"
        action.keyDown(Keys.SHIFT).sendKeys("abcdefg").perform();

    }
```

10.24　模拟鼠标右键操作

被测试网页的网址：

http://www.sogou.com

Java 语言版本的 API 实例代码：

```
@Test
public void rigthClickMouse() {
        //访问搜狗首页
        driver.get("http://www.sogou.com");
        //声明 Action 对象
        Actions action = new Actions(driver) ;
        //调用 Action 对象的 contextClick 方法，在 ID 为"query"的输入框上单击鼠标右键
        //模拟鼠标右键单击操作
        action.contextClick(driver.findElement(By.id("query"))).perform();
}
```

10.25　在指定元素上方进行鼠标悬浮

被测试网页的 HTML 源码：

```
<html>
    <head>
        <meta http-equiv="Content-Type" content="text/html; charset=gb2312" />
        <script language="javascript">
            function showNone()
            {
                document.getElementById('div1').style.display = "none";
            }
            function showBlock()  {

                document.getElementById('div1').style.display = "block";
```

第 10 章
WebDriver API 实例详解

```
        }
        </script>
        <style type="text/css">
        <!--#div1 {
                position:absolute;
                width:200PX;
            height:115px;
 z-index:1;
                left: 28px;
                top: 34px;
 background-color:#0033CC;
            }-->
        </style>
    </head>
    <body onload="showNone()">
        <div id="div1">
        </div>
        <a onmouseover="showBlock()" onmouseout="showNone()" id="link1">鼠标
指过来</a>
        <a " id="link2">鼠标指过来</a>

    </body>
</html>
```

在网页上的唯一链接上悬浮鼠标,在页面中显示一个蓝色的长方形,鼠标离开链接后,蓝色的长方形会消失。

Java 语言版本的 API 实例代码:

```
@Test
public void roverOnElement() {
    //查找到页面上的链接对象
    WebElement link1=driver.findElement(By.xpath("//a[@id='link1']"));
    WebElement link2=driver.findElement(By.xpath("//a[@id='link2']"));

    //声明一个 Action 对象
    Actions action = new Actions(driver);
    /* 调用 Action 对象的 moveToElement 方法,将鼠标移到 ID 属性值为"link1"的链接上方,
       此代码被调用后,可以看到页面显示蓝色的长方形 */
    action.moveToElement(link1).perform();

    try {
        //暂停 3 秒,看到页面显示蓝色的长方形
        Thread.sleep(3000);
    } catch (InterruptedException e) {
        e.printStackTrace();
    }
```

```
    /* 调用 Action 对象的 moveToElement 方法,将鼠标移到 ID 属性值为"link2"的链接上方,
       页面显示的蓝色长方形会消失 */
    action.moveToElement(link2).perform();

}
```

10.26　在指定元素上进行鼠标单击左键和释放的操作

被测试网页的 HTML 源码：

```
<html>
<head>
<script type="text/javascript">
    function mouseDownFun()
    {
    document.getElementById('div1').innerHTML += '鼠标左键被按下<br/>';
    }
    function mouseUpFun()
    {
    document.getElementById('div1').innerHTML += '已经被按下的鼠标左键被释放抬起<br/>';
    }
    function clickFun()
    {
    document.getElementById('div1').innerHTML += '单击动作发生<br/>';
    }
</script>
</head>
<body>
    <div id="div1" onmousedown="mouseDownFun();" onmouseup="mouseUpFun();" onclick= "clickFun();"
        style="background:#CCC; border:3px solid #999; width:200px; height:200px; padding:10px"></div>
    <input style="margin-top:10px" type="button" onclick="document.getElementById ('div1').innerHTML='';" value="清除信息" />
</body>
<html>
```

Java 语言版本的 API 实例代码：

```
@Test
public void mouseClickAndRelease() {
    // 查找页面上的 div 对象
    WebElement div = driver.findElement(By.xpath("//div[@id='div1']"));
```

```
// 声明一个 Action 对象
Actions action = new Actions(driver);
/* 调用 Action 对象的 clickAndHold 方法,在 ID 属性值为"div1"的页面元素上方单击
   鼠标左键并且不释放。此代码被调用后,可以看到页面打印出 "鼠标左键被按下" */
action.clickAndHold(div).perform();

try {
    // 暂停两秒,可以看到页面打印出 "鼠标左键被按下"
    Thread.sleep(2000);
} catch (InterruptedException e) {
    e.printStackTrace();
}
/* 调用 Action 对象的 release 方法,在 ID 属性值为"div1"的页面元素上方释放鼠标左键,
   此代码被调用后,可以看到页面打印出 "已经被按下的鼠标左键被释放抬起",
   还会显示"单击动作发生",因为 clickAndHold 和 release 的方法连起来使用
   会被认为执行了一次 click 方法 */
action.release(div).perform();
try {
    // 暂停两秒,查看页面上的"已经被按下的鼠标左键被释放抬起"和"单击动作发生"文字
    Thread.sleep(2000);
} catch (InterruptedException e) {
    e.printStackTrace();
}
}
```

10.27 查看页面元素的属性

被测试网页的网址:

http://www.sogou.com

Java 语言版本的 API 实例代码:
```
@Test
public void getWebElementAttribute() {
    //访问搜狗首页
    driver.get("http://www.sogou.com");;
    String inputString="测试工程师指定的输入内容";
    //使用 ID 定位方式找到页面的搜索内容输入框
    WebElement input=driver.findElement(By.id("query"));
    //将自定义变量中的内容输入到文本框中
    input.sendKeys(inputString);
```

```
        //调用 getAttribute 方法，获取页面搜索框的 value 属性值（即搜索输入框的文字内容）
        String inputText=input.getAttribute("value");
        Assert.assertEquals(inputText, "测试工程师指定的输入内容");
    }
```

10.28　获取页面元素的 CSS 属性值

被测试网页的网址：

http://www.sogou.com

Java 语言版本的 API 实例代码：

```
@Test
public void getWebElementCssValue() {
    //访问搜狗首页
    driver.get("http://www.sogou.com");
    //使用 ID 定位方法查找页面的搜索输入框
    WebElement input=driver.findElement(By.id("query"));
    //调用 getCssValue 方法，获取搜索框的宽度
    String inputWidth=input.getCssValue("width");
    //断言页面的宽度是否是 499px
    Assert.assertEquals("499px", inputWidth);
}
```

10.29　隐式等待

被测试网页的网址：

http://www.sogou.com

Java 语言版本的 API 实例代码：

```
@Test
public void testImplictWait() {
    //访问搜狗首页
    driver.get("http://www.sogou.com");
    /* 使用 implicitlyWait 方法设定查找页面元素的最大等待时间，调用 findElement 方法时
     * 没有立刻找到定位元素，则程序会每间隔一段时间就尝试判断页面的 DOM 中是否出现被查找元素，
     * 若超过设定的等待时长依旧没有找到，则抛出 NoSuchElementException
     */
    driver.manage().timeouts().implicitlyWait(10, TimeUnit.SECONDS);
    try {
```

```
        //查找搜狗首页的输入框对象
        WebElement searchInputBox = driver.findElement(By.id("query"));

        //查找搜狗首页的"搜索"按钮
        WebElement searchButton = driver.findElement(By.id("stb"));

        //在输入框中输入"输入框元素被成功找到了"
        searchInputBox.sendKeys("输入框元素被成功找到了");

        //单击"搜索"按钮
        searchButton.click();

        //如果没有找到元素,则捕获程序抛出的 NoSuchElementException 异常
    } catch (NoSuchElementException e) {

        //使用 fail 方法,在找不到元素的时候,让测试用例执行失败
        Assert.fail("没有找到搜索的输入框");

        //打印错误的堆栈信息
        e.printStackTrace();
    }
}
```

代码解释:

隐式等待的默认最长等待时间是 0,一旦设置完成,这个隐式等待会在 WebDriver 对象实例的整个生命周期起作用。

10.30 常用的显式等待

显式等待比隐式等待更节约测试脚本执行的时间,推荐尽量使用显式等待方式来判断页面元素是否存在。使用 ExpectedConditions 类中自带的方法,可以进行显式等待的判断。显式等待可以自定义等待的条件,用于更加复杂的页面元素状态判断。常用的显式等待条件如表 10-1 所示。

表 10-1

等待条件	WebDriver 方法
页面元素是否在页面上可用(enabled)和可被单击	elementToBeClickable(By locator)
页面元素处于被选中状态	elementToBeSelected(WebElement element)
页面元素在页面中存在	presenceOfElementLocated(By locator)
在页面元素是否包含特定的文本	textToBePresentInElement(By locator)
页面元素值	textToBePresentInElementValue(Bylocator,java.lang.String text)
标题(Title)	titleContains(java.lang.String title)

只有满足显式等待的条件要求,测试代码才会继续向后执行后续的测试逻辑。当显式等待条件未被满足时,在设定的最大显式等待时间阈值内,会停在当前代码位置进行等待,直到设定的等待条件被满足,才能继续执行后续的测试逻辑。如果超过设定的最大显式等待时间阈值,测试程序会抛出异常,测试用例被认为执行失败。

被测试网页的 HTML 代码:

```html
<html>
    <head>
        <title>你喜欢的水果</title>
    </head>
<body>
        <p>请选择你爱吃的水果</p>
        <br>
        <select name='fruit'>
            <option id='peach'       value='taozi'>桃子</option>
            <option id='watermelon'  value='xigua'>西瓜</option>
        </select>
        <br>
        <input type='checkbox'>是否喜欢吃水果?</input>
        <br><br>
        <input type="text" id="text" value="今年夏天西瓜相当甜!">文本框</input>

</body>
</html>
```

Java 语言版本的 API 实例代码:

```java
@Test
public void testExplicitWait() {
    //声明一个 WedDriverWait 对象,设定触发条件的最长等待时间为 10 秒
    WebDriverWait wait= new WebDriverWait(driver,10);
    //调用 ExpectedConditions 的 titleContains 方法判断页面 Title 属性是否包含"水果"
    wait.until(ExpectedConditions.titleContains("水果"));

    System.out.println("网页标题出现了"水果的关键字"");

    //获得页面下拉列表中的"桃子"选项对象
    WebElement select=driver.findElement(By.xpath("//option[@id='peach']"));
    //调用 ExpectedConditions 的 elementToBeSelected 方法,判断"桃子"选项是否处于
    //选中状态
    wait.until(ExpectedConditions.elementToBeSelected(select));

    System.out.println("下拉列表的选项"桃子"目前处于选中状态");
    /* 调用 ExpectedConditions 的 elementToBeClickable 方法判断页面的复选框对象是否
     * 可见,并且是否可被单击
     */
    wait.until(ExpectedConditions.elementToBeClickable(By.xpath("//input[@t
```

```
ype= 'checkbox']")));
        System.out.println("页面复选框处于显示和可被单击状态 ");

        //调用 ExpectedConditions 的 presenceOfElementLocated 方法判断 p 标签对象是否
        //在页面中
        wait.until(ExpectedConditions.presenceOfElementLocated(By.xpath("//p")));

        System.out.println("页面的 p 标签元素已显示 ");
        //获取页面的 p 标签元素对象
        WebElement p = driver.findElement(By.xpath("//p"));
        //调用 ExpectedConditions 的 textToBePresentInElement 方法，判断 p 标签
        //对象中是否包含"爱吃的水果"这几个字
        wait.until(ExpectedConditions.textToBePresentInElement(p, "爱吃的水果"));

        System.out.println("页面的 p 标签元素包含文本"爱吃的水果"");

    }
```

10.31 自定义的显式等待

被测试网页的 HTML 代码：

同 10.29 节的被测试网页的 HTML 代码。

Java 语言版本的 API 实例代码：

```
@Test
public void testExplicitWait() {

    try{
        //显式等待判断是否可以从页面获取文字输入框对象，如果可以获取，则执行后续测试逻辑
        WebElement textInputBox = (new WebDriverWait(driver,10))
                .until(new ExpectedCondition<WebElement>(){
            @Override
            public WebElement apply(WebDriver d){
                return d.findElement(By.xpath("//*[@type='text']"));
                }
        });
        //断言获取的页面输入框中是否包含"今年夏天西瓜相当甜！"关键字
        Assert.assertEquals("今年夏天西瓜相当甜! ",textInputBox.getAttribute("value"));

        //显式等待判断页面的 p 标签是否包含"爱吃"关键字，若包含则执行后续测试逻辑
        Boolean containTextFlag = (new WebDriverWait(driver,10))
                .until(new ExpectedCondition<Boolean>(){
```

```java
            @Override
            public Boolean apply(WebDriver d){
            return d.findElement(By.xpath("//p")).getText().contains("爱吃");
            }
        });
        //断言显式等待的判断逻辑为"true"（即 p 标签元素包含"爱吃"关键字）
        Assert.assertTrue(containTextFlag);

        //显式等待判断页面的文本输入框是否可见,若可见则执行后续测试逻辑
        Boolean inputTextVisibleFlag = (new WebDriverWait(driver,10))
            .until(new ExpectedCondition<Boolean>(){
            @Override
            public Boolean apply(WebDriver d){
                return d.findElement(By.xpath("//*[@type='text']")).isDisplayed();
            }
        });
        //断言显式等待的判断逻辑为"true"（即文本输入框元素在页面中可见）
        Assert.assertTrue(inputTextVisibleFlag);
    }catch(NoSuchElementException e){
        //如果显式等待的条件未被满足,则使用 fail 函数将此测试用例设定为执行失败状态
        Assert.fail("页面上的输入框元素未被找到！");
        e.printStackTrace();
    }
}
```

更多实例：

下面的代码可以用于显式等待中判断页面的 Ajax 请求是否加载完成。如果 Ajax 请求加载完成,则可以继续执行测试脚本。

```java
Boolean ajaxRequestFinishFlag=(new WebDriverWait(driver,10))
        .until(new ExpectedCondition<Boolean>(){
        @Override
            public Boolean apply(WebDriver d){
                JavascriptExecutor js=(JavascriptExecutor) d;
                return (Boolean)js.executeScript("returnjQuery.active==0");
                }
        });
```

由于 Ajax 的页面代码实现冗长,限于篇幅,这里不给出被测试网页的 HTML 代码。

10.32　判断页面元素是否存在

被测试网页的网址：

http://www.sogou.com

Java 语言版本的 API 实例代码：

```java
// 增加一个判断页面元素是否存在的函数 IsElementPresent
private boolean IsElementPresent(By by){
    try{
        //如果使用传入的参数 by 能够找到页面元素，则函数返回 "true"，表示成功
        //找到页面元素
        driver.findElement(by);

        return true;
    }catch(NoSuchElementException e){
        //如果使用传入的参数 by 没有找到页面元素，则函数返回 "false"，
        //表示没有成功地找到页面元素
        return false;
    }
}
@Test
public void testIsElementPresent () {
    //访问搜狗首页
    driver.get("http://www.sogou.com/");
    //调用 IsElementPresent 函数，查找 ID 为 "query" 的页面元素对象
    if (IsElementPresent(By.id("query"))){
        //如果成功定位到页面元素，则把页面元素对象存储到 searchInputBox 变量中
        WebElement searchInputBox =  driver.findElement(By.id("query"));
        /* 判断 searchInputBox 变量对象是否处于可用状态。如果处于可用状态，则输入
           "搜狗首页的搜索输入框被成功找到！" */
        if (searchInputBox.isEnabled()==true){
            searchInputBox.sendKeys("搜狗首页的搜索输入框被成功找到！");
        }

    }
    else{
        //如果首页上的搜索输入框未被找到，则会将此测试用例设置为失败状态，
        //并打印失败原因
        Assert.fail("页面上的输入框元素未被找到！");
    }
}
```

10.33 使用 Title 属性识别和操作新弹出的浏览器窗口

被测试网页的 HTML 代码：

```html
<html>
    <head>
        <title>你喜欢的水果</title>
    </head>
```

```html
<body>
    <p id='p1'>你爱吃的水果么？</p>
    <br><br>
    <a href="http://www.sogou.com" target="_blank"> sogou 搜索</a>

</body>
</html>
```

Java 语言版本的 API 实例代码：

```java
@Test
public void identifyPopUpWindowByTitle() {

    //先将当前浏览器窗口的句柄存储到 parentWindowHandle 变量中
    String parentWindowHandle = driver.getWindowHandle();
    //找到页面上唯一的链接元素，存储到 sogouLink 变量中
    WebElement sogouLink=driver.findElement(By.xpath("//a"));
    //单击找到的链接
    sogouLink.click();

    //获取当前所有打开窗口的句柄，并把它们存储到一个 Set 容器中
    Set<String> allWindowsHandles = driver.getWindowHandles();
    //如果容器存储的对象不为空，再遍历容器 allWindowsHandles 中的所有浏览器句柄
    if (!allWindowsHandles.isEmpty()){
        for (String windowHandle:allWindowsHandles){
            try{
                //调用 driver.switchTo().window(windowHandle).getTitle()方法
                //获取浏览器的 Title 属性,并判断是否是"搜狗搜索引擎 - 上网从搜狗开始"
                //关键字
                if(driver.switchTo().window(windowHandle).getTitle().equals("搜狗搜索引擎 - 上网从搜狗开始"))
                    //如果判断成立，则说明是搜狗首页，在页面的输入框中输入
                    // "搜狗首页的浏览器窗口被找到"
                    driver.findElement(By.id("query")).sendKeys("搜狗首页的浏览器窗口被找到");
            }catch(NoSuchWindowException e){
                /* 如果没有找到浏览器的句柄，则会抛出 NoSuchWindowException，打印
                   异常的堆栈信息 */
                e.printStackTrace();
            }
        }
    }
    //返回到最开始打开的浏览器页面
    driver.switchTo().window(parentWindowHandle);
    //断言浏览器页面的 Title 属性是否是"你喜欢的水果"，以此判断页面的切换是否符合期望
    Assert.assertEquals(driver.getTitle(), "你喜欢的水果");

}
```

10.34 使用页面的文字内容识别和处理新弹出的浏览器窗口

被测试网页的 HTML 代码：

同 10.33 节被测试网页的 HTML 代码。

Java 语言版本的 API 实例代码：

```
@Test
public void identifyPopUpWindowByPageSource() {

    //先将当前浏览器窗口的句柄存储到 parentWindowHandle 变量中
    String parentWindowHandle = driver.getWindowHandle();
    //找到页面上唯一的链接元素，存储到 sogouLink 变量中
    WebElement sogouLink=driver.findElement(By.xpath("//a"));
    //单击找到的链接
    sogouLink.click();

    //获取当前所有打开窗口的句柄，并把它们存储到一个 Set 容器中
    Set<String> allWindowsHandles = driver.getWindowHandles();
    //如果容器存储的对象不为空，再遍历容器 allWindowsHandles 中的所有浏览器句柄
    if (!allWindowsHandles.isEmpty()){
        for (String windowHandle:allWindowsHandles){
            try{
            //调用 driver.switchTo().window(windowHandle).getPageSource()方法
            //获取浏览器页面的源代码，并判断是否包含"搜狗搜索"关键字
                if(driver.switchTo().window(windowHandle)
                    .getPageSource().contains("搜狗搜索"))
                /* 如果判断成立，则说明是搜狗首页，在页面的输入框中输入"搜狗首页
                   的浏览器窗口被找到" */
                    driver.findElement(By.id("query")).sendKeys("搜狗首页的
浏览器窗口被找到");
            }catch(NoSuchWindowException e){
                //如果没有找到浏览器的句柄，则会抛出 NoSuchWindowException,
                //打印异常的堆栈信息
                e.printStackTrace();
            }
        }
    }
    //返回到最开始打开的浏览器页面
    driver.switchTo().window(parentWindowHandle);
    //断言浏览器页面的 Title 属性是否是"你喜欢的水果"，以此判断页面的切换是否符合期望
    Assert.assertEquals(driver.getTitle(), "你喜欢的水果");
}
```

10.35 操作 JavaScript 的 Alert 弹窗

目标：

能够模拟单击弹出 Alert 窗口上的"确定"按钮。

被测试网页的 HTML 代码：

```html
<html>
    <head>
        <title>你喜欢的水果</title>
    </head>
<body >
<input id='button' type='button' onclick="alert('这是一个 alert 弹出框');" value='单击此按钮，弹出 alert 弹出窗'/></input>

</body>
</html>
```

代码运行结果如图 10-1 所示。

图 10-1

Java 语言版本的 API 实例代码：

```java
@Test
public void testHandleAlert() {
    //使用 XPath 定位方法，查找被测试页面上的唯一按钮元素
    WebElement button=driver.findElement(By.xpath("//input"));
    //单击按钮元素，会弹出一个 Alert 提示框，显示"这是一个 alert 弹出框"和"确定"按钮
    button.click();
    
    try{
        //使用 driver.switchTo().alert()方法获取 Alert 对象
        Alert alert=driver.switchTo().alert();
        //使用 alert.getText()方法获取 Alert 框中的文字，并断言文字内容是否和
        //"这是一个 alert 弹出框"关键字一致
        Assert.assertEquals("这是一个 alert 弹出框", alert.getText());
        //使用 Alert 对象的 accept 方法，单击 Alert 框上的"确定"按钮，关闭 Alert 框
        alert.accept();
        
        //如果 Alert 框未显示在页面上，则会抛出 NoAlertPresentException 的异常
```

```
        }catch(NoAlertPresentException exception){
            Assert.fail("尝试操作的 alert 框未被找到");
            exception.printStackTrace();
        }
}
```

10.36 操作 JavaScript 的 confirm 弹窗

目标：

能够模拟单击 JavaScript 弹出的 confirm 框中的"确定"和"取消"按钮。

被测试网页的 HTML 代码：

```
<html>
    <head>
        <title>你喜欢的水果</title>
    </head>
<body >
<input id='button' type='button' onclick="confirm('这是一个 confirm 弹出框');" value= '单击此按钮,弹出 confirm 弹出窗'/></input>

</body>
</html>
```

代码运行结果如图 10-2 所示。

图 10-2

Java 语言版本的 API 实例代码：

```
@Test
public void testHandleconfirm() {
//使用 XPath 定位方法,查找被测试页面上的唯一按钮元素
WebElement button=driver.findElement(By.xpath("//input"));
/* 单击按钮元素,会弹出一个 confirm 提示框,显示"这是一个 confirm 弹出框"及"确定"按钮
 * 和"取消"按钮
 */
button.click();
try{
    //使用 driver.switchTo().alert()方法获取 Alert 对象
```

```
        Alert alert=driver.switchTo().alert();

    /* 使用 alert.getText()方法获取 confirm 框中的文字,并断言文字内容是否和
     * "这是一个 confirm 弹出框"关键字一致
     */
        Assert.assertEquals("这是一个 confirm 弹出框", alert.getText());

        //使用 Alert 对象的 accept 方法,单击弹出框上的"确定"按钮,关闭弹出框
          alert.accept();

        //取消下面一行代码的注释,就会模拟单击 confirm 框上的"取消"按钮
        //alert.dismiss();

    }catch(NoAlertPresentException exception){
        Assert.fail("尝试操作的 confirm 框未被找到");
        exception.printStackTrace();
    }
}
```

10.37 操作 JavaScript 的 prompt 弹窗

目标:

能够在 JavaScript 的 prompt 弹窗中输入自定义的字符串,单击"确定"按钮和"取消"按钮。

被测试网页的 HTML 代码:

```
<html>
    <head>
        <title>你喜欢的水果</title>
    </head>
<body >
    <input id='button' type='button' onclick="prompt('这是一个 prompt 弹出框');" value='单击此按钮,弹出 prompt 弹出框'/></input>

</body>
</html>
```

代码运行结果如图 10-3 所示。

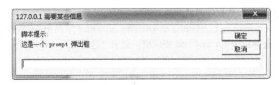

图 10-3

Java 语言版本的 API 实例代码：

```
@Test
public void testHandlePrompt() {
    //使用 XPath 定位方法，查找被测试页面上的唯一按钮元素
    WebElement button=driver.findElement(By.xpath("//input"));
    /* 单击按钮元素，则会弹出一个提示框，上面显示"这是一个 prompt 弹出框"、输入框、"确定"
        按钮和"取消"按钮 */
    button.click();

    try{
        //使用 driver.switchTo().alert()方法获取 Alert 对象
        Alert alert=driver.switchTo().alert();
        //使用 alert.getText()方法获取 prompt 框中的文字，并断言文字内容是否和
        // "这是一个 prompt 弹出框"关键字一致
        Assert.assertEquals("这是一个 prompt 弹出框", alert.getText());
        /* 调用 alert.sendKeys 方法，在 prompt 窗体的输入框中输入"要想改变命运，必须每
            天学习 2 小时！" */
        alert.sendKeys("要想改变命运，必须每天学习 2 小时！");
        //使用 Alert 对象的 accept 方法，单击 prompt 框上的"确定"按钮，关闭 prompt 框
        alert.accept();
        //使用 Alert 对象的 dismiss 方法，单击 prompt 框上的"取消"按钮，关闭 prompt 框
        //取消下面一行代码的注释，就会模拟单击 prompt 框上的"取消"按钮
        //alert.dismiss();

    }catch(NoAlertPresentException exception){
        Assert.fail("尝试操作的 prompt 框未被找到");
        exception.printStackTrace();
    }
}
```

10.38 操作 frame 中的页面元素

目的：

能够进入页面的不同 frame，进行页面元素的操作。

被测试网页的 HTML 代码：

frameset.html：

```
<html>
    <head>
        <title>frameset 页面</title>
    </head>
```

```
<frameset cols="25%,50%,25%">
    <frame id="leftframe" src="frame_left.html" />
    <frame id="middleframe" src="frame_middle.html" />
    <frame id="rightframe" src="frame_right.html" />
</frameset>
</html>
```

frame_left.html：

```
<html>
    <head>
        <title>左侧 frame</title>
    </head>
<body >
        <p>这是左侧 frame 页面上的文字</p>
</body>
</html>
```

frame_middle.html：

```
<html>
    <head>
        <title>中间 frame</title>
    </head>
<body >
        <p>这是中间 frame 页面上的文字</p>
</body>
</html>
```

frame_right.html：

```
<html>
    <head>
        <title>右侧 frame</title>
    </head>
<body >
        <p>这是右侧 frame 页面上的文字</p>
</body>
</html>
```

注意：这 4 个网页需要在同一个发布目录下。

代码运行结果如图 10-4 所示。

第 10 章
WebDriver API 实例详解

图 10-4

Java 语言版本的 API 实例代码：

```
@Test
public void testHandleFrame() {
    /* 使用 driver.switchTo().frame 方法进入左侧 frame 页面，如果没有使用此行代码，则无
     * 法找到页面中左侧 frame 中的任何页面元素
     */
    driver.switchTo().frame("leftframe");
    //找到左侧 frame 中的 p 标签元素
    WebElement leftFrameText=driver.findElement(By.xpath("//p"));
    //断言左侧 frame 中的文字是否和 "这是左侧 frame 页面上的文字" 关键字相一致
    Assert.assertEquals("这是左侧 frame 页面上的文字",leftFrameText.getText());
    //使用 driver.switchTo().defaultContent 方法，从左侧 frame 中返回到 frameset 页面
    //如果不调用此行代码，则无法从左侧 frame 页面中直接进入其他 frame 页面
    driver.switchTo().defaultContent();

    /* 使用 driver.switchTo().frame 方法，进入中间 frame 页面，如果没有使用此行代码，
     * 则无法找到页面中间 frame 中的任何页面元素
     */
    driver.switchTo().frame("middleframe");
    //找到中间 frame 中的 p 标签元素
    WebElement middleFrameText=driver.findElement(By.xpath("//p"));
    //断言中间 frame 中的文字是否和 "这是中间 frame 页面上的文字" 关键字相一致
    Assert.assertEquals("这是中间 frame 页面上的文字",middleFrameText.getText());

    driver.switchTo().defaultContent();

    //此段代码和上面代码类似，请参阅上面的解释
    driver.switchTo().frame("rightframe");
    WebElement rightFrameText=driver.findElement(By.xpath("//p"));
    Assert.assertEquals("这是右侧 frame 页面上的文字", rightFrameText.getText());

    driver.switchTo().defaultContent();

    //使用索引方式进入指定的 frame 页面，索引号从 0 开始。想进入中间 frame 页面，要使用 1
    //当你无法通过 frame 页面的 ID、name 来找到指定的 frame 的时候，可以使用索引号进入指定的
    //frame 页面
    driver.switchTo().frame(1);
    middleFrameText=driver.findElement(By.xpath("//p"));
```

```
        Assert.assertEquals("这是中间frame页面上的文字", middleFrameText.getText());

    }
```

10.39 使用 frame 中的 HTML 源码内容来操作 frame

目的：

能够使用 frame 页面的 HTML 源码定位指定的 frame 页面并进行操作。

被测试网页的 HTML 代码：

同 10.38 节被测试页面的 HTML 代码。

Java 语言版本的 API 实例代码：

```
@Test
public void testHandleFrameByPageSource() {
    //找到页面上所有的 frame 对象，并存储到名为 "frames" 的容器中
    List<WebElement> frames= driver.findElements(By.tagName("frame"));
        //使用 for 循环遍历 frames 中的所有 frame 页面，查找包含 "中间 frame" 的
        //frame 页面
    for (WebElement frame:frames){
        //进入 frame 页面
        driver.switchTo().frame(frame);
        //判断每个 frame 的 HTML 源码中是否包含 "中间 frame" 关键字
        if (driver.getPageSource().contains("中间 frame")){
            //如果包含关键字，则查找页面上的 p 标签页面对象
            WebElement middleFrameText=driver.findElement(By.xpath("//p"));
            //断言页面上 p 标签文字是否和 "这是中间 frame 页面上的文字" 关键字一致
            Assert.assertEquals("这是中间 frame 页面上的文字", middleFrameText.getText());
            //找到指定的 frame，退出 for 循环
            break;
        }else{
            /* 如果没有找到指定的 frame，则调用此行代码，返回到 frameset 页面中，
             * 下次 for 循环继续调用 driver.switchTo().frame 方法。如果没有此行
             * 代码，则 for 循环会报错
             */
            driver.switchTo().defaultContent();
        }
    }
    driver.switchTo().defaultContent();
}
```

10.40 操作 iframe 中的页面元素

被测试网页的 HTML 代码：

大致同 10.38 节被测试网页的 HTML 代码，只是需要更新如下页面的 HTML 代码。

修改 frame_left.html 代码：

```html
<html>
    <head>
        <title>左侧 frame</title>
    </head>
<body >

        <p>这是左侧 frame 页面上的文字</p>
        <iframe src='iframe.html' style="width:200px";height:50px></iframe>
</body>
</html>
```

在 frame_left.html 同级目录下新增 "iframe.html" 文件：

```html
<html>
    <head>
        <title>iframe</title>
    </head>
<body >

        <p>这是 iframe 页面上的文字</p>

</body>
</html>
```

代码运行效果如图 10-5 所示。

图 10-5

Java 语言版本的 API 实例代码：

```java
@Test
public void testHandleIFrame() {
        //转换操作区域，进入左侧 frame 的页面区域
        driver.switchTo().frame("leftframe");
```

```
    //查找页面包含"iframe"关键字的页面元素对象
    WebElement iframe = driver.findElement(By.tagName("iframe"));
    //转换操作区域，进入 iframe 的页面区域
    driver.switchTo().frame(iframe);
    //在 iframe 页面区域查找 p 标签的页面元素
    WebElement p = driver.findElement(By.xpath("//p"));
    //断言 iframe 页面中 p 标签中的文字是否和"这是 iframe 页面上的文字"关键字一致
    Assert.assertEquals("这是 iframe 页面上的文字", p.getText());

    //转换操作区域，进入 frameset 的页面区域，为进入其他 frame 页面区域做准备
    driver.switchTo().defaultContent();
    //转换操作区域，进入中间 frame 的页面区域
    driver.switchTo().frame("middleframe");
}
```

10.41　操作浏览器的 Cookie

目的：

能够遍历输出所有 Cookie 的 key 和 value；能够删除指定的 Cookie 对象；能够删除所有的 Cookie 对象。

被测试网页的地址：

http://www.sogou.com

Java 语言版本的 API 实例代码：

```
@Test
public void testCookie() throws Exception {
    driver.get("http://www.sogou.com");
    //得到当前页面下所有的 Cookies，并且输出它们的所在域、name、value、有效日期和路径
    Set<Cookie> cookies = driver.manage().getCookies();
    Cookie newCookie = new Cookie("cookieName", "cookieValue");
    System.out.println(String.format("Domain-> name -> value -> expiry -> path"));
    for(Cookie cookie : cookies)
     System.out.println(String.format("%s-> %s -> %s -> %s -> %s",
        cookie.getDomain(),cookie.getName(),
        cookie.getValue(),cookie.getExpiry(),cookie.getPath()));

    //删除 Cookie 有 3 种方法
    //第一种：通过 Cookie 的 name 属性
    driver.manage().deleteCookieNamed("CookieName");

    //第二种：通过 Cookie 对象
```

```
driver.manage().deleteCookie(newCookie);

//第三种：全部删除
driver.manage().deleteAllCookies();

try{
    Thread.sleep(1500);
    }catch(Exception e){
    e.printStackTrace();
    }
}
```

|第 11 章|
WebDriver 的高级应用实例

上一章讲解了 WebDrvier 的常用 API 使用实例，本章作为 WebDriver 进阶部分，将讲解 WebDriver 的高级应用实例。读者如果想成为中级水平的自动化测试工程师，请务必掌握本章中的全部应用实例。

11.1　使用 JavaScriptExecutor 单击元素

目的：

使用 JavaScriptExecutor 对象来实现页面元素的单击动作。此方式主要用于解决在某些情况下，页面元素的".click()"方法无法生效的问题。

被测试网页的网址：

http://www.sogou.com

Java 语言版本的 API 实例代码：

```java
package cn.gloryroad;
import org.openqa.selenium.*;
import org.openqa.selenium.ie.InternetExplorerDriver;
import org.testng.annotations.AfterMethod;
import org.testng.annotations.BeforeMethod;
import org.testng.annotations.Test;

public class TestDemo {
    WebDriver driver;
    String baseUrl;
    JavascriptExecutor js;
```

第 11 章
WebDriver 的高级应用实例

```java
@BeforeMethod
public void beforeMethod() {
    baseUrl="http://www.sogou.com";
    //设定连接 IE 浏览器驱动程序所在的磁盘位置,并添加为系统属性值
    System.setProperty("webdriver.ie.driver","D:\\IEDriverServer.exe");
    driver = new InternetExplorerDriver();
    driver.get(baseUrl);
}

@AfterMethod
public void afterMethod() {
    driver.quit();
}

@Test
public void testHandleiFrame() throws Exception {
    //查找搜狗首页的搜索输入框
    WebElement searchInputBox = driver.findElement(By.id("query"));
    //查找搜狗首页的"搜索"按钮
    WebElement serachButton =driver.findElement(By.id("stb"));
    //在搜狗首页的搜索输入框中,输入关键字"使用 JavaScript 进行页面元素的单击"
    searchInputBox.sendKeys("使用 JavaScript 进行页面元素的单击");
    //调用封装好的 JavaScriptClick 方法来单击搜狗首页的"搜索"按钮
    JavaScriptClick(serachButton);
}
public void  JavaScriptClick(WebElement element) throws Exception {
        try {
            /* if 条件判断函数参数传入的 element 元素是否处于可单击状态,以及是否
             * 显示在页面上
             */
            if (element.isEnabled() && element.isDisplayed()) {
                System.out.println("使用 JavaScript 进行页面元素的单击");
                //执行 JavaScript 语句 "arguments[0].click();"
            ((JavascriptExecutor) driver).executeScript("arguments[0].click();", element);
            } else {
                System.out.println("页面上的元素无法进行单击操作");
            }
            //当出现异常时,catch 语句会被执行,打印相关的异常信息和出错的堆栈信息
        } catch (StaleElementReferenceException e) {
            System.out.println("页面元素没有附加在网页中 "+ e.getStackTrace());
        } catch (NoSuchElementException e) {
```

```
                System.out.println("在页面中没有找到要操作的页面元素 "+ e.getStackTrace());
            } catch (Exception e) {
                System.out.println("无法完成单击动作 "+ e.getStackTrace());
            }
        }
    }
```

代码解释：

JavaScriptClick 方法的代码实现就是一种封装，把常用的操作写在一个函数方法里，就可以很方便地重复调用，减少冗余代码的编写，提高测试代码的编写效率（后面会有专门的章节讲解如何封装）。

11.2 在使用 Ajax 方式产生的浮动框中，单击选择包含某个关键字的选项

目的：

有些被测试页面包含 Ajax 的局部刷新机制，并且会产生显示多条数据的浮动框，需要单击选择浮动框中包含某个关键字的选项。

被测试网页的网址：

http://www.sogou.com

单击一下搜索框，可以看到弹出浮动框的效果，如图 11-1 所示。

图 11-1

Java 语言版本的 API 实例代码：
```
package cn.gloryroad;
import java.util.List;
```

```java
import org.openqa.selenium.*;
import org.openqa.selenium.firefox.FirefoxDriver;
import org.testng.annotations.AfterMethod;
import org.testng.annotations.BeforeMethod;
import org.testng.annotations.Test;

public class TestDemo {
    WebDriver driver;
    String baseUrl;
    JavascriptExecutor js;
    @BeforeMethod
    public void beforeMethod() {
        baseUrl="http://www.sogou.com/";
        driver=new FirefoxDriver();
    }

    @AfterMethod
    public void afterMethod() {
        driver.quit();
    }

    @Test
    public void testAjaxDivOption() throws Exception {
        driver.get(baseUrl);
        //获取搜狗首页的搜索框
        WebElement searchInputBox = driver.findElement(By.id("query"));
        //在搜狗首页的搜索框上进行一次单击操作
        searchInputBox.click();
        // 将浮动框中的所有选项存储到 suggetionOptions 的 List 容器中
        List<WebElement> suggetionOptions= driver.findElements(By.xpath("//*[@id='vl']/div/ul/li"));
        /* 使用 for 循环遍历容器中的所有选项，如果某个选项包含"昆明机场强开舱门"关键字，
         * 则对这个选项进行单击操作。单击后选项的文字内容会显示在搜索框中，并进行搜索
         */
        for (WebElement element: suggetionOptions){
            if (element.getText().contains("昆明机场强开舱门")){
                System.out.println(element.getText());
                element.click();
                break;
            }
        }
    }
}
```

代码解释：

因为浮动框的内容总发生变化，如果只想选择浮动框中的第三个选项，可以参考如下代码。

```
@Test
public void testAjaxDivOption () throws Exception {
    driver=new FirefoxDriver();
    driver.get(baseUrl);
    WebElement searchInputBox = driver.findElement(By.id("query")) ;
    searchInputBox.click();
    //只要更改"li[3]"中的索引数字,就可任意单击选择浮动框中的选项。注意,索引序号从 1 开始
    WebElement suggetionOptions= driver.findElement(By.xpath("//*[@id='vl']/div/ul/li[3]"));
    suggetionOptions.click();
}
```

11.3 设置一个页面对象的属性值

目的:

掌握设定页面对象的所有属性的方法,本节以设定文本框的可编辑状态和显示长度为目标。

被测试网页的 HTML 代码:

```
<html>
    <head>
    <title>设置文本框属性</title>
    </head>
<body>

    <input type="text" id="text" value="今年夏天西瓜相当甜!" size=100>文本框
</input>

</body>
</html>
```

Java 语言版本的 API 实例代码:

```
package cn.gloryroad;

import org.openqa.selenium.*;
import org.openqa.selenium.firefox.FirefoxDriver;
import org.testng.annotations.AfterMethod;
import org.testng.annotations.BeforeMethod;
import org.testng.annotations.Test;

public class TestDemo {
    WebDriver driver;
    String baseUrl;
```

第 11 章
WebDriver 的高级应用实例

```java
     JavascriptExecutor js;
    @BeforeMethod
    public void beforeMethod() {
        //本地搭建的测试环境中的被测试网页地址，搭建方法请参考网上 Apache 或 Tomcat 的
        //安装配置教程
        baseUrl="http://127.0.0.1:8080/setandremoveAttribute.html";
        //若 WebDriver 无法打开 Firefox 浏览器，才需增加此行代码设定 Firefox
        //浏览器的所在路径
        System.setProperty("webdriver.firefox.bin","C:\\Program Files\\Firefox Developer Edition\\firefox.exe");
        //加载 Firefox 浏览器的驱动程序
        System.setProperty("webdriver.gecko.driver","d:\\geckodriver.exe");
        //打开 Firefox 浏览器
        driver = new FirefoxDriver();
    }

    @AfterMethod
    public void afterMethod() {
        driver.quit();
    }

    @Test
    public void testdataPicker() throws Exception {
        driver.get(baseUrl);
        //查找到被测试页面上的文本框
        WebElement textInputBox =driver.findElement(By.id("text"));
        //调用 setAttribute 方法修改文本框的 value 属性值，改变文本框中显示的文字
        setAttribute(driver,textInputBox,"value","文本框的文字和长度属性已经被修改了！");
        //调用 setAttribute 方法修改文本框的 size 属性值，改变文本框的长度
        setAttribute(driver,textInputBox,"size","10");
        //调用 removeAttribute 方法删除文本框中的 size 属性值
        removeAttribute(driver,textInputBox,"size");

    }
    //增加页面元素属性和修改页面元素属性的封装方法
    public void setAttribute(WebDriver driver,WebElement element,String attributeName,String value){
        JavascriptExecutor js = (JavascriptExecutor) driver;
        /* 调用 JavaScript 代码修改页面元素的属性值，arguments[0]～[2] 分别会用后面的
           element、attributeName 和 value 参数进行替换，并执行*/
        js.executeScript("arguments[0].setAttribute(arguments[1],arguments[2])", element,attributeName,value);


    }
    //删除页面元素属性的封装方法
```

```java
        public void removeAttribute(WebDriver driver,WebElement element,String attributeName){
                JavascriptExecutor js = (JavascriptExecutor) driver;
                /* 调用 JavaScript 代码删除页面元素的属性，arguments[0]～[1]分别会用后面的
                 * element、attributeName 参数进行替换，并执行
                 */
                js.executeScript("arguments[0].removeAttribute(arguments[1], arguments[2])",element,attributeName);

        }

}
```

11.4　在日期选择器上进行日期选择

目的：

能够在日期选择器上进行任意年、月、日的选择。

被测试网页的网址：

http://jqueryui.com/resources/demos/datepicker/other-months.html

被测试网站是国外网址，如果国内访问不太稳定，可以利用相关网络代理工具进行访问。

本例运行效果如图 11-2 所示。

图 11-2

Java 语言版本的 API 实例代码：

```java
package cn.gloryroad;

import java.util.List;
import org.openqa.selenium.*;
import org.openqa.selenium.chrome.ChromeDriver;
import org.testng.annotations.AfterMethod;
import org.testng.annotations.BeforeMethod;
```

```
import org.testng.annotations.Test;

public class TestDemo {
    WebDriver  driver;
    String baseUrl;
    JavascriptExecutor js;
    @BeforeMethod
    public void beforeMethod() {
        baseUrl="http://jqueryui.com/resources/demos/datepicker/other-months.html";
        //设定连接Chrome浏览器驱动程序所在的磁盘位置,并添加为系统属性值
        System.setProperty("webdriver.chrome.driver","d:\\chromedriver.exe");
        driver = new ChromeDriver();

    }

    @AfterMethod
    public void afterMethod() {
        driver.quit();
    }

    @Test
    public void testdataPicker() throws Exception {

        driver.get(baseUrl);
        //查找到日期输入框,直接输入日期,就可以变相模拟在日期控件上进行选择
        WebElement dataInputBox = driver.findElement(By.id("datepicker")) ;
        dataInputBox.sendKeys("12/31/2015");

    }

}
```

代码解释:

有些日期选择器的日期字段不允许输入,必须通过日期选择器才可以进行日期的选择。此种情况可以使用设置页面对象属性的方式,设定日期字段属性为可编辑,具体代码请参阅 11.3 节的内容。

11.5　无人化自动下载某个文件

目的:

下载链接的时候,通常需要人为设定下载文件保存的路径,这样就无法实现全自动化执行下载过程。下面的例子实现了基于 Firefox 浏览器的全自动化文件下载操作,脚本执

行后会将文件自动保存到指定目录的文件夹下。

被测试网页的网址：

http://ftp.mozilla.org/pub/mozilla.org//firefox/releases/35.0b8/win32/zh-CN/

Java 语言版本的 API 实例代码：

```java
package cn.gloryroad;

import org.openqa.selenium.*;
import org.openqa.selenium.firefox.FirefoxDriver;
import org.openqa.selenium.firefox.FirefoxProfile;
import org.openqa.selenium.firefox.FirefoxOptions;
import org.testng.annotations.AfterMethod;
import org.testng.annotations.BeforeMethod;
import org.testng.annotations.Test;

public class TestDemo {
 //设定存储下载文件的路径
 public static String downloadFilePath = "D:\\downloadFiles";
    WebDriver  driver;
    String baseUrl;
    JavascriptExecutor js;

    @BeforeMethod
    public void beforeMethod()  {
  baseUrl="http://ftp.mozilla.org/pub/mozilla.org//firefox/releases/35.0b8/win32/zh-CN/";
     }

    @AfterMethod
    public void afterMethod() {
        driver.quit();
     }


    @Test
    public void testDownLoadFile() throws Exception {
        driver = new FirefoxDriver(firefoxDriverOptions());
        driver.get(baseUrl);
        //单击包含"Stub"关键字的下载链接
        driver.findElement(By.partialLinkText("Stub")).click();
        //设定 10 秒的延迟，让程序下载完成。如果网络下载很慢，可以根据预估的下载完成时间
        //设定暂停时间
        try{
            Thread.sleep(10000);
        }catch(Exception e){
            e.printStackTrace();
```

```java
        }
    }
    public static FirefoxOptions firefoxDriverOptions() throws Exception {
        FirefoxOptions options = new FirefoxOptions();
        //声明一个 profile 对象
        FirefoxProfile profile = new FirefoxProfile();
        //设置 Firefox 的 "browser.download.folderList" 属性为 2,
        //如果没有进行设定,则使用默认值 1,表示下载文件保存在 "下载" 文件夹中,
        //设定为 0,则下载文件会被保存在用户的桌面上,
        //设定为 2,则下载文件会被保存在指定的文件夹中
        profile.setPreference("browser.download.folderList", 2);
        //browser.download.manager.showWhenStarting 的属性默认值为 "true",
        //设定为 "true",则在用户启动下载时显示 Firefox 浏览器的文件下载窗口,
        //设定为 "false",则在用户启动下载时不显示 Firefox 浏览器的文件下载窗口
        profile.setPreference("browser.download.manager. showWhenStarting", false);
        //设定下载文件保存的目录
        profile.setPreference("browser.download.dir", downloadFilePath);
        //"browser.helperApps.neverAsk.openFile"表示直接打开下载文件,不
        //显示确认框
        //默认值为空字符串,下行代码行设定了多种文件的 MIME 类型,"application/exe"
        //表示.exe 类型的文件,"application/excel" 表示 Excel 类型的文件
        profile.setPreference("browser.helperApps.neverAsk.openFile",
                "application/octet-stream,application/exe,text/csv,application/pdf, application/x-msexcel,application/excel,application/x-excel,application/excel,application/x-excel,application/excel,application/vnd.ms-excel,application/x-excel,application/x-msexcel,image/png,image/jpeg,text/html,text/plain,application/msword,application/xml,application/excel,application/x-msdownload");
        //"browser.helperApps.neverAsk.saveToDisk"设置是否直接保存下载文件
        //到磁盘中默认值为空字符串,下行代码行设定了多种文件的 MIME 类型
        profile.setPreference("browser.helperApps.neverAsk.saveToDisk",
                "application/octet-stream,application/exe,text/csv,application/pdf, application/x-msexcel,application/excel,application/x-excel,application/excel,application/x-excel,application/excel, application/vnd.ms-excel,application/x-excel,application/x-msexcel,image/png,image/jpeg,text/html,text/plain,application/msword,application/xml,application/excel,text/x-c,application/x-msdownload");
        //"browser.helperApps.alwaysAsk.force"针对未知的 MIME 类型文件会弹出窗口
        //让用户处理,默认值为 "true",设定为 "false" 表示不会记录打开未知 MIME 类型
        //文件
        profile.setPreference("browser.helperApps.alwaysAsk.force", false);
        //下载 ".exe" 文件弹出警告,默认值是 "true",设定为 "false" 则不会弹出警告框
        profile.setPreference("browser.download.manager.alertOnEXEOpen", false);
        //browser.download.manager.focusWhenStarting 设定下载框在下载时会
        //获取焦点,
```

```
            //默认值为"true"，设定为"false"表示不获取焦点
            profile.setPreference("browser.download.manager. focusWhenStarting",
false);
            //browser.download.manager.useWindow 设定下载是否显示下载框，默认值为"true"
            //设定为"false"会把下载框进行隐藏
            profile.setPreference("browser.download.manager.useWindow",
false);
            //browser.download.manager.showAlertOnComplete 设定下载文件结束后
            //是否显示下载完成提示框，默认值为"true"，设定为"false"表示下载完成后
            // 显示下载完成提示框
            profile.setPreference("browser.download.manager. showAlertOnComplete",
false);
            //"browser.download.manager.closeWhenDone"设定下载结束后是否自动关闭
            //下载框，默认值为"true"，设定为"false"表示不关闭下载管理器
            profile.setPreference("browser.download.manager.closeWhenDone",false);
            options.setProfile(profile);
            return options;
        }

    }
```

代码解释：

在自动化测试过程中，经常会遇到在代码中设置了下载文件的 MIME 类型，但是测试程序执行时依旧会显示下载弹出窗，并且需要人为介入处理。产生上述情况的原因是网站服务器中的一些文件定义为其他 MIME 类型，如一个 ".exe" 文件被网站服务器定义为 "application/octet-stream" 的 MIME 类型。

如何获取下载文件的 MIME 类型呢？我们可以借助一些浏览器插件，例如，使用 Firefox 浏览器的 FireBug 插件的网络功能，可以从 http 的信息头中找到文件的 MIME 类型，如图 11-3 所示。

图 11-3

11.6 使用 sendKeys 方法上传一个文件附件

目的：
使用 sendKeys 方法上传一个文件附件，并进行提交操作。

被测试网页的 HTML 代码：
```
<html>
    <body>
            <form enctype="multipart/form-data" action="parse_file.jsp"method="post">
                <p>Browse for a file to upload: </p>
                <input id="file" name="file" type="file"></input>
                <br/><br/>
                <input type="submit" id="filesubmit" value="SUBMIT"></input>
            </form>
    </body>
</html>
```

因为篇幅有限，此处省略了"parse_file.jsp"的源代码。上传文件成功后，会跳转到 parse_file.jsp 页面，此页面的 Title 显示为"文件上传成功"。

Java 语言版本的 API 实例代码：
```java
package cn.gloryroad;

import org.openqa.selenium.*;
import org.openqa.selenium.ie.InternetExplorerDriver;
import org.openqa.selenium.support.ui.ExpectedConditions;
import org.openqa.selenium.support.ui.WebDriverWait;
import org.testng.annotations.AfterMethod;
import org.testng.annotations.BeforeMethod;
import org.testng.annotations.Test;


public class TestDemo {

    WebDriver driver;
    String baseUrl;

    @BeforeMethod
    public void beforeMethod() {
        //被测试网页的本地访问地址
        baseUrl="http://127.0.0.1:8080/uploadfile.html";
        //设定连接 IE 浏览器驱动程序所在的磁盘位置，并添加为系统属性值
        System.setProperty("webdriver.ie.driver","D:\\IEDriverServer.exe");
```

```
        driver = new InternctExplorerDriver();
        //访问被测试网页
        driver.get(baseUrl);

    }

    @AfterMethod
    public void afterMethod() {
        driver.quit();
    }

    @Test
    public void testUploadFile() throws Exception {
            //查找页面上 ID 为"file"的文件上传框
            WebElement fileInputBox = driver.findElement(By.id("file"));
            //在文件上传框的路径框里输入要上传的文件路径"d:\\a.txt"
            fileInputBox.sendKeys("d:\\a.txt");
            //使用显式等待方式，声明一个等待对象
            WebDriverWait wait= new WebDriverWait(driver,5);
         //显式等待判断页面上的提交按钮是否处于可单击状态
            wait.until(ExpectedConditions.elementToBeClickable(By.id ("filesubmit")));
            //找到 ID 为"filesubmit"的文件提交按钮对象
            WebElementfileSubmitButton=driver.findElement(By.id("filesubmi t"));
            //单击文件提交按钮，完成文件的提交操作
            fileSubmitButton.click();
            /* 因为文件上传需要时间，所以此处可以添加显式等待的判断代码，判断上传文件成
             * 功后，页面是否跳转到了文件上传成功的页面。利用 titleContains 函数
             * 判断跳转后的页面 Title 是否符合期望值，如果符合，则继续执行后续测试代码
             */
            wait.until(ExpectedConditions.titleContains("文件上传成功"));
    }
}
```

11.7　使用第三方工具 AutoIt 上传文件

目的：

使用第三方工具 AutoIt 操作一些 WebDriver 无法操作的文件上传对象。

被测试网页的 HTML 代码：

同 11.6 节的被测试网页的 HTML 代码。

第 11 章
WebDriver 的高级应用实例

AutoIt 的安装方法：

（1）下载 AutoIt 软件，访问网址：https://www.autoitscript.com/site/autoit/ downloads/，如图 11-4 所示。

图 11-4

（2）将文件保存到本地后，双击".exe"文件进行安装。

（3）双击后显示如图 11-5 所示的界面，单击"Next"按钮。

（4）显示如图 11-6 所示的界面，单击"I Agree"按钮。

图 11-5　　　　　　　　　　　　　　　图 11-6

（5）如果使用 64 位操作系统，则会显示如图 11-7 所示的界面，直接单击"Next"按钮继续安装。

（6）单击"Next"按钮后，显示如图 11-8 所示的界面。

图 11-7　　　　　　　　　　　　　　　图 11-8

（7）继续单击"Next"按钮，显示如图 11-9 所示的界面。

（8）继续单击"Next"按钮，显示如图 11-10 所示的界面。

 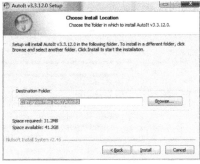

图 11-9　　　　　　　　　　　图 11-10

（9）在界面中，选择文件的安装路径后，单击"Install"按钮，开始安装，如图 11-11 所示。

（10）安装完成后，显示如图 11-12 所示的界面，单击"Finish"按钮，完成安装。

图 11-11　　　　　　　　　　　图 11-12

（11）访问网址：https://www.autoitscript.com/site/autoit-script-editor/downloads/，下载 AutoIt 的编辑器，如图 11-13 所示。

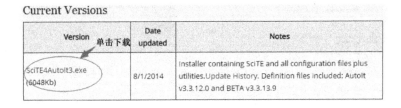

图 11-13

（12）双击下载的文件，显示如图 11-14 所示的界面。

（13）单击"Next"按钮，显示如图 11-15 所示的界面。

第 11 章
WebDriver 的高级应用实例

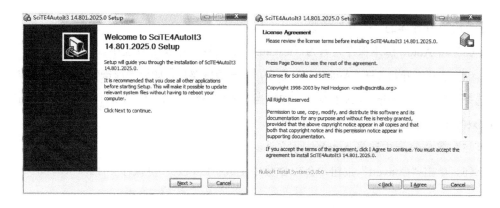

图 11-14   图 11-15

（14）单击"I Agree"按钮，开始安装过程，如图 11-16 所示。

（15）安装完毕，显示如图 11-17 所示的界面。

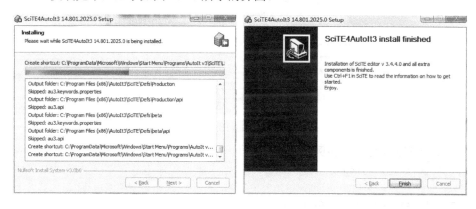

图 11-16   图 11-17

（16）单击"Finish"按钮，完成 AutoIt 脚本编辑器的安装。

编写操作文件上传框体的 AutoIt 脚本：

（1）选择"开始"→"AutoIt v3"→"SciTE\SciTE"命令，启动 AutoIt 的文本编辑器。

（2）在编辑器中输入如下脚本：

```
#include <Constants.au3>

Send("d:\a.txt")
Send("{ENTER}")
Send("{ENTER}")
```

脚本解释：

"Send("d:\a.txt")"表示使用键盘输入"d:\a.txt"。

"Send("{ENTER}")"表示按 Enter 键。

调用两次 Enter 键的原因是有些操作系统默认的输入法是中文输入法，输入"d:\a.txt"的时候，必须按一下 Enter 键才能输入到文件路径输入框中，再按一下 Enter 键，就可以单击文件打开窗体的"打开"按钮。

（3）将 AutoIt 脚本保存为名为"test.au3"的文件，存放在 D 盘中。

（4）选择"开始"→"AutoIt v3"命令，弹出级联菜单，如果当前操作系统是 64 位，则选择"Compile script to.exe(x64)"；如果当前操作系统是 32 位，则选择"Compile script to .exe(x86)"，显示如图 11-18 所示的界面。

（5）在 Source 中选择 AutoIt 脚本文件的路径。

（6）单击"Convert"按钮，会在 D 盘中生成"test.exe"可执行文件。

图 11-18

Java 语言版本的 API 实例代码：

```
package cn.gloryroad;

import org.openqa.selenium.*;
import org.openqa.selenium.ie.InternetExplorerDriver;
import org.openqa.selenium.support.ui.ExpectedConditions;
import org.openqa.selenium.support.ui.WebDriverWait;
import org.testng.annotations.AfterMethod;
import org.testng.annotations.BeforeMethod;
import org.testng.annotations.Test;


public class TestDemo {

    WebDriver  driver;
    String baseUrl;

    @BeforeMethod
    public void beforeMethod()  {
        //被测试网页的本地访问地址
        baseUrl="http://127.0.0.1:8080/uploadfile.html";
        //设定连接 IE 浏览器驱动程序所在的磁盘位置，并添加为系统属性值
        System.setProperty("webdriver.ie.driver",
```

```
"D:\\IEDriverServer.exe");
        driver = new InternetExplorerDriver();
        driver.get(baseUrl);
    
    }
    
    @AfterMethod
    public void afterMethod() {
        driver.quit();
    }
    
    
    @Test
    public void testUploadFile() throws Exception {
        //查找页面上 ID 为"file"的文件上传框
        WebElement fileInputBox = driver.findElement(By.id("file"));
        //单击文件上传对象，会弹出文件选择框体
        fileInputBox.click();
        //调用存储在 D 盘中的 AutoIt 的可执行文件"test.exe"
        Runtime.getRuntime().exec("d:/test.exe");
        //由于 AutoIt 的可执行文件"test.exe"的执行速度有可能较慢，所以等待 10 秒，
        //确保脚本执行完毕
        Thread.sleep(10000);
        //声明一个显式等待对象
        WebDriverWait wait= new WebDriverWait(driver,10);
        //判断页面是否关闭了文件选择框，重新显示上传文件元素
        wait.until(ExpectedConditions.presenceOfElementLocated(By.id ("file")));
        //找到 ID 为"filesubmit"的文件提交按钮对象
        
        WebElementfileSubmitButton=driver.findElement(By.id("filesubmit"));
        //单击文件提交按钮，完成文件的提交操作
        fileSubmitButton.click();
        /* 因为文件上传需要时间，所以此处可以添加显式等待的判断代码，判断上传文件成
         * 功后，页面是否跳转到了文件上传成功的页面。通过 titleContains 函数判断跳
         * 转后的页面 Title 是否符合期望值，如果匹配，则继续执行后续测试代码
         */
        wait.until(ExpectedConditions.titleContains("文件上传成功"));
        
    }
}
```

11.8 操作 Web 页面的滚动条

目的：

（1）滑动页面的滚动条到页面的最下方。

（2）滑动页面的滚动条到页面中某个元素所在的位置。

（3）滑动页面的滚动条向下移动一定距离。

被测试网页的网址：

http://v.sogou.com

Java 语言版本的 API 实例代码：

```java
package cn.gloryroad;

import org.openqa.selenium.*;
import org.openqa.selenium.ie.InternetExplorerDriver;
import org.testng.annotations.AfterMethod;
import org.testng.annotations.BeforeMethod;
import org.testng.annotations.Test;


public class TestDemo {
    WebDriver driver;
    String baseUrl;
    @BeforeMethod
    public void beforeMethod()  {
        //测试网址为搜狗视频搜索首页
        baseUrl="http://v.sogou.com";
        //设定连接 IE 浏览器驱动程序所在的磁盘位置，并添加为系统属性值
        System.setProperty("webdriver.ie.driver","D:\\IEDriverServer.exe");
        driver = new InternetExplorerDriver();
        driver.get(baseUrl);

    }
    // priority =1 表示测试用例以第一优先级运行
    @Test(priority=1)
    public void scrollingToBottomofAPage() {
        //使用 JavaScript 的 scrollTo 函数和 document.body.scrollHeight 参数
        //将页面的滚动条滑动到页面的最下方
         ((JavascriptExecutor) driver)
        .executeScript("window.scrollTo(0, document.body.scrollHeight)");
        //停顿 3 秒，用于人工验证滚动条是否滑动到指定位置。根据测试需要，可注释下面的
        //停顿代码
        try {
            Thread.sleep(3000);
            } catch (InterruptedException e) {
                e.printStackTrace();
```

```java
            }
        }

        // priority =2 表示测试用例以第二优先级运行
        @Test(priority=2)
        public void scrollingToElementofAPage() {
            //进入搜索视频页面中的 ID 值为"main_frame"的 frame 页面
            driver.switchTo().frame("main_frame");
            //定位 frame 页面中的 h2 标签元素,且标签文字为"电视剧分类"
            WebElement element = driver.findElement(By.xpath("//h2[text()='电视剧分类']"));
            //使用 JavaScript 的 scrollIntoView()函数将滚动条滑动到页面的指定位置
            ((JavascriptExecutor) driver).executeScript("arguments[0].scrollIntoView();", element);
            //停顿 3 秒,用于人工验证滚动条是否滑动到指定的位置。根据测试需要,可
            //注释下面的停顿代码
            try {
                Thread.sleep(3000);
            } catch (InterruptedException e) {
                e.printStackTrace();
            }
        }
        // priority = 3 表示测试用例以第三优先级运行
        @Test(priority=3)
        public void scrollingByCoordinatesofAPage() {
            //使用 JavaScript 的 scrollTo 函数,使用 0 和 800 的横、纵坐标参数,
            //将页面的滚动条纵向下滑动 800 个像素
            ((JavascriptExecutor) driver).executeScript("window.scrollBy(0,800)");
            //停顿 3 秒,用于人工验证滚动条是否滑动到指定的位置。根据测试需要,可
            //注释下面的停顿代码
            try {
                Thread.sleep(3000);
            } catch (InterruptedException e) {
                e.printStackTrace();
            }
        }

        @AfterMethod
        public void afterMethod() {
            driver.quit();
        }

}
```

11.9　启动带有用户配置信息的 Firefox 浏览器窗口

目的：

由于 WebDriver 启动 Firefox 浏览器时会启用全新的 Firefox 浏览器窗口，导致当前机器用户的浏览器配置信息在测试中无法使用，如已经安装的浏览器插件、个人收藏夹等。为了解决此问题，需要使用指定的配置文件来启动 Firefox 浏览器窗口。

生成自定义的 Firefox 浏览器配置文件：

（1）单击桌面左下角的 Windows 图标，在"搜索程序和文件"输入框中输入"cmd"，并按 Enter 键，如图 11-19 所示。

（2）显示出 CMD 窗口。

（3）使用 cd 命令进入"firefox.exe"所在目录，并输入命令"firefox.exe-ProfileManager -no-remote"，按 Enter 键，如图 11-20 所示。

图 11-19　　　　　　　　　　　　图 11-20

（4）显示"FireFox-选择用户配置文件"对话框，单击"创建配置文件"按钮，显示如图 11-21 所示的界面。

（5）单击"下一步"按钮，显示如图 11-22 所示的界面。

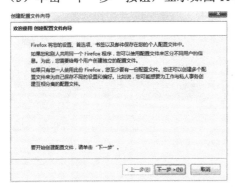 

图 11-21　　　　　　　　　　　　图 11-22

（6）输入自定义的配置文件名称，并单击"完成"按钮完成文件配置。

（7）在"FireFox-选择用户配置文件"对话框中，生成了名为"Webdriver"的用户配置文件，选中"Webdriver"选项，单击"启动 Firefox"按钮，如图 11-23 所示。

图 11-23

Java 语言版本的 API 实例代码：

```java
package cn.gloryroad;

import org.openqa.selenium.*;
import org.openqa.selenium.firefox.FirefoxDriver;
import org.openqa.selenium.firefox.FirefoxProfile;
import org.openqa.selenium.firefox.FirefoxOptions;
import org.openqa.selenium.firefox.internal.ProfilesIni;
import org.testng.annotations.AfterMethod;
import org.testng.annotations.BeforeMethod;
import org.testng.annotations.Test;

public class TestDemo {

    WebDriver  driver;
    String baseUrl;

    @BeforeMethod
    public void beforeMethod()  {
        baseUrl="http://www.sogou.com";
    }
    @Test
    public void testFirefoxProfile(){
        //声明 ProfilesIni 对象
        ProfilesIni allProfiles = new ProfilesIni();

        //调用 allProfiles 对象的 getProfile 方法，获取名为"Webdriver"的用户配置文件
        FirefoxProfile profile = allProfiles.getProfile("Webdriver");

        //调用 profile 对象的 setPreference 方法，设定浏览器启动时显示的页面为搜狗首页
        profile.setPreference("browser.startup.homepage","http://www.sogou.com");
```

```java
            //指定 Profile 对象为参数,实例化 FirefoxDriver 对象
            //实现使用指定 Profile 配置文件启动 Firefox 浏览器窗口
            FirefoxOptions options = new FirefoxOptions();
            options.setProfile(profile);
            driver = new FirefoxDriver(options);

            //找到输入框
            WebElement searchInputBox = driver.findElement(By.id("query"));

            //输入搜索关键词"webdriver"
            searchInputBox.sendKeys("webdriver");

            //单击"搜索"按钮
            driver.findElement(By.id("stb")).click();

    }
    @AfterMethod
    public void afterMethod() {
        driver.quit();
    }
}
```

11.10 通过 Robot 对象操作键盘

目的:

能够通过 Robot 对象操作键盘上的按键,完成复制、粘贴、切换焦点和按 Enter 键等常用操作。

被测试网页的网址:

http://www.sogou.com

Java 语言版本的 API 实例代码:

```java
package cn.gloryroad;

import java.awt.AWTException;
import java.awt.Robot;
import java.awt.Toolkit;
import java.awt.datatransfer.StringSelection;
import java.awt.event.KeyEvent;
import org.openqa.selenium.*;
import org.openqa.selenium.ie.InternetExplorerDriver;
import org.openqa.selenium.support.ui.ExpectedConditions;
import org.openqa.selenium.support.ui.WebDriverWait;
```

```java
import org.testng.annotations.AfterMethod;
import org.testng.annotations.BeforeMethod;
import org.testng.annotations.Test;

public class TestDemo {

    WebDriver driver;
    String baseUrl;

    @BeforeMethod
    public void beforeMethod() {
        baseUrl="http://www.sogou.com";
        //设定连接 IE 浏览器驱动程序所在的磁盘位置，并添加为系统属性值
        System.setProperty("webdriver.ie.driver","D:\\IEDriverServer.exe");
        driver = new InternetExplorerDriver();
     }
    @Test
    public void testRobotOperateKeyboard() throws InterruptedException{
        driver.get(baseUrl);
        WebDriverWait wait= new WebDriverWait(driver,10);
        //使用显式等待，判断页面是否显示搜索框
        wait.until(ExpectedConditions.presenceOfElementLocated(By.id("query")));
        //调用封装好的函数 setAndctrlVClipboardData，将"光荣之路自动化测试"关键字
        //使用"Ctrl+V"组合键方式粘贴到搜索框中
        setAndctrlVClipboardData("光荣之路自动化测试");
        //调用封装好的函数 pressTabKey，按 Tab 键，将焦点从搜索输入框转移到搜索按钮上
        pressTabKey();
        //调用封装好的函数 pressEnterKey，按 Enter 键会触发搜索结果的提交动作
        pressEnterKey();
        //等待 3 秒，验证搜索页面被正确显示
        Thread.sleep(3000);
     }

    @AfterMethod
    public void afterMethod() {
        driver.quit();
     }
        /* 封装的粘贴函数，可以将函数的 string 参数值放到剪贴板中，然后再使用 Robot
         * 对象的 keyPress 和 keyRelease 函数来模拟"Ctrl+V"组合键，完成粘贴操作
         */
    public void setAndctrlVClipboardData(String string){
        //声明 StringSelection 对象，并使用函数的 string 参数完成实例化
        StringSelection stringSelection = new StringSelection(string);
        //使用 Toolkit 对象的 setContents 方法将字符串放到剪切板中
        Toolkit.getDefaultToolkit().getSystemClipboard()
                .setContents(stringSelection, null);
```

```java
            //声明 Robot 对象
            Robot robot = null;
            try {
                //生成 Robot 的对象实例
                robot = new Robot();
            } catch (AWTException e1) {
                e1.printStackTrace();
            }
            //调用 keyPress 方法来实现按下 Ctrl 键
            robot.keyPress(KeyEvent.VK_CONTROL);
            //调用 keyPress 方法来实现按下 V 键
            robot.keyPress(KeyEvent.VK_V);
            //调用 keyRelease 方法来实现释放 V 键
            robot.keyRelease(KeyEvent.VK_V);
            //调用 keyRelease 方法来实现释放 Ctrl 键
            robot.keyRelease(KeyEvent.VK_CONTROL);
    }
    public void pressTabKey(){
             Robot robot = null;
             try {
                 robot = new Robot();
             } catch (AWTException e) {
                 e.printStackTrace();
                }
             //调用 keyPress 方法来实现按下 Tab 键
             robot.keyPress(KeyEvent.VK_TAB);
             //调用 keyRelease 方法来实现释放 Tab 键
             robot.keyRelease(KeyEvent.VK_TAB);
        }
    public void pressEnterKey(){
             Robot robot = null;
             try {
                 robot = new Robot();
             } catch (AWTException e) {
                 e.printStackTrace();
                }
             //调用 keyPress 方法来实现按下 Enter 键
             robot.keyPress(KeyEvent.VK_ENTER);
             //调用 keyRelease 方法来实现释放 Enter 键
             robot.keyRelease(KeyEvent.VK_ENTER);
        }

}
```

11.11 对象库（UI Map）

目的：

能够使用配置文件存储被测试页面上元素的定位方式和定位表达式，做到定位数据和程序的分离。测试程序写好以后，可以方便不具备编程能力的测试人员进行自定义修改和配置。此部分内容可以作为自定义的高级自动化框架的组成部分。

注意： 下面的 java 文件和配置文件在 Eclipse 编辑器中进行保存时，要保存为 UTF-8 编码，不要使用默认编码进行保存。

被测试网页的网址：

http://mail.sohu.com

Java 语言版本的 API 实例代码：

首先实现 ObjectMap 工具类，供测试程序调用。

```java
package cn.gloryroad;

import java.io.FileInputStream;
import java.io.InputStreamReader;
import java.io.Reader;
import java.io.IOException;
import java.util.Properties;import org.openqa.selenium.By;

public class ObjectMap {

    Properties properties;

    public ObjectMap(String propFile){
        properties = new Properties();
        try{

            Reader in = new InputStreamReader(new FileInputStream(propFile),"UTF-8");
            properties.load(in);
            in.close();
        }catch (IOException e){
            System.out.println("读取对象文件出错");
            e.printStackTrace();
        }

    }
```

```java
        public By getLocator(String ElementNameInpropFile) throws Exception {
            //根据变量 ElementNameInpropFile，从属性配置文件中读取对应的配置对象
            String locator = properties.getProperty(ElementNameInpropFile);

            /* 将配置对象中的定位类型存储到 locatorType 变量中，将定位表达式的值存储到
             * locatorValue 变量中
             */
            String locatorType = locator.split(">")[0];
            String locatorValue = locator.split(">")[1];

            // 输出 locatorType 变量值和 locatorValue 变量值，验证是否赋值正确
            System.out.println("获取的定位类型：" + locatorType + "\t 获取的定位表达式" + locatorValue );

            // 根据 locatorType 的变量值内容判断返回何种定位方式的 By 对象
            if(locatorType.toLowerCase().equals("id"))
                return By.id(locatorValue);
            else if(locatorType.toLowerCase().equals("name"))
                return By.name(locatorValue);
            else if((locatorType.toLowerCase().equals("classname")) || (locatorType.toLowerCase().equals("class")))
                return By.className(locatorValue);
            else if((locatorType.toLowerCase().equals("tagname")) || (locatorType.toLowerCase().equals("tag")))
                return By.className(locatorValue);
            else if((locatorType.toLowerCase().equals("linktext")) || (locatorType.toLowerCase().equals("link")))
                return By.linkText(locatorValue);
            else if(locatorType.toLowerCase().equals("partiallinktext"))
                return By.partialLinkText(locatorValue);
            else if((locatorType.toLowerCase().equals("cssselector")) || (locatorType.toLowerCase().equals("css")))
                return By.cssSelector(locatorValue);
            else if(locatorType.toLowerCase().equals("xpath"))
                return By.xpath(locatorValue);
            else
                throw new Exception("输入的 locator type 未在程序中被定义：" + locatorType );
            }
        }
```

ObjectMap.properties 存储的元素定位表达式：
```
SohuMai.HomePage.username = xpath>//input[@ng-model='account']
SohuMai.HomePage.password = xpath>//input[@ng-model='pwd']
SohuMai.HomePage.submitButton = xpath>//input[@value='登 录']
```

在测试类中，调用 ObjectMap 工具类中的方法来实现测试逻辑。

```java
package cn.gloryroad;

import org.openqa.selenium.By;
import org.openqa.selenium.WebDriver;
import org.openqa.selenium.WebElement;
import org.openqa.selenium.ie.InternetExplorerDriver;
import org.openqa.selenium.support.ui.ExpectedConditions;
import org.openqa.selenium.support.ui.WebDriverWait;
import org.testng.Assert;
import org.testng.annotations.AfterMethod;
import org.testng.annotations.BeforeMethod;
import org.testng.annotations.Test;

public class TestSohuMailLoginByObjectMap {

    private WebDriver driver;
    private ObjectMap objectMap;
    String baseUrl;
    @BeforeMethod
    public void beforeMethod(){
        baseUrl="http://mail.sohu.com";
        System.setProperty("webdriver.ie.driver", "D:\\IEDriverServer.exe");
        driver = new InternetExplorerDriver();
    }
    @AfterMethod
    public void afterMethod() {
        driver.quit();
    }
    @Test
    public void testSohuMailLogin() throws Exception{
        driver.get(baseUrl);
        try{
            //声明一个 ObjectMap 对象的实例，参数是 objectMap 文件的绝对路径
            objectMap = new ObjectMap("D:\\workspace\\TestNGProj\\objectMap.properties");
        }catch (Exception e){
            System.out.println("生成 objectMap 对象失败");
        }

        //调用 ObjectMap 实例的 getLocator 方法
        WebElement userName = driver.findElement(objectMap.getLocator("SohuMai.HomePage.username"));
        WebElement passWord = driver.findElement(objectMap.getLocator("SohuMai.HomePage.password"));
        WebElement submitbutton = driver.findElement(objectMap.getLocator("SohuMai.HomePage.submitButton"));
```

```
            userName.sendKeys("fosterwu");
            passWord.sendKeys("1111");
            submitbutton.click();
              try {
                 Thread.sleep(8000);
              } catch (InterruptedException e) {
                 e.printStackTrace();
           }

           //断言页面上是否显示了"收件箱"关键字
            Assert.assertTrue(driver.getPageSource().contains("收件箱"));
        }
    }
```

11.12　操作富文本框

富文本框的技术实现和普通文本框存在较大区别，富文本框的常见实现技术用到了 frame 标签，并且在 frame 里实现了一个完整的 HTML 网页结构，所以使用普通的定位模式无法直接定位富文本框对象。

目的：

能够定位页面中的富文本框对象，使用 JavaScript 语句来实现富文本框中的 HTML 格式内容输入。

被测试网页的网址：

http://mail.sohu.com

本例运行结果如图 11-24 所示。

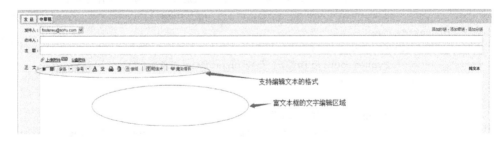

图 11-24

第 11 章
WebDriver 的高级应用实例

Java 语言版本的 API 实例代码方法 1:

```java
package cn.gloryroad;

import org.openqa.selenium.By;
import org.openqa.selenium.JavascriptExecutor;
import org.openqa.selenium.WebDriver;
import org.openqa.selenium.WebElement;
import org.openqa.selenium.firefox.FirefoxDriver;
import org.openqa.selenium.support.ui.ExpectedConditions;
import org.openqa.selenium.support.ui.WebDriverWait;
import org.testng.Assert;
import org.testng.annotations.AfterMethod;
import org.testng.annotations.BeforeMethod;
import org.testng.annotations.Test;

public class TestSohuMailSendMail {

    private WebDriver driver;

    String baseUrl;
    @BeforeMethod
    public void beforeMethod(){
        baseUrl="http://mail.sohu.com";
        //若 WebDriver 无法打开 Firefox 浏览器, 才需增加此行代码设定 Firefox
        //浏览器的所在路径
        System.setProperty("webdriver.firefox.bin","C:\\Program Files\\Firefox Developer Edition\\firefox.exe");
        //加载 Firefox 浏览器的驱动程序
        System.setProperty("webdriver.gecko.driver","d:\\geckodriver.exe");
        //打开 Firefox 浏览器
        driver = new FirefoxDriver();
        driver.get(baseUrl);
    }
    @AfterMethod
    public void afterMethod() {
        driver.quit();
    }
    @Test
    public void testSohuMailWriteEMail() throws InterruptedException {
        //获取页面的用户名、密码和提交按钮对象
        WebElement userName =driver.findElement(By.xpath("//input[@ng-model='account']"));
        WebElement password =driver.findElement(By.xpath("//input[@ng-model='pwd']"));
        WebElement loginButton =driver.findElement(By.xpath("//input[@value='登 录']"));
        //输入用户名和密码, 并进行提交操作
```

```java
            userName.clear();
            userName.sendKeys("fosterwu");
            password.clear();
            password.sendKeys("1111");
            loginButton.click();
            WebDriverWait wait= new WebDriverWait(driver,15);
            //使用显式等待,判断页面是否跳转到邮件登录首页,等待写信的网页内容出现在页面上
            wait.until(ExpectedConditions.presenceOfElementLocated(By.xpath("//li[contains(text(),'写邮件')]")));
            //获取登录成功后页面上的"写邮件"按钮,并单击此按钮
            WebElement writeMailButton = driver.findElement(By.xpath("//li[contains(text(),'写邮件')]"));
            writeMailButton.click();
            Thread.sleep(3000);
            //找到收件人输入框对象和邮件主题输入框对象,分别输入测试数据
            WebElement recipients = driver.findElement(By.xpath("//div[@arr='mail.to_render']/span/input"));
            WebElement subject = driver.findElement(By.xpath("//input[@ng-model='mail.subject']"));

            recipients.sendKeys("fosterwu@sohu.com");
            subject.sendKeys("发送给自己的一份测试邮件");
            //切换到富文本框所在的frame对象,具体frame的ID值可以使用FirePath工具获取
            WebElement framecss = driver.findElement(By.cssSelector("iframe[id^='ueditor']"));
            driver.switchTo().frame(framecss);
            //声明JavascriptExecutor对象来执行JavaScript脚本
            JavascriptExecutor js = (JavascriptExecutor) driver;
            //document.getElementsByTagName('body')[0]可以获取富文本框的编辑区域对象
            //使用编辑区域对象的.innerHTML属性可以设定任意HTML格式的文字内容
            js.executeScript("document.getElementsByTagName('body')[0].innerHTML = '<b>邮件要发送的内容<b>'");
            //从富文本框的frame返回到默认的页面区域
            driver.switchTo().defaultContent();
            //找到页面上发送邮件的按钮对象,并单击
            WebElement sendMailButton = driver.findElement(By.xpath("//div [@class='mail-action']/span[1]"));
            sendMailButton.click();
            //断言发送成功的页面中是否包含了"发送成功"关键字
            WebDriverWait waitmail= new WebDriverWait(driver,60);
            //使用显式等待,判断邮件是否发送成功,等待写信的网页内容出现在页面上
            waitmail.until(ExpectedConditions.presenceOfElementLocated(By.xpath("//span[contains(text(),'发送成功')]")));
            Assert.assertTrue(driver.getPageSource().contains("发送成功"));


    }
}
```

注意：以上代码在 Firefox 浏览器中可以执行，但在 IE 浏览器中可能会出现假死的情况，目前未能确认产生假死的原因。

Java 语言版本的 API 实例代码方法 2：

```java
package cn.gloryroad;

import java.awt.AWTException;
import java.awt.Robot;
import java.awt.Toolkit;
import java.awt.datatransfer.StringSelection;
import java.awt.event.KeyEvent;
import org.openqa.selenium.By;
import org.openqa.selenium.WebDriver;
import org.openqa.selenium.WebElement;
import org.openqa.selenium.firefox.FirefoxDriver;
import org.openqa.selenium.support.ui.ExpectedConditions;
import org.openqa.selenium.support.ui.WebDriverWait;
import org.testng.Assert;
import org.testng.annotations.AfterMethod;
import org.testng.annotations.BeforeMethod;
import org.testng.annotations.Test;

public class TestSohuMailSendMail {

    private WebDriver driver;

    String baseUrl;
    @BeforeMethod
    public void beforeMethod(){
        baseUrl="http://mail.sohu.com";
        //若 WebDriver 无法打开 Firefox 浏览器，才需增加此行代码设定 Firefox
        //浏览器的所在路径
        System.setProperty("webdriver.firefox.bin","C:\\Program Files\\Firefox Developer Edition\\firefox.exe");
        //加载 Firefox 浏览器的驱动程序
        System.setProperty("webdriver.gecko.driver","d:\\geckodriver.exe");
        //打开 Firefox 浏览器
        driver = new FirefoxDriver();
        driver.get(baseUrl);

    }
    @AfterMethod
    public void afterMethod() {
        driver.quit();
      }

    @Test
```

```java
public void testSohuMailSendEMail() throws InterruptedException {
    WebElement userName = driver.findElement(By.xpath("//input[@ng-model='account']"));
    WebElement password = driver.findElement(By.xpath("//input[@ng-model='pwd']"));
    WebElement loginButton = driver.findElement(By.xpath("//input[@value='登录']"));
    userName.sendKeys("fosterwu");
    password.sendKeys("1111");
    loginButton.click();
    WebDriverWait wait = new WebDriverWait(driver, 15);
    // 使用显式等待，判断页面是否跳转到邮件登录首页，等待写信的网页对象出现在页面上
    wait.until(ExpectedConditions.presenceOfElementLocated(By.xpath("//li[contains(text(),'写邮件')]")));
    WebElement writeMailButton = driver.findElement(By.xpath("//li[contains(text(),'写邮件')]"));
    writeMailButton.click();
    Thread.sleep(3000);
    WebElement recipients = driver.findElement(By.xpath("//div[@arr='mail.to_render']/span/input"));
    WebElement subject = driver.findElement(By.xpath("//input[@ng-model='mail.subject']"));
    recipients.sendKeys("fosterwu@sohu.com");
    subject.sendKeys("发送给自己的一份测试邮件");
    /*
     * 在邮件标题输入框中输入完自定义文字后，按下 Tab 键可以自动将页面的焦点切换到富
     * 文本框的编辑区域中
     */
    pressTabKey();
    pressTabKey();
      try {
          Thread.sleep(3000);
      } catch (InterruptedException e) {
          e.printStackTrace();
      }
    // 调用粘贴函数，将指定的问题内容通过剪切板的方式粘贴到富文本框的编辑区域中
    setAndctrlVClipboardData("邮件发送的正文内容");
    // 找到页面上发送邮件的按钮对象，并单击
    WebElement sendMailButton = driver.findElement(By.xpath("//div[@class='mail-action']/span[1]"));
    sendMailButton.click();
    // 断言发送成功的页面中是否包含了"发送成功"关键字
    WebDriverWait waitmail = new WebDriverWait(driver, 60);
    // 使用显式等待，判断邮件是否发送成功，等待写信的网页内容出现在页面上
```

```
            waitmail.until(ExpectedConditions.presenceOfElementLocated(By.xpath
("//span[contains(text(),'发送成功')]")));
            Assert.assertTrue(driver.getPageSource().contains("发送成功"));

    }

    // 封装好的按下 Tab 键的代码
    public void pressTabKey() {
        Robot robot = null;
        try {
            robot = new Robot();
        } catch (AWTException e) {
            e.printStackTrace();
        }
        // 调用 keyPress 方法来实现按下 Tab 键
        robot.keyPress(KeyEvent.VK_TAB);
        // 调用 keyRelease 方法来实现释放 Tab 键
        robot.keyRelease(KeyEvent.VK_TAB);
    }

    // 封装好的在富文本框中对指定字符串内容的粘贴函数
    public void setAndctrlVClipboardData(String string) {
        // 声明 StringSelection 对象，并使用函数的 string 参数完成实例化
        StringSelection stringSelection = new StringSelection(string);
        // 使用 Toolkit 对象的 setContents 方法将字符串放到剪切板中
        Toolkit.getDefaultToolkit().getSystemClipboard().setContents(stringSelection, null);
        // 声明 Robot 对象
        Robot robot = null;
        try {
            // 生成 Robot 的对象实例
            robot = new Robot();
        } catch (AWTException e1) {
            e1.printStackTrace();
        }
        // 调用 keyPress 方法来实现按下 Ctrl 键
        robot.keyPress(KeyEvent.VK_CONTROL);
        // 调用 keyPress 方法来实现按下 V 键
        robot.keyPress(KeyEvent.VK_V);
        // 调用 keyRelease 方法来实现释放 V 键
        robot.keyRelease(KeyEvent.VK_V);
        // 调用 keyRelease 方法来实现释放 Ctrl 键
        robot.keyRelease(KeyEvent.VK_CONTROL);
    }
}
```

更多说明：

两种方法的比较如下。

方法 1 优点：可以支持将 HTML 格式的文字内容作为富文本框的输入内容。

方法 1 缺点：因为各种网页产品的富文本框实现机制不同，定位富文本框的文本编辑区域比较难实现，需要熟练了解 HTML 代码含义和 frame 的进出方式，对于脚本实现人员的能力要求较高。

方法 2 的优点：不管何种类型的富文本框，只要找到它上面的紧邻元素，通过按 Tab 键的方式均可以进入到富文本框的文本编辑区域，可以使用一种方法解决所有类型的富文本框编辑区域的定位问题。

方法 2 的缺点：不能在富文本框编辑区域中进行 HTML 格式的文本输入。

以上两种方法各有利弊，只要能够相对稳定地完成在富文本框中的内容输入，读者可以自行选择其中一种方法。

11.13　精确比对网页截图图片

目的：

在测试过程中，对核心页面进行截屏，并且将本次测试过程中的截图和以前测试过程中的截图进行精确比对。如果精确匹配没问题，则认为比对成功；如果页面中发生了任何微小变化，则比对不成功。

被测试网页的网址：

http://www.sogou.com

需要导入 JAR 包：

地址：http://commons.apache.org/proper/commons-io/download_io.cgi

从页面上将"commons-io-2.6-bin.zip"下载并解压缩后，将其引入当前的 java 工程。

Java 语言版本的 API 实例代码：

```
package cn.gloryroad;

import java.awt.image.BufferedImage;
import java.awt.image.DataBuffer;
import java.io.File;
import java.io.IOException;
import java.util.concurrent.TimeUnit;
import javax.imageio.ImageIO;
import org.apache.commons.io.FileUtils;
```

```java
import org.openqa.selenium.OutputType;
import org.openqa.selenium.TakesScreenshot;
import org.openqa.selenium.WebDriver;
import org.openqa.selenium.ie.InternetExplorerDriver;
import org.testng.Assert;
import org.testng.annotations.AfterMethod;
import org.testng.annotations.BeforeMethod;
import org.testng.annotations.Test;

public class TestCompareImages {
    public WebDriver driver;
    private String baseUrl;

    @BeforeMethod
    public void setUp() throws Exception {
        System.setProperty("webdriver.ie.driver","D:\\IEDriverServer.exe");
        driver = new InternetExplorerDriver();
        baseUrl = "http://www.sogou.com/";
        driver.manage().timeouts().implicitlyWait(10, TimeUnit.SECONDS);
    }

    @AfterMethod
    public void tearDown() throws Exception {
        driver.quit();
    }

    @Test
    public void testImageComparison() throws IOException, InterruptedException{
        //访问搜狗首页
        driver.navigate().to(baseUrl);
        File screenshot = ((TakesScreenshot)driver).getScreenshotAs (OutputType.FILE);

        Thread.sleep(3000);
        //对搜狗首页进行截屏
        FileUtils.copyFile(screenshot, new File("d:\\sogouHomePage_actual.jpg"));
        //生成了两个文件对象,一个是期望的图片,一个是实际测试过程中产生的图片
        File fileInput = new File("d:\\sogouHomePage_expected.jpg");
        File fileOutPut = new File("d:\\sogouHomePage_actual.jpg");

        /* 以下部分为两个文件像素比对的算法实现,获取文件的像素个数大小,然后以循环
         * 的方式将两张图的所有项目进行一一比对,如有任何一个像素不相同,则退出循环,将
         * matchFlag 变量的值设定为"false",最后使用断言语句判断 matchFlag 是否为"true"。
         * 如果为"true"表示两张图片完全一致;如果为"flase"表示两张图片并不是完全匹配,
         * 测试会被标记为失败
         */
        BufferedImage bufileInput = ImageIO.read(fileInput);
        DataBuffer dafileInput = bufileInput.getData().getDataBuffer();
        int sizefileInput = dafileInput.getSize();
        BufferedImage bufileOutPut = ImageIO.read(fileOutPut);
```

```java
            DataBuffer dafileOutPut = bufileOutPut.getData().getDataBuffer();
            int sizefileOutPut = dafileOutPut.getSize();
            Boolean matchFlag = true;
            if(sizefileInput == sizefileOutPut) {
            for(int j = 0; j<sizefileInput; j++) {
            if(dafileInput.getElem(j) != dafileOutPut.getElem(j)) {
                    matchFlag = false;
                    break;
                        }
                    }
                }
            else
                matchFlag = false;
            Assert.assertTrue(matchFlag, "测试过程中的截图和期望的截图并不一致");
            }
    }
```

11.14 高亮显示正在被操作的页面元素

目的：

在测试过程中，经常会进行调试工作，高亮显示被操作的页面元素可以提高调试的效率，提示测试人员目前正在操作的页面元素。

被测试网页的网址：

http://www.sogou.com

Java 语言版本的 API 实例代码：

```java
package cn.gloryroad;

import java.util.concurrent.TimeUnit;
import org.openqa.selenium.By;
import org.openqa.selenium.JavascriptExecutor;
import org.openqa.selenium.WebDriver;
import org.openqa.selenium.WebElement;
import org.openqa.selenium.ie.InternetExplorerDriver;
import org.testng.annotations.AfterMethod;
import org.testng.annotations.BeforeMethod;
import org.testng.annotations.Test;

public class TestHighLightWebElement {
    public WebDriver driver;
    private String baseUrl;
```

```java
@BeforeMethod
public void setUp() throws Exception {
    System.setProperty("webdriver.ie.driver", "D:\\IEDriverServer.exe");
    driver = new InternetExplorerDriver();
    baseUrl = "http://www.sogou.com/";
}

@AfterMethod
public void tearDown() throws Exception {
    driver.quit();
}

@Test
public void testHighLightWebElement() throws InterruptedException{
    //访问搜狗首页
    driver.navigate().to(baseUrl);
    WebElement searchInputBox = driver.findElement(By.id("query"));
    WebElement submitButton = driver.findElement(By.id("stb"));
    //调用高亮显示元素的封装函数,将搜索输入框进行高亮显示
    highlightElement(searchInputBox);
    searchInputBox.sendKeys("光荣之路自动化测试");
    //停顿3秒查看高亮效果
    Thread.sleep(3000);
    //调用高亮显示元素的封装函数,将搜索按钮进行高亮显示
    highlightElement(submitButton);
    Thread.sleep(3000);
    //停顿3秒查看高亮效果
    submitButton.click();


}
//封装好的高亮显示元素的函数
public void highlightElement(WebElement element) {
    JavascriptExecutor js = (JavascriptExecutor) driver;
    /* 使用 JavaScript 语句将传入参数的页面元素对象的背景颜色和边框颜色分别设
     *  定为黄色和红色
     */
    js.executeScript("arguments[0].setAttribute('style', arguments[1]);", element, "background: yellow; border: 2px solid red;");
}
}
```

11.15　在断言失败时进行屏幕截图

目的：

在测试过程中，在断言语句执行失败的时候，对当前浏览器显示的内容进行截屏操作，并在磁盘上新建一个以当前日期表示的"yyyy-mm-dd"格式的目录，并在目录中新建一个以断言执行失败发生时间表示的"hh-mm-ss"格式的截图文件。

被测试网页的网址：

http://www.sogou.com

需要导入 JAR 包：

地址：http://commons.apache.org/proper/commons-io/download_io.cgi

从页面上将"commons-io-2.6-bin.zip"下载并解压缩后，将其引入当前的 java 工程。

Java 语言版本的 API 实例代码：

需要新建一个名为"cn.gloryroad"的 Package，然后将下面的测试类和工具类代码均放在这个 Package 下。需要将 FileUtil 类、DateUtil 类和 TestFailCaptureScreen 测试类 3 个文件都放到该 Package 下。

```java
package cn.gloryroad;

import java.util.Date;
//DateUtil 类主要用于生成年、月、日、小时、分钟和秒等信息，用于生成截图文件目录名和文件名
public class DateUtil {
    /*
     * 格式化输出日期
     * @return 返回字符型日期
     */
    public static String format(java.util.Date date, String format) {
        String result = "";
        try {
            if (date != null) {
                java.text.DateFormat df = new java.text.SimpleDateFormat(format);
                result = df.format(date);
            }
        } catch (Exception e) {
            e.printStackTrace();
        }
        return result;
    }
    /*
     * 返回年份
     * @return 返回年份
     */
```

```java
    public static int getYear(java.util.Date date) {
            java.util.Calendar c = java.util.Calendar.getInstance();
            c.setTime(date);
            return c.get(java.util.Calendar.YEAR);
}

    /*
     * 返回月份
     * @return 返回月份
     */
    public static int getMonth(java.util.Date date) {
            java.util.Calendar c = java.util.Calendar.getInstance();
            c.setTime(date);
            return c.get(java.util.Calendar.MONTH) + 1;
}

    /*
     * 返回在月份中的第几天
     * @return 返回月份中的第几天
     */
    public static int getDay(java.util.Date date) {
            java.util.Calendar c = java.util.Calendar.getInstance();
            c.setTime(date);
            return c.get(java.util.Calendar.DAY_OF_MONTH);
}

    /*
     * 返回小时
     * @param date
     * 日期
     * @return 返回小时
     */
    public static int getHour(java.util.Date date) {
            java.util.Calendar c = java.util.Calendar.getInstance();
            c.setTime(date);
            return c.get(java.util.Calendar.HOUR_OF_DAY);
}

    /*
     * 返回分钟
     * @param date
     * 日期
     * @return 返回分钟
     */
    public static int getMinute(java.util.Date date) {
            java.util.Calendar c = java.util.Calendar.getInstance();
            c.setTime(date);
```

```java
            return c.get(java.util.Calendar.MINUTE);
    }

    /*
     * 返回秒
     * @param date
     * 日期
     * @return 返回秒
     */
    public static int getSecond(java.util.Date date) {
            java.util.Calendar c = java.util.Calendar.getInstance();
            c.setTime(date);
            return c.get(java.util.Calendar.SECOND);
    }
}


package cn.gloryroad;

import java.io.File;
import java.io.IOException;
/* FileUtil 类用于创建目录和文件,此例中只使用此类的创建目录方法,创建文件的方法仅供
 * 参考,将来根据测试需要创建指定的数据文件
 */
public class FileUtil {

    public static boolean createFile(String destFileName) {
        File file = new File(destFileName);
        if(file.exists()) {
           System.out.println("创建单个文件" + destFileName + "失败,目标文件已存在!");
           return false;
          }
        if (destFileName.endsWith(File.separator)) {
            System.out.println("创建单个文件" + destFileName + "失败,目标文件不能为目录!");
            return false;
        }
        //判断目标文件所在的目录是否存在
        if(!file.getParentFile().exists()) {
          //如果目标文件所在的目录不存在,则创建目录
          System.out.println("目标文件所在目录不存在,准备创建它!");
          if(!file.getParentFile().mkdirs()) {
          System.out.println("创建目标文件所在目录失败!");
          return false;
          }
        }
        //创建目标文件
```

```java
        try {
            if (file.createNewFile()) {
                System.out.println("创建单个文件" + destFileName + "成功!");
                return true;
            } else {
                System.out.println("创建单个文件" + destFileName + "失败!");
                return false;
            }
        } catch (IOException e) {
            e.printStackTrace();
            System.out.println("创建单个文件" + destFileName + "失败!" + e.getMessage());
            return false;
        }
    }
    public static boolean createDir(String destDirName) {
        File dir = new File(destDirName);
        if (dir.exists()) {
            System.out.println("创建目录" + destDirName + "失败,目标目录已经存在");
            return false;
        }
        //创建目录
        if (dir.mkdirs()) {
            System.out.println("创建目录" + destDirName + "成功!");
            return true;
        } else {
            System.out.println("创建目录" + destDirName + "失败!");
            return false;
        }
    }
}

package cn.gloryroad;

import java.io.File;
import java.util.Date;

import org.apache.commons.io.FileUtils;
import org.openqa.selenium.By;
import org.openqa.selenium.OutputType;
import org.openqa.selenium.TakesScreenshot;
import org.openqa.selenium.WebDriver;
import org.openqa.selenium.firefox.FirefoxDriver;
import org.openqa.selenium.ie.InternetExplorerDriver;
import org.testng.Assert;
import org.testng.annotations.Test;
```

```java
import org.testng.annotations.BeforeMethod;
import org.testng.annotations.AfterMethod;

//测试类代码
public class TestFailCaptureScreen {
    public WebDriver driver;
    String baseUrl = "http://www.sogou.com/"; //设定访问网站的地址
    @Test
    public void testSearch() {
        driver.get(baseUrl + "/");
        driver.findElement(By.id("query")).sendKeys("光荣之路自动化测试");
        driver.findElement(By.id("stb")).click();

        try{
        /* 断言页面的代码中是否存在"事在人为"关键字，因为页面中没有这 4 个字，所以会触
         *  发 catch 语句的执行，并触发截图操作
         */
            Assert.assertTrue(driver.getPageSource().contains("事在人为"));
            System.out.println("assert 后继续执行了");
        }catch(AssertionError e){
            System.out.println("catch 中的代码被执行了");
            takeTakesScreenshot(driver);
        }
    }
    @BeforeMethod
    public void beforeMethod() {
        //若 WebDriver 无法打开 Firefox 浏览器，才需增加此行代码设定 Firefox
        //浏览器的所在路径
        System.setProperty("webdriver.firefox.bin","C:\\Program Files\\Firefox Developer Edition\\firefox.exe");
        //加载 Firefox 浏览器的驱动程序
        System.setProperty("webdriver.gecko.driver","d:\\geckodriver.exe");
        //打开 Firefox 浏览器
        driver = new FirefoxDriver();
    }

    @AfterMethod
    public void afterMethod() {
        driver.quit();     //关闭打开的浏览器
    }
    /* 在测试类中声明截图的方法，截图方法调用了时间类和文件操作类的静态方法，用来以时间格
     * 式生成目录名称和截图文件名称
     */
    public void takeTakesScreenshot(WebDriver driver){
        try{
            //生成日期对象
            Date date = new Date();
```

```
            //调用 DateUtil 类中的方法，生成截图所在的文件夹的名称
            String picDir="d:\\"+String.valueOf(DateUtil.getYear(date))+"-"
+String.valueOf(DateUtil.getMonth(date))+"-"+String.valueOf(DateUtil.getDay(date));
            if (!new File(picDir).exists()){
                FileUtil.createDir(picDir);
            }
            //调用 DateUtil 类中的方法，生成截图文件名称
            String filePath=picDir+"\\"+String.valueOf(DateUtil.getHour(new
Date()))+"-"+String.valueOf(DateUtil.getMinute (new Date()))+"-"+String.valueOf
(DateUtil.getSecond(new Date()))+".png";
            //进行截图，并将文件内容保存在 srcFile 对象中
            File srcFile=((TakesScreenshot)driver).getScreenshotAs
(OutputType.FILE);
            //将截图文件内容写入到磁盘中，生成截图文件
            FileUtils.copyFile(srcFile,new File(filePath));
        }catch(Exception e){
                e.printStackTrace();
        }
    }
}
```

更多说明：

此例借助了两个工具类来实现测试目的，此种方式将常用的代码进行封装，便于提高代码的复用度，提高测试脚本编写的效率。

11.16 使用 Log4j 在测试过程中打印执行日志

目的：

在自动化测试脚本的执行过程中，使用 Log4j 在日志文件中打印执行日志，用于监控和调试后续测试脚本。

被测试网页的网址：

http://www.sogou.com

环境准备：

（1）访问"http://www.apache.org/dyn/closer.cgi/logging/log4j/1.2.17/log4j-1.2.17.zip"，单击页面上的 zip 下载链接进行下载（或者搜索此文件后下载）。

（2）解压缩 zip 下载包，把解压缩后的"log4j-1.2.17.jar"添加到 Eclipse 的 Build Path 中即可。

（3）需要在 Eclipse 测试代码的工程根目录中新建一个名为"Log4j.xml"的文件，在

名为"cn.gloryroad"的 Package 下面新建一个名为"Log"的工具类文件和一个测试类文件"TestLog4j"。

Java 语言版本的实例代码：

"Log4j.xml"的内容如下。

```xml
<?xml version="1.0" encoding="UTF-8"?>

<!DOCTYPE log4j:configuration SYSTEM "log4j.dtd">

<log4j:configuration xmlns:log4j="http://jakarta.apache.org/log4j/" debug="false">

    <appender name="fileAppender" class="org.apache.log4j.FileAppender">

        <param name="Threshold" value="INFO"/>

        <param name="File" value="logfile.log"/>

        <layout class="org.apache.log4j.PatternLayout">

            <param name="ConversionPattern" value="%d %-5p [%c{1}] %m %n"/>

        </layout>

    </appender>

    <root>

        <level value="INFO"/>

        <appender-ref ref="fileAppender"/>

    </root>

</log4j:configuration>
```

"Log"工具类的代码如下。

```java
package cn.gloryroad;
import org.apache.log4j.Logger;

public class Log {
    //初始化一个 Logger 对象
    private static Logger Log = Logger.getLogger(Log.class.getName());
    //定义一个静态方法，可以打印自定义的某个测试用例开始执行的日志信息
    public static void startTestCase(String sTestCaseName){
        Log.info("-------------------------------------------------------");
        Log.info("********        "+sTestCaseName+ "         ********");
```

```java
    }
//定义一个静态方法,可以打印自定义的某个测试用例结束执行的日志信息
public static void endTestCase(String sTestCaseName){

    Log.info("******************  "+"测试用例执行结束"+"   ***************");
    Log.info("-----------------------------------------------------------");
    }

//定义一个静态 info 方法,打印自定义的 info 级别日志信息
public static void info(String message) {

    Log.info(message);

    }
//定义一个静态 warn 方法,打印自定义的 warn 级别日志信息
public static void warn(String message) {

    Log.warn(message);

    }
//定义一个静态 error 方法,打印自定义的 error 级别日志信息
public static void error(String message) {

    Log.error(message);

    }
//定义一个静态 fatal 方法,打印自定义的 fatal 级别日志信息
public static void fatal(String message) {

    Log.fatal(message);

    }
//定义一个静态 debug 方法,打印自定义的 debug 级别日志信息
public static void debug(String message) {

    Log.debug(message);

    }

}
```

TestLog4j 测试类的代码如下。

```java
package cn.gloryroad;

import org.testng.annotations.Test;
import org.testng.annotations.BeforeClass;
import org.apache.log4j.xml.DOMConfigurator;
import org.openqa.selenium.By;
```

```java
import org.openqa.selenium.WebDriver;
import org.openqa.selenium.firefox.FirefoxDriver;
import org.testng.annotations.BeforeMethod;
import org.testng.annotations.AfterMethod;

public class TestLog4j {
    public WebDriver driver;
    String baseUrl = "http://www.sogou.com/"; //设定访问网站的地址
    @Test
    public void testSearch() {
            //向日志文件中打印搜索测试用例开始执行的日志信息
            Log.startTestCase("搜索");
            //打开搜狗首页
            driver.get(baseUrl + "/");
            //打印"打开搜狗首页"的日志信息
            Log.info("打开搜狗首页");
            //在搜索框中输入"光荣之路自动化测试"
            driver.findElement(By.id("query")).sendKeys("光荣之路自动化测试");
            //打印输入搜索关键字"光荣之路自动化测试"的日志信息
            Log.info("输入搜索关键字"光荣之路自动化测试"");
            //单击"搜索"按钮
            driver.findElement(By.id("stb")).click();
            //打印"单击搜索按钮"的日志信息
             Log.info("单击搜索按钮");
            //向日志文件中打印搜索测试用例执行结束的日志信息
            Log.endTestCase("搜索");
            }
    @BeforeMethod
    public void beforeMethod() {
        //若WebDriver无法打开Firefox浏览器,才需增加此行代码设定Firefox
        //浏览器的所在路径
        System.setProperty("webdriver.firefox.bin","C:\\Program Files\\Firefox Developer Edition\\firefox.exe");
        //加载Firefox浏览器的驱动程序
        System.setProperty("webdriver.gecko.driver","d:\\geckodriver.exe");
        //打开Firefox浏览器
        driver = new FirefoxDriver();
    }

    @AfterMethod
    public void afterMethod() {
        driver.quit();    //关闭打开的浏览器
      }
    @BeforeClass
    public void beforeClass(){
```

```
            //读取 log4j 的配置文件 "log4j.xml" 的配置信息
            DOMConfigurator.configure("log4j.xml");
    }
}
```

执行结果：

执行测试类之后，会在当前测试工程的根目录中生成一个日志文件"logfile.log"（如果无法看到，请选中工程后，按 F5 键刷新工程），生成的日志如下。

```
2015-02-18 00:08:42,727 INFO  [Log]
--------------------------------------------------------------------------------
    2015-02-18 00:08:42,870 INFO  [Log] ********            搜索         ********
    2015-02-18 00:08:44,317 INFO  [Log] 打开搜狗首页
    2015-02-18 00:08:45,085 INFO  [Log] 输入搜索关键字"光荣之路自动化测试"
    2015-02-18 00:08:45,450 INFO  [Log] 单击搜索按钮
    2015-02-18 00:08:45,450 INFO  [Log] ************   测试用例执行结束   *********
    2015-02-18 00:08:45,450 INFO  [Log]
--------------------------------------------------------------------------------
```

由此可以实现在测试过程中打印日志，并用于后期分析哪些测试语句正确执行了，哪些测试语句的执行出现了问题。

代码解释：

（1）日志信息的优先级从高到低为 error、warn、info、debug，用来指定这条日志信息的重要程度。

（2）Log4j 支持两种格式的配置文件，一种是 XML 格式的文件，一种是 Java 特性文件（键=值），本例中使用的是 XML 配置文件，基本上满足常用的自动化测试打印日志的要求。

（3）XML 文件中的语句 "<appender name="fileAppender" class="org.apache.log4j.FileAppender">" 定义了 log4j，将日志信息打印到日志文件中。

（4）XML 文件中的语句 "<param name="Threshold" value="INFO" />" 定义了日志信息的级别为 info 级别。

（5）XML 文件中的语句 "<param name="File" value="logfile.log" />" 定义了日志文件名为"logfile.log"，日志文件与 XML 文件在同一文件夹下。若此日志文件不存在，则 log4j 会自动创建此日志文件。

（6）XML 文件中的语句 "<param name="ConversionPattern" value="%d %-5p [%c{1}] %m %n" />" 定义了日志的格式信息，"%d"表示打印日志时的年、月、日、时、分、秒、毫、秒信息，"%-5p"表示日志的级别（该例中为 info 级别），"%c{1}"表示 Logger 对象的名字（在 Log 类中，定义类名"Log"为 logger 的名称），"%m"表示打印具体的日志内容，"%n"表示打印一个 Enter（Windows 系统为"\r\N"，Linux 系统为"\n"）。

（7）上述配置可以满足日常的日志需求。如果需要更多自定义的日志需求，请访问"http://logging.apache.org/log4j/1.2/manual.html"进一步学习。

11.17 封装操作表格的公用类

目的：

能够使用自己编写操作表格的公用类，并基于公用类对表格中的元素进行各类操作。

被测试网页的 HTML 代码：

```
<html>
<body>
<table width="400" border="1" id="table">
<tr>
<td align="left"><p>第一行第一列</p><input type="text"></input></td>
<td align="left"><p>第一行第二列</p><input type="text"></input></td>
<td align="left"><p>第一行第三列</p><input type="text"></input></td>
</tr>
<tr>
<td align="left"><p>第二行第一列</p><input type="text"></input></td>
<td align="left"><p>第二行第二列</p><input type="text"></input></td>
<td align="left"><p>第二行第三列</p><input type="text"></input></td>
</tr>
<tr>
<td align="left"><p>第三行第一列</p><input type="text"></input></td>
<td align="left"><p>第三行第二列</p><input type="text"></input></td>
<td align="left"><p>第三行第三列</p><input type="text"></input></td>
</tr>

</table>
</body>
</html>
```

测试页面的示意图如图 11-25 所示。

图 11-25

第 11 章
WebDriver 的高级应用实例

Java 语言版本的实例代码:

Table 类为封装了各种表格操作方法的公用类,具体代码如下。

```java
package cn.gloryroad;

import java.util.List;
import org.openqa.selenium.By;
import org.openqa.selenium.NoSuchElementException;
import org.openqa.selenium.WebElement;

public class Table {
    //声明一个 WebElement 对象,用于存储页面的表格元素对象
    private WebElement _table;

    //为构造函数传入页面表格元素对象参数,调用 Table 类的 settable 方法,将页面表格元
    //素赋值给 Table 类的_table 成员变量
    public Table(WebElement table){
        setTable(table);
    }
    //获取页面表格对象的方法
    public WebElement getTable(){
        return _table;
    }
    //将页面表格元素赋值给 Table 类中_table 成员变量的方法
    public void setTable(WebElement _table){
        this._table=_table;
    }
    //获取表格元素的行数,查找表格元素有几个 tr 元素
    //有几个 tr 元素,表格就有几行,tr 数量和表格行数一致
    public int getRowCount(){
        List<WebElement> tableRows= _table.findElements(By.tagName("tr"));
        return tableRows.size();
    }
    //获取表格元素的列数
    //使用 get(0) 从容器中取出表格第一行的元素,查找有几个 td 元素,td 数量和列数一致
    public int getColumnCount(){
        List<WebElement> tableRows = _table.findElements(By.tagName("tr"));
        return tableRows.get(0).findElements(By.tagName("td")).size();
    }

    //获取表格中某行某列的单元格对象
    public WebElement getCell(int rowNo,int colNO) throws NoSuchElementException{
     try{
        List<WebElement> tableRows= _table.findElements(By.tagName("tr"));
        System.out.println("行总数"+tableRows.size());
        System.out.println("行号:"+rowNo);
        WebElement currentRow = tableRows.get(rowNo-1);
```

```java
            List<WebElement> tablecols = currentRow.findElements(By.tagName("td"));
            System.out.println("列总数："+tablecols.size());
            WebElement cell = tablecols.get(colNO-1);
            System.out.println("列号："+colNO);

            return cell;
        }catch(NoSuchElementException e){
            throw new  NoSuchElementException("没有找到相关的元素");
        }
    }

    /* 获得表格中某行某列的单元格中的某个页面元素对象，by 参数用于定位某个表格中的页面
     * 元素，例如，by.xpath("input[@type='text']") 可以定位表格中的输入框
     */
    public WebElement getWebElementInCell(int rowNo,int colNO,By by) throws NoSuchElementException{
        try{
            List<WebElement> tableRows= _table.findElements(By.tagName("tr"));
            //找到表格中的某一行，行号从 0 开始
            //如果要找第三行，则需要进行"3-1"的减法来获取第三行的行号，即为 2
            WebElement currentRow = tableRows.get(rowNo-1);
            List<WebElement> tablecols = currentRow.findElements(By.tagName("td"));
            /* 找到表格中的某一列，列号也从 0 开始，所以要找第三列，需要进行"3-1"的减
             * 法运算来获取第三列的列号，即为2。如果要查找第二列，则需进行"2-1"的减法
             * 来获取第二列的行号，即为1
             */
            WebElement cell = tablecols.get(colNO-1);
            return cell.findElement(by);
        }catch(NoSuchElementException e){
            //没有找到表格元素，则抛出 NoSuchElementException 异常
            throw new  NoSuchElementException("没有找到相关的元素");
        }
    }
}
```

测试类：调用封装的 Table 类，进行基于表格元素的各类操作。

```java
package cn.gloryroad;
import org.openqa.selenium.*;
import org.openqa.selenium.firefox.FirefoxDriver;
import org.testng.Assert;
import org.testng.annotations.AfterMethod;
import org.testng.annotations.BeforeMethod;
import org.testng.annotations.Test;

public class TestDemo {
    WebDriver  driver;
    String baseUrl;
    JavascriptExecutor js;
```

```java
@BeforeMethod
public void beforeMethod() {
    driver=new FirefoxDriver();
    driver.get("http://127.0.0.1:8080/table.html");
}

@AfterMethod
public void afterMethod() {
    driver.quit();
}


@Test
public void testHandleiFrame() {
    //获取被测试页面中的表格元素,并存储到 webTable 中
    WebElement webTable =driver.findElement(By.xpath("//table"));
    //使用 webTable 进行 Table 的实例化
    Table table=new Table(webTable);
    //获取表格中第三行第二列单元格的对象
    WebElement cell = table.getCell(3,2);
    //断言第三行第二列单元格的对象中的文字是否和"第三行第二列"关键字一致
    Assert.assertEquals(cell.getText(), "第三行第二列");
    //获取表格中第三行第二列单元格中的输入框对象
    WebElement cellInut = table.getWebElementInCell(3,2,By.tagName("input"));
    //在输入框对象中输入关键字"第三行的第二列表格被找到"
    cellInut.sendKeys("第三行的第二列表格被找到");

}

}
```

11.18 控制基于 HTML5 语言实现的视频播放器

目的：

能够获取基于 HTML5 语言实现的视频播放器的视频文件的地址、时长,控制播放器进行播放或暂停播放。

被测试网页的网址：

http://www.w3school.com.cn/tiy/loadtext.asp?f=html5_video_simple

需要导入 JAR 包：

地址：http://commons.apache.org/proper/commons-io/download_io.cgi

从页面上将 "commons-io-2.6-bin.zip" 下载并解压缩后，将其引入当前的 java 工程。

Java 语言版本的 API 实例代码：

```java
package cn.gloryroad;

import java.io.File;
import java.io.IOException;
import org.testng.annotations.Test;
import org.apache.commons.io.FileUtils;
import org.testng.Assert;
import org.openqa.selenium.By;
import org.openqa.selenium.JavascriptExecutor;
import org.openqa.selenium.OutputType;
import org.openqa.selenium.TakesScreenshot;
import org.openqa.selenium.WebDriver;
import org.openqa.selenium.WebElement;
import org.openqa.selenium.firefox.FirefoxDriver;
import org.testng.annotations.BeforeMethod;
import org.testng.annotations.AfterMethod;


public class TestHTML5VideoPlayer {
    public WebDriver driver;
    //设定访问网站的地址
    String baseUrl = "http://www.w3school.com.cn/tiy/loadtext.asp?f=html5_video_simple";
    @Test
    public void testVideoPlayer() throws InterruptedException, IOException {
        //定义页面截图文件对象，用于后期屏幕截图的存储
        File captureScreenFile= null;
        //访问 HTML5 实现的播放器的网页页面
        driver.get(baseUrl);
        //打印出 HTML5 视频播放器页面的源代码，供读者学习
        System.out.println(driver.getPageSource());
        //获取页面中的 video 标签
        WebElement videoPlayer =driver.findElement(By.tagName("video"));
        //声明一个 JavascriptExecutor 对象
        JavascriptExecutor javascriptExecutor = (JavascriptExecutor) driver;
        //使用 JavascriptExecutor 对象执行 JavaScript 语句，通过播放器内部的
        //currentSrc 属性获取视频文件的网络存储地址
        String videoSrc = (String) javascriptExecutor.executeScript("return arguments[0].currentSrc;",videoPlayer);
        //输出视频文件的网络存储地址
        System.out.println(videoSrc);
```

第 11 章
WebDriver 的高级应用实例

```
            //断言视频网络地址是否符合期望
            Assert.assertEquals("http://www.w3school.com.cn/i/movie.ogg",
videoSrc);
            //使用 JavascriptExecutor 对象执行 JavaScript 语句，通过播放器内部的
            //duration 属性获取视频文件的播放时长
            Double videoDuration = (Double) javascriptExecutor.executeScript
("return arguments[0].duration;",videoPlayer);
            //输出视频的播放时长
            System.out.println(videoDuration.intValue());
            //等待 5 秒让视频完成加载
            Thread.sleep(5000);
            //使用 JavascriptExecutor 对象执行 JavaScript 语句，通过调用播放器内部的 play
            //函数来播放影片
            javascriptExecutor.executeScript("returnarguments[0].play();",
videoPlayer);
            Thread.sleep(2000);
            //播放 2 秒后，使用 JavascriptExecutor 对象执行 JavaScript 语句，通过调用播
            //放器内部的 pause 函数来暂停播放影片
            javascriptExecutor.executeScript("return arguments[0].pause();",
videoPlayer);
            //暂停 3 秒验证暂停操作是否生效
            Thread.sleep(3000);
            //将暂停视频播放后的页面进行截屏，并保存为 D 盘上的 "videoPlay_pause.jpg" 文件
            captureScreenFile =((TakesScreenshot) driver).getScreenshotAs
(OutputType.FILE); FileUtils.copyFile(captureScreenFile, new File("d:\\videoPlay_
pause.jpg"));
    }
        @BeforeMethod
        public void beforeMethod() {
            //若 WebDriver 无法打开 Firefox 浏览器，才需增加此行代码设定 Firefox
            //浏览器的所在路径
            System.setProperty("webdriver.firefox.bin","C:\\Program Files\\Firefox
Developer Edition\\firefox.exe");
             //加载 Firefox 浏览器的驱动程序
            System.setProperty("webdriver.gecko.driver","d:\\geckodriver.exe");
            //打开 Firefox 浏览器
            driver = new FirefoxDriver();

        }

        @AfterMethod
        public void afterMethod() {
            driver.quit();     //关闭打开的浏览器
        }
    }
```

代码解释：

控制视频播放器时，需要使用 JavaScript 语句调用视频播放器内部的属性和接口。

11.19　在 HTML5 的画布元素上进行绘画操作

目的：

能够在 HTML5 的画布元素上进行绘画操作。

被测试网页的网址：

http://www.w3school.com.cn/tiy/loadtext.asp?f=html5_canvas_line

需要导入 JAR 包：

访问"http://commons.apache.org/proper/commons-io/download_io.cgi"，从页面上将"commons-io-2.6-bin.zip"下载并解压缩后，将其引入当前的 java 工程。

Java 语言版本的 API 实例代码：

```java
package cn.gloryroad;

import java.io.File;
import java.io.IOException;
import org.testng.annotations.Test;
import org.apache.commons.io.FileUtils;
import org.openqa.selenium.JavascriptExecutor;
import org.openqa.selenium.OutputType;
import org.openqa.selenium.TakesScreenshot;
import org.openqa.selenium.WebDriver;
import org.openqa.selenium.firefox.FirefoxDriver;
import org.testng.annotations.BeforeMethod;
import org.testng.annotations.AfterMethod;

public class TestHtml5Canvas {
    public WebDriver driver;
    //设定访问网站的地址
    String baseUrl = "http://www.w3school.com.cn/tiy/loadtext.asp?f=html5_canvas_line";
    JavascriptExecutor javascriptExecutor;
    @Test
    public void testHtml5Canvas() throws InterruptedException, IOException {
        //声明一个 File 对象，用于保存屏幕截屏内容
        File captureScreenFile= null;
        //访问被测试网址
        driver.get(baseUrl);
```

```
            //声明一个 JavascriptExecutor 对象
            JavascriptExecutor javascriptExecutor = (JavascriptExecutor) driver;
            /* 调用 JavascriptExecutor 执行 JavaScript 语句,在画布上画一个红色矩形
             * getElementById('myCanvas');获取页面上的画布元素
             * var cxt=c.getContext('2d');设定画布为二维
             * cxt.fillStyle='#FF0000'; 设定填充色为#FF0000(红色)
             * cxt.fillRect(0,0,150,150); 在画布上绘制矩形
             */
            javascriptExecutor.executeScript("var c = document.getElementById('myCanvas');"
                    + "var cxt=c.getContext('2d');"
                    + "cxt.fillStyle='#FF0000';"
                    +"cxt.fillRect(0,0,150,150);");
            // 绘制红色矩形后,进行屏幕截屏,并保存为 D 盘中的"HTML5Canvas.jpg"文件
        captureScreenFile =((TakesScreenshot) driver).getScreenshotAs (OutputType.FILE);
        FileUtils.copyFile(captureScreenFile, new File("d:\\HTML5Canvas.jpg"));
    }

    @BeforeMethod
    public void beforeMethod() {
        //若 WebDriver 无法打开 Firefox 浏览器,才需增加此行代码设定 Firefox
        //浏览器的所在路径
        System.setProperty("webdriver.firefox.bin","C:\\Program Files\\Firefox Developer Edition\\firefox.exe");
        //加载 Firefox 浏览器的驱动程序
        System.setProperty("webdriver.gecko.driver","d:\\geckodriver.exe");
        //打开 Firefox 浏览器
        driver = new FirefoxDriver();
    }

    @AfterMethod
    public void afterMethod() {
        driver.quit();    //关闭打开的浏览器
    }
}
```

11.20 操作 HTML5 的存储对象

目的:

能够读取 HTML5 的 localStorage 和 sessionStorage 的内容,并删除存储的内容。

被测试网页的网址：

localStorage：

http://www.w3school.com.cn/tiy/loadtext.asp?f=html5_webstorage_local

sessionStorage：

http://www.w3school.com.cn/tiy/loadtext.asp?f=html5_webstorage_session

Java 语言版本的 API 实例代码：

```java
package cn.gloryroad;

import org.testng.annotations.Test;
import org.openqa.selenium.By;
import org.openqa.selenium.JavascriptExecutor;
import org.openqa.selenium.WebDriver;
import org.openqa.selenium.firefox.FirefoxDriver;
import org.testng.annotations.BeforeMethod;
import org.testng.Assert;
import org.testng.annotations.AfterMethod;

public class TestHtml5Storage {
    public WebDriver driver;
    //定义测试 localStorage 的网址
    String localStorageUrl = "http://www.w3school.com.cn/tiy/loadtext.asp?f=html5_webstorage_local";
    //定义测试 sessionStorage 的网址
    String sessionStorageUrl = "http://www.w3school.com.cn/tiy/loadtext.asp?f=html5_webstorage_session";
    JavascriptExecutor javascriptExecutor;
    @Test
    public void testHtml5localStorage() throws InterruptedException {
        driver.get(localStorageUrl);
        javascriptExecutor = (JavascriptExecutor) driver;
        //javascriptExecutor 对象调用 JavaScript 语句 "return
        //localStorage.lastname;"
        //获取存储在 localStorage 中 "lastname" 的值
        String lastname = (String) javascriptExecutor.executeScript("return localStorage.lastname;");
        //断言获取的存储值是否为 "Gates"
        Assert.assertEquals( "Gates", lastname);
        //javascriptExecutor 对象调用 JavaScript 语句 "localStorage.clear();"
        // 清除所有存储在 localStorage 中的变量值
        javascriptExecutor.executeScript("localStorage.clear();");

    }

    @Test
    public void testHtml5SessionStorage() throws InterruptedException {
        String clickcount;
```

```
            driver.get(sessionStorageUrl);
            //单击页面上唯一的按钮，让单击次数的计数增加 1
            driver.findElement(By.tagName("button")).click();
            javascriptExecutor = (JavascriptExecutor) driver;
            //javascriptExecutor 对象调用 JavaScript 语句
            //"return sessionStorage.clickcount;"，获取存储在 sessionStorage 中
            // "clickcount" 的存储值
            clickcount = (String) javascriptExecutor.executeScript("return sessionStorage.clickcount;");
            //断言获取的存储值是否为 1
            Assert.assertEquals("1", clickcount);
            //清除存储在 sessionStorage 中的 "clickcount" 项
            javascriptExecutor.executeScript("sessionStorage.removeItem('clickcount');");
            //清除所有存储在 sessionStorage 中的值
            javascriptExecutor.executeScript("sessionStorage.clear();");
        }
        @BeforeMethod
        public void beforeMethod() {
            //若 WebDriver 无法打开 Firefox 浏览器，才需增加此行代码设定 Firefox 浏览
            //器的所在路径
            System.setProperty("webdriver.firefox.bin","C:\\Program Files\\Firefox Developer Edition\\firefox.exe");
            //加载 Firefox 浏览器的驱动程序
            System.setProperty("webdriver.gecko.driver","d:\\geckodriver.exe");
            //打开 Firefox 浏览器
            driver = new FirefoxDriver();
          }

        @AfterMethod
        public void afterMethod() {
            driver.quit();    //关闭打开的浏览器
          }
    }
```

更多说明：

和操作其他 HTML5 元素的方法类似，使用 JavaScript 语句调用 HTML5 对象提供的内部变量或函数来实现各类操作，可以参考相关 HTML5 的接口文档来实现各种复杂的测试操作，HTML5 的 JS 接口文档网址为 "http://html5index.org/"。

第三篇

自动化测试框架搭建篇

| 第 12 章 |

数据驱动测试

数据驱动测试是自动化测试的主流设计模式之一，请读者深入掌握数据驱动测试的工作原理和实现方法。此章内容是中级自动化测试工程师必须掌握的知识。

12.1 什么是数据驱动

相同的测试脚本使用不同的测试数据来执行，测试数据和测试行为实现了完全的分离，这样的测试脚本设计模式称为数据驱动。例如，测试网站的登录功能时，自动化测试工程师想验证不同的用户名和密码在网站登录时的系统影响结果，就可以使用数据驱动模式来实现。

实施数据驱动测试的步骤如下：

（1）编写测试脚本，脚本需要支持程序对象、文件或数据库读入测试数据。
（2）将测试脚本使用的测试数据存入程序对象、文件或数据库等外部介质中。
（3）运行脚本，循环调用存储在外部介质中的测试数据。
（4）验证所有测试结果是否符合期望。

12.2 使用 TestNG 进行数据驱动

测试逻辑：

（1）打开搜狗首页。
（2）在搜索框输入两个搜索关键词。

(3)单击"搜索"按钮。

(4)验证搜索结果页面是否包含搜索的两个关键词,包含则认为测试执行成功,否则认为测试执行失败。

测试程序:

```java
package cn.gloryroad;

import java.util.concurrent.TimeUnit;
import org.testng.Assert;
import org.openqa.selenium.By;
import org.openqa.selenium.WebDriver;
import org.openqa.selenium.firefox.FirefoxDriver;
import org.testng.annotations.DataProvider;
import org.testng.annotations.Test;

public class DataProviderTest {

    private static WebDriver driver;

    @DataProvider(name = "searchWords")

    public static  Object[][] words() {

        return new Object[][] { { "蝙蝠侠","主演","迈克尔" }, { "超人","导演","唐纳" }, { "生化危机","编剧","安德森"}};

    }

    @Test(dataProvider = "searchWords")
    public void test(String searchWord1, String searchWord2,String SearchResult)
    {

        //若 WebDriver 无法打开 Firefox 浏览器,才需增加此行代码设定 Firefox 浏览器的所
        //在路径
        System.setProperty("webdriver.firefox.bin","C:\\Program Files\\ Firefox Developer Edition\\firefox.exe");
        //加载 Firefox 浏览器的驱动程序
        System.setProperty("webdriver.gecko.driver","d:\\geckodriver.exe");
        //打开 Firefox 浏览器
        driver = new FirefoxDriver();
        //设定等待时间为 10 秒
        driver.manage().timeouts().implicitlyWait(10, TimeUnit.SECONDS);

        driver.get("http://www.sogou.com");           //访问搜狗首页
        //在搜索框中输入"光荣之路自动化测试"
        driver.findElement(By.id("query")).sendKeys(searchWord1+"
```

"+searchWord2);
```
            driver.findElement(By.id("stb")).click();      //单击搜狗首页的"搜索"按钮
            //单击"搜索"按钮后，等待3秒显示搜索结果
            try {
                Thread.sleep(3000);
            } catch (InterruptedException e) {
                e.printStackTrace();
            }
            //判断搜索结果的页面是否包含测试数据中期望的关键词
            Assert.assertTrue(driver.getPageSource().contains(SearchResult));
            driver.quit();
        }

    }
```

测试结果：

```
[RemoteTestNG] detected TestNG version 6.14.2

PASSED: test("蝙蝠侠", "主演", "迈克尔")
PASSED: test("超人", "导演", "唐纳")
PASSED: test("生化危机", "编剧", "安德森")

===============================================
Default test
Tests run: 3, Failures: 0, Skips: 0
===============================================


===============================================
Default suite
Total tests run: 3, Failures: 0, Skips: 0
===============================================
```

代码解释：

测试脚本会自动打开三次浏览器，分别输入三组不同的词作为搜索词进行查询，并且三次搜索的结果均断言成功。

```
    @DataProvider(name = "searchWords")
    public static Object[][] words() {

        return new Object[][] { { "蝙蝠侠", "主演","迈克尔" }, { "超人", "导演","唐纳" }, { "生化危机", "编剧","安德森"}};

    }
```

使用@DataProvider注解将当前方法中的返回对象作为测试脚本的测试数据集，并且将测试数据集命名为"searchWords"。

```
    @Test(dataProvider = "searchWords")
```

```
public void test(String searchWord1, String searchWord2,String SearchResult)
```

上述代码表示测试方法中的三个参数分别使用 searchWords 测试数据集中的一维数组中的数据进行赋值。此测试方法会被调用三次,分别使用测试数据集中的三组数据,显示如下。

第一次调用使用的参数值:
```
searchWord1="蝙蝠侠"
searchWord2="主演"
SearchResult="迈克尔"
```

第二次调用使用的参数值:
```
searchWord1="超人"
searchWord2="导演"
SearchResult="唐纳"
```

第三次调用使用的参数值:
```
searchWord1="生化危机"
searchWord2="编剧"
SearchResult="安德森"
```

其中,"searchWord1"和"searchWord2" 分别作为在搜索框中输入的搜索关键词,SearchResult 用来判断搜索结果是否包含期望的搜索结果关键词。

```
Assert.assertTrue(driver.getPageSource().contains(SearchResult));
```

此代码行用于判断搜索结果的页面中是否包含测试数据中期望的关键词。

12.3 使用 TestNG 和 CSV 文件进行数据驱动

测试逻辑:

(1) 打开搜狗首页。

(2) 从 CSV 文件中读取每行前两个逗号分隔的中文词作为在搜索框中输入的搜索关键词,两个关键词中间有一个空格。

(3) 单击"搜索"按钮。

(4) 断言搜索结果页面中是否包含 CSV 文件中每行的第三个词汇,包含则认为测试执行成功,否则认为测试执行失败。

测试代码:

类 CsvUtil 代码:
```
package cn.gloryroad;

import java.io.BufferedReader;
```

```java
import java.io.FileInputStream;
import java.io.IOException;
import java.io.InputStreamReader;
import java.util.ArrayList;
import java.util.List;
//本类主要实现扩展名为".csv"的CSV文件操作
public class CsvUtil {

    // 读取 CSV 文件的静态方法，使用 CSV 文件的绝对文件路径作为函数参数
    public static Object[][] getTestData(String fileName) throws IOException {
        List<Object[]> records = new ArrayList<Object[]>();
        String record;
        // 设定 UTF-8 字符集，使用带缓冲区的字符输入流 BufferedReader 读取文件内容
        BufferedReader file = new BufferedReader(new InputStreamReader(new FileInputStream(fileName), "UTF-8"));
        // 忽略读取 CSV 文件的标题行（第一行）
        file.readLine();
        /*
         * 遍历读取文件中除第一行外的其他所有行内容并存储在名为"records"的ArrayList中
         * 每一个recods中存储的对象为一个String数组
         */
        while ((record = file.readLine()) != null) {
            String fields[] = record.split(",");
            records.add(fields);
        }
        // 关闭文件对象
        file.close();

        // 定义函数返回值，即"Object[][]"
        // 将存储测试数据的 List 转换为一个 Object 的二维数组
        Object[][] results = new Object[records.size()][];
        // 设置二维数组每行的值，每行是一个Object对象
        for (int i = 0; i < records.size(); i++) {
            results[i] = records.get(i);
        }
        return results;
    }
}
```

类 TestDataDrivenByCSVFile 代码：

```java
package cn.gloryroad;

import java.io.IOException;
import org.testng.Assert;
import org.testng.annotations.DataProvider;
import org.testng.annotations.Test;
import org.openqa.selenium.By;
import org.openqa.selenium.WebDriver;
```

```java
import org.openqa.selenium.firefox.FirefoxDriver;
import org.openqa.selenium.support.ui.ExpectedCondition;
import org.openqa.selenium.support.ui.WebDriverWait;
import org.testng.annotations.BeforeMethod;
import org.testng.annotations.AfterMethod;

public class TestDataDrivenByCSVFile {
    public WebDriver driver;
    String baseUrl = "http://www.sogou.com/";
    //定义 csv 测试数据文件的路径
    public static String testDataCsvFilePath = "d:\\testData.csv";

    //使用注解 DataProvider,将数据集合命名为"testData"
    @DataProvider(name = "testData")
    public static Object[][] words() throws IOException {
        //调用 csv 操作类
        return CsvUtil.getTestData(testDataCsvFilePath);
    }
    @Test(dataProvider="testData")
    public void testSearch(String searchWord1, String searchWord2,String searchResult) {
        //打开搜狗首页
        driver.get(baseUrl + "/");
        //使用 CSV 文件中每个数据行的前两个词汇作为搜索词
        //在两个搜索词中间增加一个空格
        driver.findElement(By.id("query")).sendKeys(searchWord1+" "+searchWord2);
        //单击"搜索"按钮
        driver.findElement(By.id("stb")).click();
        //使用显式等待方式,确认页面已经加载完成,页面底部的关键字
        // "意见反馈及投诉"已经显示在页面上
        (new WebDriverWait(driver,10)).until(new ExpectedCondition<Boolean>(){
            @Override
            public Boolean apply(WebDriver d){
                return d.findElement(By.id("s_footer")).getText().contains("意见反馈及投诉");
            }
        });

        /* CSV 文件每行前两个词作为搜索词汇,断言搜索结果页面是否包含 CSV 文件每
         * 行中的最后一个词
         */
        Assert.assertTrue(driver.getPageSource().contains(searchResult));
    }
    @BeforeMethod
    public void beforeMethod() {
```

```
                //若 WebDriver 无法打开 Firefox 浏览器，才需增加此行代码设定 Firefox 浏览
                //器的所在路径
                System.setProperty("webdriver.firefox.bin","C:\\Program Files\\Firefox Developer Edition\\firefox.exe");
                //加载 Firefox 浏览器的驱动程序
                System.setProperty("webdriver.gecko.driver","d:\\geckodriver.exe");
                //打开 Firefox 浏览器
                driver = new FirefoxDriver();
        }

        @AfterMethod
        public void afterMethod() {
            driver.quit();
        }
    }
```

测试数据的 CSV 文件内容：

电影名称 电影的属性 搜索结果要验证的内容
光荣之路，上映日期，2006-01-13
功夫，主演，周星驰
超人，主演，克里斯托弗
蜘蛛侠 1，女主角，克尔斯滕

注意：使用写字板程序编辑 CSV 文件内容，在保存文件时要将文件存储为 UTF-8 编码格式，注意代码中的逗号和 CSV 文件中的逗号均为中文格式。

12.4 使用 TestNG、Apache POI 和 Excel 文件进行数据驱动测试

测试逻辑：

（1）新建一个 Excel 文件，文件名称为"testData.xlsx"，放在 D 盘根目录下。

（2）打开搜狗首页，从"testData.xlsx"文件中读取每行前两个单元格的内容作为搜索关键词。

（3）在搜索框中输入两个搜索关键词，中间有一个空格。

（4）单击"搜索"按钮。

（5）断言搜索结果页面是否包含 Excel 文件中每行第三个单元格的内容，包含则认为测试执行成功，否则认为测试执行失败。

测试环境准备：

（1）新建一个 Excel 文件，名称为"testData.xlsx"，放在 D 盘根目录下，编辑文件内

容如图 12-1 所示。

	A	B	C
1	电影名称	电影的属性	搜索结果
2	光荣之路	上映日期	2006-01-13
3	功夫	主演	周星驰
4	超人	主演	克里斯托弗
5	蜘蛛侠1	女主角	克尔斯滕

图 12-1

（2）从"http://archive.apache.org/dist/poi/release/bin/poi-bin-3.11-20141221.zip"下载 POI 的压缩包文件。

（3）将压缩包进行解压，将解压文件根目录下的 JAR 文件和 ooxml-lib 文件夹、lib 文件夹下的所有 JAR 文件均加入 Eclipse 的 Build Path。

测试代码：

类 ExcelUtil 的代码：

```java
package cn.gloryroad;

import java.io.File;
import java.io.FileInputStream;
import java.io.IOException;
import java.text.SimpleDateFormat;
import java.util.ArrayList;
import java.util.List;

import org.apache.poi.hssf.usermodel.HSSFDateUtil;
import org.apache.poi.hssf.usermodel.HSSFWorkbook;
import org.apache.poi.ss.usermodel.Cell;
import org.apache.poi.ss.usermodel.Row;
import org.apache.poi.ss.usermodel.Sheet;
import org.apache.poi.ss.usermodel.Workbook;
import org.apache.poi.xssf.usermodel.XSSFCell;
import org.apache.poi.xssf.usermodel.XSSFWorkbook;

//本类主要实现扩展名为".xlsx"的 Excel 文件操作
public class ExcelUtil {
    // 从 Excel 文件获取测试数据的静态方法
    public static Object[][] getTestData(String excelFilePath,
            String sheetName) throws IOException {

        // 参数为传入的数据文件的绝对路径
        // 声明一个 File 文件对象
        File file = new File(excelFilePath);
```

```java
// 创建 FileInputStream 对象用于读取 Excel 文件
FileInputStream inputStream = new FileInputStream(file);

// 声明 Workbook 对象
Workbook Workbook = null;

// 获取文件名参数的扩展名,判断是".xlsx"文件还是".xls"文件
String fileExtensionName = excelFilePath.substring(excelFilePath.indexOf("."));

// 判断文件类型,如果是".xlsx",则使用 XSSFWorkbook 对象进行实例化
// 判断文件类型,如果是".xls",则使用 SSFWorkbook 对象进行实例化
if (fileExtensionName.equals(".xlsx")) {

    Workbook = new XSSFWorkbook(inputStream);

} else if (fileExtensionName.equals(".xls")) {

    Workbook = new HSSFWorkbook(inputStream);

}

// 通过 sheetName 参数,生成 Sheet 对象
Sheet Sheet = Workbook.getSheet(sheetName);

// 获取 Excel 数据文件 Sheet1 中数据的行数,getLastRowNum 方法获取数据的最后行号
// getFirstRowNum 方法获取数据的第一行行号,相减之后算出数据的行数
// 注意:Excel 文件的行号和列号都是从 0 开始的
int rowCount = Sheet.getLastRowNum() - Sheet.getFirstRowNum();

// 创建名为"records"的 List 对象来存储从 Excel 数据文件读取的数据
List<Object[]> records = new ArrayList<Object[]>();
SimpleDateFormat sFormat = new SimpleDateFormat("yyyy-MM-dd");
Cell cell;
// 使用两个 for 循环遍历 Excel 文件的所有数据(除了第一行,第一行是数据列名称),
// 所以 i 从 1 开始,而不是从 0 开始
for (int i = 1; i<rowCount + 1; i++) {
    // 使用 getRow 方法获取行对象
    Row row = Sheet.getRow(i);
    // 声明一个数组,用来存储 Excel 数据文件每行中的 3 个数据,数组的大小用
    // getLastCellNum 办法来进行动态声明,实现测试数据个数和数组大小一致
        String fields[]= new String[row.getLastCellNum()];
        for (int j = 0; j<row.getLastCellNum(); j++) {
            cell = row.getCell(j);
            if(null != cell) {
                //如果是数字类型
```

```java
                                    if(0 == cell.getCellType()) {
                                        //判断是不是日期格式
                                        if(HSSFDateUtil.isCellDateFormatted(cell)) {
                                            fields[j] = 
sFormat.format(cell.getDateCellValue());
                                        }
                                    }
                                    //如果是字符串类型
                                    if(1 == cell.getCellType()) {
                                        row.getCell(j).setCellType(XSSFCell.CELL_
                                        TYPE_STRING);
                                        fields[j] = row.getCell(j).getString
                                        CellValue();
                                    }
                                }
                            }
                            //将 fields 的数据对象存储到 records 的 List 中
                            records.add(fields);
                        }

                        //定义函数返回值,即"Object[][]"
                        //将存储测试数据的 List 转换为一个 Object 的二维数组
                        Object[][] results = new Object[records.size()][];
                        //设置二维数组每行的值,每行是一个 Object 对象
                        for (int i = 0; i<records.size(); i++) {
                            results[i] = records.get(i);
                        }
                        return results;
                    }
                }
```

类 TestDataDrivenByExcelFile 的代码:

```java
package cn.gloryroad;

import java.io.IOException;
import org.testng.Assert;
import org.testng.annotations.DataProvider;
import org.testng.annotations.Test;
import org.openqa.selenium.By;
import org.openqa.selenium.WebDriver;
import org.openqa.selenium.firefox.FirefoxDriver;
import org.openqa.selenium.support.ui.ExpectedCondition;
import org.openqa.selenium.support.ui.WebDriverWait;
import org.testng.annotations.BeforeMethod;
import org.testng.annotations.AfterMethod;

public class TestDataDrivenByExcelFile {
    public WebDriver driver;
```

```java
        String baseUrl = "http://www.sogou.com/";
        //定义 Excel 测试数据文件的路径
        public static String testDataExcelFilePath = "d:\\testData.xlsx";
        //定义在 Excel 文件中包含测试数据的 Sheet 名称
        public static String testDataExcelFileSheet = "Sheet1";

        // 使用注解 DataProvider，将数据集合命名为"testData"
        @DataProvider(name = "testData")
        public static Object[][] words() throws IOException {
            //调用 excel 操作类
            return ExcelUtil.getTestData(testDataExcelFilePath,testDataExcelFileSheet);
        }

        @Test(dataProvider = "testData")
        public void testSearch(String searchWord1, String searchWord2,
                String searchResult) {
            // 打开搜狗首页
            driver.get(baseUrl + "/");
            // 使用 Excel 文件中每行前两个单元格的内容作为搜索词
            // 在两个搜索词中间增加一个空格
            driver.findElement(By.id("query")).sendKeys(
                    searchWord1 + " " + searchWord2);
            // 单击"搜索"按钮
            driver.findElement(By.id("stb")).click();
            // 使用显式等待方式，确认页面已经加载完成，页面底部的关键字
            // "意见反馈及投诉"已经显示在页面上
            (new WebDriverWait(driver, 10)).until(new ExpectedCondition<Boolean>() {
                @Override
                public Boolean apply(WebDriver d) {
                    return d.findElement(By.id("s_footer")).getText()
                            .contains("意见反馈及投诉");
                }
            });
            //在将 Excel 文件每行的前两个单元格内容作为搜索词的情况下，断言搜索结果页面是否包含
            //Excel 文件每行中第三个单元格的内容
            Assert.assertTrue(driver.getPageSource().contains(searchResult));
        }

        @BeforeMethod
        public void beforeMethod() {
            //若 WebDriver 无法打开 Firefox 浏览器，才需增加此行代码设定 Firefox
            //浏览器的所在路径
            System.setProperty("webdriver.firefox.bin","C:\\Program Files\\Firefox Developer Edition\\firefox.exe");
            //加载 Firefox 浏览器的驱动程序
            System.setProperty("webdriver.gecko.driver","d:\\geckodriver.exe");
            //打开 Firefox 浏览器
```

```
        driver = new FirefoxDriver();
    }

    @AfterMethod
    public void afterMethod() {
        driver.quit();
    }
}
```

12.5 使用 MySQL 数据库实现数据驱动测试

测试逻辑：

（1）打开搜狗首页，从数据库测试数据表中读取每行数据的前两列数据作为搜索词汇。

（2）在搜索框中输入两个搜索关键词，中间有一个空格。

（3）单击"搜索"按钮。

（4）断言搜索结果页面是否包含数据库测试数据表中每行数据的第三列数据内容，包含则认为测试执行成功，否则认为测试执行失败。

测试环境准备：

（1）从"http://dev.mysql.com/downloads/mysql/5.7.21.html#downloads"下载 MySQL 5.7.21 版本进行安装。

（2）在本地计算机安装好 MySQL 数据库，在安装的某个过程设定好 MySQL 数据库的 root 用户密码（如 gloryroad），并在安装过程中将数据库默认安装的字符集从 GBK 改为 UTF-8。

（3）在本地的 Windows 服务界面中，启动 MySQL 数据库的后台服务。

（4）从"http://dev.mysql.com/downloads/connector/j/"下载 MySQL 数据库的连接器 ZIP 文件，选择 Platform Independent，单击"Download"按钮，下载到本地并解压缩，如解压缩到 D 盘，路径为"D:\mysql-connector-java-8.0.13"。

（5）解压缩成功后，会在"mysql-connector-java-8.0.13"文件夹下找到名为"mysql-connector-java-8.0.13"的 JAR 文件，将它添加到 Eclipse 中的 Build Path 中。

（6）使用 cmd 命令，执行"mysql –uroot –pgloryroad"命令，登录 MySQL 数据库。

（7）在 MySQL 中，执行"SET character_set_client = gbk;SET character_set_connection = gbk;"命令。

（8）执行"create database gloryroad;"命令，创建一个数据库，用于保存测试数据。

（9）执行命令"use gloryroad;"，切换到 gloryroad 数据库进行后续操作。

（10）执行如下 SQL 语句创建测试数据表。

```
CREATE TABLE testdata (Movie_Name char(30),Movie_Property char(30),Excpect_result char(30));
```

（11）执行如下 SQL 语句插入 4 条数据，用于后续测试。

```
insert into testdata values("光荣之路","上映日期","2006");
insert into testdata values("功夫","主演","周星驰");
insert into testdata values("超人","主演","克里斯托弗");
insert into testdata values("蜘蛛侠1","女主角","克尔斯滕");
```

每条 SQL 语句执行后显示"Query OK, 1 row affected"，表示执行成功。

测试代码：

```java
package cn.gloryroad;

import java.io.IOException;
import java.util.ArrayList;
import java.util.List;
import java.sql.*;
import org.testng.Assert;
import org.testng.annotations.DataProvider;
import org.testng.annotations.Test;
import org.openqa.selenium.By;
import org.openqa.selenium.WebDriver;
import org.openqa.selenium.firefox.FirefoxDriver;
import org.openqa.selenium.support.ui.ExpectedCondition;
import org.openqa.selenium.support.ui.WebDriverWait;
import org.testng.annotations.BeforeMethod;
import org.testng.annotations.AfterMethod;

public class TestDataDrivenByMysqlDatabase {
    public WebDriver driver;
    String baseUrl = "http://www.sogou.com/";
    // 使用注解 DataProvider,将数据集合命名为"testData"
    @DataProvider(name = "testData")
    public static Object[][] words() throws IOException {
        // 调用类中的静态方法 getTestData,获取 MySQL 数据库中的测试数据
        return  getTestData("testdata");
    }

    @Test(dataProvider = "testData")
    public void testSearch(String searchWord1, String searchWord2,
            String searchResult) {
        // 打开搜狗首页
        driver.get(baseUrl + "/");
        // 将数据库测试数据表中每个数据行的前两列数据作为搜索词
        // 在两个搜索词中间增加一个空格
```

```java
            driver.findElement(By.id("query")).sendKeys(
                    searchWord1 + " " + searchWord2);
            // 单击"搜索"按钮
            driver.findElement(By.id("stb")).click();
            // 使用显式等待方式,确认页面已经加载完成,页面底部的关键字
            //"搜索帮助"已经显示在页面上
            (new WebDriverWait(driver, 10)).until(new xpectedCondition<Boolean>()
            {
                @Override
                public Boolean apply(WebDriver d) {
                    return d.findElement(By.id("s_footer")).getText()
                            .contains("搜索帮助");
                }
            });
            /* 在数据库数据表中每行数据的前两列数据作为搜索词的情况下,断言搜索结果页面是否包
             * 含每个数据行中的第三列数据
             */
            Assert.assertTrue(driver.getPageSource().contains(searchResult));
    }
    @BeforeMethod
    public void beforeMethod() {
        //若 WebDriver 无法打开 Firefox 浏览器,才需增加此行代码设定 Firefox
        //浏览器的所在路径
        System.setProperty("webdriver.firefox.bin","C:\\Program Files\\Firefox Developer Edition\\firefox.exe");
        //加载 Firefox 浏览器的驱动程序
        System.setProperty("webdriver.gecko.driver","d:\\geckodriver.exe");
        //打开 Firefox 浏览器
        driver = new FirefoxDriver();
    }

    @AfterMethod
    public void afterMethod() {
        driver.quit();
    }

    public static  Object[][] getTestData(String tablename)throwsIOException
    {
        //声明 MySQL 数据库的驱动
        String driver = " com.mysql.cj.jdbc.Driver";
        //声明本地数据库的 IP 地址和数据库名称
        String url = "jdbc:mysql://127.0.0.1:3306/gloryroad?serverTimezone=GMT";
        //声明数据库的用户名。为简化数据库权限设定等操作,本例使用 root 用户身份进行操作
        //在正式对外服务的生产数据库中,建议使用非 root 的用户账户进行自动化测试的相关操作
        String user = "root";
        //声明数据库 root 用户的登录密码,这和 MySQL 数据库安装时设定的 root 密码要一致
        String password = "gloryroad";
```

```java
//声明存储测试数据的 List 对象
List<Object[]> records = new ArrayList<Object[]>();
try {
    //设定驱动
    Class.forName(driver);
    //声明连接数据库的链接对象，使用数据库服务器地址、用户名和密码作为参数
    Connection conn = DriverManager.getConnection(url, user, password);
    //如果数据库链接可用，打印数据库连接成功的信息
    if (!conn.isClosed())
        System.out.println("连接数据库成功!");
    //创建 statement 对象
    Statement statement = conn.createStatement();
    //使用函数参数拼接要执行的 SQL 语句，此语句用来获取数据表的所有数据行
    String sql = "select * from " + tablename;
    //声明 ResultSet 对象，存取执行 SQL 语句后返回的数据结果集
    ResultSet rs = statement.executeQuery(sql);
    //声明一个 ResultSetMetaData 对象
    ResultSetMetaData rsMetaData = rs.getMetaData();
    //调用 ResultSetMetaData 对象的 getColumnCount 方法获取数据行的列数
    int cols = rsMetaData.getColumnCount();
    //使用 next 方法遍历数据结果集中的所有数据行
    while (rs.next()) {
        //声明一个字符型数据，数组大小使用数据行的列个数进行声明
        String fields[] = new String[cols];
        int col = 0;
        //遍历所有数据行中的所有列数据，并存储在字符数组中
        for (int colIdx = 0; colIdx<cols; colIdx++) {
            fields[col] = rs.getString(colIdx+1);
            col++;
        }
        //将每一行的数据存储到字符数据后，存储到 records 中
        records.add(fields);
        //输出数据行中的前三列内容，用于验证数据库内容是否正确取出
        System.out.println(rs.getString(1) + "    " + rs.getString(2)
                + "    " + rs.getString(3));
    }
    //关闭数据结果集对象
    rs.close();
    //关闭数据库链接
    conn.close();
} catch (ClassNotFoundException e) {
    System.out.println("未能找到 Mysql 的驱动类!");
    e.printStackTrace();
} catch (SQLException e) {
    e.printStackTrace();
} catch (Exception e) {
    e.printStackTrace();
```

```
        }

        // 定义函数返回值,即"Object[][]"
        //将存储测试数据的 list 转换为一个 Object 的二维数组
        Object[][] results = new Object[records.size()][];
        // 设置二维数组每行的值,每行是一个 Object 对象
        for (int i = 0; i<records.size(); i++) {
            results[i] = records.get(i);
        }

        return results;
    }
}
```

| 第 13 章 |
页面对象（Page Object）模式

页面对象模式是目前自动化测试领域普遍使用的设计模式之一，此模式可以大大提高测试代码的复用率，提高测试脚本的编写效率和维护效率，是中级自动化测试工程师的必备技能之一。请读者仔细阅读本章内容，建议读者结合具体的项目进行实践。

13.1 页面对象模式简介

自动化测试脚本除了在一定程度上难以编写，还面临一个巨大的挑战，就是需要尽量减少维护的成本。因为大量的脚本难以维护，导致测试人员不得不再次投入大量资源去重新编写新的测试脚本，以满足不断变化的需求。这不仅需要大量的人力投入，还会导致无法快速响应测试需求，长此以往，会严重阻碍自动化测试在项目中的深入实施。

为了解决上述问题，自动化测试脚本需要使用一些设计模式来减少维护测试脚本的工作量，提高自动化测试的投入产出比，延长自动化测试脚本的服务和工作周期。WebDriver 提供了页面对象模式来提高自动化测试脚本的可维护性，此模式已经广泛应用于自动化测试领域。

使用面向对象的设计模式，页面对象模型将测试代码和被测试页面的页面元素及其操作方法进行分离，以此降低页面元素变化对测试代码的影响。每个被测试页面都被单独定义为一个类，类中会定位所有需要进行测试操作的页面元素对象，并且定义操作每一个页面元素对象的方法。

例如，登录页面包含一个用户名输入框和一个密码输入框，还有一个"登录"按钮。

我们声明一个名为"Login"的类，并且通过定位表达式找到用户名和密码输入框，并赋予类中的成员变量，分别定义输入用户名的方法、输入密码的方法和单击"登录"按钮的方法。

测试代码要完成登录测试，只需要调用 Login 类中输入用户名的方法、输入密码的方法和单击"登录"按钮的方法即可。如果登录页面的用户名输入框、密码输入框或者"登录"按钮发生了位置变化，我们只需要修改 Login 类中的相关定位表达式和操作方法就可以完成维护，测试逻辑的脚本甚至不需要改变。

如果用户没有使用此模式，用相同的代码段实现登录过程，当在测试过程中需要进行多次登录操作时，只能粘贴相同的代码来简化编写工作。但可怕的是，一旦页面元素发生了改变，那么测试人员就需要人工把所有涉及变化的逻辑一一修改，需要在不同的测试代码中进行搜索和修改，这样不但大大增加了工作量，而且很容易出现修改错误的情况。使用页面对象模式，只需要修改唯一的 Login 类就可以完成了大部分的维护工作。

13.2　使用 PageFactory 类

测试网址：

http://mail.126.com

13.2.1　使用 PageFactory 类给测试类提供待操作的页面元素

（1）在 Eclipse 中新建一个 Package，名为"cn.gloryroad.pageobjects"。

（2）在此 Package 下新建一个页面对象类，名为"LoginPage"。

（3）在 Eclipse 中新建一个 Package，名为"cn.gloryroad.tests"。

（4）在此 Package 下新建一个测试类，名为"Test126mail"。

LoginPage 类的源代码：

```
package cn.gloryroad.pageobjects;

import org.openqa.selenium.WebDriver;
import org.openqa.selenium.WebElement;
import org.openqa.selenium.support.FindBy;
import org.openqa.selenium.support.PageFactory;
```

```java
public class LoginPage {
    //使用 FindBy 注解,定位需要操作的页面元素
    //本例使用 XPath 方式来进行定位,使用 ID、name 等方式均可
    @FindBy(xpath="//iframe[contains(@id,'x-URS-iframe')]")
    public WebElement iframe;
    @FindBy(xpath="//input[@data-placeholder='邮箱帐号或手机号']")
    public WebElement userName;
    @FindBy(xpath="//*[@data-placeholder='密码']")
    public WebElement password;
    @FindBy(xpath="//*[@id='dologin']")
    public WebElement loginButton;
    public LoginPage(WebDriver driver){
        this.driver =driver;
        PageFactory.initElements(driver,this);
    }
    public void switchFrame(){
        driver.switchTo().frame(iframe);
    }
}
```

Test126mail 类的源代码:

```java
package cn.gloryroad.tests;

import org.testng.Assert;
import org.testng.annotations.Test;
import org.openqa.selenium.WebDriver;
import org.openqa.selenium.firefox.FirefoxDriver;
import org.testng.annotations.AfterMethod;
import org.testng.annotations.BeforeMethod;
import cn.gloryroad.pageobjects.LoginPage;

public class Test126mail {
    private WebDriver driver;
    private String baseUrl="http://mail.126.com";
    @Test
    public void testLogin() throws InterruptedException{
        //访问被测试网址
        driver.get(baseUrl);
        //生成一个 LoginPage 对象实例
        LoginPage loginpage = new LoginPage(driver);
        //进入 frame
        loginpage.switchFrame();

        //直接使用页面对象的用户名元素对象,输入用户名
        loginpage.userName.sendKeys("testman2018");
        //直接使用页面对象的密码元素对象,输入用户密码
        loginpage.password.sendKeys("wulaoshi2018");
```

```java
        //直接使用页面对象的登录按钮对象,进行单击操作
        loginpage.loginButton.click();
        //等待 5 秒
        Thread.sleep(5000);
        
        //退出 frame
        driver.switchTo().defaultContent();
        
        //断言登录后的页面是否包含"未读邮件"关键字,验证是否登录成功
        Assert.assertTrue(driver.getPageSource().contains("未读邮件"));
        
    }
    @BeforeMethod
    public void beforeMethod() {
        //若 WebDriver 无法打开 Firefox 浏览器,才需增加此行代码设定 Firefox
        //浏览器的所在路径
        System.setProperty("webdriver.firefox.bin","C:\\Program Files\\Firefox Developer Edition\\firefox.exe");
        //加载 Firefox 浏览器的驱动程序
        System.setProperty("webdriver.gecko.driver","d:\\geckodriver.exe");
        //打开 Firefox 浏览器
        driver = new FirefoxDriver();
    }
    @AfterMethod
    public void afterMethod() {
        driver.quit();
    }
}
```

代码解释:

从上面的实例可以看到,页面元素的定位均在 LoginPage 类中实现。如果页面元素发生了调整,测试人员只需修改 LoginPage 类中的定位表达式就可完成基本的维护工作,测试类代码无须进行调整,从而减少了测试代码的维护工作量。

13.2.2　使用 PageFactory 类封装页面元素的操作方法

13.2.1 节中的页面对象只为测试类提供了页面元素,并没有在页面对象类中实现页面元素的操作方法,本小节会对此部分内容进行讲解。保持 13.2.1 节的 Package 名、类名和位置均不变。

LoginPage 类的源代码:

```java
package cn.gloryroad.pageobjects;

import org.openqa.selenium.WebDriver;
```

```java
import org.openqa.selenium.WebElement;
import org.openqa.selenium.firefox.FirefoxDriver;
import org.openqa.selenium.support.FindBy;
import org.openqa.selenium.support.PageFactory;

public class LoginPage {
    //使用 FindBy 注解，定位需要操作的页面元素
    //本例使用 XPath 方式来进行定位，使用 ID、name 等方式均可

    @FindBy(xpath="//iframe[contains(@id,'x-URS-iframe')]")
    public WebElement iframe;

    @FindBy(xpath="//input[@data-placeholder='邮箱帐号或手机号']")
    public WebElement userName;

    @FindBy(xpath="//*[@data-placeholder='密码']")
    public WebElement password;
    @FindBy(xpath="//*[@id='dologin']")
    public WebElement loginButton;
    public String url ="http://mail.126.com";
    public WebDriver driver;
    //构造函数，生成浏览器对象，初始化 PageFactory 对象
    public LoginPage(){
        driver =new FirefoxDriver();
        PageFactory.initElements(driver,this);
    }
    //访问被测试网址的封装方法
    public void load(){
        driver.get(url);
    }

    //进入 frame 方法
    public void switchFrame(){
        driver.switchTo().frame(iframe);
    }
    //退出 frame 方法
    public void defaultFrame(){
        driver.switchTo().defaultContent();
    }

    //关闭浏览器的封装方法
    public void quit(){
        driver.quit();
    }

    //登录操作的封装方法
    public void login(){
        userName.sendKeys("testman2018");
```

```
            password.sendKeys("wulaoshi2018");
            loginButton.click();
    }
    public WebDriver getDriver(){
        return driver;
    }
}
```

Test126mail 类的源代码：

```
package cn.gloryroad.tests;

import org.testng.Assert;
import org.testng.annotations.Test;
import org.openqa.selenium.WebDriver;
import cn.gloryroad.pageobjects.LoginPage;

public class Test126mail {
    public WebDriver driver;
    @Test
    public void testLogin() throws InterruptedException{

        //生成一个 LoginPage 对象实例
        LoginPage loginpage = new LoginPage();
        //调用登录页面对象的 load 方法访问被测试网址
        loginpage.load();
        //进入 frame
        loginpage.switchFrame();

        //调用登录页面对象的 login 方法完成登录操作
        loginpage.login();
        //等待 5 秒
        Thread.sleep(5000);
        //退出 frame
        loginpage.defaultFrame();

        //断言登录后的页面是否包含"未读邮件"关键字，验证是否登录成功
        //调用登录页面对象的 getDriver 方法获取浏览器对象，并获取页面源代码
        Assert.assertTrue(loginpage.getDriver().getPageSource()
        .contains("未读邮件"));
        //调用登录页面对象的 quit 方法关闭浏览器
        loginpage.quit();
    }
}
```

代码解释：

在页面对象中封装了页面元素的操作方法，使得在测试代码中实现测试逻辑更加容易。这些封装方法可以被很多测试逻辑重复调用，从而提高了代码编写和维护的效率。如果将来某测试过程中的元素定位发生了变化，或者页面的某个操作过程发生了变化，仅修改封

装好的测试方法即可实现维护，进一步降低了测试代码的维护成本。

13.3 使用 LoadableComponent 类

通过继承 LoadableComponent 类，测试程序可以判断浏览器是否加载了正确的页面，只需重写 isLoaded 和 load 两个方法。此方式有助于使页面对象的页面访问操作更加稳定。

LoginPage 类的源代码：

```java
package cn.gloryroad.pageobjects;

import org.openqa.selenium.WebDriver;
import org.openqa.selenium.WebElement;
import org.openqa.selenium.firefox.FirefoxDriver;
import org.openqa.selenium.support.FindBy;
import org.openqa.selenium.support.PageFactory;
import org.openqa.selenium.support.ui.LoadableComponent;
import org.testng.Assert;

public class LoginPage extends LoadableComponent<LoginPage> {
    //使用 FindBy 注解，定位需要操作的页面元素
    //本例使用 XPath 方式来进行定位，使用 ID、name 等方式均可

    @FindBy(xpath="//iframe[contains(@id,'x-URS-iframe')]")
    public WebElement iframe;

    @FindBy(xpath="//input[@data-placeholder='邮箱帐号或手机号']")
    public WebElement userName;

    @FindBy(xpath="//*[@data-placeholder='密码']")
    public WebElement password;

    @FindBy(xpath="//*[@id='dologin']")
    public WebElement loginButton;
    private String url ="http://mail.126.com";
    private String title = "网易免费邮";
    public WebDriver driver;
    public LoginPage(){
        driver =new FirefoxDriver();
        PageFactory.initElements(driver,this);
    }
    //增加了需要覆盖的方法 load
    @Override
    protected void load(){
```

```java
        this.driver.get(url);
    }
    public void quit(){
        this.driver.quit();
    }


    //进入 frame 方法
    public void switchFrame(){
        driver.switchTo().frame(iframe);
    }
    //退出 frame 方法
    public void defaultFrame(){
        driver.switchTo().defaultContent();
    }

    public void login(){
        userName.sendKeys("testman2018");
        password.sendKeys("wulaoshi2018");
        loginButton.click();
    }
    public WebDriver getDriver(){
        return driver;
    }
    //增加了需要覆盖的方法 isLoaded
    @Override
    protected void isLoaded() throws Error {
        //断言访问后的页面 Title 是否包含 "网易免费邮" 关键字
        //判断浏览器是否加载了正确的网址
        Assert.assertTrue(driver.getTitle().contains(title));
    }
}
```

Test126mail 类的源代码：

```java
package cn.gloryroad.tests;

import org.testng.Assert;
import org.testng.annotations.Test;
import org.openqa.selenium.WebDriver;
import cn.gloryroad.pageobjects.LoginPage;

public class Test126mail {
    public WebDriver driver;
    @Test
    public void testLogin() throws InterruptedException{
        //生成一个 LoginPage 对象实例
        LoginPage loginpage = new LoginPage();
```

```java
        //继承 LoadableComponent 类后，只要实现了覆盖的 load 方法
        //即使在没有定义 get 方法的情况下，也可以进行 get 方法的调用
        //get 方法会默认调用页面对象类中的 load 方法
        loginpage.get();
        loginpage.switchFrame();

        loginpage.login();
        //等待 5 秒
        Thread.sleep(5000);
        loginpage.defaultFrame();

        //断言登录后的页面是否包含"未读邮件"关键字，验证是否登录成功
        Assert.assertTrue(loginpage.getDriver().getPageSource().contains("未读邮件"));
        loginpage.quit();
    }
}
```

13.4　多个 PageObject 的自动化测试实例

本节主要讲解多个 PageObject 的使用方法，以及如何基于多个 PageObject 实现一个相对复杂的自动化测试实例。

自动化测试实现的 3 个测试用例如下。

（1）在 126 邮箱中，使用正确的用户名和错误的密码进行登录，登录失败后在页面显示"账号或密码错误"关键字。

（2）在 126 邮箱中，使用正确的用户名和正确的密码进行登录，登录成功后会跳转到邮箱首页，并且显示"未读邮件"关键字。

（3）在 126 邮箱中，登录成功后，单击"写信"链接，给"testman1978@126.com"发送一封邮件，邮件发送成功后页面显示"发送成功"关键字。

测试代码：

（1）在"cn.gloryroad.pageobjects"的 Package 中新建两个 PageObject 类。

（2）126 邮箱登录页面的 PageObject 类：LoginPage。

（3）126 邮箱登录成功后显示页面的 PageObject 类：HomePage。

（4）在"cn.gloryroad.tests"的 Package 中新建测试类。

（5）测试代码类：Test126mail。

LoginPage 类：

```java
package cn.gloryroad.pageobjects;

import org.openqa.selenium.By;
import org.openqa.selenium.WebDriver;
import org.openqa.selenium.WebElement;
import org.openqa.selenium.support.FindBy;
import org.openqa.selenium.support.PageFactory;
import org.openqa.selenium.support.ui.ExpectedConditions;
import org.openqa.selenium.support.ui.LoadableComponent;
import org.openqa.selenium.support.ui.WebDriverWait;
import org.testng.Assert;

public class LoginPage extends LoadableComponent<LoginPage> {
    //使用 FindBy 注解，定位需要操作的页面元素
    //本例使用 XPath 方式来进行定位，使用 ID、name 等方式均可

    @FindBy(xpath="//iframe[contains(@id,'x-URS-iframe')]")
    public WebElement iframe;
    @FindBy(xpath="//input[@data-placeholder='邮箱帐号或手机号']")
    public WebElement userName;
    @FindBy(xpath="//*[@data-placeholder='密码']")
    public WebElement password;
    @FindBy(xpath="//*[@id='dologin']")
    public WebElement loginButton;
    //定义登录页面的 URL 地址
    private String url ="http://mail.126.com";
    private String title = "网易免费邮";
    public WebDriver driver;
    //定义构造函数，函数参数赋值给类成员变量 driver，初始化 PageFactory
    public LoginPage(WebDriver driver){
        this.driver =driver;
        PageFactory.initElements(driver,this);
    }
    //增加了需要覆盖的方法
    @Override
    protected void load(){
        this.driver.get(url);
    }
    //增加了需要覆盖的方法
    public void close(){
        this.driver.close();
    }

    //增加了切换进入 iframe 的方法
    public void switchFrame(){
        this.driver.switchTo().frame(iframe);
```

```java
        }
        
        //增加了退出iframe的方法
        public void defaultFrame(){
            this.driver.switchTo().defaultContent();
        }

//登录操作的封装方法,函数方法返回一个HomePage对象
        public HomePage login() throws InterruptedException
        {
        //调用load方法,让浏览器访问126邮箱的登录首页
        load();
        Thread.sleep(3000);
        switchFrame();
        
        WebDriverWait wait= new WebDriverWait(driver,10);
        //判断页面是否显示了name属性为"email"的用户名输入框
        wait.until(ExpectedConditions.visibilityOfElementLocated(By.name("email")));
        //清除用户名输入框中的字符,保证用户名的输入框为空
        userName.clear();
        //输入邮箱用户名
        userName.sendKeys("testman2018");
        //输入邮箱密码
        password.sendKeys("wulaoshi12018");
        //单击"登录"按钮
        loginButton.click();
        defaultFrame();
        
        //登录后,函数返回一个Homepage对象
        return new HomePage(driver);
        }
//获取页面源码的封装方法
        public String getPageSource(){
            return driver.getPageSource();
        }
//登录失败的封装方法,函数返回一个LoginPage页面对象
        public LoginPage LoginExpectingFailure() throws InterruptedException {
            load();
            Thread.sleep(3000);
            switchFrame();
            
            WebDriverWait wait= new WebDriverWait(driver,10);
            wait.until(ExpectedConditions.visibilityOfElementLocated(By.name("email")));
            userName.clear();
            userName.sendKeys("testman2018");
            password.sendKeys("123456");
            loginButton.click();
```

第 13 章
页面对象（Page Object）模式

```java
            //登录失败后，当前测试页面不会发生跳转，函数返回一个 LoginPage 对象
            //保持浏览器停留在登录页面
            return new LoginPage(driver);
        }
    //增加了需要覆盖的方法 isLoaded
    @Override
    protected void isLoaded() throws Error {
            //断言访问后的页面 Title 是否包含 "网易免费邮" 关键字
            //判断浏览器是否加载了正确的网址
            Assert.assertTrue(driver.getTitle().contains(title));
    }

}
```

HomePage 类：

```java
package cn.gloryroad.pageobjects;

import java.awt.AWTException;
import java.awt.Robot;
import java.awt.Toolkit;
import java.awt.datatransfer.StringSelection;
import java.awt.event.KeyEvent;
import org.openqa.selenium.WebDriver;
import org.openqa.selenium.WebElement;
import org.openqa.selenium.support.FindBy;
import org.openqa.selenium.support.PageFactory;

public class HomePage  {
    public WebDriver driver;
    /*由于 126 邮箱页面元素使用的是变化 ID，所以在 XPath 定位表达式中使用 contains 函数来
     *模糊定位写信的链接对象
     */
    @FindBy (xpath="//*[contains(@id,'_mail_component_')]/span[contains (.,'写信')]")
    public WebElement writeMaillink;
    /* 由于 126 邮箱页面元素使用的是变化 ID，所以在 XPath 定位表达式中使用 contains 函数来
     * 模糊定位发送邮件按钮
     */
    @FindBy (xpath="//*[contains(@id,'_mail_button_')]/span[contains(.,'发送')]")
    public WebElement sendMailbutton;
    /*
     * 定位收件人输入框
     */
    @FindBy (className="nui-editableAddr-ipt")
    public WebElement recipientsInput;

    //定义构造函数，函数参数赋值给类成员变量 driver，初始化 PageFactory
    public HomePage(WebDriver driver){
        this.driver =driver;
```

255

```java
        PageFactory.initElements(driver,this);
    }
    //写信的封装方法
    public void writeMail() throws InterruptedException{
        //单击登录成功后的页面上的"写信"链接
        writeMaillink.click();
        /* 等待5秒钟，让页面完成到写信页面的跳转
         * 由于126邮箱使用特殊技术，页面跳转过程中页面的URL保持不变（即登录成功后跳
         * 转页面的URL在执行写信、查看邮件等操作后保持不变），所以不会把写邮件页面当作
         * 一个新的PageObject 页面对象
         */
        Thread.sleep(5000);
        /*让光标聚焦在收件人输入框中*/
        recipientsInput.click();

        /* 写邮件页面打开后，焦点会显示在收件人输入框，调用粘贴函数，在收件人地址栏粘贴
         * 字符串 "testman1978@126.com"
         */
        setAndctrlVClipboardData("testman1978@126.com");
        //按Tab键，把焦点切换到邮件主题输入框
        pressTabKey();
        //调用粘贴函数，在邮件主题输入框中粘贴字符串"邮件标题"
        setAndctrlVClipboardData("邮件标题");
        //按Tab键，把焦点切换到邮件正文编辑框
        pressTabKey();
        //调用粘贴函数，在邮件正文编辑框中粘贴字符串"邮件正文"
        setAndctrlVClipboardData("邮件正文");
        //单击"发送邮件"按钮
        sendMailbutton.click();
    }
    //获取页面源码的封装方法
    public String getPageSource(){
        return driver.getPageSource();
    }
    //增加了需要覆盖的方法close
    public void close(){
        this.driver.close();
    }
    //设定剪切板并进行字符串粘贴的封装方法
    public static void setAndctrlVClipboardData(String string){
        // 模拟 "Ctrl+V"，进行粘贴操作
        StringSelection stringSelection = new StringSelection(string);
        Toolkit.getDefaultToolkit().getSystemClipboard()
         .setContents(stringSelection, null);
        Robot robot = null;
        try {
            robot = new Robot();
        } catch (AWTException e1) {
            e1.printStackTrace();
```

```
            }
        robot.keyPress(KeyEvent.VK_CONTROL);
        robot.keyPress(KeyEvent.VK_V);
        robot.keyRelease(KeyEvent.VK_V);
        robot.keyRelease(KeyEvent.VK_CONTROL);


        try{
            Thread.sleep(3000);
        }catch (Exception e){
                e.printStackTrace();
            }
        }
    }
    //按 Tab 键的封装方法
    public static void pressTabKey(){
        Robot robot = null;
        try {
                robot = new Robot();
        } catch (AWTException e1) {
                e1.printStackTrace();
            }
        robot.keyPress(KeyEvent.VK_TAB);
        robot.keyRelease(KeyEvent.VK_TAB);
    }
}
```

Test126mail 测试类：

```
package cn.gloryroad.tests;

import org.testng.Assert;
import org.testng.annotations.AfterMethod;
import org.testng.annotations.BeforeMethod;
import org.testng.annotations.Test;
import org.openqa.selenium.WebDriver;
import org.openqa.selenium.firefox.FirefoxDriver;
import cn.gloryroad.pageobjects.HomePage;
import cn.gloryroad.pageobjects.LoginPage;

public class Test126mail {
    public WebDriver driver;
    @BeforeMethod
    public void beforeMethod() {

        //若 WebDriver 无法打开 Firefox 浏览器，才需增加此行代码设定 Firefox
        //浏览器的所在路径
        System.setProperty("webdriver.firefox.bin","C:\\Program Files\\Firefox Developer Edition\\firefox.exe");
        //加载 Firefox 浏览器的驱动程序
        System.setProperty("webdriver.gecko.driver","d:\\geckodriver.exe");
        //打开 Firefox 浏览器
```

```java
        driver = new FirefoxDriver();

}

@AfterMethod
public void afterMethod() {
    driver.quit();
}

//测试登录失败的测试用例
@Test
public void testLoginFail() throws InterruptedException{
    
    //生成一个 LoginPage 对象实例
    LoginPage loginpage = new LoginPage(driver);
    //继承 LoadableComponent 类后，只要实现了覆盖的 load 方法，
    //即使在没有定义 get 方法的情况下，也可以进行 get 方法的调用，
    //get 方法会默认调用页面对象类中的 load 方法
    loginpage.get();
    //调用 LoginPage 类中的登录失败方法
    loginpage.LoginExpectingFailure();
    /* 断言登录失败后的源代码中是否包含了"账号或密码错误"关键字，调用 LoginPage 类
     * 中的 getPageSource 方法
     */
    try {
        Thread.sleep(5000);
    } catch (InterruptedException e) {
        e.printStackTrace();
    }
    Assert.assertTrue(loginpage.getPageSource().contains("帐号或密码错误"));
    loginpage.defaultFrame();
    
    //调用 LoginPage 对象中的 close 方法关闭浏览器
    loginpage.close();
    
}
//测试登录成功的测试用例
@Test
public void testLoginSuccess() throws InterruptedException{
    //生成一个 LoginPage 对象实例
    LoginPage loginpage = new LoginPage(driver);
    //继承 LoadableComponent 类后，只要实现了覆盖的 load 方法，
    //即使在没有定义 get 方法的情况下，也可以进行 get 方法的调用，
    //get 方法会默认调用页面对象类中的 load 方法
    loginpage.get();
    //调用 loginPage 类的 login 方法，登录成功后会跳转到邮箱登录后的主页，
    //login 函数会返回一个 HomePage 对象，以此来实现页面跳转到了登录后的主页，
    //以便实现在 HomePage 对象中进行相关的方法调用
    HomePage homePage = loginpage.login();
    //等待 5 秒，等待从登录页面跳转到邮箱登录后主页
    Thread.sleep(5000);
```

```
            //断言登录后的页面是否包含"未读邮件"关键字，验证是否登录成功
            Assert.assertTrue(homePage.getPageSource().contains("未读邮件"));
        }
    //测试发送邮件成功的测试用例
    @Test
    public void testwriteMail() throws InterruptedException{
            //生成一个 LoginPage 对象实例
            LoginPage loginpage = new LoginPage(driver);
            //继承 LoadableComponent 类后，只要实现了覆盖的 load 方法
            //即使在没有定义 get 方法的情况下，也可以进行 get 方法的调用
            //get 方法会默认调用页面对象类中的 Load 方法
            loginpage.get();
            //调用 LoginPage 类的 login 方法，登录成功后会跳转到邮箱登录后主页
            //login 函数会返回一个 HomePage 对象，以此来实现页面跳转到登录后主页
            //以便实现在 HomePage 对象中进行相关方法的调用
            HomePage homePage = loginpage.login();
            //等待 5 秒，等待从登录页面跳转到邮箱登录后主页
            Thread.sleep(5000);
            //调用 HomePage 对象中的写邮件方法，完成在页面上发送邮件的操作
            homePage.writeMail();

            //等待 5 秒，等待邮件发送完成
            Thread.sleep(5000);
            //断言邮件发送后，是否出现"发送成功"关键字，以此验证邮件是否发送成功
            Assert.assertTrue(homePage.getPageSource().contains("发送成功"));
        }

}
```

代码解释：

使用 PageObject 要注意以下几点设计原则。

（1）在 PageObject 类中定义 public 方法来对外提供服务。

（2）不要暴露 PageObject 类的内部逻辑。

（3）不要在 PageObject 类中进行断言操作。

（4）只需要在 PageObject 类中定义需要操作的元素和操作方法。

（5）PageObject 页面中的相同动作如果会产生多个不同的结果，需要在 PageObject 类中定义多个操作方法。

| 第 14 章 |
行为驱动测试

行为驱动测试方法在敏捷开发模式中的使用已经比较普遍,通过使用标准化的语言将客户、需求人员、开发人员和测试人员关联在一起,让参与产品开发的相关人员在沟通上保持一致。请参与敏捷开发项目的读者仔细阅读本章内容,理解并掌握行为驱动测试的原理、机制和实践方法。

14.1 行为驱动开发和 Cucumber 简介

行为驱动开发是一种软件敏捷开发的技术,它的英文全称是 Behavior Driven Development,英文缩写为 BDD。BDD 最初由 Dan North 在 2003 年提出,包括验收测试和客户测试驱动等极限编程实践,是对测试驱动开发的回应。BDD 鼓励软件项目中的开发者、QA(质量保证人员)、非技术人员或商业参与者之间进行协作。在过去数年里,BDD 模式得到了很大的发展,其流行已成定势。

Cucumber 是实现 BDD 的一种测试框架,实现了使用自然语言来执行相关联测试代码。Cucumber 框架使用 Gherkin 语言来描述测试功能、测试场景、测试步骤和测试结果,Gherkin 语言支持超过 40 种自然语言,包括中文和英文。Gherkin 语言使用的主要英文关键词有 Scenario、Given、When、And、Then 和 But 等,这些关键词也可以转换为中文关键词,如"场景""加入""当"等。根据用户故事(敏捷开发中的 User Story),需求人员或测试人员使用 Gherkin 语言编写好测试场景的每个执行步骤,Cucumber 就会一步一步地解析关键词右侧的自然语言并执行相应代码。

关键词的含义如下。

（1）Given：用例开始执行前的一个前置条件，类似于编写代码 setup 中的一些步骤。

（2）When：用例执行时的一些关键操作步骤，如单击元素等。

（3）Then：观察结果，就是平时用例中的验证步骤。

（4）And：一个步骤中如果存在多个 Given 操作，后面的 Given 可以用 And 替代。

（5）But：一个步骤中如果存在多个 Then 操作，后面的 Then 可以用 But 替代。

使用 Gherkin 语言编写测试场景的执行步骤，并将执行步骤保存在以".feature"为扩展名的文件中。每一个".feature"文件都要开始于 Feature（功能），Feature 之后的描述可以随便写，直到出现 Scenario（场景）。一个".feature"文件中可以有多个 Scenario，每个 Scenario 包含步骤（step）列表，步骤使用 Given、When、Then、But、And 这些关键词，Cucumber 对这些关键词的处理是一样的。

BDD 模式的好处在于，可以将用户故事或者需求和测试用例建立一一对应的映射关系，保证开发和测试的目标与范围严格地与需求保持一致，可以更好地让需求方、开发者和测试人员基于唯一的需求进行相关开发工作，避免对需求理解不一致的问题，并且 BDD 框架的测试结果很容易被参与各方理解。

14.2 Cucumber 在 Eclipse 中的环境搭建

具体搭建步骤如下。

（1）访问"https://search.maven.org"，下载 Cucumber 的相关 JAR 文件，如图 14-1 所示。具体 JAR 文件如下：

- cucumber-core：cucumber-core-2.4.0.jar
- cucumber-java：cucumber-java-2.4.0.jar
- cucumber-junit：cucumber-junit-2.4.0.jar
- cucumber-jvm-deps：cucumber-jvm-deps-1.0.6.jar
- cucumber-reporting：cucumber-reporting-3.15.0.jar
- gherkin：gherkin-5.0.0.jar
- junit：junit-3.7.1.jar
- mockito-all：mockito-all-1.10.19.jar
- cobertura：cobertura-2.1.1.jar

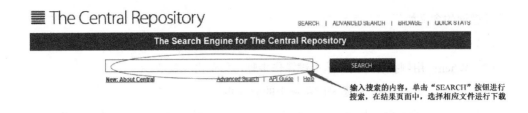

图 14-1

（2）访问"http://maven.outofmemory.cn/info.cukes/cucumber-html/0.2.3/"，下载"cucumber- html-0.2.3.jar"文件。

（3）在 Eclipse 中新建一个 Java 工程项目，项目名称可自定义，如"BDDProj"。

（4）参考其他章节的安装说明，在工程中配置好 WebDriver 环境，并且在配置过程中省略将 TestNG 的 JAR 文件添加到工程的 Build Path 中的相关步骤，新增将 JUnit 库添加到工程的 Build Path 中的步骤（添加步骤请参阅 JUnit 安装的章节）。

（5）参考其他章节的安装说明，将第（1）步和第（2）步下载的 JAR 文件添加到工程的 Build Path 中。

（6）在新建的工程中新建两个 Package，一个名为"cucumberTest"，另外一个名为"stepDefinition"。

（7）在 Eclipse 中安装 Eclipse Cucumber 插件。

① 在 Eclipse 的"Help"菜单中选择"Install New Software"命令。

② 在弹出的界面中，单击"Add"按钮后会弹出一个对话框。

③ 在对话框的"Name"输入框中输入"cucumber"，在"Location"输入框中输入"http://cucumber.github.com/cucumber-eclipse/update-site"，然后单击"OK"按钮，如图 14-2 所示。

图 14-2

④ 在弹出的对话框中，勾选"Cucumber Eclipse Plugin"复选框，并单击"Next"按钮，如图 14-3 所示。

第 14 章
行为驱动测试

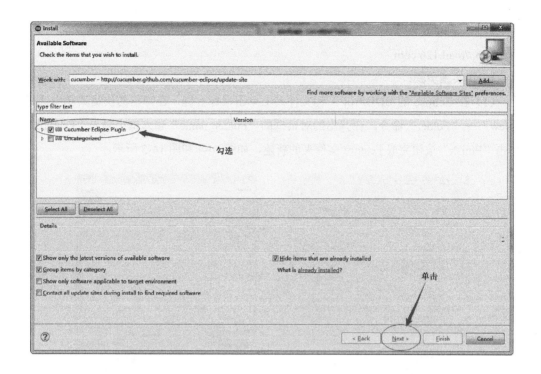

图 14-3

⑤ 在后续界面中继续单击"Next"按钮，并在协议内容显示界面选择"I Accept the terms of license agreement"，单击"Finish"按钮。

⑥ 安装完成后，Eclipse 会显示"Security Warnings"弹窗，单击"OK"按钮即可。

⑦ 重启 Eclipse，让插件安装生效。

Cucumber Eclipse Plugin 并不是必须安装的插件，安装它的好处在于可以把".feature"文件的测试步骤描述变为特定的格式，方便编写、修改和维护。

14.3 在 Eclipse 中使用 JUnit 和英文语言进行行为驱动测试

测试逻辑：

（1）访问"http://email.163.com/"，查看 163 网站的所有邮件类型列表。

（2）再访问"http://mail.126.com"。

（3）输入用户名和密码进行登录，成功登录 126 邮箱。

（4）成功登录后，单击"退出"按钮退出邮箱。

263

被测试网址：

http://mail.126.com

BDD 实施步骤：

（1）在 Eclipse 的 BDDProj 工程文件夹上单击鼠标右键，在弹出的快捷菜单中选择"New"→"Folder"命令，在弹出的对话框的"Folder name"输入框中输入"Feature"，单击"Finish"按钮完成 Feature 文件夹的新建，如图 14-4 和图 14-5 所示。

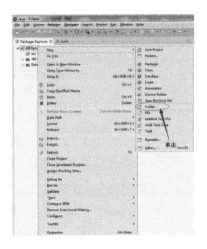 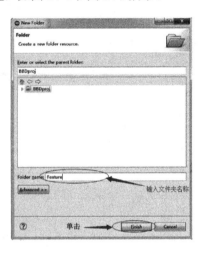

图 14-4　　　　　　　　　　　　　　　图 14-5

（2）在 Feature 文件夹上单击鼠标右键，在弹出的快捷菜单中选择"New"→"File"命令，在弹出的对话框的"File name"输入框中输入"Login_test.feature"，单击"Finish"按钮，如图 14-6 和图 14-7 所示。

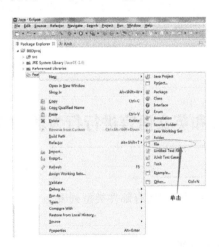 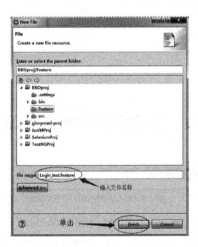

图 14-6　　　　　　　　　　　　　　　图 14-7

（3）在 Eclipse 中双击"Login_test.feature"文件进行编辑，并在编辑区域输入如下内容。

```
Feature: login and logout

Scenario: Successful Login with Valid Credentials
    Given User is on EmailTypeList Page
    When User Navigate to 126 Mail LogIn Page
    And User enters UserName and Password
    Then Message displayed Login Successfully

Scenario: Successful LogOut
    When User LogOut from the Application
    Then Message displayed LogOut Successfully
```

（4）在 cucumberTest Package 下新建一个类文件，名称为"TestRunner.java"，类代码如下。

```java
package cucumberTest;

import org.junit.runner.RunWith;
import cucumber.api.CucumberOptions;
import cucumber.api.junit.Cucumber;

@RunWith(Cucumber.class)
@CucumberOptions(
        /* 设定 feature 在工程中的路径，"Feature" 表示在工程根目录下，
         * glue 参数设定 BDD 自动化测试代码所在的 Package 名称，
         * format 参数设定生成 HTML 格式的报告，并将报告生成路径设为"target/
         * cucumber- html-report"
         */
        features = "Feature",glue={"stepDefinition"}
        ,format={"html:target/cucumber-html-report"}
        
        )

public class TestRunner {
}
```

（5）在编辑区域单击鼠标右键，在弹出的快捷菜单中选择"Run As"→"JUnit Test"命令开始运行，如图 14-8 所示。

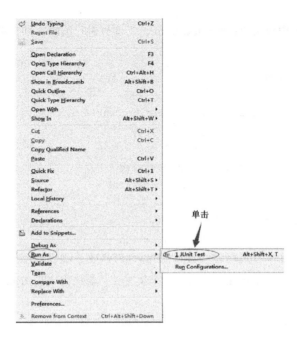

图 14-8

（6）运行结束后，在 Eclipse 的 Console 控制台界面中会显示如下代码。
```
@Given("^User is on EmailTypeList Page$")
public void user_is_on_EmailTypeList_Page() throws Throwable {
    // Write code here that turns the phrase above into concrete actions
    throw new PendingException();
}

@When("^User Navigate to (\\d+) Mail LogIn Page$")
public void user_Navigate_to_Mail_LogIn_Page(int arg1) throws Throwable {
    // Write code here that turns the phrase above into concrete actions
    throw new PendingException();
}

@When("^User enters UserName and Password$")
public void user_enters_UserName_and_Password() throws Throwable {
    // Write code here that turns the phrase above into concrete actions
    throw new PendingException();
}

@Then("^Message displayed Login Successfully$")
public void message_displayed_Login_Successfully() throws Throwable {
    // Write code here that turns the phrase above into concrete actions
    throw new PendingException();
}
```

```java
@When("^User LogOut from the Application$")
public void user_LogOut_from_the_Application() throws Throwable {
    // Write code here that turns the phrase above into concrete actions
    throw new PendingException();
}

@Then("^Message displayed LogOut Successfully$")
public void message_displayed_LogOut_Successfully() throws Throwable {
    // Write code here that turns the phrase above into concrete actions
    throw new PendingException();
}
```

（7）在 stepDefinition Package 中新建一个类，命名为"Login_Test.java"，将步骤（6）中的部分代码复制到类中，去掉"// Write code here that turns the phrase above into concrete actions"和"throw new PendingException();"这两行代码，并添加 3 个注解的 import 代码行。编辑后的代码如下。

```java
package stepDefinition;

import cucumber.api.java.en.Given;
import cucumber.api.java.en.Then;
import cucumber.api.java.en.When;

public class Login_Test {
    @Given("^User is on EmailTypeList Page$")
    public void user_is_on_EmailTypeList_Page() throws Throwable {

    }

    @When("^User Navigate to (\\d+) Mail LogIn Page$")
    public void user_Navigate_to_Mail_LogIn_Page(int arg1) throws Throwable {

    }

    @When("^User enters UserName and Password$")
    public void user_enters_UserName_and_Password() throws Throwable {

    }

    @Then("^Message displayed Login Successfully$")
    public void message_displayed_Login_Successfully() throws Throwable {

    }

    @When("^User LogOut from the Application$")
    public void user_LogOut_from_the_Application() throws Throwable {
```

```
        }
        
        @Then("^Message displayed LogOut Successfully$")
        public void message_displayed_LogOut_Successfully() throws Throwable {
        
        }
    }
```

（8）在 CucumberTest 的 Package 下，新建一个测试类并自定义命名（如"TestCucumber"），编写并调试完成所有测试场景的自动化测试代码。具体代码如下。

```
package cucumberTest;

import static org.junit.Assert.assertTrue;
import java.util.concurrent.TimeUnit;
import org.junit.After;
import org.junit.Before;
import org.junit.Test;
import org.openqa.selenium.By;
import org.openqa.selenium.WebDriver;
import org.openqa.selenium.WebElement;
import org.openqa.selenium.firefox.FirefoxDriver;

public class TestCucumber {
    public static WebDriver driver;
    public static String baseUrl ="http://email.163.com/";
    @Test
    public void testLoginAndLogout() throws InterruptedException{
        driver.get(baseUrl);
        driver.get("http://mail.126.com");
        Thread.sleep(5000);
        WebElement iframe = driver.findElement(By.xpath
        ("//iframe[contains(@id,'x-URS-iframe')]"));
        driver.switchTo().frame(iframe );
        
        WebElement userName = driver.findElement(By.xpath("//input[@data-placeholder= '邮箱帐号或手机号']"));
        WebElement password = driver.findElement(By.xpath("//*[@data-placeholder='密码']"));
        WebElement loginButton = driver.findElement(By.xpath("//*[@id='dologin']"));
        //清空用户名输入框
        userName.clear();
        //清空密码输入框
        password.clear();
        //输入126邮箱用户名
        userName.sendKeys("testman2018");
        //输入126邮箱密码
```

```
            password.sendKeys("wulaoshi2018");
            //单击"登录"按钮
            loginButton.click();
            //等待 5 秒完成登录操作
            Thread.sleep(5000);
            driver.switchTo().defaultContent();

            //断言登录后的页面是否包含"未读邮件"关键字，验证是否登录成功
            assertTrue(driver.getPageSource().contains("未读邮件"));
            System.out.println("登录成功！");
            Thread.sleep(5000);
            WebElement logoutLink = driver.findElement(By.linkText("退出"));
            //单击退出链接
            logoutLink.click();
            Thread.sleep(5000);
            //断言退出后，是否在界面上显示了"您已成功退出网易邮箱"关键字
            assertTrue(driver.getPageSource().contains("您已成功退出网易邮箱"));
            System.out.println("成功退出");
            driver.quit();
    }
    @Before
    public void setUp() {
            //若 WebDriver 无法打开 Firefox 浏览器，才需增加此行代码设定 Firefox
            //浏览器的所在路径
            System.setProperty("webdriver.firefox.bin","C:\\Program Files\\Firefox Developer Edition\\firefox.exe");
            //加载 Firefox 浏览器的驱动程序
            System.setProperty("webdriver.gecko.driver","d:\\geckodriver.exe");
            //打开 Firefox 浏览器
            driver = new FirefoxDriver();
            driver.manage().timeouts().implicitlyWait(10, TimeUnit.SECONDS);
    }
    @After
    public void tearDown() {
            driver.quit();
    }
}
```

（9）根据 Login_test.feature 文件中场景操作的步骤，将步骤（8）中的测试代码按照测试步骤的对应关系拆分到 Login_Test 测试类中，实现后的代码如下。

```
package stepDefinition;

import static org.junit.Assert.assertTrue;
import java.util.concurrent.TimeUnit;
import org.openqa.selenium.By;
import org.openqa.selenium.WebDriver;
import org.openqa.selenium.WebElement;
```

```java
import org.openqa.selenium.firefox.FirefoxDriver;
import cucumber.api.java.en.Given;
import cucumber.api.java.en.Then;
import cucumber.api.java.en.When;

public class Login_Test {
    public static WebDriver driver;
    public static String baseUrl ="http://email.163.com/";

    @Given("^User is on EmailTypeList Page$")
    public void user_is_on_EmailTypeList_Page() throws Throwable {
        //若 WebDriver 无法打开 Firefox 浏览器，才需增加此行代码设定 Firefox
        //浏览器的所在路径
        System.setProperty("webdriver.firefox.bin","C:\\Program Files\\Firefox Developer Edition\\firefox.exe");
        //加载 Firefox 浏览器的驱动程序
        System.setProperty("webdriver.gecko.driver","d:\\geckodriver.exe");
        //打开 Firefox 浏览器
        driver = new FirefoxDriver();
        driver.manage().timeouts().implicitlyWait(10, TimeUnit.SECONDS);
        driver.get(baseUrl);
    }

    @When("^User Navigate to (\\d+) Mail LogIn Page$")
    public void user_Navigate_to_Mail_LogIn_Page(int arg1) throws Throwable {
        driver.get("http://mail.126.com");
    }

    @When("^User enters UserName and Password$")
    public void user_enters_UserName_and_Password() throws Throwable {
        Thread.sleep(5000);
        WebElement iframe = driver.findElement(By.xpath
            ("//iframe[contains(@id,'x-URS-iframe')]"));
        driver.switchTo().frame( iframe);

        WebElement userName = driver.findElement(By.xpath("//input[@data-placeholder='邮箱帐号或手机号']"));
        WebElement password = driver.findElement(By.xpath("//*[@data-placeholder='密码']"));
        WebElement loginButton = driver.findElement(By.xpath("//*[@id='dologin']"));
        //清空用户名输入框
        userName.clear();
        //清空密码输入框
        password.clear();
        //输入 126 邮箱用户名
        userName.sendKeys("testman2018");
```

```java
        //输入126邮箱密码
        password.sendKeys("wulaoshi2018");
        //单击"登录"按钮
        loginButton.click();
    }

    @Then("^Message displayed Login Successfully$")
    public void message_displayed_Login_Successfully() throws Throwable {
        Thread.sleep(5000);
        driver.switchTo().defaultContent();

        //断言登录后的页面是否包含"未读邮件"关键字，验证是否登录成功
        assertTrue(driver.getPageSource().contains("未读邮件"));
        System.out.println("登录成功！");
    }

    @When("^User LogOut from the Application$")
    public void user_LogOut_from_the_Application() throws Throwable {
        Thread.sleep(5000);
        WebElement logoutLink = driver.findElement(By.linkText("退出"));
        //单击退出链接
        logoutLink.click();

    }

    @Then("^Message displayed LogOut Successfully$")
    public void message_displayed_LogOut_Successfully() throws Throwable {
        Thread.sleep(5000);
        //断言退出后，是否在界面上显示了"您已成功退出网易邮箱"关键字
        assertTrue(driver.getPageSource().contains("您已成功退出网易邮箱"));
        System.out.println("成功退出");
        driver.quit();
    }
}
```

（10）运行"TestRunner.java"，可以看到 BDD 的自动化测试用例被成功执行，并显示每个测试步骤执行的结果，如图 14-9 所示。

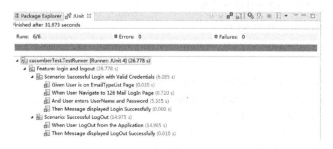

图 14-9

(11) 在工程的"target\cucumber-html-report"目录下可以看到 BDD 的 HTML 版本的测试报告,如图 14-10 所示。

```
Feature: login and logout
  Scenario: Successful Login with Valid Credentials
    Given User is on EmailTypeList Page
    When User Navigate to 126 Mail LogIn Page
    And User enters UserName and Password
    Then Message displayed Login Successfully
  Scenario: Successful LogOut
    When User LogOut from the Application
    Then Message displayed LogOut Successfully
```

图 14-10

14.4 在 Eclipse 中使用 JUnit 和中文语言进行行为驱动测试

使用中文语言进行 BDD 测试的过程和使用英文语言的 BDD 测试过程是一致的,只是在 Login_Test.feature 文件和 Login_Test 测试类的写法上有所区别。只要在 Login_Test.feature 文件中使用中文关键词和中文语句描述测试过程,Login_Test 类需要将原来使用英文描述的语句替换为中文描述语句。

Login_Test.feature 的文件内容如下,注意冒号要使用英文冒号,引号都为中文标点。

```
# language: zh-CN
功能:登录

场景:成功登录
假如用户处于 163 所有邮箱的列表页面
当用户浏览 126 邮箱登录页面,跳转后的网址为"http://www.126.com"
当用户输入用户名和密码
那么页面会显示"未读邮件"等关键字

场景:成功退出邮箱
当用户在页面单击退出链接
那么页面显示"您已成功退出网易邮箱"
```

Login_Test 测试类的代码如下。

```java
package stepDefinition;

import static org.junit.Assert.assertTrue;
import java.util.concurrent.TimeUnit;
import org.openqa.selenium.By;
import org.openqa.selenium.WebDriver;
import org.openqa.selenium.WebElement;
import org.openqa.selenium.firefox.FirefoxDriver;
```

```java
import cucumber.api.java.zh_cn.*;

public class Login_Test {
    public static WebDriver driver;
    public String baseUrl ="http://email.163.com/";

    @假如("^用户处于163所有邮箱的列表页面$")
    public void user_is_on_Home_Page() throws Throwable {
        //若WebDriver无法打开Firefox浏览器，才需增加此行代码设定Firefox
        //浏览器的所在路径
        System.setProperty("webdriver.firefox.bin","C:\\Program Files\\Firefox Developer Edition\\firefox.exe");
        //加载Firefox浏览器的驱动程序
        System.setProperty("webdriver.gecko.driver","d:\\geckodriver.exe");
        //打开Firefox浏览器
        driver = new FirefoxDriver();
        driver.manage().timeouts().implicitlyWait(10, TimeUnit.SECONDS);
        driver.get(baseUrl);
    }

    @当("^用户浏览到126邮箱登录页面,跳转后的网址为“(.*?)”$")
    public void user_Navigate_to_LogIn_Page(String Mail126Url)throws Throwable {
        driver.get(Mail126Url);
    }

    @当("^用户输入用户名和密码$")
    public void user_enters_UserName_and_Password() throws Throwable {

        Thread.sleep(5000);

        WebElement iframe = driver.findElement(By.xpath ("//iframe[contains (@id,'x-URS-iframe')]"));

        driver.switchTo().frame(iframe);


        WebElement userName = driver.findElement(By.xpath("//input[@data-placeholder='邮箱帐号或手机号']"));
        WebElement password=driver.findElement(By.xpath("//*[@data-placeholder='密码']"));
        WebElement loginButton = driver.findElement(By.xpath("//*[@id='dologin']"));
        userName.clear();
        password.clear();
        userName.sendKeys("testman2018");
        password.sendKeys("wulaoshi2018");
        loginButton.click();
```

```java
    }

    @那么("^页面会显示"未读邮件"等关键字$")
    public void message_displayed_Login_Successfully() throws Throwable {
        Thread.sleep(5000);
        driver.switchTo().defaultContent();

        //断言登录后的页面是否包含"未读邮件"关键字,验证是否登录成功
        assertTrue(driver.getPageSource().contains("未读邮件"));
        System.out.println("登录成功! ");
    }

    @当("^用户从页面单击退出链接$")
    public void user_LogOut_from_the_Application() throws Throwable {
        Thread.sleep(5000);
        WebElement logoutLink = driver.findElement(By.linkText("退出"));
        logoutLink.click();


    }

    @那么("^页面显示"您已成功退出网易邮箱"$")
    public void message_displayed_LogOut_Successfully() throws Throwable {

        Thread.sleep(5000);
        assertTrue(driver.getPageSource().contains("您已成功退出网易邮箱"));
        System.out.println("成功退出");
        driver.quit();
    }

}
```

测试执行的结果如图 14-11 所示。

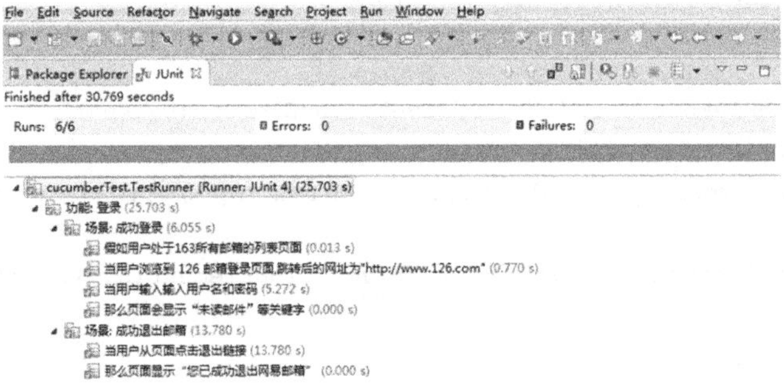

图 14-11

HTML 报告如图 14-12 所示。

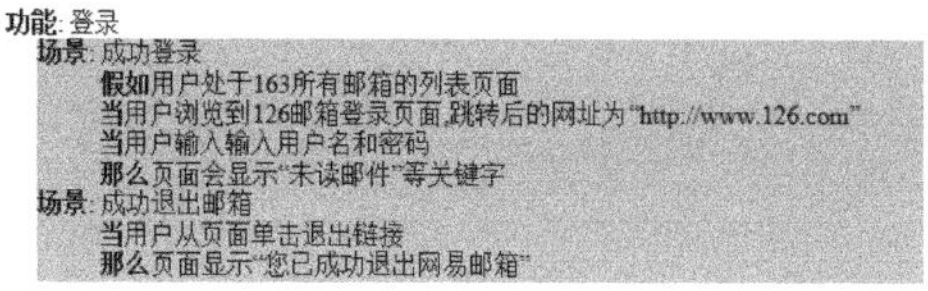

功能: 登录
场景: 成功登录
   假如用户处于163所有邮箱的列表页面
   当用户浏览到126邮箱登录页面跳转后的网址为 "http://www.126.com"
   当用户输入用户名和密码
   那么页面会显示 "未读邮件" 等关键字
场景: 成功退出邮箱
   当用户从页面单击退出链接
   那么页面显示 "您已成功退出网易邮箱"

图 14-12

代码解释：

```
@当("^用户浏览到 126 邮箱登录页面,跳转后的网址为\"(.*?)\"$")
    public void user_Navigate_to_LogIn_Page(String Mail126Url) throws Throwable {
        driver.get(Mail126Url);
    }
```

上述代码和 14.3 节的代码不太一致，因为使用了正则表达式 "\"(.*?)\"$"，这样的写法可以将 Login_Test.feature 文件的 "当用户浏览 126 邮箱登录页面，跳转后的网址为 "http://www.126.com""中的 "http://www.126.com" 提取出来作为函数 "_Navigate_to_LogIn_Page" 的 "Mail126Url" 参数值传递到被测试函数中，实现了将自然语言的步骤内容传递给测试函数。此方法可以满足一些复杂场景的测试需求。

| 第 15 章 |
Selenium Grid 的使用

　　Selenium Grid 组件专门用于远程分布式测试或并发测试，通过并发执行测试用例的方式提高测试用例的执行速度和执行效率，解决界面自动化测试执行速度过慢的问题。此章的内容为高级自动化测试人员的必修内容。

15.1　Selenium Grid 简介

　　前面章节介绍的测试代码均在本地计算机上运行，在自动化测试用例不多的情况下，一台计算机可以在较短的时间内运行所有测试用例，并给出测试报告。但随着目前计算机行业的发展，出现了越来越多的大型项目，这就需要测试人员在较短的时间内运行成百上千个测试用例，那么只依靠一台计算机是肯定无法满足实际的测试需求的。另外，越来越多的项目对浏览器的兼容性要求越来越高，需要在多种操作系统和各种流行的浏览器版本中进行兼容性测试，单台计算机也无法满足这样的测试需求。我们可以采用分布式的方式执行测试用例，满足缩短测试时间和兼容性测试的需求。

　　为了满足分布式运行自动化测试用例的需求，Selenium Grid 应运而生，使用此组件可以在一台计算机上分发多个测试用例给多台计算机（不同操作系统和不同版本浏览器环境）并发执行，大大提高了测试用例执行的效率，基本能够满足大型项目自动化测试的时限要求和兼容性要求。

第 15 章
Selenium Grid 的使用

Selenium Grid 目前有两个版本，一个是 1.0 版本，一个是 2.0 版本。Selenium Grid 和 Selenium RC 进行了合并，现在下载一个"selenium-server-standalone-2.xx.x.jar"文件就可以使用了。Selenium Grid 2 集成了 Apache Ant，可以同时支持 Selenium RC 的脚本和 WebDriver 脚本，最多可以远程控制 5 个浏览器。

Selenium Grid 使用 Hub 和 Node 模式，一台计算机作为 Hub（管理中心）管理其他多个 Node（节点）计算机，Hub 计算机负责将测试用例分发给多台 Node 计算机，并收集多台 Node 计算机执行结果的报告，汇总后提交一份总的测试报告，如图 15-1 所示。

Hub：
- 在分布式测试模式中，只能有一台作为 Hub 的计算机。
- Hub 计算机负责管理测试脚本，并负责发送脚本给其他 Node 计算机。
- 所有的 Node 计算机会先在 Hub 计算机中进行注册，注册成功后再和 Hub 计算机通信，Node 计算机会给 Hub 计算机传递自己的相关信息，如操作系统和浏览器版本。
- Hub 计算机可以给自己分配执行测试用例的任务。
- Hub 计算机分发的测试用例任务会在各 Node 计算机上执行。

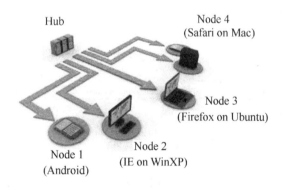

图 15-1

Node：
- 在分布式测试模式中，可以有一个或多个 Node 计算机。
- Node 计算机会打开本地浏览器完成测试任务并返回测试结果给 Hub 计算机。
- Node 计算机的操作系统和浏览器版本无须和 Hub 计算机保持一致。
- 在 Node 计算机上可以同时打开多个浏览器并行执行测试任务。

15.2 Selenium Grid 的使用方法

本节将详细讲解 Selenium Grid 的配置和使用方法，请读者根据本节内容在本地计算机网络内尝试搭建分布式测试执行环境。

15.2.1 远程使用 Firefox 浏览器进行自动化测试

操作步骤如下。

（1）找到两台 Windows 系统的计算机，一台计算机命名为"机器 A"，作为 Hub；另一台计算机命名为"机器 B"，作为 Node。

（2）两台机器均访问"http://www.seleniumhq.org/download/"，单击页面的下载链接下载文件"selenium-server-standalone-3.10.0.jar"，分别保存在两台计算机的 C 盘根目录中。下载链接的具体位置如图 15-2 所示。

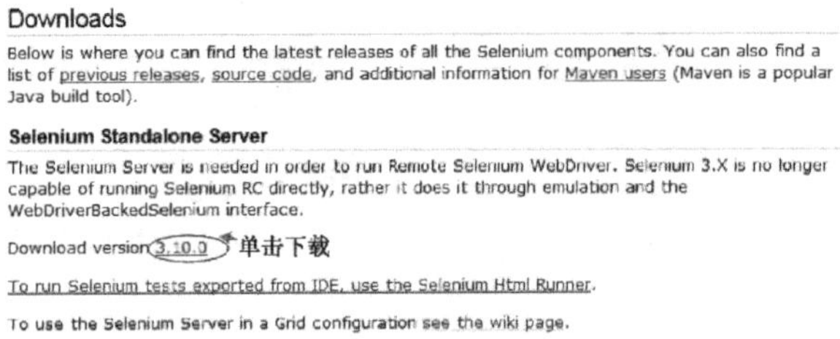

图 15-2

下载的文件为最新的版本，本例中下载的文件名是"selenium-server-standalone-3.10.0.jar"。

（3）在机器 A 中打开 CMD 窗口，在 C 盘驱动器下输入并执行如下语句：
```
java -jar selenium-server-standalone-3.10.0.jar -role hub
```
role 参数的含义："hub"表示作为管理中心。

此行语句表示使用 java 命令把 JAR 文件作为程序执行，并且将 role 参数传递给 JAR 文件的函数，以此来启动管理中心，如图 15-3 所示。

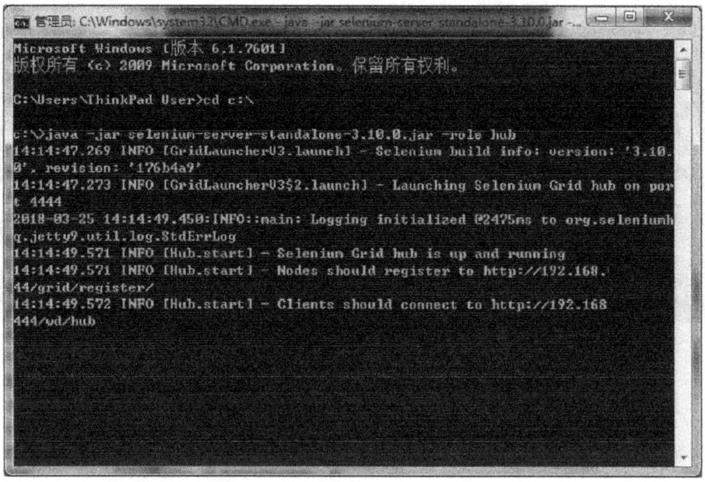

第 15 章
Selenium Grid 的使用

图 15-3

（4）在机器 A（IP 地址为 192.168.0.103）中访问网址"http://localhost:4444/grid/console"，验证此网址是否显示出"view config"的链接，即可判断 Hub 是否启动成功。默认情况下，Selenium Grid 使用 4444 作为服务端口。在机器 B 上也可以访问此网址，只要将"localhost:"换为机器 A 的 IP 地址即可，访问地址为"http://192.168.0.103:4444/grid/console"，如图 15-4 所示。

图 15-4

（5）在机器 B（IP 地址为 192.168.0.102）中打开 CMD 窗口，进入 C 盘驱动器，输入下面的命令：

```
java -jar selenium-server-standalone-3.10.0.jar -role webdriver -hub http://192.168.0.103:4444/gird/register -port 6655
```

参数：
- role：参数值 webdriver 表示 Node 计算机的名字。
- hub：参数值表示管理中心的 URL 地址，Node 计算机会连接这个地址进行节点注册。
- port：参数值表示 Node 计算机服务端口是 6655，建议使用大于 5000 的端口。

执行后可以看到如图 15-5 所示的执行结果。

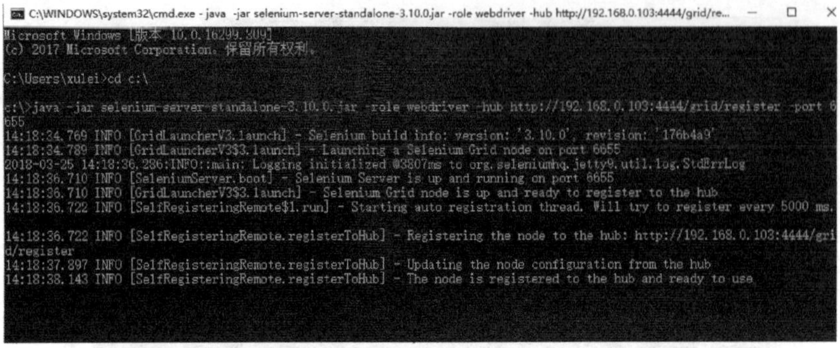

图 15-5

（6）再次访问网址"http://192.168.0.103:4444/grid/console"，验证 Node 是否在 Hub 注册成功，注册成功后会显示如图 15-6 所示的信息。

图 15-6

在此页面中可以获取 Node 计算机允许不同种类的浏览器打开多少个实例，验证节点计算机执行命令行的正确性。

（7）编写分布式执行的测试脚本。

测试逻辑：

使用 Firefox 浏览器访问搜狗首页，进行关键词"光荣之路自动化测试"的搜索，并验证搜索结果。

测试脚本：

```
package cn.gloryroad;

import java.net.MalformedURLException;
import java.net.URL;
import org.openqa.selenium.By;
import org.openqa.selenium.Platform;
import org.openqa.selenium.WebDriver;
import org.openqa.selenium.remote.DesiredCapabilities;
import org.openqa.selenium.remote.RemoteWebDriver;
import org.openqa.selenium.support.ui.ExpectedCondition;
import org.openqa.selenium.support.ui.WebDriverWait;
```

```java
import org.testng.Assert;
import org.testng.annotations.AfterMethod;
import org.testng.annotations.BeforeMethod;
import org.testng.annotations.Test;

public class TestSeleniumGrid {
    WebDriver driver;
    public static String baseUrl = "http://www.sogou.com/";  //设定访问网站的地址
    //设定 Node 计算机的 URL 地址，后续通过访问此地址连接到 Node 计算机
    public static String nodeUrl ="http://192.168.0.102:6655/wd/hub";
    @Test
    public void testSogouSearch() {
        //打开搜狗首页
        driver.get(baseUrl + "/");
        //在搜索框中输入"光荣之路自动化测试"
        driver.findElement(By.id("query")).sendKeys("光荣之路自动化测试");
        driver.findElement(By.id("stb")).click();//单击"搜索"按钮
        //使用显式等待方式，确认页面已经加载完成，页面底部的关键字
        //"意见反馈及投诉"已经显示在页面上
        (new WebDriverWait(driver,10))
            .until(new ExpectedCondition<Boolean>(){
                @Override
                public Boolean apply(WebDriver d){
                    return d.findElement(By.id("s_footer")).getText().contains("意见反馈及投诉");
                }
            });
        Assert.assertTrue(driver.getPageSource().contains("光荣之路自动化测试"));
    }
    @BeforeMethod
    public void beforeMethod() throws MalformedURLException {
        //访问远程节点的操作系统和浏览器，需要设定 DesiredCapabilities 对象的属性
        //DesiredCapabilities.firefox()设定远程方法要使用 Firefox 浏览器
        DesiredCapabilities capability= DesiredCapabilities.firefox();
        //设定远程节点使用的浏览器为 Firefox
        capability.setBrowserName("firefox");
        //设定远程节点使用的操作系统为 Windows
        capability.setPlatform(Platform.WINDOWS);
        //使用 RemoteWebDriver 对象生成一个远程连接的 Driver
        //连接的地址使用 nodeUrl 变量，capability 作为访问节点的环境参数
        driver = new  RemoteWebDriver(new URL(nodeUrl),capability);
    }

    @AfterMethod
    public void afterMethod() {
        driver.quit();     //关闭打开的浏览器
    }

}
```

测试结果：

在机器 B 上可以看到，机器会自动打开 Firefox 浏览器执行测试脚本，执行完毕后浏览器会自动关闭。在机器 A 上可以看到自动化测试的执行结果，如图 15-7 所示。

```
[TestNG] Running:
  C:\Users\foster_wu\AppData\Local\Temp\testng-eclipse--1013042469\testng-customsuite.xml

PASSED: testSogouSearch

===============================================
    Default test
    Tests run: 1, Failures: 0, Skips: 0
===============================================


===============================================
Default suite
Total tests run: 1, Failures: 0, Skips: 0
===============================================

[TestNG] Time taken by org.testng.reporters.XMLReporter@423e5d1: 7 ms
[TestNG] Time taken by [FailedReporter passed=0 failed=0 skipped=0]: 0 ms
[TestNG] Time taken by org.testng.reporters.SuiteHTMLReporter@4ed1e89e: 11 ms
[TestNG] Time taken by org.testng.reporters.jq.Main@1cb8deef: 20 ms
[TestNG] Time taken by org.testng.reporters.JUnitReportReporter@ac980c9: 2 ms
[TestNG] Time taken by org.testng.reporters.EmailableReporter2@46b8c8e6: 3 ms
```

图 15-7

15.2.2　远程使用 IE 浏览器进行自动化测试

远程使用 IE 浏览器进行自动化测试的实施步骤和远程使用 Firefox 浏览器的步骤基本相同，只是 Node 注册 Hub 的命令行参数和测试程序有一些变化。

操作步骤：

（1）在机器 A 上，启动 Hub，使用如下命令行：

```
java -jar selenium-server-standalone-3.10.0.jar -role hub
```

（2）在机器 B 上，进行 Node 注册，使用如下命令：

```
java -jar selenium-server-standalone-2.39.0.jar -role webdriver  -hub http://192.168.0.103:4444/grid/register -port 6655  -maxSession 5 -browser browserName="internet explorer",maxInstances=5
```

测试程序：

```java
package cn.gloryroad;

import java.net.MalformedURLException;
import java.net.URL;
import org.openqa.selenium.By;
import org.openqa.selenium.Platform;
import org.openqa.selenium.WebDriver;
import org.openqa.selenium.remote.DesiredCapabilities;
import org.openqa.selenium.remote.RemoteWebDriver;
import org.openqa.selenium.support.ui.ExpectedCondition;
import org.openqa.selenium.support.ui.WebDriverWait;
import org.testng.Assert;
import org.testng.annotations.AfterMethod;
import org.testng.annotations.BeforeMethod;
```

第15章
Selenium Grid 的使用

```java
    import org.testng.annotations.Test;

public class TestSeleniumGrid {
    WebDriver driver;
    //设定访问网站的地址
    public static String baseUrl = "http://www.sogou.com/";
    //设定 Node 计算机的 URL 地址,后续通过访问此地址连接到 Node 计算机
    public static String nodeUrl ="http://192.168.0.102:6655/wd/hub";
    @Test
    public void testSogouSearch() {
        //打开搜狗首页
        driver.get(baseUrl + "/");
        //在搜索框中输入"光荣之路自动化测试"
        driver.findElement(By.id("query")).sendKeys("光荣之路自动化测试");
        driver.findElement(By.id("stb")).click();//单击"搜索"按钮

      try {

         Thread.sleep(5000);

      } catch (InterruptedException e) {

            e.printStackTrace();

        }
            Assert.assertTrue(driver.getPageSource().contains("光荣之路自动化测试"));
    }
    @BeforeMethod
    public void beforeMethod() throws MalformedURLException {
        //访问远程节点的操作系统和浏览器,需要设定 DesiredCapabilities 对象的属性
        //DesiredCapabilities.internetExplorer() 设定远程方法要使用 IE 浏览器
        DesiredCapabilities capability= DesiredCapabilities.internetExplorer();
        //设定远程节点使用的浏览器为 IE
        capability.setBrowserName("internet explorer");
        //设定远程节点使用的操作系统为 Windows
        capability.setPlatform(Platform.WINDOWS);
        //使用 RemoteWebDriver 对象生成一个远程连接的 Driver
        //连接的地址使用 nodeUrl 变量,capability 作为访问节点的环境参数设定
        driver = new  RemoteWebDriver(new URL(nodeUrl),capability);
    }

    @AfterMethod
    public void afterMethod() {
        driver.quit();     //关闭打开的浏览器
    }

}
```

代码解释:

远程使用 Chrome 浏览器进行自动化测试的方法和本例的方法基本一致,只需要修改启动 Node 的命名行,如下所示:

```
java -jar selenium-server-standalone-3.10.0.jar -role webdriver
    -hub http://192.168.0.103:4444/grid/register -port 6655  -maxSession 5 -browser
browserName="chrome",maxInstances=5
```

测试程序中修改后的两行代码如下：

```
DesiredCapabilities capability= DesiredCapabilities.chrome();
capability.setBrowserName("chrome");
```

Node 启动参数的含义如表 15-1 所示。

表 15-1

参数名称	参数含义
-port	Node 计算机提供远程连接服务的端口号
-timeout	Hub 计算机在无法收到 Node 计算机的任何请求后，在等待 timeout 设定的时间后会自动释放和 Node 计算机的连接 注意：此参数不是 WebDriver 定位页面元素最大的等待时间
-maxSession	在一台 Node 计算机中，允许同时最多打开多少个浏览器窗口
-browser	设定 Node 计算机允许使用的浏览器信息，如 browserName=firefox,version=3.6,firefox_binary=/home/myhomedir/firefox36/firefox,maxInstances=3,platform=LINUX version：设定浏览器版本号，当多个版本号共存的时候，要明确使用哪个版本进行测试 platform：设定节点操作系统属性为 Linux。可使用的值有 Windows、Linux 和 Mac firefox_binary：设定 Firefox 浏览器启动路径 maxInstances：最多允许同时启动 3 个浏览器窗口
-registerCycle	设定 Node 计算机间隔多少毫秒注册一下 Hub（管理中心）

15.3 通过 TestNG 使用 Firefox、IE 和 Chrome 浏览器进行并发的远程自动化测试

TestNG 本身支持并发执行测试用例，针对不同浏览器类型，读者可以实现使用 TestNG 在不同浏览器中执行并发自动化测试。

15.3.1 使用静态类实现并发的远程自动化测试

操作步骤：

（1）在机器 A 和机器 B 的 C 盘根目录下，均复制 "selenium-server-standalone-3.10.0.jar" 文件。

（2）在机器 A 的 Eclipse 中新建一个 Java 工程并配置好 WebDriver 和 TestNG 环境。

（3）新建一个 Package 并进行自定义命名，如"cn.gloryroad"。

（4）在 Package "cn.gloryroad"下，新建一个封装的方法类，命名为"GetDriver.java"，新建一个测试类 TestSeleniumGrid，具体程序请参阅下面的测试程序源码。

（5）在测试工程的根目录下，编写执行 TestNG 测试用例的"testing.xml"文件。

（6）在机器 A 的 CMD 窗口中，进入 C 盘根目录，执行如下命令：

```
java -jar  selenium-server-standalone-3.10.0.jar -role hub
```

（7）在机器 B 的 CMD 窗口中，进入 C 盘根目录，执行如下命令：

```
java -jar selenium-server-standalone-3.10.0.jar -role webdriver  -hub
 http://192.168.0.103:4444/grid/register -maxSession 3
-port 6655
-browser  "browserName=chrome,maxInstances=3,platform=ANY"
-browser "browserName=firefox,maxInstances=3,platform=ANY"
-browser "browserName=internet explorer,maxInstances=3,platform=ANY"
```

以上命令行需要写为一行，在 CMD 窗口中执行。

测试程序：

GetDriver.java：

```java
package cn.gloryroad;

import java.net.MalformedURLException;
import java.net.URL;
import org.openqa.selenium.Platform;
import org.openqa.selenium.WebDriver;
import org.openqa.selenium.remote.DesiredCapabilities;
import org.openqa.selenium.remote.RemoteWebDriver;

public class GetDriver {
    public static WebDriver driver;
    //设定远程节点连接的 URL
    public static String nodeUrl = "http://192.168.0.102:6655/wd/hub";
    //获取 IE 浏览器 Driver 对象的封装方法
    public static WebDriver getRemoteIEdriver() throws MalformedURLException {

        DesiredCapabilities capability = DesiredCapabilities.internetExplorer();

        capability.setBrowserName("internet explorer");

        capability.setPlatform(Platform.WINDOWS);

        driver = new RemoteWebDriver(new URL(nodeUrl), capability);

        return driver;
    }
    //获取 Chrome 浏览器 Driver 对象的封装方法
```

```java
    public static WebDriver getRemoteChromedriver()throws MalformedURLException {
        DesiredCapabilities capability = DesiredCapabilities.chrome();

        capability.setBrowserName("chrome");

        capability.setPlatform(Platform.WINDOWS);

        driver = new RemoteWebDriver(new URL(nodeUrl), capability);

        return driver;
    }
    //获取 FireFox 浏览器 Driver 对象的封装方法
    public static WebDriver getRemoteFirefoxdriver()throws MalformedURLException {
        DesiredCapabilities capability = DesiredCapabilities.firefox();

        capability.setBrowserName("firefox");

        capability.setPlatform(Platform.WINDOWS);

        driver = new RemoteWebDriver(new URL(nodeUrl), capability);

        return driver;
    }
}
```

TestSeleniumGrid.java：

```java
package cn.gloryroad;

import java.net.MalformedURLException;
import org.openqa.selenium.By;
import org.openqa.selenium.WebDriver;
import org.openqa.selenium.support.ui.ExpectedCondition;
import org.openqa.selenium.support.ui.WebDriverWait;
import org.testng.Assert;
import org.testng.annotations.Test;

public class TestSeleniumGrid {
    public static String baseUrl= "http://www.sogou.com/";
    //使用 IE 浏览器，测试搜索"光荣之路自动化测试"关键字
    @Test
    public void testSogouSearch1() throws MalformedURLException {
        WebDriver driver =GetDriver.getRemoteIEdriver();
        driver.get(baseUrl);
        driver.findElement(By.id("query")).sendKeys("光荣之路自动化测试");
        driver.findElement(By.id("stb")).click();

        try {
            Thread.sleep(3000);
```

```java
            } catch (InterruptedException e) {
                e.printStackTrace();
            }
            Assert.assertTrue(driver.getPageSource().contains("光荣之路自动化测试"));
            driver.quit();
        }
//使用Chrome浏览器，测试搜索"光荣之路性能测试"关键字
        @Test
        public void testSogouSearch2() throws MalformedURLException{
            WebDriver driver =GetDriver.getRemoteChromedriver();
            driver.get(baseUrl);
            driver.findElement(By.id("query")).sendKeys("光荣之路性能测试");
            driver.findElement(By.id("stb")).click();

            try {
                Thread.sleep(3000);
            } catch (InterruptedException e) {
                e.printStackTrace();
            }

            Assert.assertTrue(driver.getPageSource().contains("光荣之路性能测试"));
            driver.quit();
        }
//使用Firefox浏览器，测试搜索"光荣之路安全测试"关键字
        @Test
        public void testSogouSearch3() throws MalformedURLException{
            WebDriver driver =GetDriver.getRemoteFirefoxdriver();
            driver.get(baseUrl);
            driver.findElement(By.id("query")).sendKeys("光荣之路安全测试");
            driver.findElement(By.id("stb")).click();

            try {
                Thread.sleep(3000);
            } catch (InterruptedException e) {
                e.printStackTrace();
            }

            Assert.assertTrue(driver.getPageSource().contains("光荣之路安全测试"));
            driver.quit();
        }
}
```

testing.xml：

```xml
<?xml version="1.0" encoding="UTF-8"?>
<!DOCTYPE suite SYSTEM "http://testng.org/testng-1.0.dtd">
<suite name="Suite1" parallel="methods" thread-count="3">
    <test name="test1">
        <classes>
            <class name="cn.gloryroad.TestSeleniumGrid"/>
        </classes>
    </test>
</suite>
```

执行结果：

在 Eclipse 中用鼠标右键单击"testng.xml"文件，在弹出的快捷菜单中选择"Run As"→"TestNG Suite"命令来执行测试程序。在机器 B 中可以看到 IE、Chrome 和 Firefox 3 个浏览器被打开，每种浏览器执行一个测试用例后会被关闭。机器 B 的测试结果会自动发送给机器 A，本例的测试结果是 3 个测试用例全部执行成功。测试结果如图 15-8 所示。

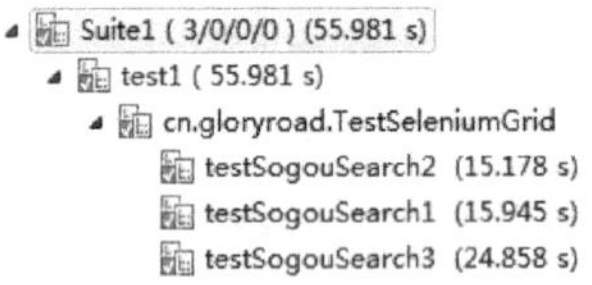

图 15-8

更多说明：

"testing.xml"中的"parallel="methods""表示测试类的每个方法均需要并发执行，"thread- count="3""表示同时启动 3 个线程来执行测试方法。

15.3.2 通过 TestNG 的配置文件参数方法进行远程并发自动化测试

操作步骤：

（1）在机器 A 和机器 B 的 C 盘根目录下，均复制"selenium-server-standalone-3.10.0.jar"文件。

（2）在机器 A 的 Eclipse 中新建一个 Java 工程，并配置好 WebDriver 和 TestNG 环境。

（3）新建一个 Package 并进行自定义命名，如"cn.gloryroad"。

（4）在 Package "cn.gloryroad"下新建一个封装的方法类，命名为"GetDriver.java"，新建一个测试类 TestSeleniumGridByTestNGParameter，具体程序请参阅下面的测试程序源码。

（5）在测试工程的工程根目录下，编写执行 TestNG 测试用例的"testing.xml"文件。

（6）在机器 A 的 CMD 窗口中，进入 C 盘根目录，执行如下命令：

```
java -jar selenium-server-standalone-3.10.0.jar -role hub
```

（7）在机器 B 的 CMD 窗口中，进入 C 盘根目录，执行如下命令：

```
java -jar selenium-server-standalone-3.10.0.jar -role webdriver  -hub
 http://192.168.0.103:4444/grid/register  -maxSession6
-port 6655 -browser "browserName=chrome,maxInstances=3,platform= ANY"
-browser "browserName=firefox,maxInstances=3,platform=ANY"
-browser "browserName=internet explorer,maxInstances=3,platform=ANY"
```

以上命令行需要写为一行，在 CMD 窗口中执行。

测试程序：

GetDriver.java：

```java
package cn.gloryroad;

import java.net.MalformedURLException;
import java.net.URL;
import org.openqa.selenium.Platform;
import org.openqa.selenium.WebDriver;
import org.openqa.selenium.remote.DesiredCapabilities;
import org.openqa.selenium.remote.RemoteWebDriver;

public class GetDriver {
    public static WebDriver driver;

    //获取远程Node计算机中的IE浏览器对象Driver，通过函数参数remoteNodeUrl连接
    //不同的指定节点
    public static WebDriver getRemoteIEdriver(String remoteNodeUrl) throws MalformedURLException {

            DesiredCapabilities capability = DesiredCapabilities.internetExplorer();

            capability.setBrowserName("internet explorer");

            capability.setPlatform(Platform.WINDOWS);

            driver = new RemoteWebDriver(new URL(remoteNodeUrl), capability);

            return driver;
    }
    //获取远程Node计算机中的Chrome浏览器对象Driver，通过函数参数remoteNodeUrl
    //连接不同的指定节点
    public static WebDriver getRemoteChromedriver(String remoteNodeUrl) throws MalformedURLException {

            DesiredCapabilities capability = DesiredCapabilities.chrome();
```

```java
            capability.setBrowserName("chrome");

            capability.setPlatform(Platform.WINDOWS);

            driver = new RemoteWebDriver(new URL(remoteNodeUrl), capability);

            return driver;
    }
    //获取远程 Node 计算机中的 Firefox 浏览器对象 Driver，通过函数参数 remoteNodeUrl 连接
    //不同的指定节点
        public static WebDriver getRemoteFirefoxdriver(String remoteNodeUrl)
throws MalformedURLException {
            DesiredCapabilities capability = DesiredCapabilities.firefox();

            capability.setBrowserName("firefox");

            capability.setPlatform(Platform.WINDOWS);

            driver = new RemoteWebDriver(new URL(remoteNodeUrl), capability);

            return driver;
        }
}
```

TestSeleniumGridByTestNGParameter.java：

```java
package cn.gloryroad;

import java.net.MalformedURLException;
import org.openqa.selenium.By;
import org.openqa.selenium.WebDriver;
import org.openqa.selenium.support.ui.ExpectedCondition;
import org.openqa.selenium.support.ui.WebDriverWait;
import org.testng.Assert;
import org.testng.annotations.AfterClass;
import org.testng.annotations.BeforeClass;
import org.testng.annotations.Parameters;
import org.testng.annotations.Test;

public class TestSeleniumGridByTestNGParameter {

    public WebDriver driver;
    public String baseUrl="http://www.sogou.com/";

    //使用注解 Parameters 从 testng.xml 中读取 remoteNodeUrl 和 browser 变量的参数值
    @Parameters({"remoteNodeUrl","browser"})
    //使用注解 BeforeClass，在测试类被执行前，获取 browser 变量指定的浏览器对象进行后续测试
    @BeforeClass
```

第 15 章
Selenium Grid 的使用

```java
    public void beforeTest(String remoteNodeUrl,String browser) throws
MalformedURLException {
        // browser 变量如果为"firefox"，则获取 remoteNodeUr 变量指定远程节点的 Firefox
        // 浏览器对象
        if(browser.equalsIgnoreCase("firefox")) {
            driver = GetDriver.getRemoteFirefoxdriver(remoteNodeUrl);
            // browser 变量如果为"ie"，则获取 remoteNodeUr 变量指定远程节点的 IE 浏览器对象
        }else if (browser.equalsIgnoreCase("ie")) {
            driver = GetDriver.getRemoteIEdriver(remoteNodeUrl);
            // browser 变量如果为"chrome"，则获取 remoteNodeUr 变量指定远程节点的 Chrome
            // 浏览器对象
        } else if (browser.equalsIgnoreCase("chrome")) {

            driver = GetDriver.getRemoteChromedriver(remoteNodeUrl);
        }


    }
//测试搜索"光荣之路性能测试"关键字
@Test
public void testSearch1() throws  InterruptedException {
    driver.get(baseUrl);
    driver.findElement(By.id("query")).sendKeys("光荣之路性能测试");
    driver.findElement(By.id("stb")).click();

    try {
         Thread.sleep(3000);
        } catch (InterruptedException e) {
         e.printStackTrace();
    }

    Assert.assertTrue(driver.getPageSource().contains("光荣之路性能测试"));

}
//测试搜索"光荣之路自动化测试"关键字
@Test
public void testSearch2() throws  InterruptedException {
    driver.get(baseUrl);
    driver.findElement(By.id("query")).sendKeys("光荣之路自动化测试");
    driver.findElement(By.id("stb")).click();

    try {
         Thread.sleep(3000);
        } catch (InterruptedException e) {
         e.printStackTrace();
}

  Assert.assertTrue(driver.getPageSource().contains("光荣之路自动化测试"));
}

@AfterClass
```

```java
    public void afterTest() {
        //所有测试用例执行后,关闭浏览器
        driver.quit();
    }
}
```

testng.xml:

```xml
<?xml version="1.0" encoding="UTF-8"?>
<!DOCTYPE suite SYSTEM "http://testng.org/testng-1.0.dtd">
<suite name="Suite1" parallel="tests" thread-count="3">
    <test name="FirefoxTest">

        <parameter name="remoteNodeUrl" value="http://192.168.1.20:6655/wd/hub"/>
        <parameter name="browser" value="firefox"/>

        <classes>

            <class name="cn.gloryroad.TestSeleniumGridByTestNGParameter"/>

        </classes>

    </test>

    <test name="IETest">

        <parameter name="remoteNodeUrl" value="http://192.168.1.20:6655/wd/hub"/>

        <parameter name="browser" value="ie"/>

        <classes>

            <class name="cn.gloryroad.TestSeleniumGridByTestNGParameter"/>

        </classes>

    </test>

    <test name="ChromeTest">

        <parameter name="remoteNodeUrl" value="http://192.168.1.20:6655/wd/hub"/>

        <parameter name="browser" value="chrome"/>

        <classes>

            <class name="cn.gloryroad.TestSeleniumGridByTestNGParameter"/>

        </classes>
```

```
    </test>

</suite>
```

执行结果：

在 Eclipse 中用鼠标右键单击"testng.xml"文件，在弹出的快捷菜单中选择"Run As"→"TestNG Suite"命令来执行测试程序。在机器 B 中可以看到 IE、Chrome 和 Firefox 3 个浏览器被打开，每种浏览器执行两个测试用例后会被关闭。机器 B 的测试测试结果会自动发送给机器 A，测试结果是 6 个测试用例全部执行成功。测试结果如图 15-9 所示。

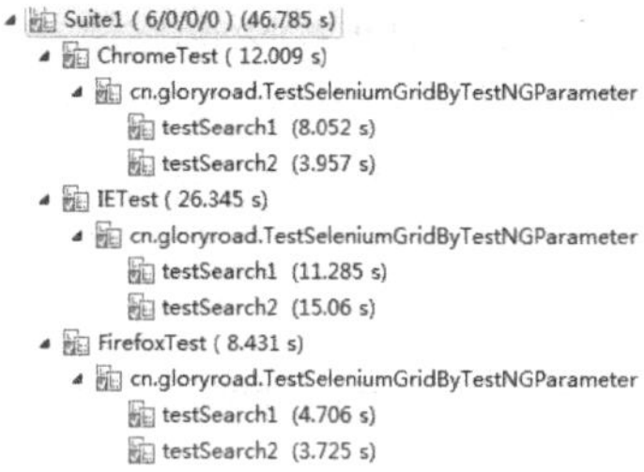

图 15-9

代码解释：

```
<parameter name="remoteNodeUrl" value="http://192.168.0.102:6655/wd/hub" />
<parameter name="browser" value="firefox" />
```

"testng.xml"中的上面两行代码，分别设定了测试类 TestSeleniumGridByTestNGParameter 中的 remoteNodeUrl 和 browser 的参数值，TestNG 会自动将参数值传到测试类中，并分别赋值给测试类中的成员变量。

```
<suite name="Suite1" parallel="tests" thread-count="3">
```

"testng.xml"中的上面一行代码表示启动 3 个线程，每个线程运行 test 标签中包含的测试类，还可以使用"method"、"classess"和"instances"分别作为 parallel 的参数值来实现不同测试用例的并发测试。

- parallel="methods"：TestNG 使用不同的线程来运行测试方法。
- parallel="tests"：TestNG 使用相同的线程运行每个 test 标签中包含的所有测试方法，但不同 test 的测试方法均运行在不同的线程中。
- parallel="classes"：TestNG 将相同测试类中的测试方法运行在同一线程中，每个测试类的测试方法均运行在不同的线程中。
- parallel="instances"：TestNG 将相同实例中的所有测试方法运行在相同的线程中，每个实例中的测试方法运行在不同的线程中。

通过设定"testng.xml"中的 remoteNodeUrl 和 browser 变量的不同值，可以实现使用任意远程 Node 计算机中的任意类型浏览器进行分布式测试，并且通过设定 parallel 参数值来执行不同组合的测试用例。此方式可以充分满足个性化定义的分布式测试并发需求。

15.4 使用 Selenium Grid 时，在远程 Node 计算机上进行截图

实施步骤：

和 15.3 节的实施步骤基本相同，启动 Hub 和 Node 的服务，在工程的 Package cn.gloryroad 中新建测试类 TestGridCapturePicture。

测试程序：

```java
package cn.gloryroad;

import org.testng.annotations.AfterMethod;
import org.testng.annotations.Test;
import org.testng.annotations.BeforeMethod;
import java.io.File;
import java.io.IOException;
import java.net.MalformedURLException;
import java.net.URL;
import org.openqa.selenium.By;
import org.openqa.selenium.OutputType;
import org.openqa.selenium.Platform;
import org.openqa.selenium.TakesScreenshot;
import org.openqa.selenium.WebDriver;
import org.openqa.selenium.remote.Augmenter;
import org.openqa.selenium.remote.DesiredCapabilities;
import org.openqa.selenium.remote.RemoteWebDriver;
import org.openqa.selenium.support.ui.ExpectedCondition;
import org.openqa.selenium.support.ui.WebDriverWait;
import org.apache.commons.io.FileUtils;

public class TestGridCapturePicture {
    private WebDriver driver;
        DesiredCapabilities capability;
        String baseUrl;

    @BeforeMethod
    public void setUp(){
            baseUrl ="http://www.sogou.com";
            String browser="ie";
            String remoteNodeUrl="http://192.168.0.102:6655";
            if(browser.equals("ie")) capability = DesiredCapabilities.internetExplorer();
            else if(browser.equals("firefox")) capability = DesiredCapabilities.firefox();
```

```java
            else if(browser.equals("chrome")) capability = DesiredCapabilities.chrome();
            else System.out.println("browser 参数有误,只能为 ie、firefox、chrome");
            capability.setPlatform(Platform.XP);
            String url = remoteNodeUrl + "/wd/hub";
            URL urlInstance = null;
            try {
                urlInstance = new URL(url);
              } catch (MalformedURLException e) {
                e.printStackTrace();
                System.out.println("实例化 url 出错,检查一下 url 格式是否正确,格式为:
http://192.168.0.102:6655");
            }
            driver = new RemoteWebDriver(urlInstance,capability);

        }

    @Test
    public void test() throws IOException{
        driver.get(baseUrl+"/");
        driver.findElement(By.id("query")).sendKeys("光荣之路自动化测试");
        driver.findElement(By.id("stb")).click();

        try {
            Thread.sleep(3000);
          } catch (InterruptedException e) {
            e.printStackTrace();
    }

        System.out.println("title:"+driver.getTitle());
        driver=new Augmenter().augment(driver);   //只在远程截图的时候使用此方式
        File scrFile=((TakesScreenshot)driver).getScreenshotAs(OutputType.FILE);
        FileUtils.copyFile(scrFile,new File("c:\\screenshot.png"));
        }
    @AfterMethod
    public void quit(){
        driver.close();
        }

}
```

执行结果:

测试程序执行完毕后,会在 C 盘驱动器中生成一个名为"screenshot.png"的截图文件,此文件为搜索之后的结果页面截图。

代码解释:

与在本机截图的程序基本相似,只是多了如下一行代码:

```
driver = new Augmenter().augment(driver);
```

请在进行远程 Node 计算机截图时添加此语句,否则会导致截图失败。

| 第 16 章 |
自动化测试框架的 Step By Step 搭建及测试实战

本章为高级自动化工程师的必修内容，也是本书最具吸引力的一章。本章将从零开始搭建一个完整的自动化测试框架，请立志成为高级自动化测试专家的读者仔细阅读本章内容，建议参照本章的内容在本地计算机中进行搭建实践。作者认为，只有不断地实践，才能真正具备搭建自动化测试框架的能力。

16.1 什么是自动化测试框架

大多数的测试从业者都是从手工测试开始自己的职业生涯的，经过多年的手工测试后，手工测试人员开始思考自己的未来发展之路，难道要一辈子靠手工的方式来完成测试吗？一些手工测试工程师开始尝试使用自动化测试工具来执行自己每天不断重复的手工测试过程。但在执行过程中，他们会发现，好不容易写好的测试脚本，因为需求发生变化，没过多久就无法成功执行了。这样的情况在软件开发过程中是不可避免的，测试工程师只能不断修改和维护自动化测试脚本。这样的情况反复出现后，测试工程师发现，投入维护脚本的时间和精力比纯手工测试的方式还要多，而且还造成手工测试的时间明显减少，导致测试的效果大打折扣，软件的质量还不如以前纯手工测试的时候好。有时测试脚本刚刚修改一半，测试需求又发生了变化，这样的情况导致测试工程师只能放弃自动化测试的方式，被迫重新投入到手工测试中。

以上场景大量地出现在各尝试自动化测试的公司中，大家也在思考和尝试解决这样的问题：如何能够降低测试脚本的维护成本，减少工作量，提高自动化测试脚本的编写和维护效率,真正通过自动化测试提高软件测试工程师的工作效率,为企业节省测试成本,为开发团队快速地反馈当前软件的质量状态。在这样的历史时期,自动化测试框架应运而生。

1. 自动化测试框架的概念

自动化测试框架是应用于自动化测试的程序框架,它提供了可重用的自动化测试模块,提供最基础的自动化测试功能(如打开浏览器、单击链接等),或提供自动化测试执行和管理功能的架构模块(如 TestNG)。它是由一个或多个自动化测试基础模块、自动化测试管理模块、自动化测试统计模块等组成的工具集合。

2. 自动化测试框架常见的 4 种模式

(1)数据驱动测试框架。

该框架是使用数据数组、测试数据文件或者数据库等作为测试输入的自动化测试框架,此框架可以将所有测试数据在自动化测试执行的过程中进行自动加载,动态判断测试结果是否符合预期,并自动输出测试报告。

此框架一般用于在一个测试流程中使用多组不同的测试数据,以此来验证被测试系统是否能够正常工作。

(2)关键字驱动测试框架。

关键字驱动测试框架可以理解为高级的数据驱动测试框架,是使用被操作的元素对象、操作的方法和操作的数据值作为测试输入的自动化测试框架,可简单表示为"item.operation(value)"。被操作的元素对象、操作的方法和操作的数据值可以保存在数据数组、数据文件、数据库中作为关键字驱动测试框架的输入。例如,在页面上的用户名输入框中输入用户名,则可以在数据文件中进行如下定义:

用户名输入框,输入,testman

关键字驱动测试框架是更加高级的自动化测试框架,可以兼容更多的自动化测试操作类型,大大提高了自动化测试框架的使用灵活性。

(3)混合型测试框架。

在关键字驱动测试框架中加入了数据驱动的功能,该框架被定义为混合型测试框架。

(4)行为驱动测试框架。

支持将自然语言作为测试用例描述的自动化测试框架,如前面章节讲到的 Cucumber 框架。

3. 自动化测试框架的作用

(1)能够有效组织和管理测试脚本。

(2)进行数据驱动或关键字驱动的测试。

（3）将基础的测试代码进行封装，降低测试脚本编写的复杂性和重复性。

（4）提高测试脚本维护和修改的效率。

（5）自动执行测试脚本，并自动发布测试报告，为持续集成的开发方式提供脚本支持。

（6）使不具备编程能力的测试工程师也能够开展自动化测试工作。

4．自动化测试框架的核心设计思想

没有最好的自动化测试框架，也没有万能的自动化测试框架，各种自动化测试框架都有优点和缺点，所以我们在设计自动化测试框架时，要考虑实现一套自动化测试框架到底能够为测试工作本身解决什么样的具体问题，不能为了自动化而自动化，我们要以解决测试中的问题和提高测试工作的效率为主要导向来进行自动化测试框架的设计。

自动化测试框架的核心思想是将常用的脚本代码或者测试逻辑进行抽象和总结，然后将这些代码进行面向对象的设计，将需要复用的代码封装到可公用的类方法中。通过调用公用的类方法，大大降低测试类的脚本复杂度。

创建和实施 Web 自动化测试框架的步骤如下：

（1）根据测试业务的手工测试用例，选出可自动化执行的测试用例。

（2）根据可自动化执行的测试用例，分析得出测试框架需要模拟的手工操作和重复性较高的测试流程或逻辑。

（3）将手工操作和重复性较高的测试逻辑在代码中实现，并在类中进行封装方法的编写。

（4）根据测试业务的类型和本身技术能力，选择数据驱动测试框架、关键字驱动测试框架、混合型测试框架或行为驱动测试框架。

（5）确定框架模型后，将框架中常用的浏览器选择、测试数据处理、文件操作、数据库操作、页面元素的原始操作、日志和报告等功能进行类方法的封装实现。

（6）对框架代码进行集成测试和系统测试，采用 PageObject 模式和 TestNG（或 JUnit）框架编写测试脚本，使用框架进行自动化测试，验证框架的功能是否可以满足自动化测试的需求。

（7）编写自动化测试框架的常用 API 文档，以供他人参阅。

（8）在测试组内部进行培训和推广。

（9）不断收集测试过程中的框架使用问题和反馈意见，不断增加和优化自动化框架的功能，不断增强框架中复杂操作的封装效果，尽量降低测试脚本的编写复杂性。

（10）定期评估测试框架的使用效果，评估自动化测试的投入产出比，再逐步扩大自动化框架的应用范围。

16.2 数据驱动测试框架搭建及实战

本节主要讲解数据驱动测试框架的搭建,并且使用此框架来测试 126 邮箱登录和地址簿的相关功能。框架用到的基础知识均在前面的章节做了详细介绍,本节重点讲解框架搭建的详细过程。

被测试功能的相关页面描述:

登录页面如图 16-1 所示。

登录后页面如图 16-2 所示。

单击"通讯录"链接后,进入通讯录主页,如图 16-3 所示。

图 16-1

图 16-2

图 16-3

单击"新建联系人"按钮后,弹出"新建联系人"对话框,如图 16-4 所示。

图 16-4

输入联系人信息后,单击"确定"按钮保存,显示的页面如图 16-5 所示。

图 16-5

第 16 章
自动化测试框架的 Step By Step 搭建及测试实战

数据驱动框架搭建步骤：

（1）新建一个 Java 工程，命名为"DataDrivenFrameWork"，按照前面章节的描述配置好工程中的 WebDriver 和 TestNG 环境，并导入与 Excel 操作及 Log4j 相关的 JAR 文件到工程中。

（2）在工程中新建 4 个 Package：

- cn.gloryroad.appModules：主要用于实现复用的业务逻辑封装方法。
- cn.gloryroad.pageObjects：主要用于实现被测试对象的页面对象。
- cn.gloryroad.testScripts：主要用于实现具体的测试脚本逻辑。
- cn.gloryroad.util：主要用于实现测试过程中调用的工具类方法，如文件操作、页面元素的操作方法等。

（3）在 cn.gloryroad.util 的 Package 下新建 ObjectMap 类，用于实现在外部配置文件中配置页面元素的定位表达式。ObjectMap 的代码如下。

```java
package cn.gloryroad.util;

import java.io.InputStreamReader;
import java.io.Reader;
import java.io.FileInputStream;
import java.io.IOException;
import java.util.Properties;
import org.openqa.selenium.By;

public class ObjectMap {

    Properties properties;

    public ObjectMap(String propFile){
        properties = new Properties();
        try{

            Reader in = new InputStreamReader(new FileInputStream(propFile), "UTF-8");
            properties.load(in);
            in.close();
        }catch (IOException e){
            System.out.println("读取对象文件出错");
            e.printStackTrace();
        }

    }

    public By getLocator(String ElementNameInpropFile) throws Exception {
```

```java
            // 根据变量 ElementNameInpropFile，从属性配置文件中读取对应的配置对象
            String locator = properties.getProperty(ElementNameInpropFile);
            // 将配置对象中的定位类型存入locatorType 变量，将定位表达式的值存入locatorValue 变量
            String locatorType = locator.split(">")[0];
            String locatorValue = locator.split(">")[1];
            // 输出locatorType 变量值和 locatorValue 变量值，验证是否赋值正确
            System.out.println("获取的定位类型：" + locatorType + "\t 获取的定位表达式" + locatorValue );
            // 根据 locatorType 的变量值内容判断返回何种定位方式的 By 对象
            if(locatorType.toLowerCase().equals("id"))
                return By.id(locatorValue);
            else if(locatorType.toLowerCase().equals("name"))
                return By.name(locatorValue);
            else if((locatorType.toLowerCase().equals("classname")) || (locatorType.toLowerCase().equals("class")))
                return By.className(locatorValue);
            else if((locatorType.toLowerCase().equals("tagname")) || (locatorType.toLowerCase().equals("tag")))
                return By.className(locatorValue);
            else if((locatorType.toLowerCase().equals("linktext")) || (locatorType.toLowerCase().equals("link")))
                return By.linkText(locatorValue);
            else if(locatorType.toLowerCase().equals("partiallinktext"))
                return By.partialLinkText(locatorValue);
            else if((locatorType.toLowerCase().equals("cssselector")) || (locatorType.toLowerCase().equals("css")))
                return By.cssSelector(locatorValue);
            else if(locatorType.toLowerCase().equals("xpath"))
                return By.xpath(locatorValue);
            else
                throw new Exception("输入的 locator type 未在程序中被定义：" + locatorType );
        }
    }
```

以上代码的含义请参阅之前章节的讲解。

（4）在工程中添加一个存储页面定位方式和定位表达式的配置文件"objectMap.properties"，将文件保存为 UTF-8 编码，配置文件中的内容如下。

```
126mail.loginPage.iframe=xpath>//iframe[contains(@id,'x-URS-iframe')]
126mail.loginPage.username=xpath>//input[@data-placeholder='邮箱帐号或手机号']
126mail.loginPage.password=xpath>//*[@data-placeholder='密码']
126mail.loginPage.loginbutton=id>dologin
```

测试页面中的所有页面元素的定位方式和定位表达式均可以在此文件中进行定义，实现定位数据和测试程序的分离。在一个配置文件中修改定位数据，可以在测试脚本中全局生效，此方式可以大大提高定位表达式的维护效率。

（5）在 cn.gloryroad.pageObjects 的 Package 下新建类 LoginPage，用于实现 126 邮箱登录页面的 PageObject 对象。具体代码如下。

```java
package cn.gloryroad.pageObjects;

import org.openqa.selenium.WebDriver;
import org.openqa.selenium.WebElement;
import cn.gloryroad.util.*;

public class LoginPage {

    private WebElement element = null;
    //指定页面元素定位表达式配置文件的绝对路径
    private ObjectMap objectMap = new ObjectMap("D:\\workspace\\DataDrivenFrameWork\\objectMap.properties");
    private WebDriver driver;

    public LoginPage(WebDriver driver){
        this.driver =driver;

    }
    //进入iframe
    public void swithToFrame() throws Exception{
        Thread.sleep(5000);
        driver.switchTo().frame(driver.findElement(objectMap.getLocator("126mail.loginPage.iframe")));
    }

    //退出iframe
    public void defaultToFrame() {
        driver.switchTo().defaultContent();
    }

    //返回登录页面中的用户名输入框页面元素对象
    public WebElement userName() throws Exception{
    //使用objectMap类中的getLocator方法获取配置文件中关于用户名的定位方式和定位表达式
        element = driver.findElement( objectMap.getLocator("126mail.loginPage.username"));

        return element;

    }
    //返回登录页面中的密码输入框页面元素对象
    public WebElement password() throws Exception{
        //使用objectMap类中的getLocator方法获取配置文件中关于密码的定位方式
        //和定位表达式
        element = driver.findElement( objectMap.getLocator("126mail.loginPage.password"));

        return element;
```

```
        }
    //返回登录页面中的登录按钮页面元素对象
    public WebElement loginButton() throws Exception{
        //使用 objectMap 类中的 getLocator 方法获取配置文件中关于登录按钮的定位方式
        //和定位表达式
        element =
driver.findElement( objectMap.getLocator("126mail.loginPage.loginbutton"));

        return element;

    }
}
```

（6）在 cn.gloryroad.testScripts 的 Package 中新建 TestMail126Login 测试类，具体测试类代码如下。

```
package cn.gloryroad.testScripts;

import java.util.concurrent.TimeUnit;
import org.openqa.selenium.WebDriver;
import org.openqa.selenium.firefox.FirefoxDriver;
import org.testng.Assert;
import org.testng.annotations.AfterMethod;
import org.testng.annotations.BeforeMethod;
import org.testng.annotations.Test;

import cn.gloryroad.pageObjects.LoginPage;

public class TestMail126Login {
    public WebDriver driver;
    String baseUrl = "http://mail.126.com/";
    @Test
    public void testMailLogin() throws Exception {
        driver.get(baseUrl + "/");
        LoginPage loginPage = new LoginPage(driver);
        loginPage.swithToFrame();

        loginPage.userName().sendKeys("testman2018");
        loginPage.password().sendKeys("wulaoshi2018");
        loginPage.loginButton().click();
        Thread.sleep(5000);
        loginPage.defaultToFrame();

        Assert.assertTrue(driver.getPageSource().contains("未读邮件"));
    }
    @BeforeMethod
    public void beforeMethod() {
```

```
        //若 WebDriver 无法打开 Firefox 浏览器，才需增加此行代码设定 Firefox
        //浏览器的所在路径
        System.setProperty("webdriver.firefox.bin","C:\\Program Files\\Firefox
Developer Edition\\firefox.exe");
        //加载 Firefox 浏览器的驱动程序
        System.setProperty("webdriver.gecko.driver","d:\\geckodriver.exe");
        //打开 Firefox 浏览器
        driver = new FirefoxDriver();
        driver.manage().timeouts().implicitlyWait(10, TimeUnit.SECONDS);
    }

    @AfterMethod
    public void afterMethod() {
        driver.quit();       //关闭打开的浏览器
    }

}
```

（7）在 cn.gloryroad.appModules 中增加 Login_Action 类，具体类代码如下。

```
package cn.gloryroad.appModules;

import org.openqa.selenium.WebDriver;
import cn.gloryroad.pageObjects.LoginPage;

public class Login_Action {

    public static void execute(WebDriver driver,String userName,String passWord)
throws Exception {
        driver.get("http://mail.126.com");
        LoginPage loginPage = new LoginPage(driver);
        loginPage.swithToFrame();

        loginPage.userName().sendKeys(userName);
        loginPage.password().sendKeys(passWord);
        loginPage.loginButton().click();
        loginPage.defaultToFrame();

        Thread.sleep(5000);
    }

}
```

由于登录过程是其他测试过程的前提条件，所以将登录的操作逻辑封装在 Login_Action 类的 Execute 方法中，方便其他测试脚本进行调用。

（8）修改测试类 TestMail126Login 的代码，修改后的类代码如下。
```
package cn.gloryroad.testScripts;
```

```java
import java.util.concurrent.TimeUnit;
import org.openqa.selenium.WebDriver;
import org.openqa.selenium.firefox.FirefoxDriver;
import org.testng.Assert;
import org.testng.annotations.AfterMethod;
import org.testng.annotations.BeforeMethod;
import org.testng.annotations.Test;


import cn.gloryroad.appModules.Login_Action;

public class TestMail126Login {
public WebDriver driver;
    String baseUrl = "http://mail.126.com/";
    @Test
    public void testMailLogin() throws Exception {
        Login_Action.execute(driver, "testman2018", "wulaoshi2018");
        Thread.sleep(5000);
        Assert.assertTrue(driver.getPageSource().contains("未读邮件"));
    }
    @BeforeMethod
    public void beforeMethod() {
        DOMConfigurator.configure("log4j.xml");
        //若WebDriver无法打开Firefox浏览器，才需增加此行代码设定Firefox
        //浏览器的所在路径
        System.setProperty("webdriver.firefox.bin","C:\\Program Files\\Firefox Developer Edition\\firefox.exe");
        //加载Firefox浏览器的驱动程序
        System.setProperty("webdriver.gecko.driver","d:\\geckodriver.exe");
        //打开Firefox浏览器
        driver = new FirefoxDriver();
        driver.manage().timeouts().implicitlyWait(10, TimeUnit.SECONDS);
    }

    @AfterMethod
    public void afterMethod() {
        driver.quit();       //关闭打开的浏览器
    }
}
```

比较TestMail126Login修改前后的代码，我们可以发现，多个登录操作的步骤被一个函数调用替代了，即"Login_Action.execute(driver, "testman2018", "wulaoshi2018");"。此种方式实现了业务逻辑的封装，只要调用一个函数就可以实现登录操作，大大减少了测试脚本的重复编写。这就是封装的作用。

（9）在cn.gloryroad.pageObjects的Package中新建HomePage和AddressBookPage

类,并在配置文件"objectMap.properties"中补充新的定位表达式。

"objectMap.properties"配置文件更新后的内容如下。

```
126mail.loginPage.iframe=xpath>//iframe[contains(@id,'x-URS-iframe')]
126mail.loginPage.username=xpath>//input[@data-placeholder='邮箱帐号或手机号']
126mail.loginPage.password=xpath>//*[@data-placeholder='密码']
126mail.loginPage.loginbutton=id>dologin
126mail.homePage.addressbook=xpath>//div[contains(text(),'通讯录')]
126mail.addressBook.createContactPerson=xpath>//div/div/*[contains(@id,'_mail_button_')]/span[contains(.,'新建联系人')]
126mail.addressBook.contactPersonName=xpath>//dt[contains(.,'姓名')]/following-sibling::dd/div/input
126mail.addressBook.contactPersonEmail=xpath>//dt[contains(.,'电子邮箱')]/following-sibling::dd/div/input
126mail.addressBook.contactPersonMobile=xpath>//dt[contains(.,'手机号码')]/following-sibling::dd/div/input
126mail.addressBook.saveButton=xpath>//*[contains(@id,'_mail_button_')]/span[contains(.,'确 定')]
```

HomePage 类代码如下。

```java
package cn.gloryroad.pageObjects;

import org.openqa.selenium.WebDriver;
import org.openqa.selenium.WebElement;
import cn.gloryroad.util.ObjectMap;

public class HomePage {
    private WebElement element = null;
    private ObjectMap objectMap = new ObjectMap("D:\\workspace\\DataDrivenFrameWork\\objectMap.properties");
    private WebDriver driver;

    public HomePage (WebDriver driver){
        this.driver =driver;

    }
    //获取登录后主页中的"通讯录"链接
    public WebElement addressLink() throws Exception{

        element = driver.findElement( objectMap.getLocator("126mail.homePage.addressbook"));
        return element;


    }
    //如果要在HomePage页面操作更多的链接或元素,可以根据需要进行自定义

}
```

AddressBookPage 类代码如下。

```java
package cn.gloryroad.pageObjects;

import org.openqa.selenium.WebDriver;
import org.openqa.selenium.WebElement;
import cn.gloryroad.util.ObjectMap;

public class AddressBookPage {
    private WebElement element = null;
    private ObjectMap objectMap = new ObjectMap("D:\\workspace\\DataDrivenFrameWork\\objectMap.properties");
    private WebDriver driver;

    public AddressBookPage (WebDriver driver){
        this.driver =driver;

    }
    //获取"新建联系人"按钮
    public WebElement createContactPersonButton() throws Exception{
        element = driver.findElement(objectMap.getLocator("126mail.addressBook.createContactPerson"));
        return element;


    }
    //获取新建联系人界面中的姓名输入框
     public WebElement contactPersonName() throws Exception{
        element = driver.findElement( objectMap.getLocator("126mail.addressBook.contactPersonName"));
        return element;
    }
    //获取新建联系人界面中的电子邮件输入框
     public WebElement contactPersonEmail() throws Exception{
        element = driver.findElement( objectMap.getLocator("126mail.addressBook.contactPersonEmail"));
        return element;
    }
    //获取新建联系人界面中的手机号输入框
     public WebElement contactPersonMobile() throws Exception{
        element = driver.findElement( objectMap.getLocator("126mail.addressBook.contactPersonMobile"));
        return element;
    }
    //获取新建联系人界面中保存信息的"确定"按钮
     public WebElement saveButton() throws Exception{
        element = driver.findElement( objectMap.getLocator("126mail.addressBook.saveButton"));
        return element;
```

            }
    }

（10）在 cn.gloryroad.appModules 中增加 AddContactPerson_Action 类，具体类代码如下。

```
package cn.gloryroad.appModules;

import org.openqa.selenium.WebDriver;
import org.testng.Assert;
import cn.gloryroad.pageObjects.AddressBookPage;
import cn.gloryroad.pageObjects.HomePage;

public class AddContactPerson_Action {
    public static void execute(WebDriver driver, String userName, String password, String contactName, String contactEmail, String contactMobile) throws Exception{
        Login_Action.execute(driver, userName, password);
        Thread.sleep(3000);
        Assert.assertTrue(driver.getPageSource().contains("未读邮件"));
        HomePage homePage =new HomePage(driver);
        homePage.addressLink().click();
        AddressBookPage addressBookPage = new AddressBookPage(driver);
        Thread.sleep(3000);
        addressBookPage.createContactPersonButton().click();
        Thread.sleep(1000);
        addressBookPage.contactPersonName().sendKeys(contactName);
        addressBookPage.contactPersonEmail().sendKeys(contactEmail);
        addressBookPage.contactPersonMobile().sendKeys(contactMobile);
        addressBookPage.saveButton().click();
        Thread.sleep(5000);
    }
}
```

（11）在 cn.gloryroad.testScripts 的 Package 中新增测试类 TestMail126AddContactPerson，测试类的代码如下。

```
package cn.gloryroad.testScripts;

import java.util.concurrent.TimeUnit;
import org.openqa.selenium.WebDriver;
import org.openqa.selenium.firefox.FirefoxDriver;
import org.testng.Assert;
import org.testng.annotations.AfterMethod;
import org.testng.annotations.BeforeMethod;
import org.testng.annotations.Test;
import cn.gloryroad.appModules.AddContactPerson_Action;
import cn.gloryroad.appModules.Login_Action;

public class TestMail126AddContactPerson {
```

```java
    public WebDriver driver;
    String baseUrl = "http://mail.126.com/";

    @Test
    public void testAddContactPerson() throws Exception {
        AddContactPerson_Action.execute(driver, "testman2018", "wulaoshi2018", "张三","zhangsan@sogou.com","14900000001");
        Thread.sleep(3000);
        Assert.assertTrue(driver.getPageSource().contains("张三"));
        Assert.assertTrue(driver.getPageSource().contains("zhangsan@sogou.com"));

        Assert.assertTrue(driver.getPageSource().contains("14900000001"));
    }

    @BeforeMethod
    public void beforeMethod() {
        //若 WebDriver 无法打开 Firefox 浏览器，才需增加此行代码设定 Firefox
        //浏览器的所在路径
        System.setProperty("webdriver.firefox.bin","C:\\Program Files\\Firefox Developer Edition\\firefox.exe");
        //加载 Firefox 浏览器的驱动程序
        System.setProperty("webdriver.gecko.driver","d:\\geckodriver.exe");
        //打开 Firefox 浏览器
        driver = new FirefoxDriver();
        driver.manage().timeouts().implicitlyWait(10, TimeUnit.SECONDS);

    }

    @AfterMethod
    public void afterMethod() {
        driver.quit();       //关闭打开的浏览器
    }
}
```

（12）在 cn.gloryroad.util 的 Package 中新建 Constant 类，具体类代码如下。

```java
package cn.gloryroad.util;

public class Constant {
    //定义测试网址的常量
    public static final String Url = "http://mail.126.com";
    //定义邮箱用户名的常量
    public static final String MailUsername = "testman2018";
    //定义邮箱密码的常量
    public static final String MailPassword = "wulaoshi2018";
    //定义新建联系人姓名的常量
    public static final String ContactPersonName = "张三";
    //定义新建联系人邮箱地址的常量
```

```
        public static final String ContactPersonEmail = "zhangsan@sogou.com";
        //定义新建联系人手机号码的常量
        public static final String ContactPersonMobile = "14900000001";
}
```

在 cn.gloryroad.testScripts 的 Package 中修改 TestMail126AddContactPerson 测试类代码，修改后的测试类代码如下。

```
package cn.gloryroad.testScripts;

import java.util.concurrent.TimeUnit;
import org.openqa.selenium.WebDriver;
import org.openqa.selenium.firefox.FirefoxDriver;
import org.testng.Assert;
import org.testng.annotations.AfterMethod;
import org.testng.annotations.BeforeMethod;
import org.testng.annotations.Test;
import cn.gloryroad.appModules.AddContactPerson_Action;
import cn.gloryroad.appModules.Login_Action;
import cn.gloryroad.util.*;

public class TestMail126AddContactPerson {
    public WebDriver driver;
    //调用了 Constant 类中的常量 Constant.Url
    private String baseUrl = Constant.Url;

    @Test
    public void testAddContactPerson() throws Exception {
        driver.get(baseUrl);
        /* 调用了Constant 类中的常量MailUsername、MailPassword、ContactPersonName、
         * ContactPersonEmail 和 ContactPersonMobile
         */
        AddContactPerson_Action.execute(driver, Constant.MailUsername,
Constant. MailPassword, Constant.ContactPersonName,Constant.ContactPersonEmail,
Constant. ContactPersonMobile);
        Thread.sleep(3000);
        //调用了 Constant 类中的常量 ContactPersonName
        Assert.assertTrue(driver.getPageSource().contains(Constant.
ContactPersonName));
        //调用了 Constant 类中的常量 ContactPersonEmail
        Assert.assertTrue(driver.getPageSource().contains(Constant.
ContactPersonEmail));
        //调用了 Constant 类中的常量 ContactPersonMobile
        Assert.assertTrue(driver.getPageSource().contains(Constant.
ContactPersonMobile));
    }

    @BeforeMethod
```

```java
    public void beforeMethod() {
        //若 WebDriver 无法打开 Firefox 浏览器，才需增加此行代码设定 Firefox
        //浏览器的所在路径
        System.setProperty("webdriver.firefox.bin","C:\\Program Files\\Firefox Developer Edition\\firefox.exe");
        //加载 Firefox 浏览器的驱动程序
        System.setProperty("webdriver.gecko.driver","d:\\geckodriver.exe");
        //打开 Firefox 浏览器
        driver = new FirefoxDriver();
        driver.manage().timeouts().implicitlyWait(10, TimeUnit.SECONDS);

    }

    @AfterMethod
    public void afterMethod() {
        driver.quit();       //关闭打开的浏览器
    }
}
```

在新建的 Constant 类中定义了多个静态常量，测试类 TestMail126AddContactPerson 中的多行代码调用了这些静态变量，实现了测试数据在测试方法中的重复使用。如果需要修改测试数据，只需要修改 Constant 类中的静态常量值就可以使修改值在全部测试代码中生效，减少了代码的维护成本，并且使用常量还增加了测试代码的可读性。

（13）在 D 盘下新建 Excel 测试数据文件，命名为"126 邮箱的测试数据.xlsx"，并将 Sheet1 的名字修改为"新建联系人测试用例"。Sheet1 中包含的测试用例数据如图 16-6 所示。

测试用例名称	邮箱登录用户名	邮箱登录用户密码	新建联系人姓名	新建联系人电子邮件地址	新建联系人的手机号	验证页面中包含关键字1	验证页面中包含关键字2	验证页面中包含关键字3	测试执行结果
新建联系人用例1	testman2018	wulaoshi2018	张三	zhangsan@sogou.com	14900000001	张三	zhangsan@sogou.com	14900000001	

图 16-6

请参阅 12.4 节的内容，在 Eclipse 中配置与 Excel 操作的相关 JAR 包。在 cn.gloryroad.util 的 Package 中新建类 ExcelUtil，具体的类代码如下。

```java
package cn.gloryroad.util;

import java.io.FileInputStream;
import java.io.FileOutputStream;
import org.apache.poi.xssf.usermodel.XSSFCell;
import org.apache.poi.xssf.usermodel.XSSFRow;
import org.apache.poi.xssf.usermodel.XSSFSheet;
import org.apache.poi.xssf.usermodel.XSSFWorkbook;

//本类主要实现文件扩展名为".xlsx"的 Excel 文件操作
public class ExcelUtil {
```

```java
    private static XSSFSheet ExcelWSheet;
    private static XSSFWorkbook ExcelWBook;
    private static XSSFCell Cell;
    private static XSSFRow Row;
//设定要操作的 Excel 文件路径和 Excel 文件中的 Sheet 名称
//在读/写 Excel 文件时，均需先调用此方法，设定要操作的 Excel 文件路径和要操作的 Sheet 名称
public static void setExcelFile(String Path, String SheetName)
        throws Exception {
    FileInputStream ExcelFile;
    try {
        //实例化 Excel 文件的 FileInputStream 对象
        ExcelFile = new FileInputStream(Path);
        //实例化 Excel 文件的 XSSFWorkbook 对象
        ExcelWBook = new XSSFWorkbook(ExcelFile);
        /* 实例化XSSFSheet 对象，指定 Excel 文件中的 Sheet 名称，用于后续 Sheet 中行、列
         * 和单元格的操作
         */
        ExcelWSheet = ExcelWBook.getSheet(SheetName);

    } catch (Exception e) {
        throw (e);
    }

}

// 读取 Excel 文件指定单元格的函数
public static String getCellData(int RowNum, int ColNum) throws Exception {

    try {
        // 通过函数参数指定单元格的行号和列号，获取指定的单元格对象
        Cell = ExcelWSheet.getRow(RowNum).getCell(ColNum);
        /* 如果单元格的内容为字符串类型，则使用 getStringCellValue 方法获取单元格的内容
         * 如果单元格的内容为数字类型，则使用 getNumericCellValue 方法获取单元格的内容
         * 注意 getNumericCellValue 方法返回值为 double 类型，转换字符串类型必须
         * 在 Cell.getNumericCellValue 前面增加""，用于强制转换 double 类型为
         * String 类型，不加""则会抛出 double 类型无法转换为 String 类型的异常
         */
        String CellData = Cell.getCellType() == XSSFCell.CELL_TYPE_STRING ? Cell
                .getStringCellValue() + ""
                : String.valueOf(Math.round(Cell.getNumericCellValue()));
        return CellData;

    } catch (Exception e) {
        return "";
    }
```

```
    }

    // 在 Excel 文件的执行单元格中写入数据
    public static void setCellData(int RowNum, int ColNum,String Result)
            throws Exception {

        try {
            //获取 Excel 文件中的行对象
            Row = ExcelWSheet.getRow(RowNum);
            //如果单元格为空,则返回 Null
            Cell = Row.getCell(ColNum, Row.RETURN_BLANK_AS_NULL);

            if (Cell == null) {
                //当单元格对象是 Null 的时候,则创建单元格
                //如果单元格为空,无法直接调用单元格对象的 setCellValue 方法设定单元格的值
                Cell = Row.createCell(ColNum);
                //创建单元格后,可以调用单元格对象的 setCellValue 方法设定单元格的值
                Cell.setCellValue(Result);

            } else {
                //单元格中有内容,则可以直接调用单元格对象的 setCellValue 方法设定单元格的值
                Cell.setCellValue(Result);

            }
            //实例化写入 Excel 文件的文件输出流对象
            FileOutputStream fileOut = new FileOutputStream(
                    Constant.TestDataExcelFilePath);
            //将内容写入 Excel 文件
            ExcelWBook.write(fileOut);
            //调用 flush 方法强制刷新写入文件
            fileOut.flush();
            //关闭文件输出流对象
            fileOut.close();

        } catch (Exception e) {

            throw (e);

        }

    }
}
```

在 cn.gloryroad.util 的 Package 中对 Constant 类进行修改,修改后的类代码如下。

```
package cn.gloryroad.util;
```

```java
public class Constant {
    //定义测试网址的常量
    public static final String Url = "http://mail.126.com";
    //定义 Excel 测试数据文件的路径
    public static final String TestDataExcelFilePath = "d:\\126 邮箱的测试数据.xlsx";
    //定义在 Excel 文件中包含测试数据的 Sheet 名称
    public static final String TestDataExcelFileSheet = "新建联系人测试用例";
}
```

在 Constant 类中增加了 TestDataExcelFilePath 和 TestDataExcelFileSheet 常量的定义，去掉了存储测试数据的静态变量。

在 cn.gloryroad.testScripts 的 Package 中对 TestMail126AddContactPerson 测试类进行修改，修改后的类代码如下。

```java
package cn.gloryroad.testScripts;

import java.util.concurrent.TimeUnit;
import org.openqa.selenium.WebDriver;
import org.openqa.selenium.firefox.FirefoxDriver;
import org.testng.Assert;
import org.testng.annotations.AfterMethod;
import org.testng.annotations.BeforeClass;
import org.testng.annotations.BeforeMethod;
import org.testng.annotations.Test;
import cn.gloryroad.appModules.AddContactPerson_Action;
import cn.gloryroad.appModules.Login_Action;
import cn.gloryroad.util.*;

public class TestMail126AddContactPerson {
    public WebDriver driver;
    //调用了 Constant 类中的常量 Constant.Url
    private String baseUrl = Constant.Url;
    @Test
    public void testAddContactPerson() throws Exception {
driver.get(baseUrl);
        //从 Excel 测试数据文件的第二行第二列获取邮箱登录用户名
        //注意：Excel 文件的行和列的序号均从 0 开始
        String mailUserName = ExcelUtil.getCellData(1, 1);
        //从 Excel 测试数据文件的第二行第三列获取邮箱登录密码
        String mailPassWord = ExcelUtil.getCellData(1, 2);
        //从 Excel 测试数据文件的第二行第四列获取新建联系人的名字
        String contactPersonName = ExcelUtil.getCellData(1, 3);
        //从 Excel 测试数据文件的第二行第五列获取新建联系人的电子邮件
        String contactPersonEmail = ExcelUtil.getCellData(1, 4);
        //从 Excel 测试数据文件的第二行第六列获取新建联系人的手机号
        String contactPersonMobile = ExcelUtil.getCellData(1, 5);
```

```java
        /* 使用变量 mailUsername、mailPassword、contactPersonName、contactPersonEmail
         * 和 contactPersonMobile 作为添加联系人动作的参数
         */
        AddContactPerson_Action.execute(driver,mailUserName,mailPassWord,
contactPersonName,contactPersonEmail,contactPersonMobile);
        Thread.sleep(3000);
        //断言页面是否包含 contactPersonName 变量中的文字
        Assert.assertTrue(driver.getPageSource().contains(contactPersonName));
        //断言页面是否包含 contactPersonEmail 变量中的文字
        Assert.assertTrue(driver.getPageSource().contains(contactPersonEmail));
        //断言页面是否包含 contactPersonMobile 变量中的文字
        Assert.assertTrue(driver.getPageSource().contains(contactPersonMobile));
        //若 3 个断言都成功,则在 Excel 测试数据文件的"测试执行结果"列中写入"执行成功"
        ExcelUtil.setCellData(1, 9, "执行成功");
    }


    @BeforeMethod
    public void beforeMethod() {
        //若 WebDriver 无法打开 Firefox 浏览器,才需增加此行代码设定 Firefox
        //浏览器的所在路径
        System.setProperty("webdriver.firefox.bin","C:\\Program Files\\Firefox Developer Edition\\firefox.exe");
        //加载 Firefox 浏览器的驱动程序
        System.setProperty("webdriver.gecko.driver","d:\\geckodriver.exe");
        //打开 Firefox 浏览器
        driver = new FirefoxDriver();
        driver.manage().timeouts().implicitlyWait(10, TimeUnit.SECONDS);

    }

    @AfterMethod
    public void afterMethod() {
        driver.quit();                    //关闭打开的浏览器
    }
    @BeforeClass
    public void BeforeClass() throws Exception{
        //使用 Constant 类中的常量,设定测试数据文件的文件路径和测试数据所在的 Sheet 名称
        setExcelFile(Constant.TestDataExcelFilePath,Constant.TestDataExcelFileSheet);
    }
}
```

在 TestMail126AddContactPerson 测试类的测试方法中,改为从 Excel 测试数据文件中读取测试数据,作为 AddContactPerson_Action.execute 方法的参数,从外部数据文件进行数据驱动测试。如果测试程序执行后没有发生断言失败,则会在 Excel 测试数据文件最后一列"测试执行结果"中写入"执行成功"。

经过以上步骤，数据驱动框架具备了雏形。

（14）加入 Log4j 的打印日志功能。

在工程的根目录下，新建名为"log4j.xml"的文件，具体的文件内容如下。

```xml
<?xml version="1.0" encoding="UTF-8"?>

<!DOCTYPE log4j:configuration SYSTEM "log4j.dtd">

<log4j:configuration xmlns:log4j="http://jakarta.apache.org/log4j/" debug="false">

<appender name="fileAppender" class="org.apache.log4j.FileAppender">

<param name="Threshold" value="INFO"/>

<param name="File" value="Mail126TestLogfile.log"/>

<layout class="org.apache.log4j.PatternLayout">

<param name="ConversionPattern" value="%d %-5p [%c{1}] %m %n"/>

</layout>

</appender>

<root>

<level value="INFO"/>

<appender-ref ref="fileAppender"/>

</root>

</log4j:configuration>
```

XML 文件的具体含义请参阅之前章节关于 Log4j 配置文件的详细讲解。

在 cn.gloryroad.util 的 Package 中新建 Log 类，具体的类代码如下。

```java
package cn.gloryroad.util;

import org.apache.log4j.Logger;

public class Log {

    private static Logger Log = Logger.getLogger(Log.class.getName());
    //定义测试用例开始执行的打印方法，在日志中打印测试用例开始执行的信息
    public static void startTestCase(String testCaseName) {
        Log.info("--------------------         \"" + testCaseName
                + " \"开始执行      ------------------------");
```

```java
    }
    //定义测试用例执行完毕后的打印方法，在日志中打印测试用例执行完毕的信息
    public static void endTestCase(String testCaseName) {
        Log.info("---------------------              \"" + testCaseName
                + " " + "\"测试执行结束              --------------------");
    }
    //定义打印 info 级别日志的方法
    public static void info(String message) {
        Log.info(message);
    }
    //定义打印 error 级别日志的方法
    public static void error(String message) {
        Log.error(message);
    }
    //定义打印 debug 级别日志的方法
    public static void debug(String message) {
        Log.debug(message);
    }
}
```

在 cn.gloryroad.testScripts 的 Package 中修改 TestMail126AddContactPerson 类的代码，修改后的类代码如下。

```java
package cn.gloryroad.testScripts;

import java.util.concurrent.TimeUnit;
import org.apache.log4j.xml.DOMConfigurator;
import org.openqa.selenium.WebDriver;
import org.openqa.selenium.firefox.FirefoxDriver;
import org.testng.Assert;
import org.testng.annotations.AfterMethod;
import org.testng.annotations.BeforeClass;
import org.testng.annotations.BeforeMethod;
import org.testng.annotations.Test;
import cn.gloryroad.appModules.AddContactPerson_Action;
import cn.gloryroad.appModules.Login_Action;
import cn.gloryroad.util.*;

public class TestMail126AddContactPerson {
    public WebDriver driver;
    //调用了 Constant 类中的常量 Constant.Url
    private String baseUrl = Constant.Url;
    @Test
    public void testAddressBook() throws Exception {
        Log.startTestCase(ExcelUtil.getCellData(1, 0));
        driver.get(baseUrl);
        //从 Excel 测试数据文件的第二行第二列获取邮箱登录用户名
```

```java
            //注意：Excel 文件的行和列的序号均从 0 开始
            String mailUserName = ExcelUtil.getCellData(1, 1);
            //从 Excel 测试数据文件的第二行第三列获取邮箱登录密码
            String mailPassWord = ExcelUtil.getCellData(1, 2);
            //从 Excel 测试数据文件的第二行第四列获取新建联系人的名字
            String contactPersonName = ExcelUtil.getCellData(1, 3);
            //从 Excel 测试数据文件的第二行第五列获取新建联系人的电子邮件
            String contactPersonEmail = ExcelUtil.getCellData(1, 4);
            //从 Excel 测试数据文件的第二行第六列获取新建联系人的电子邮件
            String contactPersonMobile = ExcelUtil.getCellData(1, 5);

            Log.info("调用 AddContactPerson_Action 类的 execute 方法");
            //使用变量 mailUsername、mailPassword、contactPersonName、
            // contactPersonEmail 和 contactPersonMobile 作为添加联系人动作的参数
            AddContactPerson_Action.execute(driver, mailUserName,mailPassWord,
contactPersonName,contactPersonEmail,contactPersonMobile);

            Log.info("调用 AddContactPerson_Action 类的 execute 方法后，休眠 3 秒");
            Thread.sleep(3000);

            Log.info("断言通讯录的页面是否包含联系人姓名的关键字");
            //断言页面是否包含 contactPersonName 变量中的文字
            Assert.assertTrue(driver.getPageSource().contains(contactPersonName));

            Log.info("断言通讯录的页面是否包含联系人电子邮件地址的关键字");
            //断言页面是否包含 contactPersonEmail 变量中的文字
            Assert.assertTrue(driver.getPageSource().contains(contactPersonEmail));

            Log.info("断言通讯录的页面是否包含联系人手机号的关键字");
            //断言页面是否包含 contactPersonMobile 变量中的文字
            Assert.assertTrue(driver.getPageSource().contains(contactPersonMobile));

            Log.info("新建联系人的全部断言成功，在 Excel 测试数据文件的"测试执行结果"
列中写入"执行成功"");
            //若3个断言都成功，则在 Excel 测试数据文件的"测试执行结果"列中写入"执行成功"
            ExcelUtil.setCellData(1, 9, "执行成功");
            Log.info("测试结果成功写入 Excel 测试数据文件的"测试执行结果"列");

            Log.endTestCase(ExcelUtil.getCellData(1, 0));
        }

        @BeforeMethod
        public void beforeMethod() {
            //若 WebDriver 无法打开 Firefox 浏览器，才需增加此行代码设定 Firefox
            //浏览器的所在路径
            System.setProperty("webdriver.firefox.bin","C:\\Program Files\\Firefox
Developer Edition\\firefox.exe");
```

```java
        //加载 Firefox 浏览器的驱动程序
        System.setProperty("webdriver.gecko.driver","d:\\geckodriver.exe");
        //打开 Firefox 浏览器
        driver = new FirefoxDriver();
        driver.manage().timeouts().implicitlyWait(10, TimeUnit.SECONDS);

    }

    @AfterMethod
    public void afterMethod() {
        driver.quit();     //关闭打开的浏览器
    }
    @BeforeClass
    public void BeforeClass() throws Exception{
        //使用 Constant 类中的常量,设定测试数据文件的文件路径和测试数据所在的 Sheet 名称
        ExcelUtil.setExcelFile(Constant.TestDataExcelFilePath,Constant.TestDataExcelFileSheet);
        DOMConfigurator.configure("log4j.xml");
    }
}
```

在 cn.gloryroad.appModules 的 Package 中修改 Login_Action 类的代码,修改后的类代码如下。

```java
package cn.gloryroad.appModules;

import org.openqa.selenium.WebDriver;
import cn.gloryroad.pageObjects.LoginPage;
import cn.gloryroad.util.Log;

public class Login_Action {

    public static void execute(WebDriver driver, String userName, String passWord) throws Exception {
        Log.info("访问网址 http://mail.126.com ");
        driver.get("http://mail.126.com");

        LoginPage loginPage = new LoginPage(driver);
        loginPage.swithToFrame();


        Log.info("在 126 邮箱登录页面的用户名输入框输入"+userName);
        loginPage.userName().sendKeys(userName);

        Log.info("在 126 邮箱登录页面的密码输入框输入"+passWord);
        loginPage.password().sendKeys(passWord);

        Log.info("单击登录页面的"登录"按钮");
        loginPage.loginButton().click();
```

```java
            Log.info("单击"登录"按钮后,休眠 5 秒,等待从登录页跳转到登录后的用户主页");
            Thread.sleep(5000);
                loginPage.defaultToFrame();
        
        }
    

}
```

在 cn.gloryroad.appModules 的 Package 中修改 AddContactPerson_Action 类的代码,修改后的类代码如下。

```java
package cn.gloryroad.appModules;

import org.openqa.selenium.WebDriver;
import org.testng.Assert;
import cn.gloryroad.pageObjects.AddressBookPage;
import cn.gloryroad.pageObjects.HomePage;
import cn.gloryroad.util.Log;

public class AddContactPerson_Action {
    public static void execute(WebDriver driver,String userName,String password,String contactName,String contactEmail,String contactMobile) throws Exception{
            Log.info("调用 Login_Action 类的 execute 方法");
            Login_Action.execute(driver, userName, password);
            
            Log.info("断言登录后的页面是否包含"未读邮件"关键字");
            Assert.assertTrue(driver.getPageSource().contains("未读邮件"));
            
            HomePage homePage =new HomePage(driver);
            
            Log.info("在登录后的用户主页中,单击"通讯录"链接");
            homePage.addressLink().click();
            AddressBookPage addressBookPage = new AddressBookPage(driver);
            
            Log.info("休眠 3 秒,等待打开通讯录页面");
            Thread.sleep(3000);
            
            Log.info("在通讯录的页面,单击"新建联系人"按钮");
            addressBookPage.createContactPersonButton().click();
            
            Log.info("休眠 1 秒,等待弹出新建联系人的弹框");
            Thread.sleep(1000);
            
            Log.info("在联系人姓名的输入框中,输入:"+contactName);
            addressBookPage.contactPersonName().sendKeys(contactName);
            
            Log.info("在联系人电子邮件的输入框中,输入:"+contactEmail);
            addressBookPage.contactPersonEmail().sendKeys(contactEmail);
```

```
            Log.info("在联系人手机号的输入框中，输入："+contactMobile);
            addressBookPage.contactPersonMobile().sendKeys(contactMobile);

            Log.info("在联系人手机号的输入框中，单击“确定”按钮");
            addressBookPage.saveButton().click();

            Log.info("休眠 5 秒等待，等待保存联系人后返回到通讯录的主页面");
            Thread.sleep(5000);
        }
    }
```

从以上修改的代码中我们可以看到，在测试代码行的前面均加上了一行 Log.info 的函数调用，使用此方式可以将测试代码的执行逻辑打印到名为“Mail126TestLogfile.log”的文件中，此文件可以在工程的根目录下找到。执行 TestMail126Login 测试类的代码后，可以看到“Mail126TestLogfile.log”文件包含如图 16-7 所示的日志内容。

```
2018-03-13 22:52:58,477 INFO  [Log] --------------------          "新建联系人用例1 "开始执行  ------------------------
2018-03-13 22:53:13,896 INFO  [Log] 调用AddContactPerson_Action 类的execute 方法
2018-03-13 22:53:13,896 INFO  [Log] 调用 Login_Action 类的 execute 方法
2018-03-13 22:53:13,896 INFO  [Log] 访问网址http://mail.126.com
2018-03-13 22:53:19,110 INFO  [Log] 在126 邮箱登录页面的用户名输入框输入testman2018
2018-03-13 22:53:26,018 INFO  [Log] 在126 邮箱登录页面的密码输入框输入wulaoshi2018
2018-03-13 22:53:26,048 INFO  [Log] 单击登录页面的登录按钮
2018-03-13 22:53:26,275 INFO  [Log] 单击登录按钮后，休眠5 秒，等待从登录页跳转到登录后的用户主页
2018-03-13 22:53:31,282 INFO  [Log] 断言登录后的页面是否包含“未读邮件”的关键字
2018-03-13 22:53:31,303 INFO  [Log] 在登录后的用户主页中，单击“通讯录”链接
2018-03-13 22:53:31,464 INFO  [Log] 休眠3秒，等待打开通讯录页面
2018-03-13 22:53:34,464 INFO  [Log] 在通讯录的页面，单击“新建联系人”按钮
2018-03-13 22:53:34,736 INFO  [Log] 休眠1秒，等待弹出新建联系人的弹框
2018-03-13 22:53:35,736 INFO  [Log] 在联系人姓名的输入框中，输入：张三
2018-03-13 22:53:35,821 INFO  [Log] 在联系人电子邮件的输入框中，输入：zhangsan@sogou.com
2018-03-13 22:53:35,855 INFO  [Log] 在联系人手机号的输入框中，输入：1.4900000001E10
2018-03-13 22:53:35,887 INFO  [Log] 在联系人手机号的输入框中，单击“确定”按钮
2018-03-13 22:53:36,116 INFO  [Log] 休眠5 秒等待，等待保存联系人后返回到通讯录的主页面
2018-03-13 22:53:41,116 INFO  [Log] 调用AddContactPerson_Action 类的execute 方法后，休眠3 秒
2018-03-13 22:53:44,116 INFO  [Log] 断言通讯录的页面是否包含联系人姓名的关键字
2018-03-13 22:53:44,131 INFO  [Log] 断言通讯录的页面是否包含联系人电子邮件地址的关键字
2018-03-13 22:53:44,150 INFO  [Log] 断言通讯录的页面是否包含联系人手机号的关键字
2018-03-13 22:53:44,164 INFO  [Log] 新建联系人的全部断言成功，在Excel 的测试数据文件的“测试执行结果”列中写入“执行成功”
2018-03-13 22:53:44,529 INFO  [Log] 测试结果成功写入excel 数据文件的“测试执行结果”列
2018-03-13 22:53:44,530 INFO  [Log] --------------------          "新建联系人用例1 "测试执行结束  --------------------
```

图 16-7

通过日志信息，可以查看测试执行过程中的执行逻辑，日志文件可以用于后续测试执行中的问题分析和过程监控。

（15）使用 TestNG 和 Excel 进行数据驱动测试，测试完成后，将测试结果写入 Excel 测试数据文件最后一列。

在 D 盘驱动器下，编辑“126 邮箱的测试数据.xlsx”文件（注意扩展名必须是“.xlsx”），文件内容如图 16-8 所示。

序号	测试用例名称	邮箱登录用户名	邮箱登录密码	新建联系人名称	新建联系人电子邮件地址	新建联系人手机号	验证页面中的关键字1	验证页面中的关键字2	验证页面中的关键字3	测试数据是否执行	测试执行结果
1	新建联系人用例1	testman1980	wulaoshi1978	张三	zhangsan@qq.com	13500000000	张三	zhangsan@qq.com	13500000000	y	
2	新建联系人用例2	testman1980	wulaoshi1978	李四	lisi@qq.com	13600000000	李四	lisi@qq.com	13600000000	n	
3	新建联系人用例3	testman1980	wulaoshi1978	王五	wangwu@qq.com	13700000000	王五	wangwu@qq.com	13700000000	y	

图 16-8

其中，第 1 列为序号，第 2 列是测试用例名称，第 3～7 列是使用的测试数据，第 8～10 列是用于断言的测试结果关键字，第 11 列表示此数据行是否需要在 testing 里执行（y

表示执行，n 表示不执行），第 12 列显示测试执行的结果是否正确（在测试执行前将此列的内容均填写为"/"，表示测试用例未被执行，执行成功后则会显示"测试成功"或者"测试失败"）。

在 cn.gloryroad.util 的 Package 中修改 ExcelUtil 类的代码，修改后的类代码如下。

```java
package cn.gloryroad.util;

import java.io.File;
import java.io.FileInputStream;
import java.io.FileOutputStream;
import java.io.IOException;
import java.util.ArrayList;
import java.util.List;
import org.apache.poi.hssf.usermodel.HSSFWorkbook;
import org.apache.poi.ss.usermodel.Sheet;
import org.apache.poi.ss.usermodel.Workbook;
import org.apache.poi.xssf.usermodel.XSSFCell;
import org.apache.poi.xssf.usermodel.XSSFRow;
import org.apache.poi.xssf.usermodel.XSSFSheet;
import org.apache.poi.xssf.usermodel.XSSFWorkbook;
import org.apache.poi.ss.usermodel.Row;

//本类主要实现扩展名为".xlsx"的 Excel 文件操作
public class ExcelUtil {

    private static XSSFSheet ExcelWSheet;
    private static XSSFWorkbook ExcelWBook;
    private static XSSFCell Cell;
    private static XSSFRow Row;

    // 设定要操作的 Excel 文件路径和 Excel 文件中的 Sheet 名称
    // 在读/写 Excel 文件的时候，均需要先调用此方法，设定要操作的 Excel 文件路径和要
    // 操作的 Sheet 名称
    public static void setExcelFile(String Path, String SheetName)
            throws Exception {
        FileInputStream ExcelFile;
        try {
            // 实例化 Excel 文件的 FileInputStream 对象
            ExcelFile = new FileInputStream(Path);
            // 实例化 Excel 文件的 XSSFWorkbook 对象
            ExcelWBook = new XSSFWorkbook(ExcelFile);
            // 实例化 XSSFSheet 对象，指定 Excel 文件中的 Sheet 名称，用于后续 Sheet 中行、列
            //和单元格的操作
            ExcelWSheet = ExcelWBook.getSheet(SheetName);

        } catch (Exception e) {
```

```java
            throw (e);
        }
    }

    // 读取 Excel 文件指定单元格的函数，此函数只支持扩展名为 ".xlsx" 的 Excel 文件
    public static String getCellData(int RowNum, int ColNum) throws Exception {
        try {
            // 通过函数参数指定单元格的行号和列号，获取指定的单元格对象
            Cell = ExcelWSheet.getRow(RowNum).getCell(ColNum);
            // 如果单元格的内容为字符串类型，则使用 getStringCellValue 方法获取单元
            //格的内容
            // 如果单元格的内容为数字类型，则使用 getNumericCellValue 方法获取
            //单元格的内容
            String CellData = (String) (Cell.getCellType() == XSSFCell.CELL_TYPE_STRING ? Cell .getStringCellValue() + "": Cell.getNumericCellValue());

            return CellData;

        } catch (Exception e) {
            return "";
        }

    }

    // 在 Excel 文件的执行单元格中写入数据，此函数只支持扩展名为 ".xlsx" 的 Excel 文件
    public static void setCellData(int RowNum, int ColNum, String Result) throws Exception {

        try {
            // 获取 Excel 文件中的行对象
            Row = ExcelWSheet.getRow(RowNum);
            // 如果单元格为空，则返回 Null
            Cell = Row.getCell(ColNum, Row.RETURN_BLANK_AS_NULL);

            if (Cell == null) {
                // 当单元格对象是 Null 的时候，则创建单元格
                // 如果单元格为空，无法直接调用单元格对象的 setCellValue 方法设定
                // 单元格的值
                Cell = Row.createCell(ColNum);
                // 创建单元格后，可以调用单元格对象的 setCellValue 方法设定单元格的值
                Cell.setCellValue(Result);

            } else {
                // 如果单元格中有内容，则可以直接调用单元格对象的 setCellValue 方法
                // 设定单元格的值
```

```java
                    Cell.setCellValue(Result);

            }
            // 实例化写入 Excel 文件的文件输出流对象
            FileOutputStream fileOut = new FileOutputStream(
                    Constant.TestDataExcelFilePath);
            // 将内容写入 Excel 文件
            ExcelWBook.write(fileOut);
            // 调用 flush 方法强制刷新写入文件
            fileOut.flush();
            // 关闭文件输出流对象
            fileOut.close();

        } catch (Exception e) {
            throw (e);
        }
    }

    // 从 Excel 文件获取测试数据的静态方法
    public static Object[][] getTestData(String excelFilePath,
String sheetName) throws IOException {

        // 根据参数传入的数据文件路径和文件名称，组合出 Excel 数据文件的绝对路径
        // 声明一个 File 文件对象
        File file = new File(excelFilePath);

        // 创建 FileInputStream 对象用于读取 Excel 文件
        FileInputStream inputStream = new FileInputStream(file);

        // 声明 Workbook 对象
        Workbook Workbook = null;

        // 获取文件名参数的扩展名，判断是 ".xlsx" 文件还是 ".xls" 文件
        String fileExtensionName = excelFilePath.substring(excelFilePath.indexOf("."));

        // 文件类型如果是 ".xlsx"，则使用 XSSFWorkbook 对象进行实例化
        // 文件类型如果是 ".xls"，则使用 SSFWorkbook 对象进行实例化
        if (fileExtensionName.equals(".xlsx")) {

            Workbook = new XSSFWorkbook(inputStream);

        } else if (fileExtensionName.equals(".xls")) {

            Workbook = new HSSFWorkbook(inputStream);

        }
```

```java
        // 通过 sheetName 参数，生成 Sheet 对象
        Sheet Sheet = Workbook.getSheet(sheetName);

        // 获取 Excel 数据文件 Sheet1 中数据的行数，用 getLastRowNum 方法获取
        // 数据的最后一行行号，用 getFirstRowNum 方法获取数据的第一行行号，相减
        // 之后算出数据的行数
        // 注意：Excel 文件的行号和列号都是从 0 开始的
        int rowCount = Sheet.getLastRowNum() - Sheet.getFirstRowNum();

        // 创建名为 "records" 的 List 对象来存储从 Excel 文件读取的数据
        List<Object[]> records = new ArrayList<Object[]>();
        // 使用两个 for 循环遍历 Excel 文件的所有数据（除了第一行，第一行是数据列名称）
        // 所以 i 从 1 开始，而不是从 0 开始
        for (int i = 1; i<rowCount + 1; i++) {
            // 使用 getRow 方法获取行对象
            Row row = Sheet.getRow(i);
        /* 声明一个数组，用来存储 Excel 测试数据文件每行中的测试用例和数据，数组的大小用
         * getLastCellNum-2 来进行动态声明，实现测试数据个数和数组大小一致，因为 Excel
         * 测试数据文件中测试数据行的最后一个单元格为测试执行结果，倒数第二个单元格为此测
         * 试数据行是否运行的状态位，所以最后两列的单元格数据并不需要传入测试方法，因此
         * 使用 "getLastCellNum-2" 的方式去掉每行中的最后两个单元格数据，计算出需要存
         * 储的测试数据个数，并作为测试数据数组的初始化大小
         */
            String fields[] = new String[row.getLastCellNum() - 2];
        /* if 用于判断数据行是否要参与测试的执行，Excel 文件的倒数第二列为数据行的状态位，
         * 标记为 "y" 表示此数据行要被测试脚本执行，标记为 "非 y" 的数据行均被认为不会参
         * 与测试脚本的执行，会被跳过
         */

            if (row.getCell(row.getLastCellNum()-2).getStringCellValue().equals("y")) {

                for (int j = 0; j<row.getLastCellNum()-2; j++) {
                //判断Excel 文件的单元格字段是数字还是字符串,字符串格式调用 getStringCellValue
                //方法获取，数字格式调用 getNumericCellValue 方法获取
                    fields[j] = (String) (row.getCell(j).getCellType() ==
        XSSFCell.CELL_TYPE_STRING ?
        row.getCell(j).getStringCellValue() :""+row.getCell(j).getNumericCellValue());

                }
                // 将 fields 的数据对象存储到 records 的 List 中
                records.add(fields);
            }

        }
```

```java
        // 定义函数返回值,即 Object[][]
        // 将存储测试数据的 List 转换为一个 Object 的二维数组
        Object[][] results = new Object[records.size()][];
        // 设置二维数组每行的值,每行是一个 Object 对象
        for (int i = 0; i<records.size(); i++) {
            results[i] = records.get(i);
        }

        return results;
    }
    public static int getLastColumnNum(){
        //返回 Excel 测试数据文件最后一列的列号,如果有 12 列,则结果返回 11
        return ExcelWSheet.getRow(0).getLastCellNum()-1;
    }
}
```

ExcelUtil 类主要新增了 getTestData 和 getLastColumnNum 方法,前者用于为 TestNG 提供数据驱动的数据集数组,后者用于返回 Excel 测试数据文件中的数据行数、列数。

在 cn.gloryroad.testScripts 的 Package 中修改 TestMail126AddContactPerson 类的代码,修改后的类代码如下。

```java
package cn.gloryroad.testScripts;

import java.io.IOException;
import java.util.concurrent.TimeUnit;
import org.apache.log4j.xml.DOMConfigurator;
import org.openqa.selenium.WebDriver;
import org.openqa.selenium.firefox.FirefoxDriver;
import org.testng.Assert;
import org.testng.annotations.AfterMethod;
import org.testng.annotations.BeforeClass;
import org.testng.annotations.BeforeMethod;
import org.testng.annotations.DataProvider;
import org.testng.annotations.Test;
import cn.gloryroad.appModules.AddContactPerson_Action;
import cn.gloryroad.util.*;

public class TestMail126AddContactPerson {
    public WebDriver driver;
    // 调用了 Constant 类中的常量 Constant.Url
    private String baseUrl = Constant.Url;

    //定义 dataProvider,并命名为"testData"
    @DataProvider(name = "testData")
    public static Object[][] data() throws IOException {
```

```java
    /* 调用 ExcelUtil 类中的 getTestData 静态方法，获取 Excel 文件中倒数第二列标记
     * 为"y"的测试数据行，函数参数为常量 Constant.TestDataExcelFilePath 和常量
     * Constant.TestDataExcelFileSheet，指定测试数据文件的路径和 Sheet 名称
     */
        return ExcelUtil.getTestData(Constant.TestDataExcelFilePath,
Constant.TestDataExcelFileSheet);
}
    //使用名称为"testData"的 dataProvider 作为测试方法的测试数据集
    //测试方法一共使用了 10 个参数，对应 Excel 测试数据文件的第 1～10 列
    @Test(dataProvider = "testData")
    public void testAddressBook(String CaseRowNumber, String testCaseName,
            String mailUserName, String mailPassWord, String contactPersonName,
            String contactPersonEmail, String contactPersonMobile,
            String assertContactPersonName, String assertContactPersonEmail,
            String assertContactPersonMobile) throws Exception {
        //传入变量 testCaseName，在日志中打印测试用例执行的日志信息
        Log.startTestCase(testCaseName);
        //访问被测试网站
        driver.get(baseUrl);

        Log.info("调用 AddContactPerson_Action 类的 execute 方法");
        // 使用变量 mailUsername、mailPassword、contactPersonName、contactPersonEmail
        // 和 contactPersonMobile 作为添加联系人动作的参数
        try{
            AddContactPerson_Action.execute(driver, mailUserName,
mailPassWord, contactPersonName, contactPersonEmail, contactPersonMobile);
        }catch(AssertionError error){
            Log.info("添加联系人失败");
    /* 执行 AddContactPerson_Action 类的 execute 方法失败时，catch 语句可以捕获
     * AssertionError 类型的异常，并设置 Excel 文件中测试数据行的执行结果为"测试执行
     * 失败"。由于 Excel 文件中的序号格式被默认设定为带有一位小数，所以使用
     * "split("[.]")[0]"语句获取序号的整数部分，并传给
     *  setCellData 函数，在对应序号的测试数据行的最后一列设定"测试执行失败"
     */
            ExcelUtil.setCellData(Integer.parseInt(CaseRowNumber.split("[.]")[0]),
ExcelUtil.getLastColumnNum(), "测试执行失败");
            //调用 Assert 类的 fail 方法将此测试用例设定为执行失败，后续测试代码将不再执行
            Assert.fail("执行 AddContactPerson_Action 类的 execute 方法失败");
        }

        Log.info("调用 AddContactPerson_Action 类的 execute 方法后，休眠 3 秒");
        Thread.sleep(3000);

        Log.info("断言通讯录的页面是否包含联系人姓名的关键字");
        try{
```

```java
            // 断言页面是否包含 contactPersonName 变量中的文字
            Assert.assertTrue(driver.getPageSource().contains(
assertContactPersonName));
            }catch(AssertionError error){
                Log.info("断言通讯录的页面是否包含联系人姓名的关键字失败");
                ExcelUtil.setCellData(Integer.parseInt(CaseRowNumber.split("[.]")[0]),
ExcelUtil.getLastColumnNum(), "测试执行失败");
                Assert.fail("断言通讯录的页面是否包含联系人姓名的关键字失败");
            }
             Log.info("断言通讯录的页面是否包含联系人电子邮件地址的关键字");
            try{
                // 断言页面是否包含 contactPersonEmail 变量中的文字
                Assert.assertTrue(driver.getPageSource().contains(
assertContactPersonEmail));
            }catch(AssertionError error){
                Log.info("断言通讯录的页面是否包含联系人姓名的电子邮件地址失败");
                ExcelUtil.setCellData(Integer.parseInt(CaseRowNumber.split("[.]")[0]),
ExcelUtil.getLastColumnNum(), "测试执行失败");
                Assert.fail("断言通讯录的页面是否包含联系人姓名的电子邮件地址失败");
            }

            Log.info("断言通讯录的页面是否包含联系人手机号的关键字");
            try{
                // 断言页面是否包含 contactPersonMobile 变量中的文字
                Assert.assertTrue(driver.getPageSource().contains(
assertContactPersonMobile));
            }catch(AssertionError error ){
                Log.info("断言通讯录的页面是否包含联系人手机号的关键字失败");
                ExcelUtil.setCellData(Integer.parseInt(CaseRowNumber.split("[.]")[0]),
ExcelUtil.getLastColumnNum(), "测试执行失败");
                Assert.fail("断言通讯录的页面是否包含联系人手机号的关键字失败");
            }

            Log.info("新建联系人的全部断言成功，在 Excel 的测试数据文件的"测试执行结果"
                列中写入"执行成功"");
            /* 若3个断言都成功，则在 Excel 测试数据文件的"测试执行结果"列中写入"执行成功"，
             * 通过 CaseRowNumber 参数获取测试结果要写入的行号。因为在 Excel 文件中填写整数
             * 数字时，会自动添加一位小数，所以使用 split 函数获取测试用例行号的整数部分。测试
             * 用例执行成功后，测试结果会写入 Excel 测试数据文件的"测试执行结果"列
             */
            ExcelUtil.setCellData(Integer.parseInt(CaseRowNumber.split("[.]")[0]),
ExcelUtil.getLastColumnNum(), "执行成功");
            Log.info("测试结果成功写入 Excel 数据文件的"测试执行结果"列");
            //打印测试用例执行完毕的信息
            Log.endTestCase(testCaseName);
    }

    @BeforeMethod
    public void beforeMethod() {
```

```java
        //若 WebDriver 无法打开 Firefox 浏览器，才需增加此行代码设定 Firefox
        //浏览器的所在路径
        System.setProperty("webdriver.firefox.bin","C:\\Program Files\\Firefox Developer Edition\\firefox.exe");
        //加载 Firefox 浏览器的驱动程序
        System.setProperty("webdriver.gecko.driver","d:\\geckodriver.exe");
        //打开 Firefox 浏览器
        driver = new FirefoxDriver();
        driver.manage().window().maximize();
        driver.manage().timeouts().implicitlyWait(10, TimeUnit.SECONDS);

    }

    @AfterMethod
    public void afterMethod() {
        driver.quit(); // 关闭打开的浏览器
    }

    @BeforeClass
    public void BeforeClass() throws Exception {
        // 设定测试程序使用的数据文件和 Sheet 名称
        ExcelUtil.setExcelFile(Constant.TestDataExcelFilePath, Constant.TestDataExcelFileSheet);
        DOMConfigurator.configure("log4j.xml");
    }
}
```

至此，数据驱动测试框架的所有步骤完成。在 Eclipse 工程中，所有 Package 和类的结构如图 16-9 所示。

测试执行结果：

TestMail126AddContactPerson 测试类使用 TestNG 的数据驱动注解进行数据驱动测试，执行此测试类可以看到如图 16-10 所示的执行结果。

图 16-9   图 16-10

打开 Excel 测试数据文件，我们可以看到序号为 1 和 3 的测试数据行的最后一列均显示 "执行成功"；序号为 2 的测试数据行的最后一列依旧显示 "/"，表示此数据行并未被测试方法调用。Excel 测试数据文件的具体内容如图 16-11 所示。

行号	测试用例名称	邮箱登录用户名	邮箱登录用户密码	新建联系人姓名	新建联系人电子邮件地址	新建联系人的手机号	验证页面中包含关键字1	验证页面中包含关键字2	验证页面中包含关键字3	测试数据是否执行	测试执行结果
1	新建联系人用例1	testman2018	wulaoshi1	张三	zhangsan@sogou.com	14900000001	张三	zhangsan@sogou.com	14900000001	y	执行成功
2	新建联系人用例2	testman1987	wulaoshi1	李四	lisi@sogou.com	14900000002	李四	lisi@sogou.com	14900000002	n	/
3	新建联系人用例3	testman2018	wulaoshi1	李四	lisi@sogou.com	14900000002	李四	lisi@sogou.com	14900000002	y	执行成功

图 16-11

数据驱动测试框架的优点分析：

（1）通过配置文件，实现页面元素定位表达式和测试代码的分离。

（2）使用 ObjectMap 方式，简化与页面元素定位相关的代码量。

（3）使用 PageObject 模式，封装了网页中的页面元素，方便测试代码调用，也实现了一处维护、全局生效的目标。

（4）在 cn.gloryroad.appModules 的 Package 中封装了常用的页面对象操作方法，简化了测试脚本编写的工作量。

（5）在 Excel 文件中定义多个测试数据，测试框架可自动调用测试数据完成数据驱动测试。

（6）实现了测试执行过程中的日志记录功能，可以通过日志文件分析测试脚本执行的情况。

（7）在 Excel 文件的测试数据中，通过设定"测试数据是否执行"列的内容为"y"或者"n"，可自定义选择测试数据，测试执行结束后会在"测试结果"列中显示测试执行的结果，方便测试人员查看。

本例中使用操作 Excel 文件的方式定义和维护测试数据及测试结果，如果读者擅长数据库和网页开发技术，可以借鉴此框架的思想，实现基于数据库和网页架构的数据驱动框架。借助 Web 方式，测试人员可以通过浏览器来进行数据驱动测试，完成测试数据的定义、测试用例的执行和测试结果的查看。

16.3 关键字驱动测试框架搭建及实战

本节主要讲解关键字驱动测试框架的搭建，并且使用此框架来测试 126 邮箱登录和发送邮件的相关功能。关键字框架用到的基础知识均在前面的章节做了详细介绍，本节重点讲解框架搭建的详细过程。

被测试功能的相关页面描述：

登录页面如图 16-12 所示。

图 16-12

登录后页面如图 16-13 所示。

图 16-13

单击"写信"链接后，进入写信页面，如图 16-14 所示。

图 16-14

发送邮件成功后显示的页面如图 16-15 所示。

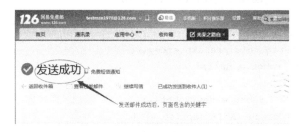

图 16-15

测试框架搭建步骤：

（1）新建一个 Java 工程，命名为"KeyWordsFrameWork"，并按照前面章节的描述配置好工程中的 WebDriver、Junit 和 TestNG 环境，并导入与 Excel 操作及 Log4j 相关的 JAR 文件到工程中。

（2）在工程中新建 4 个 Package：

- cn.gloryroad.configuration：主要用于实现框架中的各项配置。
- cn.gloryroad.data：用于存储框架所使用的测试数据文件。
- cn.gloryroad.testScript：用于实现具有测试逻辑的测试脚本。
- cn.gloryroad.util：用于实现封装好的常用测试方法。

（3）在 cn.gloryroad.util 的 Package 中新建 KeyBoardUtil 和 WaitUitl 两个工具类。

KeyBoardUtil 类的代码如下。

```
package cn.gloryroad.util;

import java.awt.AWTException;
import java.awt.Robot;
import java.awt.Toolkit;
import java.awt.datatransfer.StringSelection;
import java.awt.event.KeyEvent;

public class KeyBoardUtil {
    //按 Tab 键的封装方法
    public static void pressTabKey(){
        Robot robot = null;
        try {
                robot = new Robot();
            } catch (AWTException e) {
                e.printStackTrace();
            }
        //调用 keyPress 方法来实现按下 Tab 键
        robot.keyPress(KeyEvent.VK_TAB);
```

```java
            //调用 keyRelease 方法来实现释放 Tab 键
            robot.keyRelease(KeyEvent.VK_TAB);
        }
    //按 Enter 键的封装方法
    public static void pressEnterKey(){
        Robot robot = null;
        try {
                robot = new Robot();
            } catch (AWTException e) {
                e.printStackTrace();
            }
        //调用 keyPress 方法来实现按下 Enter 键
        robot.keyPress(KeyEvent.VK_ENTER);
        //调用 keyRelease 方法来实现释放 Enter 键
        robot.keyRelease(KeyEvent.VK_ENTER);
    }
      /* 将指定字符串设为剪切板的内容,然后执行粘贴操作,
       * 将页面焦点切换到输入框后,调用此函数可以将指定字符串粘贴到输入框中
       */
    public static void setAndctrlVClipboardData(String string){

        StringSelection stringSelection = new StringSelection(string);
        Toolkit.getDefaultToolkit().getSystemClipboard()
              .setContents(stringSelection, null);
        Robot robot = null;
        try {
                robot = new Robot();
            } catch (AWTException e1) {
                e1.printStackTrace();
            }
        //以下 4 行代码实现按下和释放 "Ctrl+V" 组合键
        robot.keyPress(KeyEvent.VK_CONTROL);
        robot.keyPress(KeyEvent.VK_V);
        robot.keyRelease(KeyEvent.VK_V);
        robot.keyRelease(KeyEvent.VK_CONTROL);
        }
}
```

WaitUitl 类的代码如下。

```java
package cn.gloryroad.util;

import org.openqa.selenium.By;
import org.openqa.selenium.WebDriver;
import org.openqa.selenium.support.ui.ExpectedConditions;
import org.openqa.selenium.support.ui.WebDriverWait;

public class WaitUitl {
    //用于测试执行过程中暂停程序执行的休眠方法
```

```java
    public static void sleep(long millisecond ){
        try {
            //线程休眠，millisecond 参数定义的是毫秒数
            Thread.sleep(millisecond);
        } catch (Exception e) {
            e.printStackTrace();
        }
    }
    //显式等待页面元素出现的封装方法，参数为页面元素的 XPath 定位字符串
    public static void waitWebElement(WebDriver driver,String xpathExpression){
        WebDriverWait wait= new WebDriverWait(driver,10);
        //调用 ExpectedConditions 的 presenceOfElementLocated 方法判断页面
        //元素是否出现
        wait.until(ExpectedConditions.presenceOfElementLocated(By.xpath(xpathExpression)));

    }
}
```

（4）编写一个自动化测试脚本，完成自动发送带有附件的邮件操作，并进行发送结果关键字的断言。在 cn.gloryroad.testScript 的 Package 中新建 TestSendMailWithAttachment 测试类，实现的类代码如下。

```java
package cn.gloryroad.testScript;

import java.util.List;

import org.openqa.selenium.By;
import org.openqa.selenium.WebDriver;
import org.openqa.selenium.WebElement;
import org.openqa.selenium.ie.InternetExplorerDriver;
import org.testng.Assert;
import org.testng.annotations.Test;
import org.testng.annotations.BeforeMethod;
import org.testng.annotations.AfterMethod;
import static cn.gloryroad.util.KeyBoardUtil.*;
import static cn.gloryroad.util.WaitUitl.*;
public class TestSendMailWithAttachment {
    WebDriver  driver;
    String baseUrl;

    @Test
    public void testSendMailWithAttachment() {

        //访问被测试网站 "http://mail.126.com"
        driver.get("http://mail.126.com");
        WebElement iframe = driver.findElement(By.xpath ("//iframe[contains(@id,'x-URS-iframe')]"));
```

```java
            driver.switchTo().frame(iframe);
            //登录首页的用户名和密码输入框使用iframe加载，暂停4秒等待加载完成
            try {
                Thread.sleep(4000);
            } catch (InterruptedException e) {
                e.printStackTrace();
                    }
            //定位126邮箱登录首页的用户名输入框
             WebElement userName = driver.findElement(By.xpath("//input[@data-placeholder='邮箱帐号或手机号']"));
            //定位126邮箱登录首页的密码输入框

            WebElement passWord = driver.findElement(By.xpath("//*[@data-placeholder='密码']"));
            //定位126邮箱登录首页的"登录"按钮
            WebElement loginButton = driver.findElement(By.id("dologin"));
            //清除用户名输入框中的内容，防止缓存的内容影响测试输入
            userName.clear();
            //在用户输入框中输入邮箱登录名
            userName.sendKeys("testman1978");
            //清除密码输入框中的内容，防止缓存的内容影响测试输入
            passWord.clear();
            //在密码输入框中输入邮箱密码
            passWord.sendKeys("wulaoshi1978");
            //单击"登录"按钮
            loginButton.click();
            driver.switchTo().defaultContent();

            //调用封装的显式等待函数，在页面显示退出链接后，继续执行后续代码
            waitWebElement(driver,"//a[contains(.,'退出')]");
            //定位页面的写信链接
            WebElement writeMailLink = driver.findElement(By.xpath("//*[contains(@id,'_mail_component_')]/span[contains(.,'写信')]"));
            //单击写信链接
            writeMailLink.click();
            //调用封装的显式等待函数，在页面显示"收件人"的链接后，继续执行后续代码
            waitWebElement(driver,"//a[contains(.,'收件人')]");
            //定位写信页面的收件人输入框
            WebElement recipients = driver.findElement(By.xpath("//input[@aria-label='收件人地址输入框，请输入邮件地址，多人时地址请以分号隔开']"));
            //定位写信页面的邮件主题输入框
            WebElement mailSubject = driver.findElement(By.xpath("//input[contains(@id,'subjectInput')]"));
            //在收件人输入框中输入收信人地址，本例输入发件人自己的邮箱
            recipients.sendKeys("testman1978@126.com");
            //在邮件主题输入框中输入邮件标题
            mailSubject.sendKeys("这是一封测试邮件");
            /* 调用KeyBoardUtil类中的pressTabKey方法，程序会执行按Tab键的操作，
             * 执行按Tab键操作后，页面的输入焦点自动切换到邮件正文的输入框
```

```
         */
        pressTabKey();
        /* 调用 KeyBoardUtil 类中的 setAndctrlVClipboardData 方法
         * 模拟剪切板粘贴的操作，将自定义的字符串内容粘贴入邮件正文输入框
         */
        setAndctrlVClipboardData("这是一封自动化发送的测试邮件的正文");
        //定位添加附件的链接
        driver.findElement(By.xpath("//a[contains(@id,'_attachAdd')]")).click();
        //调用 WaitUtil 类中的 sleep 方法休眠 0.5 秒，等待页面弹出文件选择的 Window 框体
        sleep(500);
        /* 调用 KeyBoardUtil 类中的 setAndctrlVClipboardData 方法,
         * 将上传文件的绝对路径字符串粘贴到文件选择框体的文件名输入框中
         */
        setAndctrlVClipboardData("c:\\a.log");
        pressEnterKey();
        //调用 WaitUtil 类中的 sleep 方法休眠 4 秒，等待附件文件上传完毕
        sleep(4000);
        /* 定位页面上的两个发送按钮，并存储到 List 容器中,
         * 由于两个发送按钮在页面中属性基本相同，所以很难只定位唯一的发送按钮,
         * 所以使用发送按钮的文字属性将两个发送按钮同时定位，存储到 List 容器
         * 中，然后调用容器中的其中一个按钮，可定位唯一一个发送按钮
         */
        List<WebElement>  buttons = driver.findElements(By.xpath("//*[contains(@id,'_mail_button_')]/span[contains(.,'发送')]"));
        //单击容器中存储的第二个发送按钮来发送编辑好的邮件
        buttons.get(1).click();
        /* 调用封装的显式等待函数，在页面显示出包含关键字 "_succInfo" 的 ID 属性元素后,
         * 继续执行后续代码
         */
        waitWebElement(driver,"//*[contains(@id,'_succInfo')]");
        //断言页面中是否包含 "发送成功" 关键字，以此判断邮件是否发送成功
        Assert.assertTrue(driver.getPageSource().contains("发送成功"));
    }
    @BeforeMethod
    public void beforeMethod() throws InterruptedException {
        //设定 IE 浏览器驱动文件的绝对路径
        System.setProperty("webdriver.ie.driver", "C:\\IEDriverServer.exe");
        driver = new InternetExplorerDriver();
    }


    @AfterMethod
    public void afterMethod() {
        driver.quit();
    }


}
```

代码解释：

代码中使用了静态引用，如"import static cn.gloryroad.util.KeyBoardUtil.*；"，使用静态引用时，可以在不写类名的情况下，直接调用类中的静态方法。如上面程序中调用按Tab键的静态方法：

```
pressTabKey();
```

这样的方式可以让代码写起来更简洁，看起来也更直观。

（5）在数据驱动框架的工程中，新建存储定位表达式的"objectMap.properties"配置文件。在工程名称上单击鼠标右键，在弹出的快捷菜单中选择"New"→"File"命令，如图16-16所示。

在弹出的对话框的"File name"输入框中输入文件名称"objectMap.properties"，并单击"Finish"按钮，如图16-17所示。

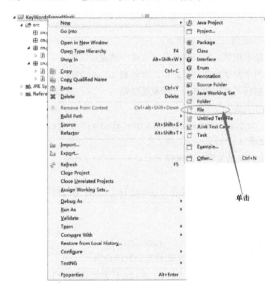

图 16-16

图 16-17

用鼠标右键单击"objectMap.properties"文件，在弹出的快捷菜单中选择"Properties"命令，如图16-18所示。

图 16-18

设定文件的编码格式为"UTF-8",如图 16-19 所示。

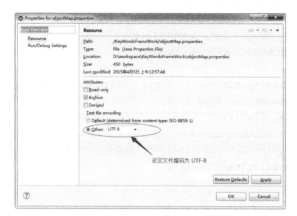

图 16-19

双击 objectMap.properties 文件进行编辑,在文件中输入如下内容的定位表达式。

```
login.iframe=xpath>//iframe[contains(@id,'x-URS-iframe')]
login.username=xpath>//input[@data-placeholder='邮箱帐号或手机号']
login.password=xpath>//*[@data-placeholder='密码']
login.button=id>dologin
homepage.logoutlink=xpath>//a[contains(.,'退出')]
homepage.writeLetterLink=xpath>//*[contains(@id,'_mail_component_')]/span[contains (.,'写信')]
writemailpage.recipientslink=xpath>//a[contains(.,'收件人')]
writemailpage.recipients=xpath>//*[contains(@id,'_mail_emailinput_0_')]/input
writemailpage.mailsubject=xpath>//*[contains(@id,'_mail_input_2')]/input
writemailpage.addattachmentlink=xpath>//a[contains(@id,'_attachAdd')]
writemailpage.sendmailbuttons=xpath>//*[contains(@id,'_mail_button_')]/span[contains (.,'发送')]
sendmailsuccesspage.succinfo=xpath>//*[contains(@id,'_succInfo')]
```

输入以上内容后,保存此文件。此时可能会弹出提示窗,选择"Save as UTF-8"选项即可。

(6)在 cn.gloryroad.util 的 Package 下新建工具类 ObjectMap,此工具类的 getLocator 方法用于从"objectMap.properties"配置文件中读取定位表达式,并返回定位对象。

ObjectMap 类代码:

```java
package cn.gloryroad.util;

import java.io.FileInputStream;
import java.io.IOException;
import java.util.Properties;
import org.openqa.selenium.By;

public class ObjectMap {
```

```java
        Properties properties;

    public ObjectMap(String propFile){
        properties = new Properties();
        try{
            FileInputStream in = new FileInputStream(propFile);
            properties.load(in);
            in.close();
        }catch (IOException e){
            System.out.println("读取对象文件出错");
            e.printStackTrace();
        }

    }

    public By getLocator(String ElementNameInpropFile) throws Exception {

        //根据变量 ElementNameInpropFile，从属性配置文件中读取对应的配置对象
        String locator = properties.getProperty(ElementNameInpropFile);

        //将配置对象中的定位类型存储到 locatorType 变量中，将定位表达式的值存储到
        //locatorValue 变量中
        String locatorType = locator.split(">")[0];
        String locatorValue = locator.split(">")[1];
        locatorValue=new String(locatorValue.getBytes("ISO-8859-1"),"UTF-8");

        // 输出 locatorType 和 locatorValue 变量值，验证赋值是否正确
        System.out.println("获取的定位类型：" + locatorType + "\t 获取的定位表达式" + locatorValue );

        // 根据 locatorType 变量值的内容判断返回何种定位方式的 By 对象
        if(locatorType.toLowerCase().equals("id"))
            return By.id(locatorValue);
        else if(locatorType.toLowerCase().equals("name"))
            return By.name(locatorValue);
        else if((locatorType.toLowerCase().equals("classname")) ||
    (locatorType.toLowerCase().equals("class")))
            return By.className(locatorValue);
        else if((locatorType.toLowerCase().equals("tagname")) ||
    (locatorType.toLowerCase().equals("tag")))
            return By.className(locatorValue);
        else if((locatorType.toLowerCase().equals("linktext")) ||
    (locatorType.toLowerCase().equals("link")))
            return By.linkText(locatorValue);
        else if(locatorType.toLowerCase().equals("partiallinktext"))
            return By.partialLinkText(locatorValue);
        else if((locatorType.toLowerCase().equals("cssselector")) ||
```

```
            (locatorType.toLowerCase().equals("css")))
                return By.cssSelector(locatorValue);
        else if(locatorType.toLowerCase().equals("xpath"))
                return By.xpath(locatorValue);
        else
                throw new Exception("输入的 locator type 未在程序中被定义："+ locatorType );
        }
}
```

（7）在 cn.gloryroad.data 的 Package 中新建关键字驱动数据文件。

在 Eclipse 中 cn.gloryroad.data 的 Package 上单击鼠标右键，在弹出的快捷菜单中选择"Properties"命令，在弹出的对话框中找到此 Package 的文件路径，如图 16-20 所示。

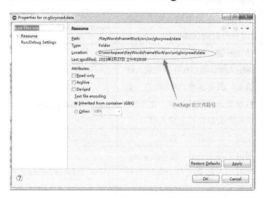

图 16-20

在此路径下新建一个扩展名为".xlsx"的 Excel 文件，文件名为"关键字驱动测试用例"。

在 Eclipse 中，按下 F5 键可以在 cn.gloryroad.data 的 Package 下看到新建的 Excel 文件。

Excel 文件的内容由测试工程师输入，新建一个名为"发送邮件"的 Sheet，具体 Sheet 内容如表 16-1 所示。

表 16-1

测试用例序号	测试步骤序号	测试步骤描述	关键字	操作值
SendMail01	TestStep_01	打开浏览器	open_browser	firefox
SendMail01	TestStep_02	访问被测试网址：http://www.126.com	navigate	http://www.126.com
SendMail01	TestStep_03	等待 3 秒，等待 iframe 加载完成	sleep	3000
SendMail01	TestStep_04	进入 iframe	switch_frame	无
SendMail01	TestStep_05	等待 3 秒，等待页面加载完成	sleep	3000
SendMail01	TestStep_06	输入邮箱登录用户名	input_userName	testman2018
SendMail01	TestStep_07	输入邮箱密码	input_passWord	wulaoshi2018

续表

测试用例序号	测试步骤序号	测试步骤描述	关键字	操作值
SendMail01	TestStep_08	单击"登录"按钮	click_login	无
SendMail01	TestStep_09	退出 iframe	default_frame	无
SendMail01	TestStep_10	等待页面出现登录成功后显示的退出链接	WaitFor_Element	homepage.logoutlink
SendMail01	TestStep_11	单击"写信"链接	click_writeLetterLink	无
SendMail01	TestStep_12	等待写信页面上显示"收件人"链接	WaitFor_Element	writemailpage.recipientslink
SendMail01	TestStep_13	在收件人输入框中输入收信人的邮件地址	input_recipients	testman1978@126.com
SendMail01	TestStep_14	在邮件标题框中输入邮件标题"这是一封测试邮件"	input_mailSubject	这是一封测试邮件的标题
SendMail01	TestStep_15	按 Tab 键,将页面焦点从邮件标题输入框切换到邮件正文输入框	press_Tab	无
SendMail01	TestStep_16	调用工具类函数,将"这是一封自动发送的测试邮件正文"字符串粘贴到邮件正文输入框	paste_mailContent	这是一封测试邮件的正文
SendMail01	TestStep_17	单击"添加附件"按钮	click_addAttachment	无
SendMail01	TestStep_18	调用工具类函数,将"c:\\a.log"字符串粘贴到文件上传的文件名输入框中	paste_uploadFileName	c:\a.log
SendMail01	TestStep_19	按 Enter 键,开始上传附件文件到邮件系统	press_enter	无
SendMail01	TestStep_20	等待 4 秒,等待完成附件上传	sleep	4000
SendMail01	TestStep_21	单击"发送邮件"按钮	click_sendMailButton	无
SendMail01	TestStep_22	等待 3 秒,等待邮件发送完成	sleep	3000
SendMail01	TestStep_23	等待发送完成页面上显示出 ID 属性包含 "succinfo"关键字的页面元素	WaitFor_Element	sendmailsuccesspage.succinfo
SendMail01	TestStep_24	断言发送结果页面是否包含"发送成功"关键字	Assert_String	发送成功
SendMail01	TestStep_25	关闭浏览器	close_browser	无

第 1 列为测试用例的序号,第 2 列为当前测试用例的操作步骤序号,第 3 列为测试步骤的描述,第 4 列为测试执行的关键字,第 5 列为测试操作的输入参数(可能是输入值,也可能是 XPath 表达式。如果操作无须输入,则此列必须填写"无")。

(8)在 cn.gloryroad.util 的 Package 下新建 Excel 文件读取的工具类 ExcelUtil,主要实现操作指定 Excel 文件中的指定 Sheet、读取指定的单元格内容、获取 Sheet 中最后一行行号,具体的类代码如下。

```java
package cn.gloryroad.util;

import java.io.FileInputStream;
import org.apache.poi.xssf.usermodel.XSSFCell;
import org.apache.poi.xssf.usermodel.XSSFSheet;
import org.apache.poi.xssf.usermodel.XSSFWorkbook;

//本类主要实现扩展名为".xlsx"的Excel文件操作
public class ExcelUtil {

    private static XSSFSheet ExcelWSheet;
    private static XSSFWorkbook ExcelWBook;
    private static XSSFCell Cell;

    // 设定要操作的 Excel 的文件路径和 Excel 文件中的 Sheet 名称
    // 在读/写Excel文件的时候，均需要先调用此方法，设定要操作的Excel文件路径和要操作
    // 的Sheet 名称
    public static void setExcelFile(String Path, String SheetName)
            throws Exception {
        FileInputStream ExcelFile;
        try {
            // 实例化 Excel 文件的 FileInputStream 对象
            ExcelFile = new FileInputStream(Path);
            // 实例化 Excel 文件的 XSSFWorkbook 对象
            ExcelWBook = new XSSFWorkbook(ExcelFile);
            // 实例化 XSSFSheet 对象, 指定 Excel 文件中的 Sheet 名称，用于后续 Sheet 中
            //行、列和单元格的操作
            ExcelWSheet = ExcelWBook.getSheet(SheetName);

        } catch (Exception e) {
            throw (e);
        }

    }

    // 读取 Excel 文件指定单元格的函数, 此函数只支持扩展名为".xlsx"的 Excel 文件
    public static String getCellData(int RowNum, int ColNum) throws Exception {

        try {
            // 通过函数参数指定单元格的行号和列号，获取指定的单元格对象
            Cell = ExcelWSheet.getRow(RowNum).getCell(ColNum);
            // 如果单元格的内容为字符串类型,则使用getStringCellValue方法获取单元格的内容
            // 如果单元格的内容为数字类型,则使用getNumericCellValue方法获取单元格的内容
            String CellData=Cell.getCellType()==XSSFCell.CELL_TYPE_STRING?Cell
                    .getStringCellValue() + "":String.valueOf
                    (Math.round(Cell.getNumericCellValue()));
            //函数返回指定单元格的字符串内容
```

```java
            return CellData;
        } catch (Exception e) {
            e.printStackTrace();
            //读取遇到异常,则返回空字符串
            return "";
        }
    }

    //获取 Excel 文件最后一行的行号
    public static int getLastRowNum() {
        //函数返回 Sheet 中最后一行的行号
        return ExcelWSheet.getLastRowNum();
    }
}
```

在 cn.gloryroad.util 的 Package 中修改 WaitUitl 类,封装等待的各种方法,方便在测试过程中进行调用,类的具体代码如下。

```java
package cn.gloryroad.util;

import org.openqa.selenium.By;
import org.openqa.selenium.WebDriver;
import org.openqa.selenium.support.ui.ExpectedConditions;
import org.openqa.selenium.support.ui.WebDriverWait;

public class WaitUitl {
    //用于在测试执行过程中暂停程序执行的休眠方法
    public static void sleep(long millisecond ){
        try {
            //线程休眠,millisecond 参数定义的是毫秒数
            Thread.sleep(millisecond);
        } catch (Exception e) {
            e.printStackTrace();
        }
    }
    //显式等待页面元素出现的封装方法,参数为页面元素的 XPath 定位字符串
    public static void waitWebElement(WebDriver driver,String xpathExpression){
        WebDriverWait wait= new WebDriverWait(driver,10);
        //调用 ExpectedConditions 的 presenceOfElementLocated 方法判断
        //页面元素是否出现
        wait.until(ExpectedConditions.presenceOfElementLocated(By.xpath(xpathExpression)));
    }

    //显式等待页面元素出现的封装方法,参数为表示页面元素的 By 对象,此函数可以支持更多定位表达式
    public static void waitWebElement(WebDriver driver,By by){
        WebDriverWait wait= new WebDriverWait(driver,10);
```

```java
        //调用 ExpectedConditions 的 presenceOfElementLocated 方法判断页面元素
        //是否出现
        wait.until(ExpectedConditions.presenceOfElementLocated(by));

    }
}
```

参考之前编写的测试类 TeSendMailWithAttachment 的代码，在 cn.gloryroad.configuration 的 Package 中新建关键字类 KeyWordsAction，类代码的具体实现如下。

```java
package cn.gloryroad.configuration;

import static cn.gloryroad.util.WaitUitl.waitWebElement;
import java.util.List;
import org.openqa.selenium.WebDriver;
import org.openqa.selenium.WebElement;
import org.openqa.selenium.chrome.ChromeDriver;
import org.openqa.selenium.firefox.FirefoxDriver;
import org.openqa.selenium.ie.InternetExplorerDriver;
import org.testng.Assert;
import cn.gloryroad.util.KeyBoardUtil;
import cn.gloryroad.util.ObjectMap;
import cn.gloryroad.util.WaitUitl;
import org.apache.log4j.xml.DOMConfigurator;
import cn.gloryroad.util.Log;

public class KeyWordsAction {
    //声明静态 WebDriver 对象，用于在此类中对相关 Driver 进行操作
    public static WebDriver driver;
    //声明存储定位表达配置文件的 ObjectMap 对象
    private static ObjectMap objectMap = new ObjectMap(
"D://workspace//KeyWordsFrameWork//objectMap.properties");
    /* 此方法的名称对应 Excel 文件 "关键字" 列中的 open_browser 关键字
     * Excel 文件 "操作值" 列中的内容用于指定用何种浏览器运行测
     * 试用例。ie 表示启动 IE 浏览器，firefox 表示启动 Firefox
     * 浏览器，chrome 表示启动 Chrome 浏览器
     */
    public static  void open_browser(String browserName) {
        if (browserName.equals("ie")) {
            System.setProperty("webdriver.ie.driver", "C:\\IEDriverServer.exe");
            driver = new InternetExplorerDriver();
        } else if (browserName.equals("firefox")) {
            //若 WebDriver 无法打开 Firefox 浏览器，才需增加此行代码设定 Firefox
            //浏览器的所在路径
            System.setProperty("webdriver.firefox.bin","C:\\Program Files\\Firefox Developer Edition\\firefox.exe");
            //加载 Firefox 浏览器的驱动程序
            System.setProperty("webdriver.gecko.driver","d:\\geckodriver.exe");
```

```java
            //打开Firefox浏览器
            driver = new FirefoxDriver();
            
        } else {
            System.setProperty("webdriver.chrome.driver","C:\\chromedriver.exe");
            driver = new ChromeDriver();
        }
    }
    //此方法的名称对应Excel文件"关键字"列中的navigate关键字
    //读取Excel文件"操作值"列中的网址,作为浏览器访问的网址
    public static void navigate(String url) {
        driver.get(url);
    }
    
    /* 此方法的名称对应Excel文件"关键字"列中的switch_frame关键字,
     * 实现单击"登录"按钮操作,参数string本身并不会作为操作的输入值,设定
     * 一个无用的函数参数仅仅为了统一反射方法的调用方式(均传入一个参数)
     */
    public static void switch_frame(String string) {
       try {
            driver.switchTo().frame(driver.findElement(objectMap.getLocator("login.iframe")));
            Log.info("进入iframe");
       } catch (Exception e) {
            Log.info("进入首页iframe时出现异常,具体异常信息:"+e.getMessage());
            e.printStackTrace();
       }
    }
    //此方法的名称对应Excel文件"关键字"列中的input_userName关键字
    //读取Excel文件"操作值"列中的邮箱用户名称,作为登录用户名的输入内容
    public static void input_userName(String userName) {
        System.out.println("收到的参数值:" + userName);
        try {
            driver.findElement(objectMap.getLocator("login.username")).clear();
            driver.findElement(objectMap.getLocator("login.username")).sendKeys(userName);
        } catch (Exception e) {
            e.printStackTrace();
        }
    }
    //此方法的名称对应Excel文件"关键字"列中的input_passWord关键字
    //读取Excel文件"操作值"列中的邮箱密码,作为登录密码的输入内容
    public static void input_passWord(String password) throws Exception {
        try {
            driver.findElement(objectMap.getLocator("login.password")).clear();
            driver.findElement(objectMap.getLocator("login.password")).sendKeys(password);
        } catch (Exception e) {
            e.printStackTrace();
        }
```

```java
        }
        /* 此方法的名称对应 Excel 文件"关键字"列中的 click_login 关键字
         * 实现单击"登录"按钮操作,参数 string 本身并不会作为操作的输入值,设定
         * 一个无用的函数参数仅仅为了统一反射方法的调用方式(均传入一个参数)
         */
        public static void click_login(String string) {
            try {
                driver.findElement(objectMap.getLocator("login.button")).click();
            } catch (Exception e) {
                e.printStackTrace();
            }
        }

    /* 此方法的名称对应 Excel 文件"关键字"列中的 default_frame 关键字,
     * 实现单击"登录"按钮操作,参数 string 本身并不会作为操作的输入值,设定
     * 一个无用的函数参数仅仅为了统一反射方法的调用方式(均传入一个参数)
     */
    public static void default_frame(String string) {
            try {
                    driver.switchTo().defaultContent();
                    Log.info("退出 iframe");
            } catch (Exception e) {
                    Log.info("退出首页 iframe 时出现异常,具体异常信息:"+e.getMessage());
                    e.printStackTrace();
            }
    }


        /* 此方法的名称对应Excel 文件"关键字"列中的 WaitFor_Element 关键字,
         * 用于显式等待页面元素出现在页面中。函数读取 Excel 文件"操作值"列中的表达
         * 式作为函数参数,objectMap 对象的 getLocator 方法会根据函数参数值在配置
         * 文件中查找 key 值对应的定位表达式
         */
        public static void WaitFor_Element(String xpathExpression) {
            try {
                //调用封装的 waitWebElement 函数显式等待页面元素是否出现
                waitWebElement(driver, objectMap.getLocator(xpathExpression));
            } catch (Exception e) {
                e.printStackTrace();
            }
        }
        //此方法的名称对应 Excel 文件"关键字"列中的 click_writeLetterLink 关键字
        //用于单击"写信"链接
        public static void click_writeLetterLink(String string) {
            try {
                driver.findElement(objectMap.getLocator("homepage.writeLetterLink"))
.click();
```

```java
        } catch (Exception e) {
            e.printStackTrace();
        }
    }
    //此方法的名称对应Excel文件"关键字"列中的 input_recipients 关键字
    //用于在收件人输入框中输入指定的收件人信息，函数参数 recipients 为收件人信息
    public static void input_recipients(String recipients) {
        try {
            driver.findElement(objectMap.getLocator("writemailpage.recipients")).sendKeys(recipients);
        } catch (Exception e) {
            e.printStackTrace();
        }
    }
    //此方法的名称对应Excel文件"关键字"列中的 input_mailSubject 关键字
    //用于在邮件标题输入框中输入指定的字符串，函数参数 mailSubject 为输入内容
    public static void input_mailSubject(String mailSubject) {
        try {
            driver.findElement(objectMap.getLocator("writemailpage.mailsubject")).sendKeys(mailSubject);
        } catch (Exception e) {
            e.printStackTrace();
        }
    }
    //此方法的名称对应Excel文件"关键字"列中的 press_Tab 关键字
    //用于按 Tab 键的操作
    public static void press_Tab(String string) {
        try {
            Thread.sleep(2000);
            //调用 KeyBoardUtil 类的封装方法 pressTabKey
            KeyBoardUtil.pressTabKey();
        } catch (Exception e) {
            e.printStackTrace();
        }
    }
    //此方法的名称对应Excel文件"关键字"列中的 paste_mailContent 关键字
    //通过从剪切板粘贴的方式，在指定输入框中输入字符，如"邮件正文"
    public static void paste_mailContent(String mailContent) {
        try {
            KeyBoardUtil.setAndctrlVClipboardData(mailContent);
        } catch (Exception e) {
            e.printStackTrace();
        }
    }
    //此方法的名称对应Excel文件"关键字"列中的 click_addAttachment 关键字
    //用于单击"添加附件"按钮
```

```java
        public static void click_addAttachment(String string) {
            try {
                driver.findElement(
objectMap.getLocator("writemailpage.addattachmentlink")).click();
            } catch (Exception e) {
                e.printStackTrace();
            }
        }
        //此方法的名称对应 Excel 文件"关键字"列中的 paste_uploadFileName 关键字
        //通过从剪切板粘贴的方式，在文件上传框体的文件名输入框中输入要上传文件的路径和名称
        public static void paste_uploadFileName(String uploadFileName) {
            try {
                KeyBoardUtil.setAndctrlVClipboardData(uploadFileName);
            } catch (Exception e) {
                e.printStackTrace();
            }
        }
        //此方法的名称对应 Excel 文件"关键字"列中的 press_enter 关键字
        //用于按 Enter 键
        public static void press_enter(String string) {
            try {
                KeyBoardUtil.pressEnterKey();
            } catch (Exception e) {
                e.printStackTrace();
            }
        }
        //此方法的名称对应 Excel 文件"关键字"列中的 sleep 关键字
        //用于等待操作，暂停几秒，函数参数是以毫秒为单位的等待时间
        public static void sleep(String sleepTime){
            try {
                WaitUitl.sleep(Integer.parseInt(sleepTime));
            } catch (Exception e) {
                e.printStackTrace();
            }


        }
        //此方法的名称对应 Excel 文件"关键字"列中的 click_sendMailButton 关键字
        //用于单击"发送邮件"按钮
        public static void click_sendMailButton(String string) {

            try {
                /* 页面上有两个发送按钮可以执行发送功能，为了使用 XPath 匹配更方便，
                 * 同时匹配了两个发送按钮，并存储在 List 容器中，随便取出一个
                 * 按钮来完成单击操作
                 */
                List<WebElement> buttons = driver.findElements(objectMap
.getLocator("writemailpage.sendmailbuttons"));
```

```java
            buttons.get(0).click();
            System.out.println("发送按钮被成功单击");
        } catch (Exception e) {
            e.printStackTrace();
        }
    }
    //此方法的名称对应 Excel 文件"关键字"列中的 Assert_String 关键字
    //用于完成断言的操作,函数参数为断言的文字内容
    public static void Assert_String(String assertString) {
        try{
            Assert.assertTrue(driver.getPageSource().contains(assertString));
        } catch (AssertionError e) {
            System.out.println("断言失败");
        }
    }
    //此方法的名称对应 Excel 文件"关键字"列中的 close_browser 关键字
    //用于关闭浏览器的操作
    public static void close_browser(String string) {
        try {
            System.out.println("浏览器关闭函数被执行");
            driver.quit();
        } catch (Exception e) {
            e.printStackTrace();
        }
    }
}
```

以上代码实现了 Excel 文件中的关键字和测试代码的映射关系,让关键字定义的测试步骤得以执行。

在 cn.gloryroad.testScript 的 Package 中新建用于读取 Excel 文件内容的测试类 TestSendMailWithAttachmentByExcel,类代码的具体实现如下。

```java
package cn.gloryroad.testScript;

import org.testng.Assert;
import org.testng.annotations.Test;
import java.lang.reflect.Method;
import cn.gloryroad.configuration.*;
import cn.gloryroad.util.*;

public class TestSendMailWithAttachmentByExcel {
    public static Method method[];
    public static String keyword;
    public static String value;
```

```java
    public static KeyWordsAction keyWordsaction;

    @Test
    public void testSendMailWithAttachment() throws Exception {
            //声明一个关键动作类的实例
            keyWordsaction = new KeyWordsAction();
            //使用 Java 的反射机制获取 KeyWordsaction 类的所有方法对象
            method = keyWordsaction.getClass().getMethods();

            //定义 Excel 文件的路径
            String excelFilePath = "D://workspace//KeyWordsFrameWork//src//cn//gloryroad/data//关键字驱动测试用例.xlsx";
            //设定读取 Excel 文件中的"发送邮件"Sheet 为操作目标
            ExcelUtil.setExcelFile(excelFilePath, "发送邮件");

            /* 从 Excel 文件的"发送邮件"Sheet 中，将每一行的第四列读取出来，作为关键字信息，
             * 通过遍历比较的方法，执行关键字在 KeyWordsAction 类中对应的映射方法。从 Excel
             * 文件的"发送邮件"Sheet 中，将每一行的第五列读取出来，作为映射方法的函数参数，调
             * 用 execute_Actions 函数完成映射方法的调用执行过程
             */
            for (int iRow = 1;iRow <= ExcelUtil.getLastRowNum();iRow++){
                //读取 Excel 文件"发送邮件"Sheet 的第四列
                keyword = ExcelUtil.getCellData(iRow, 3);
                //读取 Excel 文件"发送邮件"Sheet 的第五列
                value = ExcelUtil.getCellData(iRow, 4);
                execute_Actions();

            }
    }

    private static void execute_Actions() {
    try{

            for(int i = 0;i < method.length;i++){
                //通过遍历，判断关键字和 KeyWordsaction 类中的哪个方法名称一致
                if(method[i].getName().equals(keyword)){
                //找到KeyWordsaction 类中的映射方法后，通过调用 invoke 方法
                //完成函数调用
                    method[i].invoke(keyWordsaction,value);

                    break;
                }
            }
    }catch (Exception e){
            //执行过程中出现异常，则将测试用例设定为失败状态
            Assert.fail("执行出现异常，测试用例执行失败！");
    }
    }
}
```

以上代码完成了在关键字驱动测试过程中对 Excel 文件的读取工作，并且通过 Java 的反射机制实现了每个测试步骤的执行过程。通过此框架我们实现了测试用例定义和测试代码分离的目标，可以让自动化测试的实施更加灵活。

（9）在 cn.gloryroad.configuration 的 Package 下新建 Constants 类，用来存储测试框架中用到的各种参数配置，如数据文件路径、Sheet 名称和 Sheet 中使用的列号等，具体的类代码如下。

```
package cn.gloryroad.configuration;

public class Constants {

    //测试数据相关常量设定
    public static final String Path_ExcelFile =
"D:\\workspace\\KeyWordsFrameWork\\ src\\cn\\gloryroad\\data\\关键字驱动测试用例.xlsx";
    public static final String Path_ConfigurationFile = "D:\\workspace\\KeyWordsFrameWork\\objectMap.properties";

    //"发送邮件"Sheet 中的列号常量设定
    //第一列用 0 表示，为测试用例序号列
    public static final int Col_TestCaseID = 0;
    //第四列用 3 表示，为关键字列
    public static final int Col_KeyWordAction = 3 ;
    //第五列用 4 表示，为操作值列
    public static final int Col_ActionValue = 4 ;
    //第三列用 2 表示，为测试步骤描述列
    public static final int Col_RunFlag =2 ;
    // Sheet 名称的常量设定
    public static final String Sheet_TestSteps = "发送邮件";
    //"测试用例集合" Sheet 的常量设定
    public static final String Sheet_TestSuite = "测试用例集合";
}
```

使用 Constants 类中的常量，在其他类中将具体值进行替换。为节省篇幅，仅列出修改的代码行，修改后的代码如下。

TestSendMailWithAttachmentByExcel 类中被修改后的代码：

```
//定义 Excel 文件的路径
String excelFilePath = Constants.Path_ExcelFile;
//设定读取 Excel 文件中的"发送邮件"Sheet 为操作目标
ExcelUtil.setExcelFile(excelFilePath, Constants.Sheet_TestSteps);

/* 从 Excel 文件的"发送邮件" Sheet 中，将每一行的第四列读取出来，作为关键字信息，
 * 通过遍历比较的方法，执行关键字在 KeyWordsAction 类中对应的映射方法。从 Excel
```

```
 * 文件的"发送邮件"Sheet 中,将每一行的第五列读取出来,作为映射方法的函数参数,调
 * 用 execute_Actions 函数完成映射方法的调用执行过程
 */
for (int iRow = 1;iRow <= ExcelUtil.getLastRowNum();iRow++){
    keyword = ExcelUtil.getCellData(Constants.Sheet_TestSteps,iRow,
            Constants.Col_KeyWordAction);
    value = ExcelUtil.getCellData(Constants.Sheet_TestSteps,iRow,
            Constants.Col_ActionValue);
    execute_Actions();
}
```

KeyWordsAction 类中被修改后的代码:

```
//声明存储定位表达配置文件的 ObjectMap 对象
private static ObjectMap objectMap = new ObjectMap(Constants.Path_ConfigurationFile);
```

(10) 增加测试用例集合的功能。

在关键字测试文件的"发送邮件"Sheet 中的原有测试用例(第 26 行)后面增加一个访问 126 邮箱首页的测试用例步骤,具体如表 16-2 所示。

表 16-2

测试用例序号	测试步骤序号	测试步骤描述	关键字	操作值
visit126MailHomePage01	TestStep_01	打开浏览器	open_browser	ie
visit126MailHomePage01	TestStep_02	访问 126 邮箱首页	navigate	http://www.126.com
visit126MailHomePage01	TestStep_03	断言首页上的关键字是否包含"二维码登录"关键字	Assert_String	二维码登录
visit126MailHomePage01	TestStep_04	关闭浏览器	close_browser	无

在 Excel 文件中,新建一个名为"测试用例集合"的 Sheet,并在新建 Sheet 中增加如表 16-3 所示的内容。

表 16-3

测试用例序号	测试用例描述	是否运行
SendMail01	发送一封带有附件的邮件给自己	y
visit126MailHomePage01	访问 126 邮箱的首页	y

在 cn.gloryroad.util 的 Package 中修改 ExcelUtil 类的代码,先引入 Constants 类:

```
import cn.gloryroad.configuration.Constants;
```

在类中新增如下几个方法:

```
// 设定要操作的 Excel 文件的路径
// 在读/写 Excel 文件的时候,需要先设定要操作的 Excel 文件路径
public static void setExcelFile(String Path){
```

```java
            FileInputStream ExcelFile;
            try {
                // 实例化 Excel 文件的 FileInputStream 对象
                ExcelFile = new FileInputStream(Path);
                // 实例化 Excel 文件的 XSSFWorkbook 对象
                ExcelWBook = new XSSFWorkbook(ExcelFile);

            } catch (Exception e) {
                System.out.println("Excel 路径设定失败");
                e.printStackTrace();
            }


        }
        // 读取指定 Sheet 中的指定单元格函数, 此函数只支持扩展名为 ".xlsx" 的 Excel 文件
        public static String getCellData(String SheetName,int RowNum, int ColNum) throws Exception {
            ExcelWSheet = ExcelWBook.getSheet(SheetName);
            try {
                // 通过函数参数指定单元格的行号和列号, 获取指定的单元格对象
                Cell = ExcelWSheet.getRow(RowNum).getCell(ColNum);
                // 如果单元格的内容为字符串类型, 则使用 getStringCellValue 方法获取单元格的内容
                // 如果单元格的内容为数字类型, 则使用 getNumericCellValue 方法获取单元格的内容
                String CellData = Cell.getCellType() == XSSFCell.CELL_TYPE_STRING ?
                        Cell.getStringCellValue() + ""
                        : String.valueOf(Math.round(Cell.getNumericCellValue()));
                //函数返回指定单元格的字符串内容
                return CellData;
            } catch (Exception e) {
                e.printStackTrace();
                //读取遇到异常, 则返回空字符串
                return "";
            }
        }
        //获取指定 Sheet 中的数据总行数
        public static int getRowCount(String SheetName){
            ExcelWSheet = ExcelWBook.getSheet(SheetName);
            int number=ExcelWSheet.getLastRowNum();
            return number;
        }

        //在 Excel 文件的指定 Sheet 中, 获取第一次包含指定测试用例序号的行号
        public static int getFirstRowContainsTestCaseID(String sheetName,String testCaseName, int colNum) throws Exception{
            int i;
            ExcelWSheet = ExcelWBook.getSheet(sheetName);
            int rowCount = ExcelUtil.getRowCount(sheetName);
            for (i=0; i<rowCount; i++){
```

```java
        //使用循环的方法遍历测试用例序号列的所有行，判断是否包含某个测试用例序号关键字
        if (ExcelUtil.getCellData(sheetName,i,colNum).equalsIgnoreCase
(testCaseName)){
                //如果包含，则退出 for 循环，并返回包含测试用例序号关键字的行号
                break;
            }
        }
        return i;

    }
    //获取指定 Sheet 中某个测试用例步骤的个数
    public static int getTestCaseLastStepRow(String SheetName, String testCaseID,
int testCaseStartRowNumber) throws Exception{
        ExcelWSheet = ExcelWBook.getSheet(SheetName);
        /* 从包含指定测试用例序号的第一行开始逐行遍历，直到某一行不出现指定测试用例序号，
         * 此时的遍历次数就是此测试用例步骤的个数
         */
        for(int i=testCaseStartRowNumber;i<=ExcelUtil.getRowCount(SheetName)-1;i++){
                if(!testCaseID.equals(ExcelUtil.getCellData(SheetName,i, Constants.
Col_TestCaseID))){
                    int number = i;
                    return number;
                }
        }
        int number=ExcelWSheet.getLastRowNum()+1;
        return number;
    }
```

在 cn.gloryroad.testScript 的 Package 中新建执行测试集合的测试类 TestSuiteByExcel，具体的类代码如下。

```java
package cn.gloryroad.testScript;

import org.testng.Assert;
import org.testng.annotations.Test;
import java.lang.reflect.Method;
import cn.gloryroad.configuration.*;
import cn.gloryroad.util.*;

public class TestSuiteByExcel {
    public static Method method[];
    public static String keyword;
    public static String value;
    public static KeyWordsAction keyWordsaction;
    public static int testStep;
    public static int testLastStep;
    public static String testCaseID;
```

```java
public static String testCaseRunFlag;

@Test
public void testTestSuite() throws Exception {

    // 声明一个关键动作类的实例
    keyWordsaction = new KeyWordsAction();
    // 使用 Java 的反射机制获取 KeyWordsaction 类的所有方法对象
    method = keyWordsaction.getClass().getMethods();

    // 定义 Excel 文件的路径
    String excelFilePath = Constants.Path_ExcelFile;
    // 设定读取 Excel 文件中的 "发送邮件" Sheet 为操作目标
    ExcelUtil.setExcelFile(excelFilePath);
    //读取 "测试用例集合" Sheet 中的测试用例总数
    int testCasesCount = ExcelUtil.getRowCount(Constants.Sheet_TestSuite);
    //使用 for 循环，执行所有标记为 "y" 的测试用例
    for (int testCaseNo = 1; testCaseNo <= testCasesCount; testCaseNo++) {
        //读取 "测试用例集合" Sheet 中每行的测试用例序号
        testCaseID = ExcelUtil.getCellData(Constants.Sheet_TestSuite,
                testCaseNo, Constants.Col_TestCaseID);
        //读取 "测试用例集合" Sheet 中每行的 "是否运行" 列中的值
        testCaseRunFlag = ExcelUtil.getCellData(Constants.Sheet_TestSuite,
                testCaseNo, Constants.Col_RunFlag);
        //如果 "是否运行" 列中的值为 "y"，则执行测试用例中的所有步骤
        if (testCaseRunFlag.equalsIgnoreCase("y")) {
            //在 "发送邮件" Sheet 中，获取当前要执行的测试用例的第一个步骤的行号
            testStep = ExcelUtil.getFirstRowContainsTestCaseID(
                    Constants.Sheet_TestSteps, testCaseID,
                    Constants.Col_TestCaseID);
            //在 "发送邮件" Sheet 中，获取当前要执行的测试用例的最后一个步骤的行号
            testLastStep = ExcelUtil.getTestCaseLastStepRow(
                    Constants.Sheet_TestSteps, testCaseID,testStep);
            //遍历测试用例中的所有测试步骤
            for (;testStep < testLastStep; testStep++) {
                //从 "发送邮件" Sheet 中读取关键字和操作值，调用 execute_Actions 方法
                keyword = ExcelUtil.getCellData(Constants.Sheet_TestSteps,
                        testStep, Constants.Col_KeyWordAction);
                value = ExcelUtil.getCellData(Constants.Sheet_TestSteps,
                        testStep, Constants.Col_ActionValue);
                execute_Actions();

            }
        }
    }
}
```

```java
    private static void execute_Actions() {
        try {

            for (int i = 0; i < method.length; i++) {
                /* 使用反射的方式，找到关键字对应的测试方法，并将 value（操作值）
                 * 作为测试方法的函数值进行调用
                 */

                if (method[i].getName().equals(keyword)) {
                    method[i].invoke(keyWordsaction, value);

                    break;
                }
            }
        } catch (Exception e) {
            //在调用测试方法过程中，若出现异常，则将测试设定为失败状态，停止测试用例执行
            Assert.fail("执行出现异常，测试用例执行失败！");
        }
    }
}
```

在"测试用例集合"Sheet 中，测试用例在"是否执行"列中设定为"y"则表示执行此测试用例，设定为"n"则表示不执行此测试用例，通过此方式可以实现任何测试用例的组合执行。

（11）在框架中增加日志功能。

在关键字驱动的工程下，新建一个名为"log4j.xml"的配置文件，配置文件的内容如下。

```xml
<?xml version="1.0" encoding="UTF-8"?>

<!DOCTYPE log4j:configuration SYSTEM "log4j.dtd">

<log4j:configuration xmlns:log4j="http://jakarta.apache.org/log4j/" debug="false">

<appender name="fileAppender" class="org.apache.log4j.FileAppender">

<param name="Threshold" value="INFO" />

<param name="File" value="Mail126TestLogfile.log"/>

<layout class="org.apache.log4j.PatternLayout">

<param name="ConversionPattern" value="%d %-5p [%c{1}] %m %n" />

</layout>
```

```xml
    </appender>

    <root>

    <level value="INFO"/>

    <appender-ref ref="fileAppender"/>

    </root>

</log4j:configuration>
```

在 cn.gloryroad.util 的 Package 中新增打印日志的 Log 类，类的具体代码如下。

```java
package cn.gloryroad.util;

import org.apache.log4j.Logger;

public class Log {

    private static Logger Log = Logger.getLogger(Log.class.getName());
    //定义测试用例开始执行的打印方法，在日志中打印测试用例开始执行的信息
    public static void startTestCase(String testCaseName) {
        Log.info("--------------------       \"" + testCaseName
                + " \"开始执行       -------------------------");
    }
    //定义测试用例执行完毕后的打印方法，在日志中打印测试用例执行完毕的信息
    public static void endTestCase(String testCaseName) {
        Log.info("--------------------       \"" + testCaseName
                + " \"测试执行结束       --------------------");
    }
    //定义打印 info 级别日志的方法
    public static void info(String message) {
        Log.info(message);
    }
    //定义打印 error 级别日志的方法
    public static void error(String message) {
        Log.error(message);
    }
    //定义打印 debug 级别日志的方法
    public static void debug(String message) {
        Log.debug(message);
    }
}
```

在 cn.gloryroad.configuration 的 Package 中修改 KeyWordsAction 类代码，在每个函数中补充打印日志信息，类的具体实现代码如下。

```java
package cn.gloryroad.configuration;

import static cn.gloryroad.util.WaitUitl.waitWebElement;
import java.util.List;
import org.apache.log4j.xml.DOMConfigurator;
import org.openqa.selenium.WebDriver;
import org.openqa.selenium.WebElement;
import org.openqa.selenium.chrome.ChromeDriver;
import org.openqa.selenium.firefox.FirefoxDriver;
import org.openqa.selenium.ie.InternetExplorerDriver;
import org.testng.Assert;
import cn.gloryroad.util.KeyBoardUtil;
import cn.gloryroad.util.Log;
import cn.gloryroad.util.ObjectMap;
import cn.gloryroad.util.WaitUitl;

public class KeyWordsAction {

    //声明静态 WebDriver 对象,用于在此类中对相关 Driver 进行操作
    public static WebDriver driver;
    //声明存储定位表达配置文件的 ObjectMap 对象
    private static ObjectMap objectMap = new ObjectMap(Constants.Path_ConfigurationFile);
    static{
        //指定 Lo4j 配置文件为"log4j.xml"
        DOMConfigurator.configure("log4j.xml");
    }
    /* 此方法的名称对应 Excel 文件"关键字"列中的 open_browser 关键字,
     * Excel 文件"操作值"列中的内容用于指定测试用例用何种浏览器运行。
     * ie 表示启动 IE 浏览器运行测试用例,firefox 表示启动 Firefox
     * 浏览器运行测试用例,chrome 表示启动 Chrome 浏览器运行测试用例
     */
    public static void open_browser(String browserName) {
        if (browserName.equals("ie")) {
            System.setProperty("webdriver.ie.driver", "C:\\IEDriverServer.exe");
            driver = new InternetExplorerDriver();
            Log.info("IE 浏览器实例已经声明");
        } else if (browserName.equals("firefox")) {
            //若 WebDriver 无法打开 Firefox 浏览器,才需增加此行代码设定 Firefox
            //浏览器的所在路径
            System.setProperty("webdriver.firefox.bin","C:\\Program Files\\Firefox Developer Edition\\firefox.exe");
            //加载 Firefox 浏览器的驱动程序
            System.setProperty("webdriver.gecko.driver","d:\\geckodriver.exe");
            //打开 Firefox 浏览器
            driver = new FirefoxDriver();
            Log.info("Firefox 浏览器实例已经声明");
```

```java
            } else {
                System.setProperty("webdriver.chrome.driver","C:\\chromedriver.exe");
                driver = new ChromeDriver();
                Log.info("Chrome 浏览器实例已经声明");
            }
        }
        //此方法的名称对应Excel文件"关键字"列中的 navigate 关键字
        //读取 Excel 文件"操作值"列中的网址内容作为浏览器访问的网址
        public static void navigate(String url) {
            driver.get(url);
            Log.info("浏览器访问网址"+url);
        }

        /* 此方法的名称对应 Excel 文件"关键字"列中的 switch_frame 关键字，
         * 实现单击"登录"按钮操作，参数 string 本身并不会作为操作的输入值，设定
         * 一个无用的函数参数仅仅为了统一反射方法的调用方式（均传入一个参数）
         */
        public static void switch_frame(String string) {
                try {
                        driver.switchTo().frame(driver.findElement(objectMap.getLocator("login.iframe")));
                        Log.info("进入 iframe");
                } catch (Exception e) {
                        Log.info("进入首页 iframe 时出现异常，具体异常信息:"+e.getMessage());
                        e.printStackTrace();
                }
        }


        //此方法的名称对应 Excel 文件"关键字"列中的 input_userName 关键字
        //读取 Excel 文件"操作值"列中的邮箱用户名称，作为登录用户名的输入内容
        public static void input_userName(String userName) {

            try {
                driver.findElement(objectMap.getLocator("login.username")).clear();
                Log.info("清除用户名输入框的所有内容");
                driver.findElement(objectMap.getLocator("login.username")).sendKeys(userName);
                Log.info("在用户名输入框中输入用户名:"+userName);
            } catch (Exception e) {
                Log.info("在用户名输入框中输入用户名出现异常，具体异常信息:"+e.getMessage());
                e.printStackTrace();
            }
        }
        //此方法的名称对应 Excel 文件"关键字"列中的 input_passWord 关键字
```

```java
//读取 Excel 文件"操作值"列中的邮箱密码，作为登录密码的输入内容
public static void input_passWord(String passWord) throws Exception {
    try {
        driver.findElement(objectMap.getLocator("login.password")).clear();
        Log.info("清空密码框原有内容");
        driver.findElement(objectMap.getLocator("login.password"))
.sendKeys(passWord);
        Log.info("在密码框中输入密码"+passWord);
    } catch (Exception e) {
        Log.info("在密码框中输入密码时出现异常，具体异常信息:"+e.getMessage());
        e.printStackTrace();
    }
}

/* 此方法的名称对应 Excel 文件"关键字"列中的 click_login 关键字，
 * 实现单击"登录"按钮操作，参数 string 本身并不会作为操作的输入值，设定
 * 一个无用的函数参数仅仅为了统一反射方法的调用方式（均传入一个参数）
 */
public static void click_login(String string) {
    try {
        driver.findElement(objectMap.getLocator("login.button")).click();
        Log.info("单击登录按钮");
    } catch (Exception e) {
        Log.info("单击登录按钮时出现异常，具体异常信息:"+e.getMessage());
        e.printStackTrace();
    }
}

/* 此方法的名称对应 Excel 文件"关键字"列中的 default_frame 关键字，
 * 实现单击"登录"按钮操作，参数 string 本身并不会作为操作的输入值，设定
 * 一个无用的函数参数仅仅为了统一反射方法的调用方式（均传入一个参数）
 */
public static void default_frame(String string) {
    try {
        driver.switchTo().defaultContent();
        Log.info("退出iframe");
    } catch (Exception e) {
        Log.info("退出首页iframe时出现异常，具体异常信息:"+e.getMessage());
        e.printStackTrace();
    }
}

/* 此方法的名称对应 Excel 文件"关键字"列中的 WaitFor_Element 关键字，
 * 用于显式等待页面元素出现在页面中。函数读取 Excel 文件"操作值"列中的表达
 * 式作为函数参数，objectMap 对象的 getLocator 方法会根据函数参数值在配置
```

```java
 * 文件中查找 key 值对应的定位表达式
 */
public static void WaitFor_Element(String xpathExpression) {
    try {
        //调用封装的 waitWebElement 函数显式等待页面元素出现
        waitWebElement(driver, objectMap.getLocator(xpathExpression));
        Log.info("显式等待元素出现成功,元素是"+xpathExpression);
    } catch (Exception e) {
        Log.info("显式等待元素时出现异常,具体异常信息:"+e.getMessage());
        e.printStackTrace();
    }
}
//此方法的名称对应 Excel 文件"关键字"列中的 click_writeLetterLink 关键字
//用于单击"写信"链接
public static void click_writeLetterLink(String string) {
    try {
        driver.findElement(objectMap.getLocator("homepage.writeLetterLink")).click();
        Log.info("单击写信链接成功");
    } catch (Exception e) {
        Log.info("单击写信链接时出现异常,具体异常信息:"+e.getMessage());
        e.printStackTrace();
    }
}
//此方法的名称对应 Excel 文件"关键字"列中的 input_recipients 关键字
//用于在收件人输入框中输入指定的收件人信息,函数参数 recipients 为收件人信息
public static void input_recipients(String recipients) {
    try {
        driver.findElement(objectMap.getLocator("writemailpage.recipients")).sendKeys(recipients);
        Log.info("在收件人输入框中成功输入收件人信息:"+ recipients);
    } catch (Exception e) {
        Log.info("在收件人输入框中输入收件人信息时出现异常,具体异常信息:"+e.getMessage());
        e.printStackTrace();
    }
}
//此方法的名称对应 Excel 文件"关键字"列中的 input_mailSubject 关键字
//用于在邮件标题输入框中输入指定的字符串,函数参数 mailSubject 为输入内容
public static void input_mailSubject(String mailSubject) {
    try {
        driver.findElement(
            objectMap.getLocator("writemailpage.mailsubject")).sendKeys(mailSubject);
        Log.info("成功输入邮件主题:"+mailSubject);
    } catch (Exception e) {
        Log.info("在邮件主题输入框中输入邮件主题时出现异常,具体异常信息:"+e.getMessage());
```

```java
            e.printStackTrace();
        }
    }
    //此方法的名称对应Excel文件"关键字"列中的press_Tab关键字
    //用于按Tab键的操作
    public static void press_Tab(String string) {
        try {
            Thread.sleep(2000);
            //调用KeyBoardUtil类的封装方法PressTabKey
            KeyBoardUtil.pressTabKey();
            Log.info("按Tab键成功");
        } catch (Exception e) {
            Log.info("按Tab键时出现异常,具体异常信息:"+e.getMessage());
            e.printStackTrace();
        }
    }
    //此方法的名称对应Excel文件"关键字"列中的paste_mailContent关键字
    //通过从剪切板粘贴的方式,在指定输入框中输入字符,如邮件正文
    public static void paste_mailContent(String mailContent) {
        try {
            KeyBoardUtil.setAndctrlVClipboardData(mailContent);
            Log.info("成功粘贴邮件正文:"+mailContent);
        } catch (Exception e) {
            Log.info("在输入框中粘贴内容时出现异常,具体异常信息:"+e.getMessage());
            e.printStackTrace();
        }
    }
    //此方法的名称对应Excel文件"关键字"列中的click_addAttachment关键字
    //用于单击"添加附件"按钮
    public static void click_addAttachment(String string) {
        try {
            driver.findElement(
            objectMap.getLocator("writemailpage.addattachmentlink")).click();
            Log.info("单击添加附件按钮成功");
        } catch (Exception e) {
            Log.info("单击添加附件按钮时出现异常,具体异常信息:"+e.getMessage());
            e.printStackTrace();
        }
    }
    //此方法的名称对应Excel文件"关键字"列中的paste_uploadFileName关键字
    //通过从剪切板粘贴的方式,在文件上传框体的文件名输入框中输入要上传文件的路径和名称
    public static void paste_uploadFileName(String uploadFileName) {
        try {
            KeyBoardUtil.setAndctrlVClipboardData(uploadFileName);
            Log.info("成功粘贴上传文件名:"+uploadFileName);
        } catch (Exception e) {
```

```java
                    Log.info("在文件名输入框中粘贴上传文件名称时出现异常,具体异常信
息:"+e.getMessage());
                    e.printStackTrace();
                }
            }
            //此方法的名称对应 Excel 文件"关键字"列中的 press_enter 关键字
            //用于按 Enter 键
            public static void press_enter(String string) {
                try {
                    KeyBoardUtil.pressEnterKey();
                    Log.info("按 Enter 键成功");
                } catch (Exception e) {
                    Log.info("按 Enter 键时出现异常,具体异常信息:"+e.getMessage());
                    e.printStackTrace();
                }
            }
            //此方法的名称对应 Excel 文件"关键字"列中的 sleep 关键字
            //用于等待操作,暂停几秒,函数参数是以毫秒为单位的等待时间
            public static void sleep(String sleepTime){
                try {
                    WaitUitl.sleep(Integer.parseInt(sleepTime));
                    Log.info("休眠 "+Integer.parseInt(sleepTime)/1000+"秒成功");
                } catch (Exception e) {
                    Log.info("线程休眠时出现异常,具体异常信息:"+e.getMessage());
                    e.printStackTrace();
                }


            }
            //此方法的名称对应 Excel 文件"关键字"列中的 click_sendMailButton 关键字
            //用于单击"发送邮件"按钮
            public static void click_sendMailButton(String string) {

                try {
                    /* 页面上有两个发送按钮可以执行发送功能,为了使用 XPath 匹配方便,
                     * 同时匹配了两个发送按钮,并存储在 List 容器中,再随便取出一个
                     * 按钮对象来完成单击"发送邮件"按钮的操作
                     */
                    List<WebElement> buttons = driver.findElements(objectMap
.getLocator("writemailpage.sendmailbuttons"));

                    buttons.get(0).click();
                    Log.info("单击发送邮件按钮成功");
                    System.out.println("发送按钮被成功单击");
                } catch (Exception e) {
                    Log.info("单击发送邮件按钮出现异常,具体异常信息:"+e.getMessage());
                    e.printStackTrace();
                }
```

```java
    }
//此方法的名称对应 Excel 文件"关键字"列中的 Assert_String 关键字
public static void  Assert_String(String assertString)  {
try{
     Assert.assertTrue(driver.getPageSource().contains(assertString));
     Log.info("成功断言关键字"" +assertString +"" ");
} catch (AssertionError e) {
    Log.info("出现断言失败,具体断言失败信息:"+e.getMessage());
    System.out.println("断言失败");
}
}
//此方法的名称对应 Excel 文件"关键字"列中的 close_browser 关键字
public static void close_browser(String string) {
    try {
        System.out.println("浏览器关闭函数被执行");
        Log.info("关闭浏览器窗口");
        driver.quit();
    } catch (Exception e) {
        Log.info("关闭浏览器出现异常,具体异常信息:"+e.getMessage());
        e.printStackTrace();
    }
}

}
```

更多说明:

在每个 trycatch 的语句块中均添加了打印日志的语句,这样可以实现在测试执行后,通过日志信息来查看测试执行的全部过程。

在 cn.gloryroad.testScript 的 Package 中修改 TestSuiteByExcel 类,添加打印日志的信息,修改后的类代码如下。

```java
package cn.gloryroad.testScript;

import org.apache.log4j.xml.DOMConfigurator;
import org.junit.BeforeClass;
import org.testng.Assert;
import org.testng.annotations.Test;
import java.lang.reflect.Method;
import cn.gloryroad.configuration.*;
import cn.gloryroad.util.*;

public class TestSuiteByExcel {
  public static Method method[];
  public static String keyword;
  public static String value;
  public static KeyWordsAction keyWordsaction;
  public static int testStep;
```

```java
public static int testLastStep;
public static String testCaseID;
public static String testCaseRunFlag;

@Test
public void testTestSuite() throws Exception {

    // 声明一个关键动作类的实例
    keyWordsaction = new KeyWordsAction();
    // 使用 Java 的反射机制获取 KeyWordsaction 类的所有方法对象
    method = keyWordsaction.getClass().getMethods();

    // 定义 Excel 文件的路径
    String excelFilePath = Constants.Path_ExcelFile;
    // 设定读取 Excel 文件中的"发送邮件"Sheet 为操作目标
    ExcelUtil.setExcelFile(excelFilePath);
    //读取"测试用例集合"Sheet 中的测试用例总数
    int testCasesCount = ExcelUtil.getRowCount(Constants.Sheet_TestSuite);
    //使用 for 循环，执行所有标记为"y"的测试用例
    for (int testCaseNo = 1; testCaseNo <= testCasesCount; testCaseNo++) {
        //读取"测试用例集合"Sheet 中每行的测试用例序号
        testCaseID = ExcelUtil.getCellData(Constants.Sheet_TestSuite,
                testCaseNo, Constants.Col_TestCaseID);
        //读取"测试用例集合"Sheet 中每行的是否运行列中的值
        testCaseRunFlag = ExcelUtil.getCellData(Constants.Sheet_TestSuite,
                testCaseNo, Constants.Col_RunFlag);
        //如果"是否运行"列中的值为"y"，则执行测试用例中的所有步骤
        if (testCaseRunFlag.equalsIgnoreCase("y")) {
            //在日志中打印测试用例开始执行的信息
            Log.startTestCase(testCaseID);
            //在"发送邮件"Sheet 中，获取当前要执行的测试用例的第一个步骤的行号
            testStep = ExcelUtil.getFirstRowContainsTestCaseID(
                    Constants.Sheet_TestSteps, testCaseID,
                    Constants.Col_TestCaseID);
            //在"发送邮件"Sheet 中，获取当前要执行的测试用例的最后一个步骤的行号
            testLastStep = ExcelUtil.getTestCaseLastStepRow(
                    Constants.Sheet_TestSteps, testCaseID,testStep);
            //遍历测试用例中的所有测试步骤
            for (;testStep < testLastStep; testStep++) {
                //从"发送邮件"Sheet 中读取关键字和操作值，并调用 execute_Actions
                //方法执行
                keyword = ExcelUtil.getCellData
(Constants.Sheet_ TestSteps, testStep, Constants.Col_KeyWordAction);
                //在日志文件中打印关键字信息
                Log.info("从 Excel 文件读取到的关键字是："+keyword);
```

```java
                    value = ExcelUtil.getCellData(Constants.Sheet_TestSteps,
                            testStep, Constants.Col_ActionValue);
                    //在日志文件中打印操作值信息
                    Log.info("从 Excel 文件中读取的操作值是："+value);
                    execute_Actions();

                }
                //在日志中打印测试用例执行完毕的信息
                Log.endTestCase(testCaseID);
            }
        }
    }

    private static void execute_Actions() {
        try {

            for (int i = 0; i < method.length; i++) {
                /* 使用反射的方式，找到关键字对应的测试方法，并将 value（操作值）
                 * 作为测试方法的函数值进行调用
                 */

                if (method[i].getName().equals(keyword)) {
                    method[i].invoke(keyWordsaction, value);

                    break;
                }
            }
        } catch (Exception e) {
            //在调用测试方法过程中，若出现异常，则将测试设定为失败状态，停止执行测试用例
            Assert.fail("执行出现异常，测试用例执行失败！");
        }
    }
    @BeforeClass
      public void BeforeClass() {
        //确定 Log4j 的配置文件为 "log4j.xml"
        DOMConfigurator.configure("log4j.xml");
    }
}
```

执行 **TestSuiteByExcel** 测试类，可以看到浏览器会自动执行"发送邮件"和"登录邮箱"两个测试用例，执行完毕后，我们可以在工程根目录下看到一个生成的"**Mail126TestLogfile.log**"文件，打开文件可以看到如下内容。

```
2018-03-14 22:38:16,813 INFO  [Log] ---------"SendMail01 "开始执行----------
2018-03-14 22:38:16,816 INFO  [Log] 从 Excel 文件读取到的关键字是：open_browser
2018-03-14 22:38:16,817 INFO  [Log] 从 Excel 文件中读取的操作值是：firefox
2018-03-14 22:38:21,750 INFO  [Log] Firefox 浏览器实例已经声明
2018-03-14 22:38:21,751 INFO  [Log] 从 Excel 文件读取到的关键字是：navigate
```

```
2018-03-14 22:38:21,751 INFO  [Log] 从 Excel 文件中读取的操作值是：http://www.126.com
2018-03-14 22:38:24,563 INFO  [Log] 浏览器访问网址 http://www.126.com
2018-03-14 22:38:24,564 INFO  [Log] 从 Excel 文件读取到的关键字是：sleep
2018-03-14 22:38:24,564 INFO  [Log] 从 Excel 文件中读取的操作值是：3000
2018-03-14 22:38:27,564 INFO  [Log] 休眠 3 秒成功
2018-03-14 22:38:27,564 INFO  [Log] 从 Excel 文件读取到的关键字是：switch_frame
2018-03-14 22:38:27,564 INFO  [Log] 从 Excel 文件中读取的操作值是：无
2018-03-14 22:38:27,619 INFO  [Log] 进入 iframe
2018-03-14 22:38:27,619 INFO  [Log] 从 Excel 文件读取到的关键字是：sleep
2018-03-14 22:38:27,619 INFO  [Log] 从 Excel 文件中读取的操作值是：3000
2018-03-14 22:38:30,619 INFO  [Log] 休眠 3 秒成功
2018-03-14 22:38:30,619 INFO  [Log] 从 Excel 文件读取到的关键字是：input_userName
2018-03-14 22:38:30,619 INFO  [Log] 从 Excel 文件中读取的操作值是：testman2018
2018-03-14 22:38:30,653 INFO  [Log] 清除用户名输入框中的所有内容
2018-03-14 22:38:30,694 INFO  [Log] 在用户名输入框中输入用户名：testman2018
2018-03-14 22:38:30,695 INFO  [Log] 从 Excel 文件读取到的关键字是：input_passWord
2018-03-14 22:38:30,695 INFO  [Log] 从 Excel 文件中读取的操作值是：wulaoshi2018
2018-03-14 22:38:30,713 INFO  [Log] 清空密码框中的原有内容
2018-03-14 22:38:30,738 INFO  [Log] 在密码框中输入密码 wulaoshi2018
2018-03-14 22:38:30,739 INFO  [Log] 从 Excel 文件读取到的关键字是：click_login
2018-03-14 22:38:30,739 INFO  [Log] 从 Excel 文件中读取的操作值是：无
2018-03-14 22:38:30,966 INFO  [Log] 单击登录按钮
2018-03-14 22:38:30,966 INFO  [Log] 从 Excel 文件读取到的关键字是：default_frame
2018-03-14 22:38:30,966 INFO  [Log] 从 Excel 文件中读取的操作值是：无
2018-03-14 22:38:30,972 INFO  [Log] 退出 iframe
2018-03-14 22:38:30,972 INFO  [Log] 从 Excel 文件读取到的关键字是：WaitFor_Element
2018-03-14 22:38:30,972 INFO  [Log] 从 Excel 文件中读取的操作值是：homepage.logoutlink
2018-03-14 22:38:32,077 INFO  [Log] 显式等待元素出现成功，元素是 homepage.logoutlink
2018-03-14 22:38:32,078 INFO  [Log] 从 Excel 文件读取到的关键字是：click_writeLetterLink
2018-03-14 22:38:32,078 INFO  [Log] 从 Excel 文件中读取的操作值是：无
2018-03-14 22:38:32,277 INFO  [Log] 单击写信链接成功
2018-03-14 22:38:32,277 INFO  [Log] 从 Excel 文件读取到的关键字是：WaitFor_Element
2018-03-14 22:38:32,277 INFO  [Log] 从 Excel 文件中读取的操作值是：writemailpage.recipientslink
2018-03-14 22:38:32,336 INFO  [Log] 显式等待元素出现成功，元素是 writemailpage.recipientslink
2018-03-14 22:38:32,336 INFO  [Log] 从 Excel 文件读取到的关键字是：input_recipients
2018-03-14 22:38:32,336 INFO  [Log] 从 Excel 文件中读取的操作值是：testman1978@126.com
2018-03-14 22:38:32,477 INFO  [Log] 在收件人输入框中成功输入收件人信息：testman1978@126.com
2018-03-14 22:38:32,477 INFO  [Log] 从 Excel 文件读取到的关键字是：input_mailSubject
2018-03-14 22:38:32,477 INFO  [Log] 从 Excel 文件中读取的操作值是：这是一封测试邮件的标题
2018-03-14 22:38:32,636 INFO  [Log] 成功输入邮件主题：这是一封测试邮件的标题
2018-03-14 22:38:32,636 INFO  [Log] 从 Excel 文件读取到的关键字是：press_Tab
2018-03-14 22:38:32,636 INFO  [Log] 从 Excel 文件中读取的操作值是：无
2018-03-14 22:38:34,675 INFO  [Log] 按 Tab 键成功
2018-03-14 22:38:34,676 INFO  [Log] 从 Excel 文件读取到的关键字是：paste_mailContent
2018-03-14 22:38:34,676 INFO  [Log] 从 Excel 文件中读取的操作值是：这是一封测试邮件的正文
2018-03-14 22:38:34,695 INFO  [Log] 成功粘贴邮件正文：这是一封测试邮件的正文
```

2018-03-14 22:38:34,695 INFO [Log] 从 Excel 文件读取到的关键字是：click_addAttachment
2018-03-14 22:38:34,696 INFO [Log] 从 Excel 文件中读取的操作值是：无
2018-03-14 22:38:34,984 INFO [Log] 单击添加附件按钮成功
2018-03-14 22:38:34,984 INFO [Log] 从 Excel 文件读取到的关键字是：paste_uploadFileName
2018-03-14 22:38:34,984 INFO [Log] 从 Excel 文件中读取的操作值是：c:\a.log
2018-03-14 22:38:34,985 INFO [Log] 成功粘贴上传文件名:c:\a.log
2018-03-14 22:38:34,985 INFO [Log] 从 Excel 文件读取到的关键字是：press_enter
2018-03-14 22:38:34,985 INFO [Log] 从 Excel 文件中读取的操作值是：无
2018-03-14 22:38:34,986 INFO [Log] 按 Enter 键成功
2018-03-14 22:38:34,986 INFO [Log] 从 Excel 文件读取到的关键字是：sleep
2018-03-14 22:38:34,986 INFO [Log] 从 Excel 文件中读取的操作值是：4000
2018-03-14 22:38:38,986 INFO [Log] 休眠 4 秒成功
2018-03-14 22:38:38,986 INFO [Log] 从 Excel 文件读取到的关键字是：click_sendMailButton
2018-03-14 22:38:38,986 INFO [Log] 从 Excel 文件中读取的操作值是：无
2018-03-14 22:38:39,224 INFO [Log] 单击发送邮件按钮成功
2018-03-14 22:38:39,224 INFO [Log] 从 Excel 文件读取到的关键字是：sleep
2018-03-14 22:38:39,224 INFO [Log] 从 Excel 文件中读取的操作值是：3000
2018-03-14 22:38:42,224 INFO [Log] 休眠 3 秒成功
2018-03-14 22:38:42,224 INFO [Log] 从 Excel 文件读取到的关键字是：WaitFor_Element
2018-03-14 22:38:42,224 INFO [Log] 从 Excel 文件中读取的操作值是：sendmailsuccesspage.succinfo
2018-03-14 22:38:42,238 INFO [Log] 显式等待元素出现成功，元素是 sendmailsuccesspage.succinfo
2018-03-14 22:38:42,238 INFO [Log] 从 Excel 文件读取到的关键字是：Assert_String
2018-03-14 22:38:42,238 INFO [Log] 从 Excel 文件中读取的操作值是：发送成功
2018-03-14 22:38:42,259 INFO [Log] 出现断言失败，具体断言失败信息:expected [true] but found [false]
2018-03-14 22:38:42,260 INFO [Log] 从 Excel 文件读取到的关键字是：close_browser
2018-03-14 22:38:42,260 INFO [Log] 从 Excel 文件中读取的操作值是：无
2018-03-14 22:38:42,260 INFO [Log] 关闭浏览器窗口
2018-03-14 22:38:42,554 INFO [Log] --------------------"SendMail01 "测试执行结束   --------------------
2018-03-14 22:38:42,554 INFO [Log] --------------------"visit126MailHomePage01 "开始执行   ----------------------
2018-03-14 22:38:42,554 INFO [Log] 从 Excel 文件读取到的关键字是：open_browser
2018-03-14 22:38:42,554 INFO [Log] 从 Excel 文件中读取的操作值是：firefox
2018-03-14 22:38:46,397 INFO [Log] Firefox 浏览器实例已经声明
2018-03-14 22:38:46,397 INFO [Log] 从 Excel 文件读取到的关键字是：navigate
2018-03-14 22:38:46,397 INFO [Log] 从 Excel 文件中读取的操作值是：http://www.126.com
2018-03-14 22:38:49,258 INFO [Log] 浏览器访问网址 http://www.126.com
2018-03-14 22:38:49,258 INFO [Log] 从 Excel 文件读取到的关键字是：Assert_String
2018-03-14 22:38:49,258 INFO [Log] 从 Excel 文件中读取的操作值是：二维码登录
2018-03-14 22:38:49,295 INFO [Log] 成功断言关键字"二维码登录"
2018-03-14 22:38:49,295 INFO [Log] 从 Excel 文件读取到的关键字是：close_browser
2018-03-14 22:38:49,295 INFO [Log] 从 Excel 文件中读取的操作值是：无
2018-03-14 22:38:49,295 INFO [Log] 关闭浏览器窗口
2018-03-14 22:38:49,540 INFO [Log] -------------"visit126MailHomePage01 "测试执行结束 ---------------------

通过日志文件，我们可以清晰地了解测试每个执行过程的结果。

（12）记录每个测试用例和每个测试步骤的执行结果。

在“关键字驱动测试用例”Excel 文件中，分别在“测试用例集合”和“发送邮件”Sheet 的最后增加一列“测试结果”，如图 16-21 所示。

	A	B	C	D
1	测试用例序号	测试用例描述	是否运行	测试结果
2	SendMail01	发送一封带有附件的邮件给自己	y	
3	visit126MailHomePage01	访问126邮箱的首页	y	

	A	B	C	D	E	F
1	测试用例序号	测试用例步骤	测试步骤描述	关键字	操作值	测试结果
2	SendMail01	TestStep_01	打开浏览器	open_browser	firefox	
3	SendMail01	TestStep_02	访问被测试网址http://www.126.com	navigate	http://www.126.com	
4	SendMail01	TestStep_03	等待3秒，等待iframe加载出来	sleep	3000	
5	SendMail01	TestStep_04	进入iframe	switch_frame	无	
6	SendMail01	TestStep_05	等待3秒，等待页面加载完成	sleep	3000	
7	SendMail01	TestStep_06	输入邮箱登录用户名	input_userName	testman2018	
8	SendMail01	TestStep_07	输入邮箱密码	input_passWord	wulaoshi2018	
9	SendMail01	TestStep_08	单击登录按钮	click_login	无	
10	SendMail01	TestStep_09	退出iframe	default_frame	无	
11	SendMail01	TestStep_10	等待页面出现登录成功后显示的退出链接	WaitFor_Element	homepage.logoutlink	

图 16-21

在 cn.gloryroad.util 的 Package 中新增和修改 ExcelUtil 类中的操作函数，修改后的类代码如下。

```
package cn.gloryroad.util;

import java.io.FileInputStream;
import java.io.FileOutputStream;
import org.apache.poi.xssf.usermodel.XSSFCell;
import org.apache.poi.xssf.usermodel.XSSFRow;
import org.apache.poi.xssf.usermodel.XSSFSheet;
import org.apache.poi.xssf.usermodel.XSSFWorkbook;

import cn.gloryroad.configuration.Constants;
import cn.gloryroad.testScript.TestSuiteByExcel;

//本类主要实现扩展名为“.xlsx 的 Excel”文件操作
public class ExcelUtil {

    private static XSSFSheet ExcelWSheet;
    private static XSSFWorkbook ExcelWBook;
    private static XSSFCell Cell;
    private static XSSFRow Row;

    // 设定要操作的 Excel 文件的路径
    // 在读/写 Excel 文件的时候，需要先设定要操作的 Excel 文件路径
    public static void setExcelFile(String Path){

        FileInputStream ExcelFile;
```

```java
        try {
            // 实例化 Excel 文件的 FileInputStream 对象
            ExcelFile = new FileInputStream(Path);
            // 实例化 Excel 文件的 XSSFWorkbook 对象
            ExcelWBook = new XSSFWorkbook(ExcelFile);

        } catch (Exception e) {
            TestSuiteByExcel.testResult = false;
            System.out.println("Excel 路径设定失败");
            e.printStackTrace();
        }

}
// 设定要操作的 Excel 的文件路径和 Excel 文件中的 Sheet 名称
// 在读/写 Excel 文件的时候，设定要操作的 Excel 文件路径和要操作的 Sheet 名称
public static void setExcelFile(String Path, String SheetName)
{
    FileInputStream ExcelFile;
    try {
        // 实例化 Excel 文件的 FileInputStream 对象
        ExcelFile = new FileInputStream(Path);
        // 实例化 Excel 文件的 XSSFWorkbook 对象
        ExcelWBook = new XSSFWorkbook(ExcelFile);
        /* 实例化 XSSFSheet 对象，指定 Excel 文件中的 Sheet 名称，后续用于 Sheet
         * 中行、列和单元格的操作
         */
        ExcelWSheet = ExcelWBook.getSheet(SheetName);

    } catch (Exception e) {
        TestSuiteByExcel.testResult = false;
        System.out.println("Excel 路径设定失败");
        e.printStackTrace();
    }

}

// 读取 Excel 文件指定单元格的函数，此函数只支持扩展名为 ".xlsx 的 Excel" 文件
public static String getCellData(String SheetName,int RowNum, int ColNum) {
    ExcelWSheet = ExcelWBook.getSheet(SheetName);
    try {
        // 通过函数参数指定单元格的行号和列号，获取指定的单元格对象
        Cell = ExcelWSheet.getRow(RowNum).getCell(ColNum);
        // 如果单元格的内容为字符串类型，则使用 getStringCellValue 方法获取单元格的内容
        // 如果单元格的内容为数字类型，则使用 getNumericCellValue 方法获取单元格的内容
        String CellData = Cell.getCellType() == XSSFCell.CELL_TYPE_STRING ?
Cell.getStringCellValue() + "":String.valueOf(Math.round(Cell.getNumericCellValue()));
        //函数返回指定单元格的字符串内容
```

```java
                return CellData;

        } catch (Exception e) {
            TestSuiteByExcel.testResult = false;
            e.printStackTrace();
            //读取遇到异常，则返回空字符串
            return "";
        }
    }

    //获取 Excel 文件最后一行的行号
    public static int getLastRowNum() {
        //函数返回 Sheet 中最后一行的行号
        return ExcelWSheet.getLastRowNum();
    }
    //获取指定 Sheet 中的数据总行数
    public static int getRowCount(String SheetName){
        ExcelWSheet = ExcelWBook.getSheet(SheetName);
        int number=ExcelWSheet.getLastRowNum();
        return number;
    }

    //在 Excel 的指定 Sheet 中，获取第一次包含指定测试用例序号的行号
    public static int getFirstRowContainsTestCaseID(String sheetName,String testCaseName, int colNum) {
        int i;
        try{

            ExcelWSheet = ExcelWBook.getSheet(sheetName);
            int rowCount = ExcelUtil.getRowCount(sheetName);
            for (i=0 ; i<rowCount; i++){
            //使用循环的方法遍历测试用例序号列的所有行，判断是否包含某个测试用例序号关键字
                if (ExcelUtil.getCellData(sheetName,i,colNum).equalsIgnoreCase(testCaseName)){
                    //如果包含，则退出 for 循环，并返回包含测试用例序号关键字的行号
                    break;
                }
            }
            return i;
        }catch (Exception e){
            TestSuiteByExcel.testResult = false;
            return 0;
        }

    }
    //获取指定 Sheet 中某个测试用例步骤的个数
```

```java
public static int getTestCaseLastStepRow(String SheetName, String testCaseID, int testCaseStartRowNumber){
    try{
        ExcelWSheet = ExcelWBook.getSheet(SheetName);
        /* 从包含指定测试用例序号的第一行开始逐行遍历，直到某一行不出现指定测试用例
         * 序号，此时的遍历次数就是此测试用例步骤的个数
         */
        for(int i=testCaseStartRowNumber;i<=ExcelUtil.getRowCount(SheetName)-1;i++){
            if(!testCaseID.equals(ExcelUtil.getCellData(SheetName,i,Constants.Col_TestCaseID))){
                int number = i;
                return number;
            }
        }
        int number=ExcelWSheet.getLastRowNum()+1;
        return number;
    }catch(Exception e){
        TestSuiteByExcel.testResult = false;
        return 0;
    }
}

//在 Excel 文件的执行单元格中写入数据，此函数只支持扩展名为 ".xlsx" 的 Excel 文件
public static void setCellData(String SheetName,int RowNum, int ColNum, String Result) {
    ExcelWSheet = ExcelWBook.getSheet(SheetName);
    try {
        //获取 Excel 文件中的行对象
        Row = ExcelWSheet.getRow(RowNum);
        //如果单元格为空，则返回 Null
        Cell = Row.getCell(ColNum, Row.RETURN_BLANK_AS_NULL);

        if (Cell == null) {
            //当单元格对象是 Null 时，则创建单元格，如果单元格为空，
            //无法直接调用单元格对象的 setCellValue 方法设定单元格的值
            Cell = Row.createCell(ColNum);
            // 创建单元格后可以调用单元格对象的 setCellValue 方法设定单元格的值
            Cell.setCellValue(Result);

        } else {
            //若单元格中有内容，则可以直接调用单元格对象的 setCellValue
            //方法设定单元格的值
            Cell.setCellValue(Result);

        }
        // 例化写入 Excel 文件的文件输出流对象
        FileOutputStream fileOut = new FileOutputStream(
```

```
                    Constants.Path_ExcelFile);
            // 将内容写入 Excel 文件
            ExcelWBook.write(fileOut);
            // 调用 flush 方法强制刷新写入文件
            fileOut.flush();
            // 关闭文件输出流对象
            fileOut.close();

        } catch (Exception e) {
            TestSuiteByExcel.testResult = false;
            e.printStackTrace();
        }
    }
}
```

ExcelUtil 类中的具体修改内容如下：

- 增加了 setExcelFile 函数，用于设定 Excel 文件的位置。
- 增加了 getRowCount 函数，用于统计一个 Sheet 中有多少数据行。
- 增加了 getFirstRowContainsTestCaseID 函数，用于获取指定测试用例在 Sheet 中的第一个测试用例步骤所在的行号。
- 增加了 getTestCaseLastStepRow 函数，用于获取指定测试用例在 Sheet 中的最后一个测试用例步骤所在的行号。
- 增加了 setCellData 函数，用于在指定 Sheet 的指定单元格中写入字符串。

在 cn.gloryroad.configuration 的 Package 中修改 Constants 类代码，在类中增加如下代码。

```
//第六列用 5 表示，为测试结果列
public static final int Col_TestStepTestResult = 5 ;
// "测试用例集合" Sheet 中的列号常量设定
public static final int Col_TestSuiteTestResult = 3 ;
```

在 cn.gloryroad.configuration 的 Package 中修改 KeyWordsAction 类代码，修改后的类代码如下。

```
package cn.gloryroad.configuration;

import static cn.gloryroad.util.WaitUitl.waitWebElement;
import java.util.List;
import org.apache.log4j.xml.DOMConfigurator;
import org.openqa.selenium.WebDriver;
import org.openqa.selenium.WebElement;
import org.openqa.selenium.chrome.ChromeDriver;
import org.openqa.selenium.firefox.FirefoxDriver;
import org.openqa.selenium.ie.InternetExplorerDriver;
import org.testng.Assert;
import cn.gloryroad.testScript.TestSuiteByExcel;
```

```java
import cn.gloryroad.util.KeyBoardUtil;
import cn.gloryroad.util.Log;
import cn.gloryroad.util.ObjectMap;
import cn.gloryroad.util.WaitUitl;

public class KeyWordsAction {

    //声明静态 WebDriver 对象，用于在此类中对相关 Driver 进行操作
    public static WebDriver driver;
    //声明存储定位表达配置文件的 ObjectMap 对象
    private static ObjectMap objectMap = new ObjectMap(Constants.Path_ConfigurationFile);
    static{
        DOMConfigurator.configure("log4j.xml");
    }
    /* 此方法的名称对应 Excel 文件"关键字"列中的 open_browser 关键字，
     * Excel 文件"操作值"列中的内容用于指定测试用例用何种浏览器运行测
     * 试用例。ie 表示启动 IE 浏览器运行测试用例，firefox 表示启动 Firefox
     * 浏览器运行测试用例，chrome 表示启动 Chrome 浏览器运行测试用例
     */
    public static void open_browser(String browserName) {
        if (browserName.equals("ie")) {
            System.setProperty("webdriver.ie.driver", "C:\\IEDriverServer.exe");
            driver = new InternetExplorerDriver();
            Log.info("IE 浏览器实例已经声明");
        } else if (browserName.equals("firefox")) {
            //若 WebDriver 无法打开 Firefox 浏览器，才需增加此行代码设定 Firefox 浏览器的所
            //在路径
            System.setProperty("webdriver.firefox.bin","C:\\Program Files\\Firefox Developer Edition\\firefox.exe");
            //加载 Firefox 浏览器的驱动程序
            System.setProperty("webdriver.gecko.driver","d:\\geckodriver.exe");
            //打开 Firefox 浏览器
            driver = new FirefoxDriver();
            Log.info("Firefox 浏览器实例已经声明");
        } else {
            System.setProperty("webdriver.chrome.driver","C:\\chromedriver.exe");
            driver = new ChromeDriver();
            Log.info("Chrome 浏览器实例已经声明");
        }
    }
    //此方法的名称对应 Excel 文件"关键字"列中的 navigate 关键字
    //读取 Excel 文件"操作值"列中的网址内容作为浏览器访问的网址
    public static void navigate(String url) {
        driver.get(url);
        Log.info("浏览器访问网址"+url);
    }
```

```java
/* 此方法的名称对应 Excel 文件"关键字"列中的 switch_frame 关键字,
 * 实现单击"登录"按钮操作,参数 string 本身并不会作为操作的输入值,设定
 * 一个无用的函数参数仅仅为了统一反射方法的调用方式(均传入一个参数)
 */
public static void switch_frame(String string) {
        try {
                driver.switchTo().frame(driver.findElement(objectMap.getLocator("login.iframe")));
                Log.info("进入 iframe");
        } catch (Exception e) {
                Log.info("进入首页 iframe 时出现异常,具体异常信息:"+e.getMessage());
                e.printStackTrace();
        }
}

//此方法的名称对应 Excel 文件"关键字"列中的 input_userName 关键字
//读取 Excel 文件"操作值"列中的邮箱用户名称,作为登录用户名的输入内容
public static void input_userName(String userName) {

        try {
                driver.findElement(objectMap.getLocator("login.username")).clear();
                Log.info("清除用户名输入框的所有内容");
                driver.findElement(objectMap.getLocator("login.username")).sendKeys(userName);
                Log.info("在用户名输入框中输入用户名:"+userName);
        } catch (Exception e) {
                TestSuiteByExcel.testResult= false;
                Log.info("在用户名输入框中输入用户名出现异常,具体异常信息:"+e.getMessage());
                e.printStackTrace();
        }
}
//此方法的名称对应 Excel 文件"关键字"列中的 input_passWord 关键字
//读取 Excel 文件"操作值"列中的邮箱密码,作为登录密码的输入内容
public static void input_passWord(String passWord) throws Exception {
        try {
                driver.findElement(objectMap.getLocator("login.password")).clear();
                Log.info("清空密码框原有内容");
                driver.findElement(objectMap.getLocator("login.password")).sendKeys(passWord);
                Log.info("在密码框中输入密码"+passWord);
        } catch (Exception e) {
                TestSuiteByExcel.testResult= false;
                Log.info("在密码框中输入密码时出现异常,具体异常信息:"+e.getMessage());
                e.printStackTrace();
        }

}
```

```java
/* 此方法的名称对应 Excel 文件"关键字"列中的 click_login 关键字,
 * 实现单击"登录"按钮操作,参数 string 本身并不会作为操作的输入值,设定
 * 一个无用的函数参数仅仅为了统一反射方法的调用方式(均传入一个参数)
 */
public static void click_login(String string) {
    try {
        driver.findElement(objectMap.getLocator("login.button")).click();
        Log.info("单击登录按钮");
    } catch (Exception e) {
        TestSuiteByExcel.testResult= false;
        Log.info("单击登录按钮时出现异常,具体异常信息:"+e.getMessage());
        e.printStackTrace();
    }
}

/* 此方法的名称对应 Excel 文件"关键字"列中的 default_frame 关键字,
* 实现单击"登录"按钮操作,参数 string 本身并不会作为操作的输入值,设定
* 一个无用的函数参数仅仅为了统一反射方法的调用方式(均传入一个参数)
*/
public static void default_frame(String string) {
    try {
        driver.switchTo().defaultContent();
        Log.info("退出 iframe");
    } catch (Exception e) {
        Log.info("退出首页 iframe 时出现异常,具体异常信息:"+e.getMessage());
        e.printStackTrace();
    }
}

/* 此方法的名称对应 Excel 文件"关键字"列中的 WaitFor_Element 关键字,
 * 用于显式等待页面元素出现在页面中。函数读取 Excel 文件"操作值"列中的表达
 * 式作为函数参数,objectMap 对象的 getLocator 方法会根据函数参数值在配置
 * 文件中查找 key 值对应的定位表达式
 */
public static void WaitFor_Element(String xpathExpression) {
    try {
        //调用封装的 waitWebElement 函数显式等待页面元素出现
        waitWebElement(driver, objectMap.getLocator(xpathExpression));
        Log.info("显式等待元素出现成功,元素是"+xpathExpression);
    } catch (Exception e) {
        TestSuiteByExcel.testResult= false;
        Log.info("显式等待元素时出现异常,具体异常信息:"+e.getMessage());
        e.printStackTrace();
    }
}
```

```java
//此方法的名称对应 Excel 文件"关键字"列中的 click_writeLetterLink 关键字
//用于单击"写信"链接
public static void click_writeLetterLink(String string) {
    try {
        driver.findElement(objectMap.getLocator("homepage.writeLetterLink")).click();
        Log.info("单击写信链接成功");
    } catch (Exception e) {
        TestSuiteByExcel.testResult= false;
        Log.info("单击写信链接时出现异常,具体异常信息:"+e.getMessage());
        e.printStackTrace();
    }
}
//此方法的名称对应 Excel 文件"关键字"列中的 input_recipients 关键字
//用于在收件人输入框中输入指定的收件人信息,函数参数 recipients 为收件人信息
public static void input_recipients(String recipients) {
    try {
        driver.findElement(objectMap.getLocator("writemailpage.recipients")).sendKeys(recipients);
        Log.info("在收件人输入框中成功输入收件人信息:"+ recipients);
    } catch (Exception e) {
        TestSuiteByExcel.testResult= false;
        Log.info("在收件人输入框中输入收件人信息时出现异常,具体异常信息:"+e.getMessage());
        e.printStackTrace();
    }
}
//此方法的名称对应 Excel 文件"关键字"列中的 input_mailSubject 关键字
//用于在邮件标题输入框中输入指定的字符串,函数参数 mailSubject 为输入内容
public static void input_mailSubject(String mailSubject) {
    try {
        driver.findElement(objectMap.getLocator("writemailpage.mailsubject")).sendKeys(mailSubject);
        Log.info("成功输入邮件主题:"+mailSubject);
    } catch (Exception e) {
        TestSuiteByExcel.testResult= false;
        Log.info("在邮件主题输入框中输入邮件主题时出现异常,具体异常信息:"+e.getMessage());
        e.printStackTrace();
    }
}
//此方法的名称对应 Excel 文件"关键字"列中的 press_Tab 关键字
//用于按 Tab 键的操作
public static void press_Tab(String string) {
    try {
        //调用 KeyBoardUtil 类的封装方法 pressTabKey
        KeyBoardUtil.pressTabKey();
```

```java
            Log.info("按 Tab 键成功");
        } catch (Exception e) {
            TestSuiteByExcel.testResult= false;
            Log.info("按 Tab 键时出现异常,具体异常信息:"+e.getMessage());
            e.printStackTrace();
        }
    }
    //此方法的名称对应 Excel 文件"关键字"列中的 paste_mailContent 关键字
    //通过从剪切板粘贴的方式,在指定输入框中输入字符,如邮件正文
    public static void paste_mailContent(String mailContent) {
        try {
            KeyBoardUtil.setAndctrlVClipboardData(mailContent);
            Log.info("成功粘贴邮件正文:"+mailContent);
        } catch (Exception e) {
            TestSuiteByExcel.testResult= false;
            Log.info("在输入框中粘贴内容时出现异常,具体异常信息:"+e.getMessage());
            e.printStackTrace();
        }
    }
    //此方法的名称对应 Excel 文件"关键字"列中的 click_addAttachment 关键字
    //用于单击"添加附件"按钮
    public static void click_addAttachment(String string) {
        try {
            driver.findElement(
objectMap.getLocator("writemailpage.addattachmentlink")).click();
            Log.info("单击添加附件按钮成功");
        } catch (Exception e) {
            TestSuiteByExcel.testResult= false;
            Log.info("单击添加附件按钮时出现异常,具体异常信息:"+e.getMessage());
            e.printStackTrace();
        }
    }
    //此方法的名称对应 Excel 文件"关键字"列中的 paste_uploadFileName 关键字
    //通过从剪切板粘贴的方式,在文件上传框体的文件名输入框中输入要上传文件的路径和名称
    public static void paste_uploadFileName(String uploadFileName) {
        try {
            KeyBoardUtil.setAndctrlVClipboardData(uploadFileName);
            Log.info("成功粘贴上传文件名:"+uploadFileName);
        } catch (Exception e) {
            TestSuiteByExcel.testResult= false;
            Log.info("在文件名输入框中粘贴上传文件名称时出现异常,具体异常信息:"+e.getMessage());
            e.printStackTrace();
        }
    }
    //此方法的名称对应 Excel 文件"关键字"列中的 press_enter 关键字
    //用于按 Enter 键
```

```java
public static void press_enter(String string) {
    try {
        Thread.sleep(2000);
        KeyBoardUtil.pressEnterKey();
        Log.info("按 Enter 键成功");
    } catch (Exception e) {
        TestSuiteByExcel.testResult= false;
        Log.info("按 Enter 键时出现异常,具体异常信息:"+e.getMessage());
        e.printStackTrace();
    }
}
//此方法的名称对应 Excel 文件"关键字"列中的 sleep 关键字
//用于等待操作,暂停几秒,函数参数是以毫秒为单位的等待时间
public static void sleep(String sleepTime){
    try {
        WaitUitl.sleep(Integer.parseInt(sleepTime));
        Log.info("休眠 "+Integer.parseInt(sleepTime)/1000+"秒成功");
    } catch (Exception e) {
        TestSuiteByExcel.testResult= false;
        Log.info("线程休眠时出现异常,具体异常信息:"+e.getMessage());
        e.printStackTrace();
    }
}
//此方法的名称对应 Excel 文件"关键字"列中的 click_sendMailButton 关键字
//用于单击"发送邮件"按钮
public static void click_sendMailButton(String string) {

    try {
        /* 页面上有两个发送按钮,为了方便使用 XPath 匹配,
         * 同时匹配了两个发送按钮,并存储在 List 容器中,再随便取出一个
         * 按钮对象,来完成单击发送邮件按钮的操作
         */
        List<WebElement> buttons = driver.findElements(objectMap
.getLocator("writemailpage.sendmailbuttons"));

        buttons.get(0).click();
        Log.info("单击发送邮件按钮成功");
        System.out.println("发送按钮被成功单击");
    } catch (Exception e) {
        TestSuiteByExcel.testResult= false;
        Log.info("单击发送邮件按钮出现异常,具体异常信息:"+e.getMessage());
        e.printStackTrace();
    }
}
//此方法的名称对应 Excel 文件"关键字"列中的 Assert_String 关键字
public static void Assert_String(String assertString) {
```

```java
        try{
            Assert.assertTrue(driver.getPageSource().contains(assertString));
            Log.info("成功断言关键字""+assertString +""");
        } catch (AssertionError e) {
            TestSuiteByExcel.testResult= false;
            Log.info("出现断言失败,具体断言失败信息:"+e.getMessage());
            System.out.println("断言失败");
        }
    }
    //此方法的名称对应 Excel 文件 "关键字" 列中的 close_browser 关键字
    public static void close_browser(String string) {
        try {
            System.out.println("浏览器关闭函数被执行");
            Log.info("关闭浏览器窗口");
            driver.quit();
        } catch (Exception e) {
            TestSuiteByExcel.testResult= false;
            Log.info("关闭浏览器出现异常,具体异常信息:"+e.getMessage());
            e.printStackTrace();
        }
    }
}
```

在 KeyWordsAction 类中的代码修改主要是在每个 catch 语句块中增加如下一行代码:
`TestSuiteByExcel.testResult= false;`

在出现异常时,测试程序会将 TestSuiteByExcel.testResult 变量设定为 "false",以此方式来记录每个测试步骤测试执行失败的结果。

在 cn.gloryroad.testScript 类中修改 TestSuiteByExcel 类代码,修改后的类代码如下。

```java
package cn.gloryroad.testScript;

import org.apache.log4j.xml.DOMConfigurator;
import org.junit.BeforeClass;
import org.testng.Assert;
import org.testng.annotations.Test;
import java.lang.reflect.Method;
import cn.gloryroad.configuration.*;
import cn.gloryroad.util.*;

public class TestSuiteByExcel {
    public static Method method[];
    public static String keyword;
    public static String value;
    public static KeyWordsAction keyWordsaction;
    public static int testStep;
    public static int testLastStep;
```

```java
    public static String testCaseID;
    public static String testCaseRunFlag;
    public static boolean testResult;

    @Test
    public void testTestSuite() throws Exception {
        // 声明一个关键动作类的实例
        keyWordsaction = new KeyWordsAction();
        // 使用 Java 的反射机制获取 KeyWordsaction 类的所有方法对象
        method = keyWordsaction.getClass().getMethods();

        // 定义 Excel 关键字测试文件的路径
        String excelFilePath = Constants.Path_ExcelFile;
        // 设定读取 Excel 文件中的 "发送邮件" Sheet 为操作目标
        ExcelUtil.setExcelFile(excelFilePath);
        // 读取 "测试用例集合" Sheet 中的测试用例总数
        int testCasesCount = ExcelUtil.getRowCount(Constants.Sheet_TestSuite);
        // 使用 for 循环，执行所有标记为 "y" 的测试用例
        for (int testCaseNo = 1; testCaseNo <= testCasesCount; testCaseNo++) {
            // 读取 "测试用例集合" Sheet 中每行的测试用例序号
            testCaseID = ExcelUtil.getCellData(Constants.Sheet_TestSuite, testCaseNo, Constants.Col_TestCaseID);
            // 读取 "测试用例集合" Sheet 中每行的 "是否运行" 列中的值
            testCaseRunFlag=ExcelUtil.getCellData(Constants.Sheet_TestSuite, testCaseNo, Constants.Col_RunFlag);
            // 如果是否运行列中的值为 "y"，则执行测试用例中的所有步骤
            if (testCaseRunFlag.equalsIgnoreCase("y")) {
                // 在日志中打印测试用例开始执行的信息
                Log.startTestCase(testCaseID);
                // 设定测试用例的当前结果为 true，即表明测试执行成功
                testResult = true;
                // 在 "发送邮件" Sheet 中，获取当前要执行的测试用例的第一个步骤的行号
                testStep = ExcelUtil.getFirstRowContainsTestCaseID(
Constants.Sheet_TestSteps, testCaseID,Constants.Col_TestCaseID);
                //在 "发送邮件" Sheet 中，获取当前要执行的测试用例的最后一个步骤的行号
                testLastStep = ExcelUtil.getTestCaseLastStepRow(
Constants.Sheet_TestSteps, testCaseID, testStep);
                // 遍历测试用例中的所有测试步骤
                for (; testStep < testLastStep; testStep++) {
                    // 从"发送邮件"Sheet 中读取关键字和操作值,并调用 execute_Actions
                    // 方法执行
                    keyword = ExcelUtil.getCellData(Constants.Sheet_TestSteps, testStep, Constants.Col_KeyWordAction);
                    // 在日志文件中打印关键字信息
                    Log.info("从 Excel 文件读取到的关键字是：" + keyword);
```

```java
                    value = ExcelUtil.getCellData(Constants.Sheet_TestSteps,
testStep, Constants.Col_ActionValue);
                    // 在日志文件中打印操作值信息
                    Log.info("从 Excel 文件中读取的操作值是: " + value);
                    execute_Actions();
                    if (testResult == false) {
                    /* 如果测试用例的任何一个测试步骤执行失败,则测试用例集合 Sheet 中的
                     * 当前执行测试用例的执行结果为"测试执行失败"
                     */
                        ExcelUtil.setCellData("测试用例集合", testCaseNo,
Constants.Col_TestSuiteTestResult, "测试执行失败");
                        // 在日志中打印测试用例执行完毕的信息
                        Log.endTestCase(testCaseID);
                    /* 如果当前测试用例出现执行失败的步骤,则整个测试用例设定为失败状态,
                     * 利用 break 语句跳出当前的 for 循环,继续执行测试集合中的下一个测试用例
                     */
                        break;
                    }
                    if (testResult == true) {
                    /* 如果测试用例的所有步骤执行成功,则测试用例集合 Sheet 中的当前执行测
                     * 试用例的执行结果为"测试执行成功"
                     */
                        ExcelUtil.setCellData(Constants.Sheet_TestSuite,
testCaseNo,Constants.Col_TestSuiteTestResult, "测试执行成功");
                    }
                }
            }
        }
    }

    private static void execute_Actions() {
        try {
            for (int i = 0; i < method.length; i++) {
                /* 使用反射的方式,找到关键字对应的测试方法,并将 value(操作值)作为
                 * 测试方法的函数值进行调用
                 */
                if (method[i].getName().equals(keyword)) {
                    method[i].invoke(keyWordsaction, value);
                    if (testResult == true) {
                        /* 如果当前测试步骤执行成功,在"发送邮件"Sheet 中,会将当
                         * 前执行的测试步骤结果设定为"测试步骤执行成功"
                         */
```

```
                                ExcelUtil.setCellData(Constants.Sheet_TestSteps,
testStep, Constants.Col_TestStepTestResult,"测试步骤执行成功");
                                break;
                        } else {
                /* 如果当前测试步骤执行失败,在"发送邮件"Sheet 中,会将当前执行的测
                 * 试步骤结果设定为"测试步骤执行失败"
                 */
                                ExcelUtil.setCellData(Constants.Sheet_TestSteps,
testStep, Constants.Col_TestStepTestResult,"测试步骤执行失败");
                                //如果测试步骤执行失败,则直接关闭浏览器,不再执行后续的测试
                                KeyWordsAction.close_browser("");
                                break;
                        }

                    }
                }
            } catch (Exception e) {
                //在调用测试方法过程中,若出现异常,则将测试设定为失败状态,停止执行测试用例
                Assert.fail("执行出现异常,测试用例执行失败!");
            }
        }

        @BeforeClass
        public void BeforeClass() {
            //设定 Log4j 的配置文件为"log4j.xml"
            DOMConfigurator.configure("log4j.xml");
        }
}
```

TestSuiteByExcel 类中的修改主要集中在以下几点:

- 定义 testResult 变量,用于存储测试步骤的执行状态。
- 如果测试用例中的任一测试步骤出现失败的情况,则测试程序将 testResult 变量设定为"false",并在相应 Excel 文件的测试步骤数据行的"测试结果"列中写入"测试步骤执行失败"关键字,与此同时,在"测试用例集合"Sheet 中相应测试用例数据行的"测试结果"列中写入"测试执行失败"关键字。
- 如果测试用例的所有测试步骤均执行成功,则测试程序将所有测试步骤对应的测试结果列写入"测试步骤执行成功"关键字,将"测试用例集合"Sheet 中相应测试用例数据行的"测试结果"列中写入"测试执行成功"关键字。

执行 TestSuiteByExcel 类,则可以在"关键字驱动测试用例"Excel 文件中看到每一个测试用例和每一个测试步骤的具体执行结果,如图 16-22 所示。

第 16 章
自动化测试框架的 Step By Step 搭建及测试实战

	A	B	C	D
1	测试用例序号	测试用例描述	是否运行	测试结果
2	SendMail01	发送一封带有附件的邮件给自己	y	测试执行成功
3	visit126MailHomePage01	访问126邮箱的首页	y	测试执行成功

	A	B	C	D	E	F
1	测试用例序号	测试用例步骤	测试步骤描述	关键字	操作值	测试结果
2	SendMail01	TestStep_01	打开浏览器	open_browser	firefox	测试步骤执行成功
3	SendMail01	TestStep_02	访问被测试网址http://www.126.com	navigate	http://www.126.com	测试步骤执行成功
4	SendMail01	TestStep_03	等待3秒,等待iframe加载出来	sleep	3000	测试步骤执行成功
5	SendMail01	TestStep_04	进入iframe	switch_frame	无	测试步骤执行成功
6	SendMail01	TestStep_05	等待3秒,等待页面加载完成	sleep	3000	测试步骤执行成功
7	SendMail01	TestStep_06	输入邮箱登录用户名	input_userName	testman2018	测试步骤执行成功
8	SendMail01	TestStep_07	输入邮箱密码	input_passWord	wulaoshi2018	测试步骤执行成功
9	SendMail01	TestStep_08	单击登录按钮	click_login	无	测试步骤执行成功
10	SendMail01	TestStep_09	退出iframe	default_frame	无	测试步骤执行成功
11	SendMail01	TestStep_10	等待页面出现登录成功后显示的退出链接	WaitFor_Element	homepage.logoutlink	测试步骤执行成功
12	SendMail01	TestStep_11	单击"写信"链接	click_writeLetterLink	无	测试步骤执行成功
13	SendMail01	TestStep_12	等待写信页面上显示出"收件人"链接	WaitFor_Element	writemailpage.recipientslink	测试步骤执行成功
14	SendMail01	TestStep_13	在收件人输入框中输入收信人的邮件地址	input_recipients	testman1978@126.com	测试步骤执行成功
15	SendMail01	TestStep_14	在邮件标题框中输入邮件标题"这是一封测试邮件"	input_mailSubject	这是一封测试邮件的标题	测试步骤执行成功
16	SendMail01	TestStep_15	按Tab键,将页面焦点从邮件标题输入框切换到邮件正文输入框	press_Tab	无	测试步骤执行成功
17	SendMail01	TestStep_16	调用工具类函数,将"这是一封自动化发送的测试邮件正文"字符串粘贴到邮件正文输入框	paste_mailContent	这是一封测试邮件的正文	测试步骤执行成功
18	SendMail01	TestStep_17	单击添加附件按钮	click_addAttachment	无	测试步骤执行成功
19	SendMail01	TestStep_18	调用工具类函数,将"c:\a.log"字符串粘贴到文件上传的文件名输入框	paste_uploadFileName	c:\a.log	测试步骤执行成功

图 16-22

(13) 在"关键字驱动测试用例" Excel 文件中,增加操作元素列并修改关键字来实现进一步封装。

在"关键字驱动测试用例" Excel 文件的"发送邮件" Sheet 中,在"关键字"列后面新增加一列,并命名为"操作元素的定位表达式",请参阅表 16-4 的内容修改"发送邮件" Sheet 中的每一个测试步骤。

表 16-4

测试用例序号	测试步骤序号	测试步骤描述	关键字	操作元素的定位表达式	操作值	测试结果
SendMail01	TestStep_01	打开浏览器	open_browser		firefox	
SendMail01	TestStep_02	访问被测试网址:http://www.126.com	navigate		http://www.126.com	
SendMail01	TestStep_03	等待 3 秒,等待 iframe 加载出来	sleep		3000	
SendMail01	TestStep_04	进入 iframe	switch_frame	login.iframe	无	
SendMail01	TestStep_05	等待 3 秒,等待页面加载完成	sleep		3000	
SendMail01	TestStep_06	输入邮箱登录用户名	input	login.username	testman2018	
SendMail01	TestStep_07	输入邮箱密码	input	login.password	wulaoshi2018	
SendMail01	TestStep_08	单击"登录"按钮	click	login.button	无	

385

续表

测试用例序号	测试步骤序号	测试步骤描述	关键字	操作元素的定位表达式	操作值	测试结果
SendMail01	TestStep_09	退出 iframe	default_frame		无	
SendMail01	TestStep_10	等待页面出现登录成功后显示的退出链接	WaitFor_Element	homepage.logoutlink	无	
SendMail01	TestStep_11	单击写信链接	click	homepage.writeLetterLink	无	
SendMail01	TestStep_12	等待写信页面上显示出收件人链接	WaitFor_Element	writemailpage.recipientslink	无	
SendMail01	TestStep_13	在收件人输入框中输入收信人的邮件地址	input	writemailpage.recipients	testman1978@126.com	
SendMail01	TestStep_14	在邮件标题框中输入邮件标题"这是一封测试邮件"	input	writemailpage.mailsubject	这是一封测试邮件的标题	
SendMail01	TestStep_15	按 Tab 键，将页面焦点从邮件标题输入框切换到邮件正文输入框	press_Tab		无	
SendMail01	TestStep_16	调用工具类函数，将"这是一封自动化发送的测试邮件正文"的字符串粘贴入邮件正文输入框	pasteString		这是一封测试邮件的正文	
SendMail01	TestStep_17	单击"添加附件"按钮	click	writemailpage.addattachmentlink	无	
SendMail01	TestStep_18	调用工具类函数，将"c:\\a.log"字符串粘贴到文件上传的文件名输入框	pasteString		c:\a.log	
SendMail01	TestStep_19	按下 Enter 键，开始上传附件文件到邮件系统	press_enter		无	
SendMail01	TestStep_20	等待 4 秒，等待完成附件上传	sleep		4000	
SendMail01	TestStep_21	单击"发送邮件"按钮	click	writemailpage.sendmailbuttons	无	
SendMail01	TestStep_22	等待 3 秒，等待邮件发送完成	sleep		3000	
SendMail01	TestStep_23	等待发送完成页面上显示 ID 属性包含"succinfo"关键字的页面元素	WaitFor_Element	sendmailsuccesspage.succinfo	无	
SendMail01	TestStep_24	断言发送结果页面是否包含"发送成功"关键字	Assert_String		发送成功	
SendMail01	TestStep_25	关闭浏览器	close_browser		无	
visit126MailHomePage01	TestStep_01	打开浏览器	open_browser		firefox	
visit126MailHomePage01	TestStep_02	访问 126 邮箱首页	navigate		http://www.126.com	
visit126MailHomePage01	TestStep_03	断言首页上是否包含"二维码登录"关键字	Assert_String		二维码登录	
visit126MailHomePage01	TestStep_04	关闭浏览器	close_browser		无	

从测试步骤的调整可以看出,程序中使用的定位表达式均填写在了新增列"操作元素的定位表达式"中,作为测试数据的输入,不再和代码混在一起。

在 cn.gloryroad.configuration 的 Package 中修改 Constant 类的代码,修改后的类代码如下。

```
package cn.gloryroad.configuration;

public class Constants {

    //测试数据相关常量设定
    public static final String Path_ExcelFile = "D:\\workspace\\KeyWordsFrameWork \\src\\cn\\gloryroaddata\\关键字驱动测试用例.xlsx";
    public static final String Path_ConfigurationFile = "D:\\workspace\\KeyWordsFrameWork\\objectMap.properties";

    // "发送邮件" Sheet 中的列号常量设定
    //第一列用 0 表示,为测试用例序号列
    public static final int Col_TestCaseID = 0;
    //第四列用 3 表示,为关键字列
    public static final int Col_KeyWordAction = 3 ;
    //第五列用 4 表示,为操作元素的定位表达式列
    public static final int Col_LocatorExpression = 4 ;
    //第六列用 5 表示,为操作值列
    public static final int Col_ActionValue = 5 ;
    //第七列用 6 表示,为测试结果列
    public static final int Col_TestStepTestResult = 6 ;
    //第三列用 2 表示,为测试步骤描述列
    public static final int Col_RunFlag =2 ;
    // "测试用例集合" Sheet 中的测试结果列号常量设定
    public static final int Col_TestSuiteTestResult = 3 ;
    //Sheet 名称的常量设定
    public static final String Sheet_TestSteps = "发送邮件";
    // "测试用例集合" Sheet 的常量设定
    public static  final String Sheet_TestSuite = "测试用例集合";

}
```

由于 Excel 文件中新增了列,导致原有的列顺序发生了变化,所以在 Constants 类中做相应调整。

在 cn.gloryroad.configuration 的 Package 中修改 KeyWordsAction 类,修改后的类代码如下。

```
package cn.gloryroad.configuration;

import static cn.gloryroad.util.WaitUitl.waitWebElement;
import java.util.List;
import org.apache.log4j.xml.DOMConfigurator;
```

```java
import org.openqa.selenium.WebDriver;
import org.openqa.selenium.WebElement;
import org.openqa.selenium.chrome.ChromeDriver;
import org.openqa.selenium.firefox.FirefoxDriver;
import org.openqa.selenium.ie.InternetExplorerDriver;
import org.testng.Assert;
import cn.gloryroad.testScript.TestSuiteByExcel;
import cn.gloryroad.util.KeyBoardUtil;
import cn.gloryroad.util.Log;
import cn.gloryroad.util.ObjectMap;
import cn.gloryroad.util.WaitUitl;

public class KeyWordsAction {

    //声明静态 WebDriver 对象，用于在此类中对相关 Driver 进行操作
    public static WebDriver driver;
    //声明存储定位表达配置文件的 ObjectMap 对象
    private static ObjectMap objectMap = new ObjectMap(Constants.Path_ConfigurationFile);
    static{
        DOMConfigurator.configure("log4j.xml");
    }
    /* 此方法的名称对应 Excel 文件"关键字"列中的 open_browser 关键字，
     * Excel 文件中"操作值"列中的内容用于指定测试用例用何种浏览器运行测
     * 试用例。ie 表示启动 IE 浏览器运行运行测试用例，firefox 表示启动 Firefox
     * 浏览器运行测试用例，chrome 表示启动 Chrome 浏览器进行测试。参数 string 为无
     * 实际值传入的参数，仅为了通过反射机制统一地使用两个函数参数来调用此函数
     */
    public static void open_browser(String string,String browserName) {
        if (browserName.equals("ie")) {
            System.setProperty("webdriver.ie.driver","C:\\IEDriverServer.exe");
            driver = new InternetExplorerDriver();
            Log.info("IE 浏览器实例已经声明");
        } else if (browserName.equals("firefox")) {
            //若 WebDriver 无法打开 Firefox 浏览器，才需增加此行代码设定 Firefox
            //浏览器的所在路径
            System.setProperty("webdriver.firefox.bin","C:\\Program Files\\Firefox Developer Edition\\firefox.exe");
            //加载 Firefox 浏览器的驱动程序
            System.setProperty("webdriver.gecko.driver","d:\\geckodriver.exe");
            //打开 Firefox 浏览器
            driver = new FirefoxDriver();
            Log.info("Firefox 浏览器实例已经声明");
        } else {
            System.setProperty("webdriver.chrome.driver","C:\\chromedriver.exe");
            driver = new ChromeDriver();
```

```java
            Log.info("Chrome 浏览器实例已经声明");
        }
    }
    /* 此方法的名称对应 Excel 文件 "关键字" 列中的 navigate 关键字
     * 读取 Excel 文件 "操作值" 列中的网址作为浏览器访问的网址,
     * 通过参数 URL 来传入览器访问的网址。参数 string 为无实际值传入
     * 的参数,仅为了通过反射机制统一地使用两个函数参数来调用此函数
     */
    public static void navigate(String string,String url) {
        driver.get(url);
        Log.info("浏览器访问网址"+url);
    }


/* 此方法名称对应 Excel 文件 "关键字" 列中的 switch_frame 关键字,
 * 实现进入 frame 的操作,参数 locatorExpression 代表 frame 元素的定位表达式,
 * 参数 string 为无实际值传入的参数,仅为了通过反射机制统一地使用两个
 * 函数参数来调用此函数
 */
public static void switch_frame(String locatorExpression,String string) {
    try {
        driver.switchTo().frame(driver.findElement(objectMap.getLocator(locatorExpression)));
        Log.info("进入 frame "+locatorExpression+" 成功");
    } catch (Exception e) {
        TestSuiteByExcel.testResult = false;
        Log.info("进入 frame"+locatorExpression+" 失败,具体异常信息:"+e. getMessage());
        e.printStackTrace();
    }
}

/* 此方法名称对应 Excel 文件 "关键字" 列中的 default_frame 关键字,
 * 参数 string1 和 string2 为无实际值传入的参数,仅为了通过反射机制统一地使用两个
 * 函数参数来调用此函数
 */
public static void default_frame(String string1,String string2) {
    try {
        driver.switchTo().defaultContent();
        Log.info("退出 frame 成功");
    } catch (Exception e) {
        TestSuiteByExcel.testResult = false;
        Log.info("退出 frame 失败,具体异常信息:"+e. getMessage());
        e.printStackTrace();
    }
}
```

```java
/* 此方法的名称对应 Excel 文件"关键字"列中的 input 关键字,
 * 读取 Excel 文件"操作值"列中的字符作为输入框的输入内容,
 * 参数 locatorExpression 表示输入框的定位表达式。参数 string
 * 为无实际值传入的参数,仅为了通过反射机制统一地使用两个函数参数
 * 来调用此函数
 */
public static void input(String locatorExpression,String inputString) {
    try {
        driver.findElement(objectMap.getLocator(locatorExpression)).clear();
        Log.info("清除 "+locatorExpression+" 输入框中的所有内容");
        driver.findElement(objectMap.getLocator(locatorExpression)).sendKeys(inputString);
        Log.info("在"+locatorExpression+"输入框中输入:"+inputString);
    } catch (Exception e) {
        TestSuiteByExcel.testResult = false;
        Log.info("在"+ locatorExpression +"输入框中输入""+inputString+""时出现异常,具体异常信息:"+e.getMessage());
        e.printStackTrace();
    }
}

/* 此方法名称对应 Excel 文件"关键字"列中的 click 关键字,
 * 实现单击操作,参数 locatorExpression 代表被单击元素的定位表达式,
 * 参数 string 为无实际值传入的参数,仅为了通过反射机制统一地使用两个
 * 函数参数来调用此函数
 */
public static void click(String locatorExpression,String string) {
    try {
        driver.findElement(objectMap.getLocator(locatorExpression)).click();
        Log.info("单击 "+locatorExpression+" 页面元素成功");
    } catch (Exception e) {
        TestSuiteByExcel.testResult = false;
        Log.info("单击"+locatorExpression+" 页面元素失败,具体异常信息:"+e.getMessage());
        e.printStackTrace();
    }
}

/* 此方法的名称对应 Excel 文件"关键字"列中的 WaitFor_Element 关键字,
 * 用于显式等待页面元素出现在页面中。函数读取 Excel 文件"操作值"列中的表达式,
 * 作为函数参数,objectMap 对象的 getLocator 方法会根据函数参数值在配置
 * 文件中查找 key 值对应的定位表达式。参数 locatorExpression 表示等待出现
 * 页面元素的定位表达式,参数 string 为无实际值传入的参数,仅为了通过反射机制
 * 统一地使用两个函数参数来调用此函数
 */
public static void WaitFor_Element(String locatorExpression,String string) {
```

```java
        try {
            //调用封装的 waitWebElement 函数显式等待页面元素出现
            waitWebElement(driver, objectMap.getLocator(locatorExpression));
            Log.info("显式等待元素出现成功,元素是"+locatorExpression);
        } catch (Exception e) {
            TestSuiteByExcel.testResult = false;
            Log.info("显式等待元素时出现异常,具体异常信息:"+e.getMessage());
            e.printStackTrace();
        }
    }

    /* 此方法的名称对应 Excel 文件"关键字"列中的 press_Tab 关键字,
     * 用于按 Tab 键的操作。参数 string1 和参数 string2 为无实际值传
     * 入的参数,仅为了通过反射机制统一地使用两个函数参数来调用此函数
     */
    public static void press_Tab(String string1,String string2) {
        try {
             Thread.sleep(2000);
            //调用 KeyBoardUtil 类的封装方法 pressTabKey
            KeyBoardUtil.pressTabKey();
            Log.info("按 Tab 键成功");
        } catch (Exception e) {
            TestSuiteByExcel.testResult = false;
            Log.info("按 Tab 键时出现异常,具体异常信息:"+e.getMessage());
            e.printStackTrace();
        }
    }
    /* 此方法的名称对应 Excel 文件"关键字"列中的 pasteString 关键字,
     * 通过从剪切板粘贴的方式,在输入框中粘贴指定的字符串,如邮件标题
     * 和邮件正文。参数 pasteContent 表示要粘贴的字符串字符,参数 string
     * 为无实际值传入的参数,仅为了通过反射机制统一地使用两个函数参数来调
     * 用此函数
     */
    public static void pasteString(String string,String pasteContent) {
        try {
            KeyBoardUtil.setAndctrlVClipboardData(pasteContent);
            Log.info("成功粘贴邮件正文:"+pasteContent);
        } catch (Exception e) {
            TestSuiteByExcel.testResult = false;
            Log.info("在输入框中粘贴内容时出现异常,具体异常信息:"+e.getMessage());
            e.printStackTrace();
        }
    }


    /* 此方法的名称对应 Excel 文件"关键字"列中的 press_enter 关键字,用
     * 于按 Enter 键。参数 string1 和参数 string2 为无实际值传入的参数,仅为
```

```java
 *  了通过反射机制统一地使用两个函数参数来调用此函数
 */
public static void press_enter(String string1,String String2) {
    try {
        KeyBoardUtil.pressEnterKey();
        Log.info("按 Enter 键成功");
    } catch (Exception e) {
        TestSuiteByExcel.testResult = false;
        Log.info("按 Enter 键时出现异常,具体异常信息:"+e.getMessage());
        e.printStackTrace();
    }
}
/* 此方法的名称对应 Excel 文件"关键字"列中的 sleep 关键字,用于等待操作,
 * 暂停几秒,函数参数是以毫秒为单位的等待时间。参数 sleepTime 表示暂停
 * 的毫秒数,参数 string 为无实际值传入的参数,仅为了通过反射机制统一地使用
 * 两个函数参数来调用此函数
 */
public static void sleep(String string,String sleepTime){
    try {
        WaitUitl.sleep(Integer.parseInt(sleepTime));
        Log.info("休眠 "+Integer.parseInt(sleepTime)/1000+"秒成功");
    } catch (Exception e) {
        TestSuiteByExcel.testResult = false;
        Log.info("线程休眠时出现异常,具体异常信息:"+e.getMessage());
        e.printStackTrace();
    }
}
/* 此方法的名称对应 Excel 文件"关键字"列中的 click_sendMailButton 关键
 * 字,用于单击"发送邮件"按钮。参数 loccatorExpression 为"发送邮件"按钮的定位表达
 * 式,参数 string 为无实际值传入的参数,仅为了通过反射机制统一地使用两个函
 * 数参数来调用此函数
 */
public static void click_sendMailButton(String loccatorExpression,String string) {
    try {
        /* 页面上有两个发送按钮可以执行发送功能,为了使用 XPath 匹配更方便,
         * 同时匹配了两个发送按钮,并存储在 List 容器中,随便取出一个
         * 按钮对象,完成单击"发送邮件"按钮的操作
         */
        List<WebElement> buttons = driver.findElements(objectMap.getLocator(loccatorExpression));

        buttons.get(0).click();
        Log.info("单击发送邮件按钮成功");
```

```java
                    System.out.println("发送按钮被成功单击");
                } catch (Exception e) {
                    TestSuiteByExcel.testResult = false;
                    Log.info("单击发送邮件按钮出现异常,具体异常信息:"+e.getMessage());
                    e.printStackTrace();
                }
            }
            /* 此方法的名称对应 Excel 文件"关键字"列中的 Assert_String 关键字,参数
             * assertString 为要断言的字符串内容,参数 string 为无实际值传入的参数,仅为了通过
             * 反射机制统一地使用两个函数参数来调用此函数
             */
            public static void  Assert_String(String string,String assertString)  {
                try{
                     Assert.assertTrue(driver.getPageSource().contains(assertString));
                      Log.info("成功断言关键字"" +assertString +""");
                } catch (AssertionError e) {
                    TestSuiteByExcel.testResult = false;
                    Log.info("出现断言失败,具体断言失败信息:"+e.getMessage());
                    System.out.println("断言失败");
                }
            }
            /* 此方法的名称对应 Excel 文件"关键字"列中的 close_browser 关键字,
             * 参数 string1 和参数 string2 为无实际值传入的参数,仅为了通过反射机制
             * 统一地使用两个函数参数来调用此函数
             */
            public static void close_browser(String string1,String string2) {
                try {
                    System.out.println("浏览器关闭函数被执行");
                    Log.info("关闭浏览器窗口");
                    driver.quit();
                } catch (Exception e) {
                    TestSuiteByExcel.testResult = false;
                    Log.info("关闭浏览器出现异常,具体异常信息:"+e.getMessage());
                    e.printStackTrace();
                }
            }

}
```

以上代码的修改主要集中在以下几点:

① 去掉了一些函数,进一步封装可共用的函数,新增了 input、click 和粘贴文字的函数,增强了函数的通用性。

② 每个函数由原有的一个参数变为了两个参数,其中,有的参数可能没有实际传递参数值的作用,仅为了使反射机制使用统一的方式(函数名和两个参数的格式)调用各函数。

③ 通过字符串和参数拼接的方式，修改了打印日志的信息，让日志信息更具可读性。

在 cn.gloryroad.testScript 的 Package 中修改 TestSuiteByExcel 类的代码，修改后的类代码如下。

```java
package cn.gloryroad.testScript;

import org.apache.log4j.xml.DOMConfigurator;
import org.junit.BeforeClass;
import org.testng.Assert;
import org.testng.annotations.Test;
import java.lang.reflect.Method;
import cn.gloryroad.configuration.*;
import cn.gloryroad.util.*;

public class TestSuiteByExcel {
    public static Method method[];
    public static String keyword;
    public static String locatorExpression;
    public static String value;
    public static KeyWordsAction keyWordsaction;
    public static int testStep;
    public static int testLastStep;
    public static String testCaseID;
    public static String testCaseRunFlag;
    public static boolean testResult;

    @Test
    public void testTestSuite() throws Exception {

        // 声明一个关键动作类的实例
        keyWordsaction = new KeyWordsAction();
        // 使用 Java 的反射机制获取 KeyWordsaction 类的所有方法对象
        method = keyWordsaction.getClass().getMethods();
        // 定义 Excel 文件的路径
        String excelFilePath = Constants.Path_ExcelFile;
        // 设定读取 Excel 文件中的"发送邮件"Sheet 为操作目标
        ExcelUtil.setExcelFile(excelFilePath);
        // 读取"测试用例集合"Sheet 中的测试用例总数
        int testCasesCount = ExcelUtil.getRowCount(Constants.Sheet_TestSuite);
        // 使用 for 循环，执行所有标记为"y"的测试用例
        for (int testCaseNo = 1; testCaseNo <= testCasesCount; testCaseNo++) {
            // 读取"测试用例集合"Sheet 中每行的测试用例序号
            testCaseID = ExcelUtil.getCellData(Constants.Sheet_TestSuite, testCaseNo, Constants.Col_TestCaseID);
            // 读取"测试用例集合"Sheet 中每行的是否运行列中的值
            testCaseRunFlag = ExcelUtil.getCellData(Constants.Sheet_TestSuite, testCaseNo,Constants.Col_RunFlag);
```

```java
            // 如果"是否运行"列中的值为"y",则执行测试用例中的所有步骤
            if (testCaseRunFlag.equalsIgnoreCase("y")) {
                // 在日志中打印测试用例开始执行的信息
                Log.startTestCase(testCaseID);
                // 设定测试用例的当前结果为"true",即表明测试执行成功
                testResult = true;
                // 在"发送邮件"Sheet 中,获取当前要执行测试用例的第一个步骤的行号
                testStep = ExcelUtil.getFirstRowContainsTestCaseID(
Constants.Sheet_TestSteps, testCaseID,Constants.Col_TestCaseID);
                //在"发送邮件"Sheet 中,获取当前要执行测试用例的最后一个步骤的行号
                testLastStep = ExcelUtil.getTestCaseLastStepRow(
Constants. Sheet_TestSteps, testCaseID, testStep);
                // 遍历测试用例中的所有测试步骤
                for (; testStep < testLastStep; testStep++) {
                // 在"发送邮件"Sheet 中读取关键字和操作值,并调用 execute_Actions 方法
                    keyword = ExcelUtil.getCellData(Constants.Sheet_TestSteps,
                    testStep, Constants.Col_KeyWordAction);
                    // 在日志文件中打印关键字信息
                    Log.info("从 Excel 文件读取到的关键字是: " + keyword);
                    locatorExpression=ExcelUtil.getCellData(Constants.Sheet_
TestSteps,testStep,Constants.Col_LocatorExpression);
                    value = ExcelUtil.getCellData(Constants.Sheet_TestSteps,
                    testStep, Constants.Col_ActionValue);
                    // 在日志文件中打印操作值信息
                    Log.info("从 Excel 文件中读取的操作值是: " + value);
                    execute_Actions();
                    if (testResult == false) {
                        /* 如果测试用例的任何一个测试步骤执行失败,则"测试用例集合 "
                         * Sheet 中的当前执行测试用例的执行结果为"测试执行失败"
                         */
                        ExcelUtil.setCellData("测试用例集合", testCaseNo,
Constants.Col_TestSuiteTestResult, "测试执行失败");
                        // 在日志中打印测试用例执行完毕的信息
                        Log.endTestCase(testCaseID);
                        /* 如果当前测试用例出现执行失败的步骤,则整个测试用例设定为
                         * 失败状态,利用 break 语句跳出当前的 for 循环,继续执行测
                         * 试集合中的下一个测试用例
                         */
                        break;
                    }

                    if (testResult == true) {
                        /* 如果测试用例的所有步骤执行成功,则"测试用例集合"Sheet
                         * 中的当前执行测试用例的执行结果为"测试执行成功"
                         */
```

```java
                        ExcelUtil.setCellData(Constants.Sheet_TestSuite,
testCaseNo, Constants.Col_TestSuiteTestResult, "测试执行成功");
                    }
                }
            }
        }
    }

    private static void execute_Actions() {
        try {
            for (int i = 0; i < method.length; i++) {
                /* 使用反射的方式，找到关键字对应的测试方法，并将value（操作值）作为
                 * 测试方法的函数值进行调用
                 */

                if (method[i].getName().equals(keyword)) {
                    method[i].invoke(keyWordsaction, locatorExpression,value);
                    if (testResult == true) {
                        /* 如果当前测试步骤执行成功，在"发送邮件"Sheet 中，会将当
                         *  前执行的测试步骤结果设定为"测试步骤执行成功"
                         */
                        ExcelUtil.setCellData(Constants.Sheet_TestSteps,
  teststep,Constants.Col_TestStepTestResult," 测试步骤执行成功");
                        break;
                    } else {
                        /* 如果当前测试步骤执行失败，在"发送邮件"Sheet 中，会将当
                         * 前执行的测试步骤结果设定为"测试步骤执行失败"
                         */
                        ExcelUtil.setCellData(Constants.Sheet_TestSteps,
  teststep,Constants.Col_TestStepTestResult,"测试步骤执行失败");
                        //如果测试步骤执行失败，则直接关闭浏览器，不再执行后续的测试
                        KeyWordsAction.close_browser("","");;
                        break;
                    }
                }
            }
        } catch (Exception e) {
            // 在调用测试方法的过程中，若出现异常，则将测试设定为失败状态，停止执行测试用例
            Assert.fail("执行出现异常，测试用例执行失败！");
        }
    }

    @BeforeClass
    public void BeforeClass() {
```

```
            // 设定 Log4j 的配置文件为"log4j.xml"
            DOMConfigurator.configure("log4j.xml");
    }
}
```

以上代码修改如下:

① 新增 locatorExpression 变量,用于存储从 Excel 文件中读取的定位表达式。

② 新增从 Excel 文件读取元素定位表达式的语句,新增语句如下。

```
locatorExpression = ExcelUtil.getCellData(Constants.Sheet_TestSteps,testStep,
Constants.Col_LocatorExpression);
```

③ 修改反射调用函数的语句,修改后的语句如下。

```
method[i].invoke(keyWordsaction, locatorExpression,value);
```

(14) 在 cn.gloryroad.testScript 的 Package 中删除无用的测试类。

删除 TestSendMailWithAttachment 和 TestSendMailWith AttachmentByExcel 测试类,完成所有测试框架的搭建工作。完整的测试框架工程结构如图 16-23 所示。

图 16-23

关键字驱动测试框架比数据驱动测试框架更加高级,可以进一步提高自动化测试工作实施的效率,此框架的特点如下。

① 使用外部测试数据文件,使用 Excel 管理测试用例集合和每个测试用例的所有执行测试步骤,实现在一个文件中完成测试用例的维护工作。

② 每个测试用例的测试结果可以在一个文件中查看和统计。

③ 通过定义关键字、操作元素的定位表达式和操作值就可以实现每个测试步骤的执行,可以更加灵活地满足自动化测试的需求。

④ 实现定位表达式和测试代码的分离，实现定位表达式在单一文件中的维护。

⑤ 提供日志功能，方便调试和监控自动化测试程序的执行。

⑥ 基于关键字驱动测试框架，即使测试人员不懂开发技术也可以实施自动化测试，便于在整个测试团队中推广使用自动化测试技术，降低自动化测试的技术门槛。

⑦ 基于关键字的式，可以进行任意关键字的扩展，以满足更加复杂的项目的自动化测试需求。

自动化测试框架和持续集成工具的整合简述：

- 建议使用 Maven 工具来搭建工程的目录结构，并进行工程的编译工作。
- 自动化测试代码和框架代码存储在 Maven 工程的测试相关目录中。
- Maven 工程中的所有开发代码和测试代码均存储在 cvs、svn 或者 git 的代码管理系统中。
- 使用 Jenkins 等持续集成工具进行相应配置，实现自动从代码库中获取最新代码，并自动完成工程的打包、自动化测试执行和发布的工作，同时自动完成部署到生产环境的实施工作。

如果测试团队具备一定的技术实力，可以尝试实现上述整合方法，结合自动化测试框架，可实现每月、每周和甚至每天发布新版本的持续集成开发模式，让自动化测试发挥更大的作用。

16.4 混合驱动测试框架搭建及实战

本节主要讲解混合驱动测试框架的搭建，并且使用此框架来测试 126 邮箱登录和发送邮件、新建联系人的相关功能。混合驱动测试框架是数据驱动框架和关键字驱动框架的结合，由于在前面的章节中我们已经讲解了数据驱动框架和关键字驱动框架的详细搭建过程，本节重点讲解框架整合的过程。

被测试功能的相关页面描述：

登录页面如图 16-24 所示。

图 16-24

登录后页面如图 16-25 所示。

图 16-25

单击"写信"链接后,进入写信页面,如图 16-26 所示。

图 16-26

发送邮件成功后显示的页面如图 16-27 所示。

图 16-27

重新登录网站,单击"通讯录"后,进入通讯录主页,如图 16-28 所示。

图 16-28

单击"新建联系人"按钮后,如图 16-29 所示,弹出"新建联系人"对话框,如图 16-30 所示。

图 16-29

第 16 章
自动化测试框架的 Step By Step 搭建及测试实战

图 16-30

输入联系人信息后,单击"确定"按钮保存,显示的页面如图 16-31 所示。

图 16-31

测试框架说明:

在本章混合驱动框架中,发送邮件用例采用关键字驱动框架,新建联系人用例用的是关键字驱动框架,新建联系人时,需要的联系人数据通过数据驱动框架来处理,实现了数据驱动框架和关键字驱动框架的组合,即使用混合驱动框架来执行用例全过程。

测试框架搭建步骤:

(1)新建一个 Java 工程,命名为"CombiDriversFrameWork",并按照前面章节的内容配置好工程中的 WebDriver 和 TestNG 环境,并导入与 Excel 操作及 Log4j 相关的 JAR 文件到工程中。

(2)在工程中新建 4 个 Package:

- cn.gloryroad.configuration:主要用于实现框架中的各项配置。
- cn.gloryroad.data:用于存储框架使用的测试数据文件。
- cn.gloryroad.testScript:用于实现测试逻辑的测试脚本。
- cn.gloryroad.util:用于实现封装好的常用测试方法。

(3)新建一个 Excel 表格,名为"混合驱动测试用例及数据.xlsx",保存该文件,放置路径如图 16-32 所示。

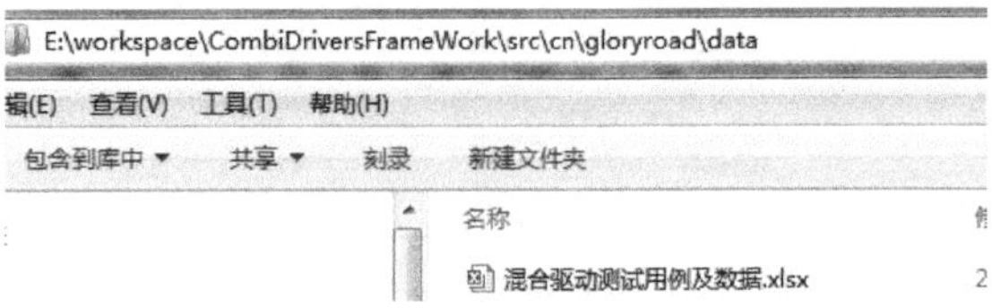

图 16-32

"混合驱动测试用例及数据.xlsx"文件内容如下,一共有 4 个 Sheet:

第一个 Sheet 的名称为"测试用例集合",用来存放所有的测试用例;

第二个 Sheet 的名称为"SendMail01",用来存放发送邮件用例的所有测试步骤;

第三个 Sheet 的名称为"CreateContact01",用来存放创建联系人用例的所有测试步骤;

第四个 Sheet 的名称为"Contactdata",用来存放创建联系人用例执行时用到的所有测试数据。

需要注意的是,测试步骤和测试数据的 Sheet 的名称需要和测试用例集合 Sheet 中测试用例序号及测试数据保持一致。用例执行时会先读取"测试用例集合"Sheet 中的测试用例序号,从而找到对应的测试步骤 Sheet,然后读取"测试用例集合"Sheet 中的测试数据,从而找到对应的测试数据 Sheet 名称。Excel 表格如图 16-33 所示。

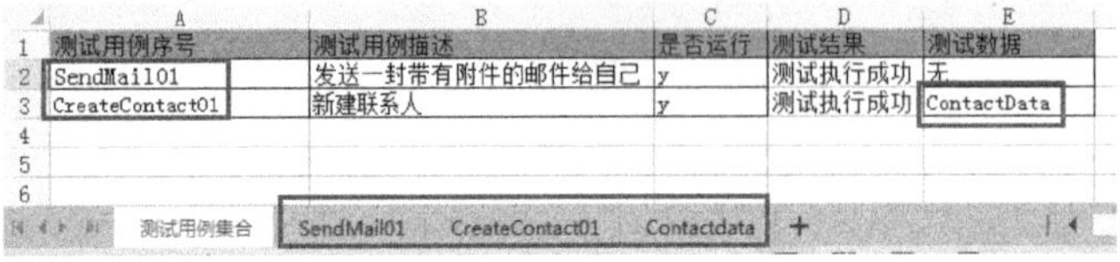

图 16-33

如表 16-5 所示为"测试用例集合"Sheet 中的数据内容。当测试数据为"无"时,该用例只用关键字驱动框架执行;测试数据不为"无"时,该条用例的执行使用关键字驱动框架执行,执行过程中获取数据时使用数据驱动框架。

表 16-5

测试用例序号	测试用例描述	是否运行	测试结果	测试数据
SendMail01	发送一封带有附件的邮件给自己	y		无
CreateContact01	新建联系人	y		ContactData

表 16-6 为"SendMail01"Sheet 中的内容。

表 16-6

测试用例序号	测试用例步骤	测试步骤描述	关键字	操作元素的定位表达式	操作值	测试结果
SendMail01	TestStep_01	打开浏览器	open_browser		firefox	
SendMail01	TestStep_02	访问被测试网址：http://www.126.com	navigate		http://www.126.com	
SendMail01	TestStep_03	等待3秒，等待iframe加载完成	sleep		3000	
SendMail01	TestStep_04	进入iframe	switch_frame	login.iframe	无	
SendMail01	TestStep_05	等待3秒，等待页面加载完成	sleep		3000	
SendMail01	TestStep_06	输入邮箱登录用户名	input	login.username	testman2018	
SendMail01	TestStep_07	输入邮箱密码	input	login.password	wulaoshi2018	
SendMail01	TestStep_08	单击"登录"按钮	click	login.button	无	
SendMail01	TestStep_09	退出iframe	default_frame		无	
SendMail01	TestStep_10	等待页面出现登录成功后显示的退出链接	WaitFor_Element	homepage.logoutlink	无	
SendMail01	TestStep_11	单击写信链接	click	homepage.writeLetterLink	无	
SendMail01	TestStep_12	等待写信页面上显示收件人链接	WaitFor_Element	writemailpage.recipientslink	无	
SendMail01	TestStep_13	在收件人输入框中输入收信人的邮件地址	input	writemailpage.recipients	testman1978@126.com	
SendMail01	TestStep_14	在邮件标题框中输入邮件标题"这是一封测试邮件"	input	writemailpage.mailsubject	这是一封测试邮件的标题	
SendMail01	TestStep_15	按Tab键，将页面焦点从邮件标题输入框切换到邮件正文输入框	press_Tab		无	
SendMail01	TestStep_16	调用工具类函数，将"这是一封自动化发送的测试邮件正文"字符串粘贴到邮件正文输入框	pasteString		这是一封测试邮件的正文	
SendMail01	TestStep_17	单击"添加附件"按钮	click	writemailpage.addattachmentlink	无	

续表

测试用例序号	测试用例步骤	测试步骤描述	关键字	操作元素的定位表达式	操作值	测试结果
SendMail01	TestStep_18	调用工具类函数，将"c:\\a.log"字符串粘贴到文件上传的文件名输入框中	pasteString		c:\a.log	
SendMail01	TestStep_19	按 Enter 键，开始上传附件文件到邮件系统	press_enter		无	
SendMail01	TestStep_20	等待 4 秒，等待完成附件上传	sleep		4000	
SendMail01	TestStep_21	单击"发送邮件"按钮	click	writemailpage.sendmailbuttons	无	
SendMail01	TestStep_22	等待 3 秒，等待邮件发送完成	sleep		3000	
SendMail01	TestStep_23	等待发送完成页面上显示 ID 属性包含"succinfo"关键字的页面元素	WaitFor_Element	sendmailsuccesspage.succinfo	无	
SendMail01	TestStep_24	断言发送结果页面是否包含"发送成功"关键字	Assert_String		发送成功	
SendMail01	TestStep_25	关闭浏览器	close_browser		无	

表 16-7 为"CreateContact01"Sheet 中的内容。需要注意的是，该 Sheet 中有几个字段的操作值为 A/B/C/D/E，该值对应的是"Contactdata" Sheet 中的列字母，当遍历到的操作值为 A/B/C/D/E 时，就会去"Contactdata"Sheet 中找到该列字母对应的列值，从而替换操作值，实现数据驱动。

表 16-7

测试用例序号	测试用例步骤	测试步骤描述	关键字	操作元素的定位表达式	操作值	测试结果
CreateContact01	TestStep_01	打开浏览器	open_browser		firefox	
CreateContact01	TestStep_02	访问被测试网址：http://www.126.com	navigate		http://www.126.com	
CreateContact01	TestStep_03	等待 3 秒，等待 iframe 加载完成	sleep		3000	

续表

测试用例序号	测试用例步骤	测试步骤描述	关键字	操作元素的定位表达式	操作值	测试结果
CreateContact01	TestStep_04	进入 iframe	switch_frame	login.iframe	无	
CreateContact01	TestStep_05	等待3秒,等待页面加载完成	sleep		3000	
CreateContact01	TestStep_06	输入邮箱登录用户名	input	login.username	testman2018	
CreateContact01	TestStep_07	输入邮箱密码	input	login.password	wulaoshi2018	
CreateContact01	TestStep_08	单击"登录"按钮	click	login.button	无	
CreateContact01	TestStep_09	退出 iframe	default_frame		无	
CreateContact01	TestStep_10	等待页面出现登录成功后显示的退出链接	WaitFor_Element	homepage.logoutlink	无	
CreateContact01	TestStep_11	单击通讯录链接,进入通讯录页面	click	createcontactpage.maillist	无	
CreateContact01	TestStep_12	等待通讯录页面上显示"新建联系人"按钮	WaitFor_Element	createcontactpage.createcontactbutton	无	
CreateContact01	TestStep_13	单击"新建联系人"按钮	click	createcontactpage.createcontactbutton	无	
CreateContact01	TestStep_14	等待1秒,等待弹出新建联系人的弹框	sleep		1000	
CreateContact01	TestStep_15	在联系人姓名的输入框中,输入联系人姓名	input	createcontactpage.name	A	
CreateContact01	TestStep_16	在联系人电子邮件的输入框中,输入联系人电子邮件	input	createcontactpage.email	B	
CreateContact01	TestStep_17	是否设置为星标联系人	click_Sure	createcontactpage.starcontact	D	
CreateContact01	TestStep_18	在联系人手机号的输入框中,输入联系人手机号	input	createcontactpage.mobilephone	C	
CreateContact01	TestStep_19	在联系人备注的输入框中,输入备注信息	input	createcontactpage.remark	E	

续表

测试用例序号	测试用例步骤	测试步骤描述	关键字	操作元素的定位表达式	操作值	测试结果
CreateContact01	TestStep_20	单击"确定"按钮	click	createcontactpage.surebutton	无	
CreateContact01	TestStep_21	休眠5秒，等待保存联系人后返回到通讯录的主页面	sleep		5000	
CreateContact01	TestStep_22	断言通讯录页面是否包含联系人姓名的关键字	Assert_String		B	
CreateContact01	TestStep_23	关闭浏览器	close_browser		无	

如表 16-8 所示为"Contactdata" Sheet 中的内容，是"CreateContact01" Sheet 中的测试用例运行时用到的所有测试数据。

表 16-8

姓名	电子邮箱	手机号	是否设为星标联系人	备注	是否执行	测试执行结果
张三	zhangsan@sogou.com	14900000001	否	添加新的联系人	y	
王五	lisi@sogou.com	14900000002	是	同事	n	
李四	lisi@sogou.com	14900000002	是	星标联系人	y	

在 cn.gloryroad.data 的 Package 中，新建"objectMap.properties"文件，文件内容如下：

```
login.iframe=xpath>//iframe[contains(@id,'x-URS-iframe')]
login.username=xpath>//input[@data-placeholder='邮箱帐号或手机号']
login.password=xpath>//*[@data-placeholder='密码']
login.button=id>dologin
homepage.logoutlink=xpath>//a[contains(.,'退出')]
homepage.writeLetterLink=xpath>//*[contains(@id,'_mail_component_')]/span[contains(.,'写信')]
    writemailpage.recipientslink=xpath>//a[contains(.,'收件人')]
    writemailpage.recipients=xpath>//input[@aria-label='收件人地址输入框，请输入邮件地址，多人时地址请以分号隔开']
    writemailpage.mailsubject=xpath>//input[contains(@id,'subjectInput')]
    writemailpage.addattachmentlink=xpath>//a[contains(.,'收件人')]
    writemailpage.sendmailbuttons=xpath>//*[contains(@id,'_mail_button_')]/span
```

```
[contains(.,'发送')]
    sendmailsuccesspage.succinfo=xpath>//*[contains(@id,'_succInfo')]
    createcontactpage.maillist=xpath>//div[contains(text(),'通讯录')]
    createcontactpage.createcontactbutton=xpath>//div/div/*[contains(@id,'_mail
_button_')]/span[contains(.,'新建联系人')]
    createcontactpage.name=xpath>//dt[contains(.,'姓名
')]/following-sibling::dd/div/input
    createcontactpage.email=xpath>//dt[contains(.,'电子邮箱
')]/following-sibling::dd/div/input
    createcontactpage.mobilephone=xpath>//dt[contains(.,'手机号码
')]/following-sibling::dd/div/input
    createcontactpage.starcontact=xpath>//b[@id='fly8']
    createcontactpage.remark=xpath>//textarea
    createcontactpage.surebutton=xpath>//*[contains(@id,'_mail_button_')]/span[
contains(.,'确 定')]
```

在当前工程路径下，新建文件"log4j.xml"，并保存为"UTF-8"编码，文件的内容如下：

```
<?xml version="1.0" encoding="UTF-8"?>

<!DOCTYPE log4j:configuration SYSTEM "log4j.dtd">

<log4j:configuration xmlns:log4j="http://jakarta.apache.org/log4j/" debug="false">

<appender name="fileAppender" class="org.apache.log4j.FileAppender">

<param name="Threshold" value="INFO" />

<param name="File" value="Mail126TestLogfile.log"/>

<layout class="org.apache.log4j.PatternLayout">

<param name="ConversionPattern" value="%d %-5p [%c{1}] %m %n" />

</layout>

</appender>

<root>

<level value="INFO"/>

<appender-ref ref="fileAppender"/>

</root>
```

```
</log4j:configuration>
```

（4）在 cn.gloryroad.configuration 的 Package 中新建 Constants 和 KeyWordsAction 两个配置类。

Constants 类的代码如下（该类用来配置 Excel 表格路径、objectMap 文件路径、Excel 表格中行列信息）。

```java
package cn.gloryroad.configuration;

public class Constants {
    //工程名、包名、上一级包名
    public static  String projectDir;
    public static  String packageName;
    public static  String packageParentDir;

    //获取当前文件所在目录的父目录的绝对路径
    public static String parentDirPath = getParentPath();

    //测试用例及数据相关常量设定
    // Excel 文件路径
    public static String CONBIDRIVER_DATA_EXCEL = parentDirPath+ "\\data\\混合驱动测试用例及数据.xlsx";
    //objectMap.properties 配置文件所在路径
    public static String CONBIDRIVER_CONFIG_File = parentDirPath+ "\\data\\objectMap.properties";

    // "测试用例集合" Sheet 中的列号常量设定
    // "测试用例集合" Sheet 名称
    public  static  final String TESTCASE_SHEET_NAME = "测试用例集合";
    //第一列用 0 表示，为测试用例序号列
    public static final int TESTCASE_TESTCASEID = 0;
    //第 3 列用 2 表示，为是否运行列
    public static final int TESTCASE_ISEXECUTE =2 ;
    //第 4 列用 3 表示，为测试结果列
    public static final int TESTCASE_TESTRESULT = 3 ;
    //第 5 列用 4 表示，为测试数据列
    public static final int TESTCASE_DATASOURCE_SHEETNAME = 4;

    // 测试步骤 Sheet（包括 SendMail01 和 CreateContact01）的列号常量设定
    //第四列用 3 表示，为关键字列
    public static final int TESTSTEP_KEYWORDS = 3 ;
    //第五列用 4 表示，为操作元素的定位表达式列
    public static final int TESTSTEP_LOCATORTYPE = 4 ;
    //第六列用 5 表示，为操作值列
    public static final int TESTSTEP_OPERATEVALUE = 5 ;
    //第七列用 6 表示，为测试结果列
    public static final int TESTSTEP_TESTRESULT = 6 ;
```

```java
        //数据驱动"ContactData" Sheet 中的列号常量设定
        //第六列用 5 表示，为是否执行列
        public static final int DATASOURCE_ISEXECUTE =5 ;
        //第七列用 6 表示，为测试执行结果列
        public static final int DATASOURCE_RESULT =6 ;

        //获取类所在目录的父目录的绝对路径方法
        public static String getParentPath(){
            //获取工程路径
            projectDir = System.getProperty("user.dir")+"\\src";
            //获取类所在包名
            packageName = Constants.class.getPackage().getName();
            //获取类所在包的上一级包名
            packageParentDir = packageName.substring(0,packageName.lastIndexOf("."));
            //格式化包名为路径名
            packageParentDir = String.format("/%s/", packageParentDir.contains(".") ?
packageParentDir.replaceAll("\\.", "/") : packageParentDir);
            return projectDir+packageParentDir;
        }
    }
```

KeyWordsAction 类的代码如下（该类用来封装关键字）。

```java
    package cn.gloryroad.configuration;

    import static cn.gloryroad.util.WaitUitl.waitWebElement;
    import java.util.List;
    import org.apache.log4j.xml.DOMConfigurator;
    import org.openqa.selenium.WebDriver;
    import org.openqa.selenium.WebElement;
    import org.openqa.selenium.chrome.ChromeDriver;
    import org.openqa.selenium.firefox.FirefoxDriver;
    import org.openqa.selenium.ie.InternetExplorerDriver;
    import org.testng.Assert;
    import cn.gloryroad.testScript.TestSuiteByExcel;
    import cn.gloryroad.util.KeyBoardUtil;
    import cn.gloryroad.util.Log;
    import cn.gloryroad.util.ObjectMap;
    import cn.gloryroad.util.WaitUitl;

    public class KeyWordsAction {

        //声明静态 WebDriver 对象，用于在此类中对相关 Driver 进行操作
        public static WebDriver driver;
        //声明存储定位表达配置文件的 ObjectMap 对象
        private static ObjectMap objectMap = new ObjectMap(
                Constants.CONBIDRIVER_CONFIG_File);
        static{
```

```java
            DOMConfigurator.configure("log4j.xml");
    }
    /* 此方法的名称对应 Excel 文件"关键字"列中的 open_browser 关键字,
     * Excel 文件中"操作值"列中的内容用于指定测试用例用何种浏览器运行测
     * 试用例。ie 表示启动 IE 浏览器运行测试用例, firefox 表示启动 Firefox
     * 浏览器运行测试用例, chrome 表示启动 Chrome 浏览器运行测试用例。参数 string 为无
     * 实际值传入的参数, 仅为了通过反射机制统一地使用两个函数参数来调用此函数
     */
    public static void open_browser(String string,String browserName) {
        if (browserName.equals("ie")) {
            System.setProperty("webdriver.ie.driver", "C:\\IEDriverServer.exe");
            driver = new InternetExplorerDriver();
            Log.info("IE 浏览器实例已经声明");
        } else if (browserName.equals("firefox")) {
            //若 WebDriver 无法打开 Firefox 浏览器,才需增加此行代码设定 Firefox 浏览
            //器的所在路径
            System.setProperty("webdriver.firefox.bin","C:\\Program Files\\Firefox Developer Edition\\firefox.exe");
            //加载 Firefox 浏览器的驱动程序
            System.setProperty("webdriver.gecko.driver","d:\\geckodriver.exe");
            //打开 Firefox 浏览器
            driver = new FirefoxDriver();
            Log.info("Firefox 浏览器实例已经声明");
        } else {
            System.setProperty("webdriver.chrome.driver", "C:\\chromedriver.exe");
            driver = new ChromeDriver();
            Log.info("Chrome 浏览器实例已经声明");
        }
    }
    /* 此方法的名称对应 Excel 文件"关键字"列中的 navigate 关键字,
     * 读取 Excel 文件"操作值"列中的网址作为浏览器访问的网址,
     * 通过参数 URL 来传入浏览器访问的网址。参数 string 为无实际值传入
     * 的参数, 仅为了通过反射机制统一地使用两个函数参数来调用此函数
     */
    public static void navigate(String string,String url) {
        driver.get(url);
        Log.info("浏览器访问网址"+url);
    }

    /* 此方法名称对应 Excel 文件"关键字"列中的 switch_frame 关键字,
     * 实现进入 frame 操作, 参数 locatorExpression 代表 frame 元素的定位表达式,
     * 参数 string 为无实际值传入的参数, 仅为了通过反射机制统一地使用两个
     * 函数参数来调用此函数
     */
    public static void switch_frame(String locatorExpression,String string) {
```

```java
        try {
            driver.switchTo().frame(driver.findElement(objectMap.getLocator
(locatorExpression)));
            Log.info("进入 frame "+locatorExpression+" 成功");
        } catch (Exception e) {
            TestSuiteByExcel.testResult = false;
            Log.info("进入 frame"+locatorExpression+" 失败,具体异常信息:"+e.
getMessage());
            e.printStackTrace();
        }
    }

    /* 此方法名称对应 Excel 文件 "关键字" 列中的 default_frame 关键字,
     * 参数 string1 和 string2 为无实际值传入的参数,仅为了通过反射机制统一地使用两个
     * 函数参数来调用此函数
     */
    public static void default_frame(String string1,String string2) {
        try {
            Thread.sleep(3000);
            driver.switchTo().defaultContent();
            Log.info("退出 frame 成功");
        } catch (Exception e) {
            TestSuiteByExcel.testResult = false;
            Log.info("退出 frame 失败,具体异常信息:"+e. getMessage());
            e.printStackTrace();
        }
    }

    /* 此方法的名称对应 Excel 文件 "关键字" 列中的 input 关键字,
     * 读取 Excel 文件 "操作值" 列中的字符作为输入框的输入内容,
     * 参数 locatorExpression 表示输入框的定位表达式。参数 string
     * 为无实际值传入的参数,仅为了通过反射机制统一地使用两个函数参数
     * 来调用此函数
     */
    public static void input(String locatorExpression,String inputString) {
        try {
            driver.findElement(objectMap.getLocator(locatorExpression)).clear();
            Log.info("清除 "+locatorExpression+" 输入框中的所有内容");
            driver.findElement(objectMap.getLocator(locatorExpression))
.sendKeys(inputString);
            Log.info("在"+locatorExpression+"输入框中输入:"+inputString);
        } catch (Exception e) {
            TestSuiteByExcel.testResult = false;
            Log.info("在"+ locatorExpression +"输入框中输入 ""+inputString+""
时出现异常,具体异常信息:"+e.getMessage());
            e.printStackTrace();
```

```java
            }
        }

        /* 此方法名称对应 Excel 文件"关键字"列中的 click 关键字，
         * 实现单击操作，参数 locatorExpression 代表被单击元素的定位表达式，
         * 参数 string 为无实际值传入的参数，仅为了通过反射机制统一地使用两个
         * 函数参数来调用此函数
         */
        public static void click(String locatorExpression,String string) {
            try {
                driver.findElement(objectMap.getLocator(locatorExpression)).click();
                Log.info("单击 "+locatorExpression+" 页面元素成功");
            } catch (Exception e) {
                TestSuiteByExcel.testResult = false;
                Log.info("单击"+locatorExpression+" 页面元素失败，具体异常信息:"+e.getMessage());
                e.printStackTrace();
            }
        }

        /* 此方法名称对应 Excel 文件"关键字"列中的 clickSure 关键字，
         * 实现单击操作，参数 locatorExpression 代表被单击元素的定位表达式，
         * 参数 string 为无实际值传入的参数，仅为了通过反射机制统一地使用两个
         * 函数参数来调用此函数
         */
        public static void click_Sure(String locatorExpression,String sureclick) {
            try {
                if(sureclick.trim().equals("是")) {
                    driver.findElement(objectMap.getLocator(locatorExpression)).click();
                    Log.info("单击 "+locatorExpression+" 页面元素成功");
                }
            } catch (Exception e) {
                TestSuiteByExcel.testResult = false;
                Log.info("单击"+locatorExpression+" 页面元素失败，具体异常信息:"+e.getMessage());
                e.printStackTrace();
            }
        }
        /* 此方法的名称对应 Excel 文件"关键字"列中的 WaitFor_Element 关键字，
         * 用于显式等待页面元素出现在页面中。函数读取 Excel 文件"操作值"列中的表达
         * 式作为函数参数，objectMap 对象的 getLocator 方法会根据函数参数值在配置
         * 文件中查找 key 值对应的定位表达式。参数 locatorExpression 表示等待出现
         * 页面元素的定位表达式，参数 string 为无实际值传入的参数，仅为了通过反射机
         * 制统一地使用两个函数参数来调用此函数
         */
        public static void WaitFor_Element(String locatorExpression,String string){
            try {
```

第16章
自动化测试框架的 Step By Step 搭建及测试实战

```java
            //调用封装的 waitWebElement 函数显式等待页面元素是否出现
            waitWebElement(driver, objectMap.getLocator(locatorExpression));
            Log.info("显式等待元素出现成功,元素是"+locatorExpression);
        } catch (Exception e) {
            TestSuiteByExcel.testResult = false;
            Log.info("显式等待元素时出现异常,具体异常信息:"+e.getMessage());
            e.printStackTrace();
        }
    }

    /* 此方法的名称对应 Excel 文件"关键字"列中的 press_Tab 关键字,
     * 用于按 Tab 键的操作。参数 string1 和参数 string2 为无实际值传
     * 入的参数,仅为了通过反射机制统一地使用两个函数参数来调用此函数
     */
    public static void press_Tab(String string1,String string2) {
        try {
            Thread.sleep(2000);
            //调用 KeyBoardUtil 类的封装方法 pressTabKey
            KeyBoardUtil.pressTabKey();
            Log.info("按 Tab 键成功");
        } catch (Exception e) {
            TestSuiteByExcel.testResult = false;
            Log.info("按 Tab 键时出现异常,具体异常信息:"+e.getMessage());
            e.printStackTrace();
        }
    }

    /* 此方法的名称对应 Excel 文件"关键字"列中的 pasteString 关键字,
     * 通过从剪切板粘贴的方式,在输入框中粘贴指定的字符串,如邮件标题
     * 和邮件正文。参数 pasteContent 表示要粘贴的字符串字符,参数 string
     * 为无实际值传入的参数,仅为了通过反射机制统一地使用两个函数参数来调
     * 用此函数
     */
    //
    public static void pasteString(String string,String pasteContent) {
        try {
            KeyBoardUtil.setAndctrlVClipboardData(pasteContent);
            Log.info("成功粘贴邮件正文:"+pasteContent);
        } catch(Exception e) {
            TestSuiteByExcel.testResult = false;
            Log.info("在输入框中粘贴内容时出现异常,具体异常信息:"+e.getMessage());
            e.printStackTrace();
        }
    }

    /* 此方法的名称对应 Excel 文件"关键字"列中的 press_enter 关键字,用
     * 于按 Enter 键。参数 string1 和参数 string2 为无实际值传入的参数,仅为
     * 了通过反射机制统一地使用两个函数参数来调用此函数
```

```java
         */
        public static void press_enter(String string1,String String2) {
            try {
                KeyBoardUtil.pressEnterKey();
                Log.info("按 Enter 键成功");
            } catch (Exception e) {
                TestSuiteByExcel.testResult = false;
                Log.info("按 Enter 键时出现异常,具体异常信息:"+e.getMessage());
                e.printStackTrace();
            }
        }
        /* 此方法的名称对应 Excel 文件"关键字"列中的 sleep 关键字,用于等待操作,
         * 暂停几秒,函数参数是以毫秒为单位的等待时间。参数 sleepTime 表示暂停
         * 的毫秒数,参数 string 为无实际值传入的参数,仅为了通过反射机制统一地使用
         * 两个函数参数来调用此函数
         */
        public static void sleep(String string,String sleepTime){
            try {
                WaitUitl.sleep(Integer.parseInt(sleepTime));
                Log.info("休眠 "+Integer.parseInt(sleepTime)/1000+"秒成功");
            } catch (Exception e) {
                TestSuiteByExcel.testResult = false;
                Log.info("线程休眠时出现异常,具体异常信息:"+e.getMessage());
                e.printStackTrace();
            }
        }
        /* 此方法的名称对应 Excel 文件"关键字"列中的 click_sendMailButton 关键
         * 字,用于单击"发送邮件"按钮。参数 loccatorExpression 为该按钮的定位表达
         * 式,参数 string 为无实际值传入的参数,仅为了通过反射机制统一地使用两个函
         * 数参数来调用此函数
         */
        public static void click_sendMailButton(String loccatorExpression,String string) {

            try {
                /* 页面上有两个发送按钮可以执行发送功能,为了使用 XPath 匹配更方便,
                 * 同时匹配了两个发送按钮,并存储在 List 容器中,再随便取出一个
                 * 按钮对象,来完成单击"发送邮件"按钮的操作
                 */
                List<WebElement> buttons = driver.findElements(objectMap.getLocator(loccatorExpression));

                buttons.get(0).click();
                Log.info("单击发送邮件按钮成功");
                System.out.println("发送按钮被成功单击");
            } catch (Exception e) {
```

```java
                TestSuiteByExcel.testResult = false;
                Log.info("单击发送邮件按钮出现异常,具体异常信息:"+e.getMessage());
                e.printStackTrace();
            }
        }
        /* 此方法的名称对应 Excel 文件"关键字"列中的 Assert_String 关键字,参数
         * assertString 为要断言的字符串内容,参数 string 为无实际值传入的参数,仅为了通过
         * 反射机制统一地使用两个函数参数来调用此函数
         */

        public static void Assert_String(String string,String assertString) {
            try{
                Assert.assertTrue(driver.getPageSource().contains(assertString));
                Log.info("成功断言关键字"" +assertString +"" ");
            } catch (AssertionError e) {
                TestSuiteByExcel.testResult = false;
                Log.info("出现断言失败,具体断言失败信息:"+e.getMessage());
                System.out.println("断言失败");
            }
        }
        /* 此方法的名称对应 Excel 文件"关键字"列中的 close_browser 关键字,
         * 参数 string1 和参数 string2 为无实际值传入的参数,仅为了通过反射机制
         * 统一地使用两个函数参数来调用此函数
         */
        public static void close_browser(String string1,String string2) {
            try {
                System.out.println("浏览器关闭函数被执行");
                Log.info("关闭浏览器窗口");
                driver.quit();
            } catch (Exception e) {
                TestSuiteByExcel.testResult = false;
                Log.info("关闭浏览器出现异常,具体异常信息:"+e.getMessage());
                e.printStackTrace();
            }
        }

}
```

(5) 在 cn.gloryroad.util 的 Package 中新建 KeyBoardUtil 和 WaitUitl 两个工具类。KeyBoardUtil 类的代码如下。

```java
package cn.gloryroad.util;

import java.awt.AWTException;
import java.awt.Robot;
import java.awt.Toolkit;
import java.awt.datatransfer.StringSelection;
import java.awt.event.KeyEvent;
```

```java
public class KeyBoardUtil {
    //按 Tab 键的封装方法
    public static void pressTabKey(){
        Robot robot = null;
        try {
                robot = new Robot();
        } catch (AWTException e) {
            e.printStackTrace();
        }
        //调用 keyPress 方法来实现按下 Tab 键
        robot.keyPress(KeyEvent.VK_TAB);
        //调用 keyRelease 方法来实现释放 Tab 键
        robot.keyRelease(KeyEvent.VK_TAB);
    }
    //按 Enter 键的封装方法
    public static void pressEnterKey(){
        Robot robot = null;
        try {
                robot = new Robot();
        } catch (AWTException e) {
            e.printStackTrace();
        }
        //调用 keyPress 方法来实现按下 Enter 键
        robot.keyPress(KeyEvent.VK_ENTER);
        //调用 keyRelease 方法来实现释放 Enter 键
        robot.keyRelease(KeyEvent.VK_ENTER);
    }
     /* 将指定字符串设为剪切板的内容，然后执行粘贴操作
      * 将页面焦点切换到输入框后，调用此函数可以将指定字符串粘贴到输入框中
      */
    public static void setAndctrlVClipboardData(String string){

        StringSelection stringSelection = new StringSelection(string);
        Toolkit.getDefaultToolkit().getSystemClipboard()
.setContents(stringSelection, null);
        Robot robot = null;
        try {
            robot = new Robot();
        } catch (AWTException e1) {
            e1.printStackTrace();
        }
        //以下 4 行代码实现按下和释放 "Ctrl+V" 组合键
        robot.keyPress(KeyEvent.VK_CONTROL);
        robot.keyPress(KeyEvent.VK_V);
        robot.keyRelease(KeyEvent.VK_V);
        robot.keyRelease(KeyEvent.VK_CONTROL);
```

            }
    }

WaitUitl 类的代码如下。

```
package cn.gloryroad.util;

import org.openqa.selenium.By;
import org.openqa.selenium.WebDriver;
import org.openqa.selenium.support.ui.ExpectedConditions;
import org.openqa.selenium.support.ui.WebDriverWait;

public class WaitUitl {
    //用于在测试执行过程中暂停程序执行的休眠方法
    public static void sleep(long millisecond ){
        try {
            //线程休眠,millisecond 参数定义的是毫秒数
            Thread.sleep(millisecond);
        } catch (Exception e) {
            e.printStackTrace();
        }
    }
    //显式等待页面元素出现的封装方法,参数为页面元素的 XPath 定位字符串
    public static void waitWebElement(WebDriver driver,String xpathExpression){
        WebDriverWait wait= new WebDriverWait(driver,10);
        //调用 ExpectedConditions 的 presenceOfElementLocated 方法判断
        //页面元素是否出现
        wait.until(ExpectedConditions.presenceOfElementLocated(By.xpath(xpathExpression)));

    }
    //显式等待页面元素出现的封装方法,参数为表示页面元素的 By 对象,此函数可以支持
    //更多定位表达式
     public static void waitWebElement(WebDriver driver,By by){
        WebDriverWait wait= new WebDriverWait(driver,10);
        //调用 ExpectedConditions 的 presenceOfElementLocated 方法判断
        //页面元素是否出现
        wait.until(ExpectedConditions.presenceOfElementLocated(by));

    }
}
```

(6) 在 cn.gloryroad.util 的 Package 中新建 Log 和 ObjectMap 两个工具类。

Log 类的代码如下。

```
package cn.gloryroad.util;

import org.apache.log4j.Logger;

public class Log {
```

```java
    private static Logger Log = Logger.getLogger(Log.class.getName());
    //定义测试用例开始执行的打印方法,在日志中打印测试用例开始执行的信息
    public static void startTestCase(String testCaseName) {
        Log.info("--------------------                    \"" + testCaseName
                + " \"开始执行         ------------------------");
    }
    //定义测试用例执行完毕后的打印方法,在日志中打印测试用例执行完毕的信息
    public static void endTestCase(String testCaseName) {
        Log.info("--------------------                    \"" + testCaseName
                + " \"测试执行结束             --------------------");
    }
    //定义打印 info 级别日志的方法
    public static void info(String message) {
        Log.info(message);
    }
    //定义打印 error 级别日志的方法
    public static void error(String message) {
        Log.error(message);
    }
    //定义打印 debug 级别日志的方法
    public static void debug(String message) {
        Log.debug(message);
    }
}
```

ObjectMap 类的代码如下。

```java
package cn.gloryroad.util;

import java.io.FileInputStream;
import java.io.IOException;
import java.util.Properties;
import org.openqa.selenium.By;

public class ObjectMap {

    Properties properties;

    public ObjectMap(String propFile){
        properties = new Properties();
        try{
            FileInputStream in = new FileInputStream(propFile);
            properties.load(in);
            in.close();
        }catch (IOException e){
            System.out.println("读取对象文件出错");
            e.printStackTrace();
        }
```

```java
        }

        public By getLocator(String ElementNameInpropFile) throws Exception {
            //根据变量 ElementNameInpropFile，从属性配置文件中读取对应的配置对象
            String locator = properties.getProperty(ElementNameInpropFile);

            //将配置对象中的定位类型存储到 locatorType 变量中，将定位表达式的值存储到
            //locatorValue 变量中
            String locatorType = locator.split(">")[0];
            String locatorValue = locator.split(">")[1];
            locatorValue=new String(locatorValue.getBytes("ISO-8859-1"),"UTF-8");

            // 输出 locatorType 和 locatorValue 变量值，验证赋值是否正确
            System.out.println("获取的定位类型：" + locatorType + "\t 获取的定位表达式" + locatorValue );

            // 根据 locatorType 变量值的内容判断返回何种定位方式的 By 对象
            if(locatorType.toLowerCase().equals("id"))
                return By.id(locatorValue);
            else if(locatorType.toLowerCase().equals("name"))
                return By.name(locatorValue);
            else if((locatorType.toLowerCase().equals("classname")) || (locatorType.toLowerCase().equals("class")))
                return By.className(locatorValue);
            else if((locatorType.toLowerCase().equals("tagname")) || (locatorType.toLowerCase().equals("tag")))
                return By.className(locatorValue);
            else if((locatorType.toLowerCase().equals("linktext")) || (locatorType.toLowerCase().equals("link")))
                return By.linkText(locatorValue);
            else if(locatorType.toLowerCase().equals("partiallinktext"))
                return By.partialLinkText(locatorValue);
            else if((locatorType.toLowerCase().equals("cssselector")) || (locatorType.toLowerCase().equals("css")))
                return By.cssSelector(locatorValue);
            else if(locatorType.toLowerCase().equals("xpath"))
                return By.xpath(locatorValue);
            else
                throw new Exception("输入的 locator type 未在程序中被定义：" + locatorType );
        }
    }
```

（7）在 cn.gloryroad.util 的 Package 中新建 ExcelUtil 工具类，该类用来操作 Excel 文件，实现代码如下。

```java
package cn.gloryroad.util;

import java.io.FileInputStream;
import java.io.FileOutputStream;
import org.apache.poi.xssf.usermodel.XSSFCell;
import org.apache.poi.xssf.usermodel.XSSFRow;
import org.apache.poi.xssf.usermodel.XSSFSheet;
import org.apache.poi.xssf.usermodel.XSSFWorkbook;

import cn.gloryroad.configuration.Constants;
import cn.gloryroad.testScript.TestSuiteByExcel;

//本类主要实现扩展名为".xlsx"的Excel文件操作
public class ExcelUtil {

    private static XSSFSheet ExcelWSheet;
    private static XSSFWorkbook ExcelWBook;
    private static XSSFCell Cell;
    private static XSSFRow Row;

    // 设定要操作的 Excel 文件的路径
    // 在读/写 Excel 文件的时候，需要先设定要操作的 Excel 文件路径
    public static void setExcelFile(String Path){

        FileInputStream ExcelFile;
        try {
            // 实例化 Excel 文件的 FileInputStream 对象
            ExcelFile = new FileInputStream(Path);
            // 实例化 Excel 文件的 XSSFWorkbook 对象
            ExcelWBook = new XSSFWorkbook(ExcelFile);

        } catch (Exception e) {
            TestSuiteByExcel.testResult = false;
            System.out.println("Excel 路径设定失败");
            e.printStackTrace();
        }

    }
    // 设定要操作的 Excel 文件的路径和 Excel 文件中的 Sheet 名称
    // 在读/写 Excel 文件的时候，设定要操作的 Excel 文件路径和要操作的 Sheet 名称
    public static void setExcelFile(String Path, String SheetName)
    {
        FileInputStream ExcelFile;
        try {
```

```java
            // 实例化 Excel 文件的 FileInputStream 对象
            ExcelFile = new FileInputStream(Path);
            // 实例化 Excel 文件的 XSSFWorkbook 对象
            ExcelWBook = new XSSFWorkbook(ExcelFile);
            /* 实例化 Sheet 对象,指定 Excel 文件中的 Sheet 名称,后续用于对 Sheet
             * 中行、列和单元格的操作
             */
            ExcelWSheet = ExcelWBook.getSheet(SheetName);

        } catch (Exception e) {
            TestSuiteByExcel.testResult = false;
            System.out.println("Excel 路径设定失败");
            e.printStackTrace();
        }

    }
// 读取 Excel 文件,通过列字母获取列索引
    public static int excelColStrToNum(String colStr) {
        int num =0;
        int result=0;
        char ch=colStr.charAt(0);
        num=(int)(ch-'A');
        result+=num;
        return result;
    }

// 读取 Excel 文件指定单元格的函数,此函数只支持扩展名为".xlsx"的 Excel 文件
    public static String getCellData(String SheetName,int RowNum, int ColNum){
        ExcelWSheet = ExcelWBook.getSheet(SheetName);
        try {
            // 通过函数参数指定单元格的行号和列号,获取指定的单元格对象
            Cell = ExcelWSheet.getRow(RowNum).getCell(ColNum);
            // 如果单元格的内容为字符串类型,则使用 getStringCellValue 方法
            // 如果单元格的内容为数字类型,则使用 getNumericCellValue 方法
            String CellData = Cell.getCellType() == XSSFCell.CELL_TYPE_STRING ? Cell.getStringCellValue() + ""
: String.valueOf(Math.round(Cell.getNumericCellValue()));
            //函数返回指定单元格的字符串内容
            return CellData;

        } catch (Exception e) {
            TestSuiteByExcel.testResult = false;
            e.printStackTrace();
            //如果读取遇到异常,则返回空字符串
            return "";
        }
    }
```

```java
//获取 Excel 文件最后一行的行号
public static int getLastRowNum() {
    //函数返回 Sheet 中最后一行的行号
    return ExcelWSheet.getLastRowNum();
}
//获取指定 Sheet 中的数据总行数
public static int getRowCount(String SheetName){
    ExcelWSheet = ExcelWBook.getSheet(SheetName);
    int number=ExcelWSheet.getLastRowNum();
    return number;
}

//在Excel 的指定Sheet 中，获取第一次包含指定测试用例序号的行号
public static int getFirstRowContainsTestCaseID(String sheetName,String testCaseName, int colNum) {
    int i;
    try{

        ExcelWSheet = ExcelWBook.getSheet(sheetName);
        int rowCount = ExcelUtil.getRowCount(sheetName);
        for (i=0 ; i<rowCount; i++){
        //使用循环的方法遍历测试用例序号列的所有行，判断是否包含某个测试用例序号关键字
            if(ExcelUtil.getCellData(sheetName,i,colNum).equalsIgnoreCase(testCaseName)){
                //如果包含，则退出 for 循环，并返回包含测试用例序号关键字的行号
                break;
            }
        }
        return i;
    }catch (Exception e){
        TestSuiteByExcel.testResult = false;
        return 0;
    }

}
    //获取指定 Sheet 中某个测试用例步骤的个数
public static int getTestCaseLastStepRow(String SheetName, String testCaseID, int testCaseStartRowNumber){
    try{
        ExcelWSheet = ExcelWBook.getSheet(SheetName);
        /* 从包含指定测试用例序号的第一行开始逐行遍历，直到某一行不出现指定测试用例
         * 序号，此时的遍历次数就是此测试用例步骤的个数
         */
        for(inti=testCaseStartRowNumber;i<=ExcelUtil.getRowCount(SheetName)-1; i++){
            if(!testCaseID.equals(ExcelUtil.getCellData(SheetName,i,
```

```java
Constants.TESTCASE_TESTCASEID))){
                int number = i;
                return number;
            }
        }
            int number=ExcelWSheet.getLastRowNum()+1;
            return number;
        }catch(Exception e){
            TestSuiteByExcel.testResult = false;
            return 0;
        }
    }
    // 在 Excel 文件的执行单元格中写入数据，此函数只支持扩展名为".xlsx"的 Excel 文件
        @SuppressWarnings("static-access")
        public static void setCellData(String SheetName,int RowNum, int ColNum,
String Result) {
            ExcelWSheet = ExcelWBook.getSheet(SheetName);
            try {
                // 获取 Excel 文件中的行对象
                Row = ExcelWSheet.getRow(RowNum);
                // 如果单元格为空，则返回 Null
                Cell = Row.getCell(ColNum, Row.RETURN_BLANK_AS_NULL);

                if (Cell == null) {
                // 当单元格对象是 Null 的时候，则创建单元格，如果单元格为空，
                // 无法直接调用单元格对象的 setCellValue 方法设定单元格的值
                    Cell = Row.createCell(ColNum);
                // 创建单元格后，可以调用单元格对象的 setCellValue 方法设定单元格的值
                    Cell.setCellValue(Result);

                } else {
                // 如果单元格中有内容，则可以直接调用单元格对象的 setCellValue
                //方法设定单元格的值
                    Cell.setCellValue(Result);

                }
                // 实例化写入 Excel 文件的文件输出流对象
                FileOutputStream fileOut = new FileOutputStream(
    Constants.CONBIDRIVER_DATA_EXCEL);
                // 将内容写入 Excel 文件
                ExcelWBook.write(fileOut);
                // 调用 flush 方法强制刷新写入文件
                fileOut.flush();
                // 关闭文件输出流对象
                fileOut.close();

            } catch (Exception e) {
```

```
                    TestSuiteByExcel.testResult = false;
                    e.printStackTrace();
                }
            }
        }
```

（8）编写一个自动化测试脚本，完成自动发送带有附件的邮件操作并进行发送结果关键字的断言，在邮箱地址簿中新建多个联系人并断言新建成功后是否在页面中出现"编辑"二字。在 cn.gloryroad.testScript 的 Package 中新建测试类 TestSuiteByExcel，实现的类代码如下。

该类核心部分有 3 处：一是遍历"测试用例集合" Sheet，判定并执行"是否运行值"为 y 的用例，并判定测试数据列中是否有数据；二是当测试数据列有数据不为"无"时，会先遍历测试数据 Sheet，然后在遍历测试步骤关键字 Sheet，替换测试步骤关键字 Sheet 中的列字母为测试数据 Sheet 中对应的行列值，从而实现混合驱动；当测试数据列的数据为"无"时，直接遍历测试步骤关键字 Sheet，通过关键字驱动用例执行；三是将测试结果写入测试数据 Sheet、测试步骤 Sheet 和"测试用例集合" Sheet 中。

```java
package cn.gloryroad.testScript;

import org.apache.log4j.xml.DOMConfigurator;
import org.testng.Assert;
import org.testng.annotations.Test;
import java.lang.reflect.Method;
import cn.gloryroad.configuration.*;
import cn.gloryroad.util.*;
import org.testng.annotations.BeforeClass;
import java.util.regex.Matcher;
import java.util.regex.Pattern;

public class TestSuiteByExcel {
    public static Method method[];
    public static String keyword;
    public static String locatorExpression;
    public static String value;
    public static KeyWordsAction keyWordsaction;
    public static int testStep;
    public static int testLastStep;
    public static String testCaseID;
    public static String testCaseRunFlag;
    public static boolean testResult;
    public String testData;
    public static String testDataRunFlag;

    @Test
    public void testTestSuite() throws Exception {
```

```java
// 声明一个关键动作类的实例
keyWordsaction = new KeyWordsAction();
// 使用 Java 的反射机制获取 KeyWordsaction 类的所有方法对象
method = keyWordsaction.getClass().getMethods();
// 定义 Excel 文件的路径
String excelFilePath = Constants.CONBIDRIVER_DATA_EXCEL;
// 设定读取 Excel 文件中的"发送邮件"Sheet 为操作目标
ExcelUtil.setExcelFile(excelFilePath);
// 读取"测试用例集合"Sheet 中的测试用例总数
int testCasesCount = ExcelUtil.getRowCount(Constants.TESTCASE_SHEET_NAME);
// 使用 for 循环，执行"测试用例集合"Sheet 中所有标记为"y"的测试用例
for (int testCaseNo = 1; testCaseNo <= testCasesCount; testCaseNo++){
    // 读取"测试用例集合"Sheet 中每行的测试用例序号
    testCaseID = ExcelUtil.getCellData(Constants.TESTCASE_SHEET_NAME, testCaseNo,Constants.TESTCASE_TESTCASEID);
    // 读取"测试用例集合"Sheet 中每行的"是否运行"列中的值
    testCaseRunFlag = ExcelUtil.getCellData(Constants.TESTCASE_SHEET_NAME, testCaseNo,Constants.TESTCASE_ISEXECUTE);
    // 如果"是否运行"列中的值为"y"，则执行测试用例中的所有步骤
    if (testCaseRunFlag.trim().equals("y")) {
        // 在日志中打印测试用例开始执行的信息
        Log.startTestCase(testCaseID);
        // 设定测试用例的当前结果为"true"，表明测试执行成功
        testResult = true;
        // 在测试步骤 Sheet（如"SendMail01"）或（"CreateContact01"）中，
        // 获取当前要执行测试用例的第一个步骤所在行的行号
        teststep = ExcelUtil.getFirstRowContainsTestCaseID
(testCaseID, testCaseID,Constants.TESTCASE_TESTCASEID);
        // 在"发送邮件"Sheet 中，获取当前要执行测试用例的最后一个步骤
        // 所在行的行号
        testLastStep = ExcelUtil.getTestCaseLastStepRow(testCaseID, testCaseID, testStep);
        // 读取"测试用例集合"Sheet 中的测试数据列内容
        testData=ExcelUtil.getCellData(Constants.TESTCASE_SHEET_NAME, testCaseNo,Constants.TESTCASE_DATASOURCE_SHEETNAME);
        // 如果"测试用例集合"Sheet 行中测试数据不为空，则运行数据驱动
        if (testData.trim().equals("无")) {
            Log.info("执行关键字驱动用例开始,Sheet 表名为:" + testData);
            // 遍历测试步骤 Sheet 中的所有测试步骤
            for (; testStep < testLastStep; testStep++) {
                // 从"测试步骤"Sheet 中读取关键字和操作值，
                // 并调用 execute_Actions 方法执行
                keyword = ExcelUtil.getCellData(testCaseID, testStep, Constants.TESTSTEP_KEYWORDS);
```

```java
                    // 在日志文件中打印关键字信息
                    Log.info("从 Excel 文件读取到的关键字是: " + keyword);
                    locatorExpression = ExcelUtil.getCellData
(testCaseID, testStep,Constants.TESTSTEP_LOCATORTYPE);
                    value = ExcelUtil.getCellData(testCaseID, testStep,
Constants.TESTSTEP_OPERATEVALUE);
                    // 在日志文件中打印操作值信息
                    Log.info("从 Excel 文件中读取的操作值是: " + value);
                    executeActions(testCaseID);
                    if (testResult == false) {
                        /*
                         * 如果测试用例的任何一个测试步骤执行失败,则"测试用例
                         * 集合"Sheet 中的当前执行测试用例的执行结果设定为
                         * "测试执行失败"
                         */
                        ExcelUtil.setCellData(Constants.TESTCASE_SHEET_
NAME,testCaseNo,Constants.TESTCASE_TESTRESULT, "测试执行失败");
                        // 在日志中打印测试用例执行完毕的信息
                        Log.endTestCase(testCaseID);
                        /*
                         * 如果当前测试用例出现执行失败的情况,则将整个测试用例
                         * 设定为失败状态,利用 break 语句跳出当前的 for 循环,
                         * 继续执行测试集合中的下一个测试用例
                         */
                        break;
                    }

                    if (testResult == true) {
                    /*
                     * 如果测试用例的所有步骤执行成功,则将在"测试用例集合"
                     * Sheet 中的当前执行测试用例的执行结果设定为"测试执行成功"
                     */
                        ExcelUtil.setCellData(Constants.TESTCASE_SHEET_
NAME,testCaseNo,Constants.TESTCASE_TESTRESULT, "测试执行成功");
                    }
                }
            } else {
                // 读取"测试数据"Sheet 中的测试数据总数
                int testDatasCount = ExcelUtil.getRowCount(testData);
                // 使用 for 循环,执行所有标记为"y"的测试数据
                for (int testDataNo = 1; testDataNo <= testDatasCount;
testDataNo++) {
                    // 读取测试数据(如"Contactdata")Sheet 中每行的"是否运行"列中的值
                    testDataRunFlag = ExcelUtil.getCellData(testData,
testDataNo, Constants.DATASOURCE_ISEXECUTE);
                    // 如果"是否运行"列中的值为"y",则执行该测试数据
                    if (testDataRunFlag.trim().equals("y")) {
```

```
            Log.info("开始数据驱动用例执行...");
            // 遍历测试用例中的所有测试步骤
            for (; testStep < testLastStep; testStep++) {
                // 从测试步骤"CreateContact01" Sheet 中读取关
                // 键字和操作值,并调用 execute_Actions 方法执行
                keyword = ExcelUtil.getCellData(testCaseID,
testStep, Constants.TESTSTEP_KEYWORDS);
                // 在日志文件中打印关键字信息
                Log.info("从 Excel 文件读取到的关键字是:" +
keyword);
                locatorExpression = ExcelUtil.getCellData
(testCaseID, testStep,Constants.TESTSTEP_LOCATORTYPE);
                value = ExcelUtil.getCellData(testCaseID,
testStep, Constants.TESTSTEP_OPERATEVALUE);
                // 在日志文件中打印操作值信息
                Log.info("从 Excel 文件中读取的操作值是:" +
value);
                value = value.trim();
                //若 value 值为"A-Z",则替换为测试数据 Sheet 中的数据
                if (null != value && value.length() == 1 &&
TestSuiteByExcel.judgeContainsStr(value)) {
                    // 通过 Excel 文件中的列字母得到列索引
                    int conlumnNo =
ExcelUtil.excelColStrToNum(value);
                    value =
ExcelUtil.getCellData(testData, testDataNo, conlumnNo);
                    Log.info(" Excel 文件中列值为:" +
value);
                }
                // 执行用例
                executeActions(testCaseID);
                if (testResult == true) {
                    /*
                     * 如果当前测试步骤执行成功,在"测试数据"
                     * Sheet 中,会将当前执行的测试数据结果设定
                     * 为"测试数据执行成功"
                     */
                    ExcelUtil.setCellData(testData,
testDataNo, Constants.DATASOURCE_RESULT, "测试数据执行成功");

                } else {
                    /*
                     * 当前测试步骤执行失败,在"测试数据"Sheet 中,
                     * 会将当前执行的测 试数据结果设定为"测试数
                     * 据执行失败"
                     */
                    ExcelUtil.setCellData(testData,
```

```java
                    testDataNo, Constants.DATASOURCE_RESULT, "测试数据执行失败");
                                        // 测试步骤执行失败,则直接关闭浏览器,不再
                                        // 执行后续的测试
                                        KeyWordsAction.close_browser("", "");
                                        break;
                                }
                        }
                        // 在测试步骤 Sheet (如"CreateContact01")中,获取当
                        // 前要执行测试用例的第一个步骤所在行的行号
                        testStep = ExcelUtil.getFirstRowContainsTestCaseID
(testCaseID, testCaseID,Constants.TESTCASE_TESTCASEID);

                        if (testResult == false) {
                            /*
                            * 如果测试用例的任何一个测试步骤执行失败,则将
                            * "测试用例集合"Sheet 中的当前执行测试用例的
                            * 执行结果设定为"测试执行失败"
                            */
                            ExcelUtil.setCellData(Constants.
TESTCASE_SHEET_NAME, testCaseNo,Constants.TESTCASE_TESTRESULT, "测试执行失败");
                            // 在日志中打印测试用例执行完毕的信息
                            Log.endTestCase(testCaseID);
                            /*
                            * 当前测试用例出现执行失败的步骤,则将整个测试用例
                            * 设定为失败状态,break 语句跳出当前的 for 循环,
                            * 继续执行测试集合中的下一个测试用例
                            */
                            break;
                        }

                        if (testResult == true) {

                            /*
                            * 如果测试用例的所有步骤执行成功,则将"测试用例
                            * 集合"Sheet 中的当前执行测试用例的执行结果设定
                            * 为"测试执行成功"
                            */
                            ExcelUtil.setCellData(Constants. TESTCASE_
SHEET_NAME, testCaseNo,Constants.TESTCASE_TESTRESULT, "测试执行成功");
                        }
                    }
                }
            }
        }
    }
```

```java
        private static void executeActions(String testCaseID) {
            try {
                for (int i = 0; i < method.length; i++) {
                    /*
                     * 使用反射的方式，找到关键字对应的测试方法，并将 value（操作值）作为
                     * 测试方法的函数值进行调用
                     */
                    if (method[i].getName().equals(keyword)) {
                        method[i].invoke(keyWordsaction, locatorExpression, value);
                        if (testResult == true) {
                            /*
                             * 当前测试步骤执行成功，在"发送邮件"Sheet 中，会将当前执
                             * 行的测试步骤结果设定为"测试步骤执行成功"
                             */
                            ExcelUtil.setCellData(testCaseID, testStep, Constants.TESTSTEP_TESTRESULT, "测试步骤执行成功");

                        } else {
                            /*
                             * 当前测试步骤执行失败，在"发送邮件"Sheet 中，会将当前执
                             * 行的测试步骤结果设定为"测试步骤执行失败"
                             */
                            ExcelUtil.setCellData(testCaseID, testStep, Constants.TESTSTEP_TESTRESULT, "测试步骤 执行失败");
                            // 测试步骤执行失败，则直接关闭浏览器，不再执行后续的测试
                            KeyWordsAction.close_browser("", "");
                            break;
                        }

                    }
                }
            } catch (Exception e) {
                // 在调用测试方法的过程中，若出现异常，则将测试设定为失败状态，停止执行测试用例
                Assert.fail("执行出现异常，测试用例执行失败！");
            }
        }

        // 判断 str 是否是 A～Z 之间的字符串
        private static boolean judgeContainsStr(String str) {
            String regex = ".*[A-Z]+.*";
            Matcher matcher = Pattern.compile(regex).matcher(str);
            return matcher.matches();
        }

        @BeforeClass
        public void BeforeClass() {
            // 设定 Log4j 的配置文件为"log4j.xml"
            DOMConfigurator.configure("log4j.xml");
```

        }
    }

用 testng 执行"TestSuiteByExcel.java"文件，执行结束后可以看到，混合框架的工程根目录下自动创建了一个名为"Mail126TestLogfile.log"的日志文件，里面记录的是整个测试过程中的测试信息及异常信息，可方便后期进行测试结果分析及错误排查。部分结果如图 16-34 所示。

```
1 2018-07-26 20:02:42,428 INFO  [Log] ---------------------        "SendMail01 "开始执行 ---------------------
2 2018-07-26 20:02:42,429 INFO  [Log] 执行关键字驱动用例开始，Sheet表名为：无
3 2018-07-26 20:02:42,430 INFO  [Log] 从Excel 文件读取到的关键字是：open_browser
4 2018-07-26 20:02:42,430 INFO  [Log] 从Excel 文件中读取的操作值是：firefox
5 2018-07-26 20:02:47,434 INFO  [Log] 火狐浏览器实例已经声明
6 2018-07-26 20:02:47,688 INFO  [Log] 从Excel 文件读取到的关键字是：navigate
7 2018-07-26 20:02:47,688 INFO  [Log] 从Excel 文件中读取的操作值是：http://www.126.com
8 2018-07-26 20:02:53,902 INFO  [Log] 浏览器访问网址http://www.126.com
9 2018-07-26 20:02:54,050 INFO  [Log] 从Excel 文件读取到的关键字是：sleep
10 2018-07-26 20:02:54,050 INFO  [Log] 从Excel 文件中读取的操作值是：3000
11 2018-07-26 20:02:57,051 INFO  [Log] 休眠 3秒成功
12 2018-07-26 20:02:57,168 INFO  [Log] 从Excel 文件读取到的关键字是：switch_frame
13 2018-07-26 20:02:57,168 INFO  [Log] 从Excel 文件中读取的操作值是：无
14 2018-07-26 20:02:57,191 INFO  [Log] 进入frame login.iframe 成功
15 2018-07-26 20:02:57,304 INFO  [Log] 从Excel 文件读取到的关键字是：sleep
16 2018-07-26 20:02:57,304 INFO  [Log] 从Excel 文件中读取的操作值是：3000
17 2018-07-26 20:03:00,304 INFO  [Log] 休眠 3秒成功
18 2018-07-26 20:03:00,428 INFO  [Log] 从Excel 文件读取到的关键字是：input
19 2018-07-26 20:03:00,428 INFO  [Log] 从Excel 文件中读取的操作值是：testman2018
20 2018-07-26 20:03:00,451 INFO  [Log] 清除 login.username 输入框中的所有内容
21 2018-07-26 20:03:00,488 INFO  [Log] 在login.username输入框中输入：testman2018
22 2018-07-26 20:03:00,616 INFO  [Log] 从Excel 文件读取到的关键字是：input
23 2018-07-26 20:03:00,616 INFO  [Log] 从Excel 文件中读取的操作值是：wulaoshi2018
24 2018-07-26 20:03:00,642 INFO  [Log] 清除 login.password 输入框中的所有内容
25 2018-07-26 20:03:00,674 INFO  [Log] 在login.password输入框中输入：wulaoshi2018
26 2018-07-26 20:03:00,780 INFO  [Log] 从Excel 文件读取到的关键字是：click
27 2018-07-26 20:03:00,780 INFO  [Log] 从Excel 文件中读取的操作值是：无
28 2018-07-26 20:03:01,007 INFO  [Log] 单击 login.button 页面元素成功
29 2018-07-26 20:03:01,115 INFO  [Log] 从Excel 文件读取到的关键字是：default_frame
30 2018-07-26 20:03:01,115 INFO  [Log] 从Excel 文件中读取的操作值是：无

82 2018-07-26 20:03:28,751 INFO  [Log] ---------------------        "CreateContact01 "开始执行 ---------------------
83 2018-07-26 20:03:28,751 INFO  [Log] 开始数据驱动用例执行...
84 2018-07-26 20:03:28,752 INFO  [Log] 从Excel 文件读取到的关键字是：open_browser
85 2018-07-26 20:03:28,752 INFO  [Log] 从Excel 文件中读取的操作值是：firefox
86 2018-07-26 20:03:32,778 INFO  [Log] 火狐浏览器实例已经声明
87 2018-07-26 20:03:32,888 INFO  [Log] 从Excel 文件读取到的关键字是：navigate
88 2018-07-26 20:03:32,888 INFO  [Log] 从Excel 文件中读取的操作值是：http://www.126.com
89 2018-07-26 20:03:39,288 INFO  [Log] 浏览器访问网址http://www.126.com
90 2018-07-26 20:03:39,393 INFO  [Log] 从Excel 文件读取到的关键字是：sleep
91 2018-07-26 20:03:39,393 INFO  [Log] 从Excel 文件中读取的操作值是：3000
92 2018-07-26 20:03:42,393 INFO  [Log] 休眠 3秒成功
93 2018-07-26 20:03:42,492 INFO  [Log] 从Excel 文件读取到的关键字是：switch_frame
94 2018-07-26 20:03:42,492 INFO  [Log] 从Excel 文件中读取的操作值是：无
95 2018-07-26 20:03:42,514 INFO  [Log] 进入frame login.iframe 成功
96 2018-07-26 20:03:42,613 INFO  [Log] 从Excel 文件读取到的关键字是：sleep
97 2018-07-26 20:03:42,613 INFO  [Log] 从Excel 文件中读取的操作值是：3000
98 2018-07-26 20:03:45,614 INFO  [Log] 休眠 3秒成功
99 2018-07-26 20:03:45,713 INFO  [Log] 从Excel 文件读取到的关键字是：input
100 2018-07-26 20:03:45,713 INFO  [Log] 从Excel 文件中读取的操作值是：testman2018
101 2018-07-26 20:03:45,735 INFO  [Log] 清除 login.username 输入框中的所有内容
102 2018-07-26 20:03:45,768 INFO  [Log] 在login.username输入框中输入：testman2018
103 2018-07-26 20:03:45,869 INFO  [Log] 从Excel 文件读取到的关键字是：input
104 2018-07-26 20:03:45,869 INFO  [Log] 从Excel 文件中读取的操作值是：wulaoshi2018
105 2018-07-26 20:03:45,888 INFO  [Log] 清除 login.password 输入框中的所有内容
106 2018-07-26 20:03:45,915 INFO  [Log] 在login.password输入框中输入：wulaoshi2018
107 2018-07-26 20:03:46,015 INFO  [Log] 从Excel 文件读取到的关键字是：click
108 2018-07-26 20:03:46,015 INFO  [Log] 从Excel 文件中读取的操作值是：无
109 2018-07-26 20:03:46,238 INFO  [Log] 单击 login.button 页面元素成功
110 2018-07-26 20:03:46,337 INFO  [Log] 从Excel 文件读取到的关键字是：default_frame
111 2018-07-26 20:03:46,338 INFO  [Log] 从Excel 文件中读取的操作值是：无
```

图 16-34

至此，关键字和数据混合驱动测试框架已搭建完成，在 Eclipse 工具中，整个工程的结构如图 16-35 所示。

图 16-35

| 第 17 章 |

基于 Maven 的数据驱动框架搭建及测试实战

本章为自动化测试实战的进阶章节，本章将以数据驱动框架为例，搭建一个基于 Maven 的完整的数据驱动测试框架，建议参照本章内容在本地计算机环境中进行搭建实践。作者认为，只有不断地实践和试错，才能使自身的自动化测试水平得到更大的提升。

17.1　Maven 的安装与配置

Maven 可以很方便地管理依赖和一键构建执行测试用例，其安装和配置步骤如下。

17.1.1　下载 Maven 安装文件

（1）打开 IE 浏览器，访问"http://maven.apache.org/download.cgi#"。

（2）在打开的页面中，单击链接"apache-maven-3.5.3-bin.tar.gz"，如图 17-1 所示。

（3）单击"确定"按钮，如图 17-2 所示。下载完成后，在下载目录中生成 Maven 的 gz 格式安装文件，文件名为"apache-maven-3.5.3-bin.tar.gz"。

（4）将下载的文件解压缩到指定目录，如"D:\"，如图 17-3 所示。

（5）解压缩完成后，进入"D:\"目录，可看到解压缩后的"apache-maven-3.5.3"文件夹。

第 17 章
基于 Maven 数据驱动框架搭建及测试实战

图 17-1

图 17-2

图 17-3

17.1.2　配置 Maven 环境变量

此小节以 Windows 7 操作系统为例来配置 Maven 环境变量，具体操作步骤如下。

（1）在桌面上找到"计算机"图标，在图标上单击鼠标右键，在弹出的快捷菜单中选择"属性"命令，如图 17-4 所示。

（2）弹出控制面板界面，单击"高级系统设置"，如图 17-5 所示。

图 17-4

图 17-5

（3）弹出"系统属性"对话框，选择"高级"标签栏，单击"环境变量"按钮，如图 17-6 所示。

（4）弹出"环境变量"对话框，在系统变量的下方单击"新建"按钮，如图 17-7 所示。

图 17-6　　　　　　　　　　　图 17-7

（5）弹出"新建系统变量"对话框，按照如图 17-8 所示的内容进行输入，并单击"确定"按钮进行保存。

（6）单击"确定"按钮后，返回"环境变量"对话框，在系统变量中找到 Path 变量行，单击"编辑"按钮，如图 17-9 所示。

图 17-8　　　　　　　　　　　图 17-9

（7）弹出 Path 系统变量的编辑界面，在变量值的最后增加";%MAVEN_HOME%\bin"关键字，如图 17-10 所示。

（8）单击"确定"按钮，保存修改，返回"环境变量"对话框，单击"确定"按钮，完成全部 Maven 环境变量的配置，如图 17-11 所示。

第 17 章
基于 Maven 数据驱动框架搭建及测试实战

图 17-10　　　　　　　　　　　图 17-11

（9）在"运行"输入框中输入"cmd"，按 Enter 键，弹出 CMD 界面，如图 17-12 所示。

（10）输入"echo %MAVEN_HOME%"，按 Enter 键，输入"mvn -v"，按 Enter 键，显示如图 17-13 所示的信息，表示 Maven 环境安装成功。

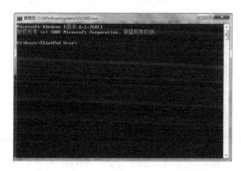

图 17-12　　　　　　　　　　　图 17-13

17.1.3　配置"settings.xml"

可以在"settings.xml"文件中设置仓库地址，仓库用于存放项目所依赖的所有 JAR 包，具体配置步骤如下。

（1）进入"D:\apache-maven-3.5.3\conf"，打开"settings.xml"文件，修改仓库位置，修改为"D:/repo"，如图 17-14 所示。

图 17-14

（2）然后在 Eclipse 中配置 Maven，选择"Window"→"Preferences"命令，如图 17-15 所示。

（3）在弹出的"Preferences"对话框中，选择"Maven"→"Installations"选项，单击"Add"按钮，选择安装 Maven 的本地路径，然后单击"Apply"按钮，如图 17-16 所示。

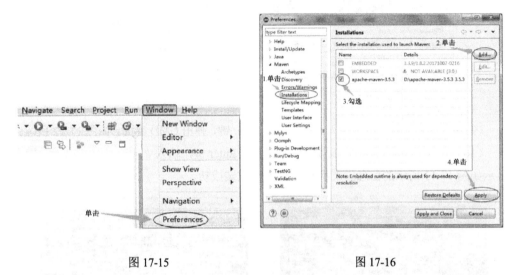

图 17-15　　　　　　　　　　图 17-16

（4）在"Preferences"对话框中，继续选择"Maven"→"User Settings"选项，选择 User Settings（open file）为"D:\apache-maven-3.5.3\conf\settings.xml"，单击"Update Settings"按钮，然后单击"Apply and Close"按钮，完成 Eclipse 中的 Maven 配置，如图 17-17 所示。

图 17-17

17.2 基于 Maven 的数据驱动框架搭建

本节主要讲解基于 Maven 的数据驱动框架的搭建,并且使用此框架来测试 126 邮箱登录和地址簿的相关功能。框架用到的基础知识均在前面的章节中进行了详细介绍,本节重点讲解基于 Maven 构建框架的详细过程。

被测试功能的相关页面描述:

登录页面如图 17-18 所示。

登录后页面如图 17-19 所示。

单击"通讯录"链接后,进入通讯录主页,如图 17-20 所示。

图 17-18

图 17-19

图 17-20

单击"新建联系人"按钮后,弹出"新建联系人"对话框,如图 17-21 所示。

图 17-21

输入联系人信息后,单击"确定"按钮进行保存,显示的页面如图 17-22 所示。

图 17-22

基于 Maven 的数据驱动框架搭建步骤：

新建 Maven 工程：

（1）选择"File"→"Other"命令，如图 17-23 所示。在弹出的"New"对话框中，在输入框中输入"maven"进行搜索，选中"Maven Project"，单击"Next"按钮，如图 17-24 所示。

图 17-23

图 17-24

（2）继续单击"Next"按钮，如图 17-25 所示，选择"maven-archetype-quickstart"，单击"Next"按钮，如图 17-26 所示。

图 17-25

图 17-26

（3）在"Group Id"输入框中输入"cn.gloryroad"，在"Artifact Id"输入框中输入"data-driver"，单击"Finish"按钮，如图 17-27 所示。

图 17-27

（4）在 data-driver 工程下，双击"pom.xml"文件，输入如下内容：

```
<project xmlns="http://maven.apache.org/POM/4.0.0" xmlns:xsi="http://www.w3.org/2001/XMLSchema-instance"
    xsi:schemaLocation="http://maven.apache.org/POM/4.0.0 http://maven.apache.org/xsd/maven-4.0.0.xsd">
    <modelVersion>4.0.0</modelVersion>
    <groupId>cn.gloryroad</groupId>
    <artifactId>data-driver</artifactId>
    <version>0.0.1-SNAPSHOT</version>
    <packaging>jar</packaging>

    <name>data-driver</name>
    <url>http://maven.apache.org</url>
    <properties>
        <project.build.sourceEncoding>UTF-8</project.build.sourceEncoding>
    </properties>

    <dependencies>
        <!-- testng -->
        <dependency>
            <groupId>org.testng</groupId>
            <artifactId>testng</artifactId>
            <version>6.14.2</version>
        </dependency>
        <!-- reportng -->
        <dependency>
            <groupId>org.uncommons</groupId>
            <artifactId>reportng</artifactId>
            <version>1.1.4</version>
```

```xml
        <scope>test</scope>
        <exclusions>
            <exclusion>
                <groupId>org.testng</groupId>
                <artifactId>testng</artifactId>
            </exclusion>
        </exclusions>
</dependency>
<dependency>
        <groupId>com.google.inject</groupId>
        <artifactId>guice</artifactId>
        <version>4.1.0</version>
</dependency>
<dependency>
        <groupId>com.google.guava</groupId>
        <artifactId>guava</artifactId>
        <version>23.0</version>
</dependency>
<!-- excel 操作 -->
<dependency>
        <groupId>org.apache.poi</groupId>
        <artifactId>poi</artifactId>
        <version>3.11</version>
</dependency>
<dependency>
        <groupId>org.apache.poi</groupId>
        <artifactId>poi-ooxml</artifactId>
        <version>3.11</version>
</dependency>
<dependency>
        <groupId>org.apache.xmlbeans</groupId>
        <artifactId>xmlbeans</artifactId>
        <version>2.6.0</version>
</dependency>
<dependency>
        <groupId>org.apache.poi</groupId>
        <artifactId>poi-ooxml-schemas</artifactId>
        <version>3.11</version>
</dependency>
<!-- webdriver3 -->

<dependency>
         <groupId>org.seleniumhq.selenium</groupId>
         <artifactId>selenium-java</artifactId>
         <version>3.10.0</version>
  </dependency>
<dependency>
```

```xml
            <groupId>org.seleniumhq.selenium</groupId>
            <artifactId>selenium-api</artifactId>
            <version>3.10.0</version>
        </dependency>
        <dependency>
            <groupId>org.seleniumhq.selenium</groupId>
            <artifactId>selenium-chrome-driver</artifactId>
            <version>3.10.0</version>
        </dependency>
        <dependency>
            <groupId>org.seleniumhq.selenium</groupId>
            <artifactId>selenium-firefox-driver</artifactId>
            <version>3.10.0</version>
        </dependency>
        <dependency>
            <groupId>org.seleniumhq.selenium</groupId>
            <artifactId>selenium-ie-driver</artifactId>
            <version>3.10.0</version>
        </dependency>
        <dependency>
            <groupId>org.apache.velocity</groupId>
            <artifactId>velocity</artifactId>
            <version>1.7</version>
        </dependency>
        <dependency>
            <groupId>junit</groupId>
            <artifactId>junit</artifactId>
            <version>4.12</version>
            <scope>test</scope>
        </dependency>
        <!-- log4j 日志 -->
        <dependency>
            <groupId>log4j</groupId>
            <artifactId>log4j</artifactId>
            <version>1.2.17</version>
        </dependency>
    </dependencies>
    <build>
        <plugins>
            <plugin>
                <groupId>org.apache.maven.plugins</groupId>
                <artifactId>maven-surefire-plugin</artifactId>
                <version>2.17</version>
                <configuration>
                    <forkMode>once</forkMode>
                    <argLine>-Dfile.encoding=UTF-8</argLine>
                    <suiteXmlFiles>
```

```xml
                    <suiteXmlFile>testng.xml</suiteXmlFile>
                </suiteXmlFiles>
                <properties>
                    <property>
                        <name>usedefaultlisteners</name>
                        <value>false</value>
                    </property>
                    <property>
                        <name>listener</name>
                        <value>org.uncommons.reportng.HTMLReporter,org.uncommons.reportng.JUnitXMLReporter</value>
                    </property>
                </properties>
            </configuration>
        </plugin>
        <plugin>
            <groupId>org.apache.maven.plugins</groupId>
            <artifactId>maven-compiler-plugin</artifactId>
            <version>2.3.2</version>
            <configuration>
                <source>1.8</source>
                <target>1.8</target>
                <encoding>UTF-8</encoding>
            </configuration>
        </plugin>
    </plugins>
</build>
</project>
```

代码页面如图 17-28 所示。

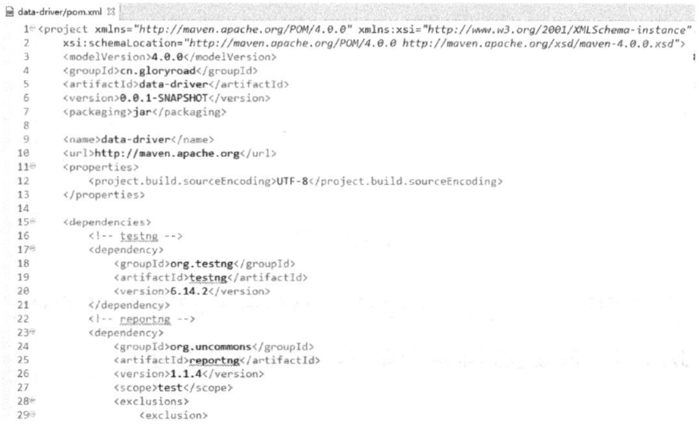

图 17-28

```xml
            <groupId>org.testng</groupId>
            <artifactId>testng</artifactId>
        </exclusion>
    </exclusions>
</dependency>
<dependency>
    <groupId>com.google.inject</groupId>
    <artifactId>guice</artifactId>
    <version>4.1.0</version>
</dependency>
<dependency>
    <groupId>com.google.guava</groupId>
    <artifactId>guava</artifactId>
    <version>21.0</version>
</dependency>
<!-- excel操作 -->
<dependency>
    <groupId>org.apache.poi</groupId>
    <artifactId>poi</artifactId>
    <version>3.11</version>
</dependency>
<dependency>
    <groupId>org.apache.poi</groupId>
    <artifactId>poi-ooxml</artifactId>
    <version>3.11</version>
</dependency>
<dependency>
    <groupId>org.apache.xmlbeans</groupId>
    <artifactId>xmlbeans</artifactId>
    <version>2.6.0</version>
</dependency>
<dependency>
    <groupId>org.apache.poi</groupId>
    <artifactId>poi-ooxml-schemas</artifactId>
    <version>3.11</version>
</dependency>
<!-- webdriver3 -->
<dependency>
    <groupId>org.seleniumhq.selenium</groupId>
    <artifactId>selenium-server-standlone</artifactId>
    <version>3.10.0</version>
</dependency>
<!-- log4j日志 -->
<dependency>
    <groupId>log4j</groupId>
    <artifactId>log4j</artifactId>
    <version>1.2.17</version>
</dependency>
</dependencies>
<build>
    <plugins>
        <plugin>
            <groupId>org.apache.maven.plugins</groupId>
            <artifactId>maven-surefire-plugin</artifactId>
            <version>2.17</version>
            <configuration>
                <forkMode>once</forkMode>
                <argLine>-Dfile.encoding=UTF-8</argLine>

                <suiteXmlFiles>
                    <suiteXmlFile>testng.xml</suiteXmlFile>
                </suiteXmlFiles>
                <properties>
                    <property>
                        <name>usedefaultlisteners</name>
                        <value>false</value>
                    </property>
                    <property>
                        <name>listener</name>
                        <value>org.uncommons.reportng.HTMLReporter,
                        org.uncommons.reportng.JUnitXMLReporter</value>
                    </property>
                </properties>
            </configuration>
        </plugin>
        <plugin>
            <groupId>org.apache.maven.plugins</groupId>
            <artifactId>maven-compiler-plugin</artifactId>
            <version>2.3.2</version>
            <configuration>
                <source>1.8</source>
                <target>1.8</target>
                <encoding>UTF-8</encoding>
            </configuration>
        </plugin>
    </plugins>
</build>
</project>
```

图 17-28（续）

（5）右键单击工程根目录，选择"Run As"→"Maven test"命令，会自动下载"pom.xml"文件中配置的 JAR 包和依赖包到本地仓库中，如图 17-29 所示。

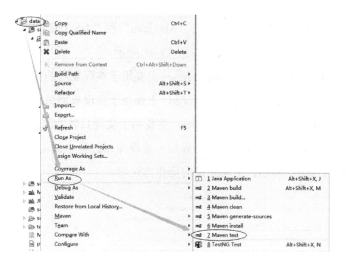

图 17-29

(6) 将 Eclipse 中工程文件的默认编码改为 "utf-8",如图 17-30 所示。

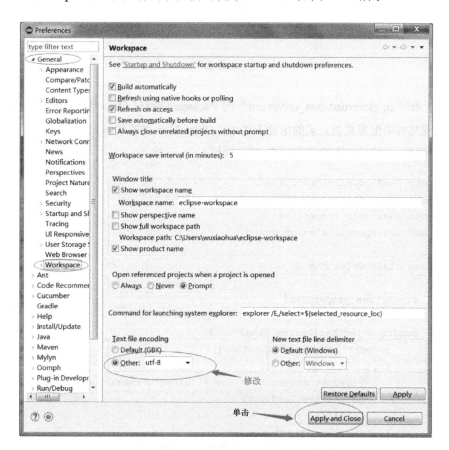

图 17-30

（7）删除 Maven 工程中自动生成的"App.java"和"AppTest.java"文件，在工程中"/src/main/java"下新建 4 个 Package，如图 17-31 所示。

- cn.gloryroad.data_driver.appModules：主要用于实现复用的业务逻辑封装方法。
- cn.gloryroad.data_driver.pageObjects：主要用于实现被测试对象的页面对象。
- cn.gloryroad.data_driver.testScripts：主要用于实现具体的测试脚本逻辑。
- cn.gloryroad.data_driver.util：主要用于实现测试过程中调用的工具类方法，如文件操作、mapObject、页面元素的操作方法等。

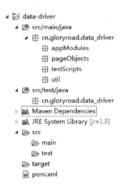

图 17-31

（8）在"cn.gloryroad.data_driver.util"的 Package 中新建 ObjectMap 类，用于实现在外部配置文件中配置页面元素的定位表达式。ObjectMap 类的代码如下。

```java
package cn.gloryroad.data_driver.util;

import java.io.FileInputStream;
import java.io.IOException;
import java.util.Properties;
import org.openqa.selenium.By;

public class ObjectMap {

    Properties properties;

    public ObjectMap(String propFile){
        properties = new Properties();
        try{
            FileInputStream in = new FileInputStream(propFile);
            properties.load(in);
            in.close();
        }catch (IOException e){
            System.out.println("读取对象文件出错");
            e.printStackTrace();
```

```java
        }
    
    }
    
        public By getLocator(String ElementNameInpropFile) throws Exception {
            //根据变量 ElementNameInpropFile，从属性配置文件中读取对应的配置对象
            String locator = properties.getProperty(ElementNameInpropFile);
            // 将配置对象中的定位类型存到 locatorType 变量中，将定位表达式的值存入//
            locatorValue 变量
            String locatorType = locator.split(">")[0];
            String locatorValue = locator.split(">")[1];
    /* Eclipse 中的配置文件均默认以 ISO-8859-1 编码存储，使用 getBytes 方法可以将字符串编码
     * 转换为 UTF-8 编码，以此来解决在配置文件中读取的中文为乱码的问题，若文件已存为 UTF-8
     * 编码，则将下面代码注释掉*/
            //locatorValue=new String(locatorValue.getBytes("ISO-8859-1"),"UTF-8");
            // 输出 locatorType 变量值和 locatorValue 变量值，验证是否赋值正确
            System.out.println("获取的定位类型：" + locatorType + "\t 获取的定位表达式" + locatorValue );
            // 根据 locatorType 的变量值内容判断返回何种定位方式的 By 对象
            if(locatorType.toLowerCase().equals("id"))
                return By.id(locatorValue);
            else if(locatorType.toLowerCase().equals("name"))
                return By.name(locatorValue);
            else if((locatorType.toLowerCase().equals("classname")) || (locatorType.toLowerCase().equals("class")))
                return By.className(locatorValue);
            else if((locatorType.toLowerCase().equals("tagname")) || (locatorType.toLowerCase().equals("tag")))
                return By.className(locatorValue);
            else if((locatorType.toLowerCase().equals("linktext")) || (locatorType.toLowerCase().equals("link")))
            return By.linkText(locatorValue);
            else if(locatorType.toLowerCase().equals("partiallinktext"))
                return By.partialLinkText(locatorValue);
            else if((locatorType.toLowerCase().equals("cssselector")) || (locatorType.toLowerCase().equals("css")))
                return By.cssSelector(locatorValue);
            else if(locatorType.toLowerCase().equals("xpath"))
                return By.xpath(locatorValue);
            else
                throw new Exception("输入的 locator type 未在程序中定义:" + locatorType );
        }
    }
```

以上代码的含义请参阅之前章节的讲解。

（9）在工程根目录下新建一个 Source Floder，如图 17-32 所示。在弹出的"New Source Floder"对话框中的"Floder name"输入框中输入"src/main/resources"，单击"Finish"按钮，如图 17-33 所示。

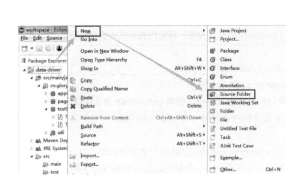

图 17-32　　　　　　　　　　　　　　　　图 17-33

（10）右键单击"src/main/resources"目录，选择"New"→"File"命令，如图 17-34 所示。在弹出的"New File"对话框中的"File name"输入框中输入"objectMap.properties"，单击"Finish"按钮，如图 17-35 所示。

图 17-34　　　　　　　　　　　　　　　　图 17-35

（11）"objectMap.properties"需要保存为"UTF-8"编码，此配置文件用于存放页面定位方式和定位表达式，文件输入内容如下。

```
126mail.loginPage.iframe=xpath>//iframe[contains(@id,'x-URS-iframe')]
126mail.loginPage.username=xpath>//input[@data-placeholder='邮箱帐号或手机号']
126mail.loginPage.password=xpath>//*[@data-placeholder='密码']
```

```
126mail.loginPage.loginbutton=id>dologin
```

测试页面中的所有页面元素的定位方式和定位表达式均可以在此文件中进行定义，实现定位数据和测试程序的分离。在配置文件中修改定位数据，可以在测试脚本中全局生效，此方式可以大大提高定位表达式的维护效率。

（12）在 cn.gloryroad.data_driver.util 的 Package 中新建 Tools 类，用于获取配置文件路径。Tools 类的代码如下。

```java
package cn.gloryroad.data_driver.util;

import java.net.URL;
public class Tools {

    /*
     * 获取配置文件的路径
     * @param className 类的名称
     * @param configFileName 配置文件的名称
     * @return
     */
    public static String getFilePath(Class<?> className,String configFileName){
        ClassLoader classLoader = className.getClassLoader();
        URL resource = classLoader.getResource(configFileName);
        String configfilePath = resource.getPath();
        return configfilePath;
    }
}
```

（13）在 cn.gloryroad.data_driver.util 的 Package 中新建 Constant 类，用于设置配置文件名称常量。Constant 类的代码如下。

```java
package cn.gloryroad.data_driver.util;

public class Constant {
    //定义 Maven 工程配置文件名称
    public static final String ObjectMapProFileName = "objectMap.properties";
}
```

（14）在 cn.gloryroad.data_driver.pageObjects 的 Package 中新建 LoginPage 类，用于实现 126 邮箱登录页面的 PageObject 对象。LoginPage 类的代码如下。

```java
package cn.gloryroad.data_driver.pageObjects;

import org.openqa.selenium.WebDriver;
import org.openqa.selenium.WebElement;
import cn.gloryroad.data_driver.util.*;

public class LoginPage {

    private WebElement element = null;
```

```java
        //指定页面元素定位表达式配置文件的路径
    private ObjectMap objectMap = new ObjectMap(Tools.getFilePath(LoginPage.class,
Constant.ObjectMapProFileName));
        private WebDriver driver;

    public LoginPage(WebDriver driver){
        this.driver =driver;

    }
//进入iframe
    public void swithToFrame() throws Exception{
            Thread.sleep(5000);
            driver.switchTo().frame(driver.findElement(objectMap.getLocator
("126mail.loginPage.iframe")));
    }

        //退出iframe
        public void defaultToFrame() {
            driver.switchTo().defaultContent();
    }

        //返回登录页面中的用户名输入框页面元素对象
        public WebElement userName() throws Exception{
            //使用objectMap类中的getLocator方法获取配置文件中关于用户名的定位方式
            //和定位表达式
            element = driver.findElement( objectMap.getLocator("126mail.loginPage.
username"));

            return element;

    }
        //返回登录页面中的密码输入框页面元素对象
        public WebElement password() throws Exception{
            //使用objectMap类中的getLocator方法获取配置文件中关于密码的定位方式
            //和定位表达式
            element = driver.findElement( objectMap.getLocator("126mail.
loginPage. password"));

            return element;

    }
        //返回登录页面中的登录按钮页面元素对象
        public WebElement loginButton() throws Exception{
            //使用objectMap类中的getLocator方法获取配置文件中关于登录按钮的定位方式
            //和定位表达式
            element = driver.findElement( objectMap.getLocator("126mail.
loginPage. loginbutton"));
```

```
            return element;

        }
    }
```

（15）在 cn.gloryroad.data_driver.testScripts 的 Package 中新建 TestMail126Login 测试类，具体代码如下。

```
package cn.gloryroad.data_driver.testScripts;
import java.util.concurrent.TimeUnit;
import org.openqa.selenium.WebDriver;
import org.openqa.selenium.firefox.FirefoxDriver;
import org.testng.Assert;
import org.testng.annotations.AfterMethod;
import org.testng.annotations.BeforeMethod;
import org.testng.annotations.Test;

import cn.gloryroad.data_driver.pageObjects.LoginPage;

public class TestMail126Login {
    public WebDriver driver;
    String baseUrl = "http://mail.126.com/";
    @Test
    public void testMailLogin() throws Exception {
        driver.get(baseUrl);
        LoginPage loginPage = new LoginPage(driver);
        loginPage.swithToFrame();

        loginPage.userName().sendKeys("testman2018");
        loginPage.password().sendKeys("wulaoshi2018");
        loginPage.loginButton().click();
        Thread.sleep(5000);
        loginPage.defaultToFrame();

        Assert.assertTrue(driver.getPageSource().contains("未读邮件"));
    }
    @BeforeMethod
    public void beforeMethod() {
        //若 WebDriver 无法打开 Firefox 浏览器，才需增加此行代码设定 Firefox 浏览器的
        //所在路径
        System.setProperty("webdriver.firefox.bin","C:\\Program Files\\Firefox Developer Edition\\firefox.exe");
        //加载 Firefox 浏览器的驱动程序
        System.setProperty("webdriver.gecko.driver","d:\\geckodriver.exe");
        //打开 Firefox 浏览器
        driver = new FirefoxDriver();
        driver.manage().timeouts().implicitlyWait(10, TimeUnit.SECONDS);
```

```java
        }

        @AfterMethod
        public void afterMethod() {
            driver.quit();        //关闭打开的浏览器
        }

}
```

（16）在 cn.gloryroad.data_driver.appModules 中增加 Login_Action 类，具体代码如下。

```java
package cn.gloryroad.data_driver.appModules;

import org.openqa.selenium.WebDriver;
import cn.gloryroad.data_driver.pageObjects.LoginPage;

public class Login_Action {

    public static void execute(WebDriver driver, String userName, String passWord) throws Exception {
        driver.get("http://mail.126.com");
        LoginPage loginPage = new LoginPage(driver);
        loginPage.swithToFrame();

        loginPage.userName().sendKeys(userName);
        loginPage.password().sendKeys(passWord);
        loginPage.loginButton().click();
        loginPage.defaultToFrame();

        Thread.sleep(5000);
    }

}
```

由于登录过程是其他测试的前提条件，所以将登录的操作逻辑封装在 Login_Action 类的 Execute 方法中，方便其他测试脚本进行调用。

（17）修改测试类 TestMail126Login 的代码，修改后的类代码如下。

```java
package cn.gloryroad.data_driver.testScripts;

import java.util.concurrent.TimeUnit;
import org.openqa.selenium.WebDriver;
import org.openqa.selenium.firefox.FirefoxDriver;
import org.testng.Assert;
import org.testng.annotations.AfterMethod;
import org.testng.annotations.BeforeMethod;
import org.testng.annotations.Test;

import cn.gloryroad.data_driver.appModules.Login_Action;
```

```java
public class TestMail126Login {
    public WebDriver driver;
    String baseUrl = "http://mail.126.com/";
    @Test
    public void testMailLogin() throws Exception {
        Login_Action.execute(driver, "testman2018", "wulaoshi2018");
        Thread.sleep(5000);
        Assert.assertTrue(driver.getPageSource().contains("未读邮件"));
    }
    @BeforeMethod
    public void beforeMethod() {
        //若 WebDriver 无法打开 Firefox 浏览器，才需增加此行代码设定 Firefox 浏览器的
        //所在路径
        System.setProperty("webdriver.firefox.bin","C:\\Program Files\\Firefox Developer Edition\\firefox.exe");
        //加载 Firefox 浏览器的驱动程序
        System.setProperty("webdriver.gecko.driver","d:\\geckodriver.exe");
        //打开 Firefox 浏览器
        driver = new FirefoxDriver();
        driver.manage().timeouts().implicitlyWait(10, TimeUnit.SECONDS);
    }

    @AfterMethod
    public void afterMethod() {
        driver.quit();     //关闭打开的浏览器
    }
}
```

比较 TestMail126Login 修改前后的代码，我们可以发现，多个登录操作的步骤被一个函数调用替代了，函数为"Login_Action.execute(driver, "testman2018", "wulaoshi2018");"。此种方式实现了业务逻辑的封装，只要调用一个函数就可以实现登录操作，大大减少了测试脚本的重复编写工作。这就是封装的作用。

（18）在 cn.gloryroad.data_driver.pageObjects 的 Package 中新建 HomePage 类和 AddressBookPage 类，并在配置文件"objectMap.properties"中补充新的定位表达式。

"objectMap.properties" 配置文件更新后的内容如下。

```
126mail.loginPage.iframe=xpath>//iframe[contains(@id,'x-URS-iframe')]
126mail.loginPage.username=xpath>//input[@data-placeholder='邮箱帐号或手机号']
126mail.loginPage.password=xpath>//*[@data-placeholder='密码']
126mail.loginPage.loginbutton=id>dologin
homepage.logoutlink=xpath>//a[contains(.,'退出')]
homepage.writeLetterLink=xpath>//*[contains(@id,'_mail_component_')]/span[contains(.,'写 信')]
writemailpage.recipientslink=xpath>//a[contains(.,'收件人')]
writemailpage.recipients=xpath>//*[contains(@id,'_mail_emailinput_0_')]/input
```

```
writemailpage.mailsubject=xpath>//*[contains(@id,'_mail_input_2')]/input
writemailpage.addattachmentlink=xpath>//div[contains(@title,'单击添加附件')]
writemailpage.sendmailbuttons=xpath>//div[contains(@id,'_mail_button_')]/span[contains(.,'发送')]
sendmailsuccesspage.succinfo=xpath>//*[contains(@id,'_succInfo')]
126mail.homePage.addressbook=xpath>//div[contains(text(),'通讯录')]
126mail.addressBook.createContactPerson=xpath>//div/div/*[contains(@id,'_mail_button_')]/span[contains(.,'新建联系人')]
126mail.addressBook.contactPersonName=xpath>//dt[contains(.,'姓名')]/following- sibling::dd/div/input
126mail.addressBook.contactPersonEmail=xpath>//dt[contains(.,'电子邮箱')]/following- sibling::dd/div/input
126mail.addressBook.contactPersonMobile=xpath>//dt[contains(.,'手机号码')]/following- sibling::dd/div/input
126mail.addressBook.saveButton=xpath>//*[contains(@id,'_mail_button_')]/span[contains(.,'确 定')]
```

HomePage 类的代码如下。

```java
package cn.gloryroad.data_driver.pageObjects;

import org.openqa.selenium.WebDriver;
import org.openqa.selenium.WebElement;
import cn.gloryroad.data_driver.util.*;

public class HomePage {
    private WebElement element = null;
    private ObjectMap objectMap = new ObjectMap(Tools.getFilePath(HomePage.class, Constant.ObjectMapProFileName));
    private WebDriver driver;

    public HomePage (WebDriver driver){
        this.driver =driver;

    }
    //获取登录后主页中的"通讯录"链接
    public WebElement addressLink() throws Exception{

        element = driver.findElement( objectMap.getLocator("126mail.homePage.addressbook"));
         return element;


    }
    //如果要在HomePage 页面操作更多的链接或元素，可以根据需要进行自定义


}
```

AddressBookPage 类代码如下。

```java
package cn.gloryroad.data_driver.pageObjects;
```

```java
import org.openqa.selenium.WebDriver;
import org.openqa.selenium.WebElement;
import cn.gloryroad.data_driver.util.*;

public class AddressBookPage {
    private WebElement element = null;
    private ObjectMap objectMap = new ObjectMap(Tools.getFilePath
(AddressBookPage.class,Constant.ObjectMapProFileName));
    private WebDriver driver;

    public AddressBookPage (WebDriver driver){
        this.driver =driver;

    }
    //获取"新建联系人"按钮
    public WebElement createContactPersonButton() throws Exception{
        element = driver.findElement(objectMap.getLocator
("126mail.addressBook. createContactPerson"));
        return element;

        }
    //获取新建联系人界面中的姓名输入框
     public WebElement contactPersonName() throws Exception{
        element = driver.findElement( objectMap.getLocator
("126mail.addressBook. contactPersonName"));
        return element;
        }
    //获取新建联系人界面中的电子邮件输入框
     public WebElement contactPersonEmail() throws Exception{
        element = driver.findElement( objectMap.getLocator
("126mail.addressBook. contactPersonEmail"));
        return element;
        }
    //获取新建联系人界面中的手机号输入框
     public WebElement contactPersonMobile() throws Exception{
        element = driver.findElement( objectMap.getLocator
("126mail.addressBook. contactPersonMobile"));
        return element;
        }
    //获取新建联系人界面中保存信息的"确定"按钮
     public WebElement saveButton() throws Exception{
        element = driver.findElement( objectMap.getLocator
("126mail.addressBook. saveButton"));
        return element;
        }
    }
```

（19）在 cn.gloryroad.data_driver.appModules 中增加 AddContactPerson_Action 类，具体代码如下。

```java
package cn.gloryroad.data_driver.appModules;

import org.openqa.selenium.WebDriver;
import org.testng.Assert;
import cn.gloryroad.data_driver.pageObjects.AddressBookPage;
import cn.gloryroad.data_driver.pageObjects.HomePage;

public class AddContactPerson_Action {
    public static void execute(WebDriver driver, String userName, String password, String contactName, String contactEmail, String contactMobile) throws Exception{
        Login_Action.execute(driver, userName, password);
        Thread.sleep(3000);
        Assert.assertTrue(driver.getPageSource().contains("未读邮件"));
        HomePage homePage =new HomePage(driver);
        homePage.addressLink().click();
        AddressBookPage addressBookPage = new AddressBookPage(driver);
        Thread.sleep(3000);
        addressBookPage.createContactPersonButton().click();
        Thread.sleep(1000);
        addressBookPage.contactPersonName().sendKeys(contactName);
        addressBookPage.contactPersonEmail().sendKeys(contactEmail);
        addressBookPage.contactPersonMobile().sendKeys(contactMobile);
        addressBookPage.saveButton().click();
        Thread.sleep(5000);
    }
}
```

（20）在 cn.gloryroad.data_driver.testScripts 的 Package 中新增测试类 TestMail126AddContactPerson，具体的代码如下。

```java
package cn.gloryroad.data_driver.testScripts;

import java.util.concurrent.TimeUnit;
import org.openqa.selenium.WebDriver;
import org.openqa.selenium.firefox.FirefoxDriver;
import org.testng.Assert;
import org.testng.annotations.AfterMethod;
import org.testng.annotations.BeforeMethod;
import org.testng.annotations.Test;
import cn.gloryroad.data_driver.appModules.AddContactPerson_Action;

public class TestMail126AddContactPerson {
    public WebDriver driver;
    String baseUrl = "http://mail.126.com/";
```

```java
    @Test
    public void testAddContactPerson() throws Exception {
        AddContactPerson_Action.execute(driver, "testman2018",
"wulaoshi2018", "张三","zhangsan@sogou.com","14900000001");
        Thread.sleep(3000);
        Assert.assertTrue(driver.getPageSource().contains("张三"));
        Assert.assertTrue(driver.getPageSource().contains("zhangsan@sogou.com"));
        Assert.assertTrue(driver.getPageSource().contains("14900000001"));
    }

    @BeforeMethod
    public void beforeMethod() {
        //若 WebDriver 无法打开 Firefox 浏览器，才需增加此行代码设定 Firefox 浏览器的
        //所在路径
        System.setProperty("webdriver.firefox.bin","C:\\Program Files\\Firefox Developer Edition\\firefox.exe");
        //加载 Firefox 浏览器的驱动程序
        System.setProperty("webdriver.gecko.driver","d:\\geckodriver.exe");
        //打开 Firefox 浏览器
        driver = new FirefoxDriver();
        driver.manage().timeouts().implicitlyWait(10, TimeUnit.SECONDS);

    }

    @AfterMethod
    public void afterMethod() {
        driver.quit();     //关闭打开的浏览器
    }
}
```

（21）在 cn.gloryroad.data_driver.util 的 Package 中修改 Constant 类，修改后的代码如下。

```java
package cn.gloryroad.data_driver.util;

public class Constant {
    //定义测试网址的常量
    public static final String Url = "http://mail.126.com";
    //定义邮箱用户名的常量
    public static final String MailUsername = "testman2018";
    //定义邮箱密码的常量
    public static final String MailPassword = "wulaoshi2018";
    //定义新建联系人姓名的常量
    public static final String ContactPersonName = "张三";
    //定义新建联系人邮箱地址的常量
    public static final String ContactPersonEmail = "zhangsan@sogou.com";
```

```java
    //定义新建联系人手机号码的常量
    public static final String ContactPersonMobile = "14900000001";
    //定义 Maven 工程配置文件名称
    public static final String ObjectMapProFileName = "objectMap.properties";
}
```

在 cn.gloryroad.testScripts 的 Package 中修改 TestMail126AddContactPerson 测试类代码，修改后的代码如下。

```java
package cn.gloryroad.data_driver.testScripts;

import java.util.concurrent.TimeUnit;
import org.openqa.selenium.WebDriver;
import org.openqa.selenium.firefox.FirefoxDriver;
import org.testng.Assert;
import org.testng.annotations.AfterMethod;
import org.testng.annotations.BeforeMethod;
import org.testng.annotations.Test;
import cn.gloryroad.data_driver.appModules.AddContactPerson_Action;
import cn.gloryroad.data_driver.util.*;

public class TestMail126AddContactPerson {
    public WebDriver driver;
    //调用了 Constant 类中的常量 Constant.Url
    private String baseUrl = Constant.Url;

    @Test
    public void testAddContactPerson() throws Exception {
        driver.get(baseUrl);
        /* 调用了 Constant 类中的常量 MailUsername、MailPassword、ContactPersonName、
         * ContactPersonEmail 和 ContactPersonMobile
         */
        AddContactPerson_Action.execute(driver, Constant.MailUsername, Constant. MailPassword, Constant.ContactPersonName,Constant. ContactPersonEmail, Constant. ContactPersonMobile);
        Thread.sleep(3000);
        //调用了 Constant 类中的常量 ContactPersonName
        Assert.assertTrue(driver.getPageSource().contains(Constant.ContactPersonName));
        //调用了 Constant 类中的常量 ContactPersonEmail
        Assert.assertTrue(driver.getPageSource().contains(Constant.ContactPersonEmail));
        //调用了 Constant 类中的常量 ContactPersonMobile
        Assert.assertTrue(driver.getPageSource().contains(Constant.ContactPersonMobile));
    }

    @BeforeMethod
```

```
    public void beforeMethod() {
        //若 WebDriver 无法打开 Firefox 浏览器，才需增加此行代码设定 Firefox
        //浏览器的所在路径
        System.setProperty("webdriver.firefox.bin","C:\\Program Files\\Firefox Developer Edition\\firefox.exe");
        //加载 Firefox 浏览器的驱动程序
        System.setProperty("webdriver.gecko.driver","d:\\geckodriver.exe");
        //打开 Firefox 浏览器
        driver = new FirefoxDriver();
        driver.manage().timeouts().implicitlyWait(10, TimeUnit.SECONDS);

    }

    @AfterMethod
    public void afterMethod() {
        driver.quit();        //关闭打开的浏览器
    }
}
```

新建的 Constant 类中定义了多个静态常量，测试类 TestMail126AddContactPerson 中的多行代码调用了这些静态变量，实现了测试数据在测试方法中的重复使用。如果需要修改测试数据，只需修改 Constant 类中的静态常量值，修改值在全部测试代码中生效，降低了代码的维护成本，并且使用常量还增加了测试代码的可读性。

（22）在 D 盘下新建 Excel 测试数据文件，命名为"126 邮箱的测试数据.xlsx"，并将 Sheet1 的名字修改为"新建联系人测试用例"。Sheet1 中包含的测试数据如图 17-36 所示。

图 17-36

在 cn.gloryroad.data_driver.util 的 Package 中新建 ExcelUtil 类，具体代码如下。

```
package cn.gloryroad.data_driver.util;

import java.io.FileInputStream;
import java.io.FileOutputStream;
import org.apache.poi.xssf.usermodel.XSSFCell;
import org.apache.poi.xssf.usermodel.XSSFRow;
import org.apache.poi.xssf.usermodel.XSSFSheet;
import org.apache.poi.xssf.usermodel.XSSFWorkbook;

//本类主要实现文件扩展名为".xlsx"的 Excel 文件操作
public class ExcelUtil {

    private static XSSFSheet ExcelWSheet;
    private static XSSFWorkbook ExcelWBook;
```

```java
        private static XSSFCell Cell;
        private static XSSFRow Row;
        //设定要操作 Excel 的文件路径和 Excel 文件中的 Sheet 名称
        //在读/写 Excel 的时候，均需要先调用此方法，设定要操作的 Excel 文件路径和要操作的 Sheet 名称
        public static void setExcelFile(String Path, String SheetName)
throws Exception {
            FileInputStream ExcelFile;
            try {
                //实例化 Excel 文件的 FileInputStream 对象
                ExcelFile = new FileInputStream(Path);
                //实例化 Excel 文件的 XSSFWorkbook 对象
                ExcelWBook = new XSSFWorkbook(ExcelFile);
                /* 实例化 XSSFSheet 对象，指定 Excel 文件中的 Sheet 名称,用于 后续对 Sheet 中
                 * 行、列和单元格的操作
                 */
                ExcelWSheet = ExcelWBook.getSheet(SheetName);

            } catch (Exception e) {
                throw (e);
            }
        }

        // 读取 Excel 文件指定单元格的函数
        public static String getCellData(int RowNum, int ColNum) throws Exception {

            try {
                // 通过函数参数指定单元格的行号和列号，获取指定的单元格对象
                Cell = ExcelWSheet.getRow(RowNum).getCell(ColNum);
                /* 如果单元格的内容为字符串类型，则使用 getStringCellValue 方法获取单元格的内容
                 * 如果单元格的内容为数字类型,则使用 getNumericCellValue 方法获取单元格的内容
                 * 注意 getNumericCellValue 方法的返回值为 double 类型，转换字符串类型必须
                 * 在 Cell.getNumericCellValue()前增加""，用于强制转换 double 类型到
                 * String 类型，不加""则会抛出 double 类型无法转换到 String 类型的异常
                 */
                String CellData = Cell.getCellType() == XSSFCell.CELL_TYPE_STRING ? Cell
                        .getStringCellValue() + ""
                        : String.valueOf(Math.round(Cell.getNumericCellValue()));
                return CellData;

            } catch (Exception e) {
                return "";
            }
        }

        // 在 Excel 文件的执行单元格中写入数据
```

```java
    public static void setCellData(int RowNum, int ColNum,String Result)
throws Exception {

    try {
            //获取 Excel 文件中的行对象
            Row = ExcelWSheet.getRow(RowNum);
            //如果单元格为空,则返回 Null
            Cell = Row.getCell(ColNum, Row.RETURN_BLANK_AS_NULL);

            if (Cell == null) {
                //当单元格对象是 Null 的时候,创建单元格
                //如果单元格为空,无法直接调用单元格对象的 setCellValue 方法设定单元格的值
                Cell = Row.createCell(ColNum);
                //创建单元格后可以调用单元格对象的 setCellValue 方法设定单元格的值
                Cell.setCellValue(Result);

            } else {
                //如果单元格中有内容,则可以直接调用单元格对象的 setCellValue 方法
                //设定单元格的值
                Cell.setCellValue(Result);

            }
            //实例化写入 Excel 文件的文件输出流对象
            FileOutputStream fileOut = new FileOutputStream(
                    Constant.TestDataExcelFilePath);
            //将内容写入 Excel 文件
            ExcelWBook.write(fileOut);
            //调用 flush 方法强制刷新写入文件
            fileOut.flush();
            //关闭文件输出流对象
            fileOut.close();

        } catch (Exception e) {

            throw (e);

        }

    }
}
```

在 cn.gloryroad.data_driver.util 的 Package 中对 Constant 类进行修改,修改后的类代码如下。

```java
package cn.gloryroad.data_driver.util;

public class Constant {
    //定义测试网址的常量
```

```java
    public static final String Url = "http://mail.126.com";
    //定义 Excel 文件的路径
    public static final String TestDataExcelFilePath = "d:\\126邮箱的测试数据.xlsx";
    //定义在 Excel 文件中包含测试数据的 Sheet 名称
    public static final String TestDataExcelFileSheet = "新建联系人测试用例";
    //定义 Maven 工程配置文件名称
    public static final String ObjectMapProFileName = "objectMap.properties";
}
```

在 Constant 类中增加了 TestDataExcelFilePath 和 TestDataExcelFileSheet 常量的定义，去掉存储测试数据的静态变量。

在 cn.gloryroad.testScripts 的 Package 中对 TestMail126AddContactPerson 测试类代码进行修改，修改后的类代码如下。

```java
package cn.gloryroad.data_driver.testScripts;

import java.util.concurrent.TimeUnit;
import org.openqa.selenium.WebDriver;
import org.openqa.selenium.firefox.FirefoxDriver;
import org.testng.Assert;
import org.testng.annotations.AfterMethod;
import org.testng.annotations.BeforeClass;
import org.testng.annotations.BeforeMethod;
import org.testng.annotations.Test;
import cn.gloryroad.data_driver.appModules.AddContactPerson_Action;
import cn.gloryroad.data_driver.util.*;

public class TestMail126AddContactPerson {
    public WebDriver driver;
    //调用了 Constant 类中的常量 Constant.Url
    private String baseUrl = Constant.Url;
    @Test
    public void testAddContactPerson() throws Exception {
        driver.get(baseUrl);
        //从 Excel 文件的第二行第二列中获取邮箱登录用户名
        //注意：Excel 文件的行序号和列序号均从 0 开始
        String mailUserName = ExcelUtil.getCellData(1, 1);
        //从 Excel 文件的第二行第三列中获取邮箱登录密码
        String mailPassWord = ExcelUtil.getCellData(1, 2);
        //从 Excel 文件的第二行第四列中获取新建联系人的名字
        String contactPersonName = ExcelUtil.getCellData(1, 3);
        //从 Excel 文件的第二行第五列中获取新建联系人的电子邮件
        String contactPersonEmail = ExcelUtil.getCellData(1, 4);
        //从 Excel 文件的第二行第六列中获取新建联系人的手机号
        String contactPersonMobile = ExcelUtil.getCellData(1, 5);
        /* 使用变量 mailUsername、mailPassword、contactPersonName、
```

        * contactPersonEmail 和 contactPersonMobile 作为添加联系人动作的参数
        */
            AddContactPerson_Action.execute(driver,mailUserName,mailPassWord,
contactPersonName,contactPersonEmail,contactPersonMobile);
            Thread.sleep(3000);
            //断言页面是否包含 contactPersonName 变量中的文字
            Assert.assertTrue(driver.getPageSource().contains(contactPersonName));
            //断言页面是否包含 contactPersonEmail 变量中的文字
            Assert.assertTrue(driver.getPageSource().contains(contactPersonEmail));
            //断言页面是否包含 contactPersonMobile 变量中的文字
            Assert.assertTrue(driver.getPageSource().contains(contactPersonMobile));
            //若 3 个断言都成功，则在 Excel 测试数据文件的"测试执行结果"列中写入"执行成功"
            ExcelUtil.setCellData(1, 9, "执行成功");
        }

        @BeforeMethod
        public void beforeMethod() {
            //若 WebDriver 无法打开 Firefox 浏览器，才需增加此行代码设定 Firefox
            //浏览器的所在路径
            System.setProperty("webdriver.firefox.bin","C:\\Program Files\\Firefox Developer Edition\\firefox.exe");
            //加载 Firefox 浏览器的驱动程序
            System.setProperty("webdriver.gecko.driver","d:\\geckodriver.exe");
            //打开 Firefox 浏览器
            driver = new FirefoxDriver();
            driver.manage().timeouts().implicitlyWait(10, TimeUnit.SECONDS);

        }

        @AfterMethod
        public void afterMethod() {
            driver.quit();   //关闭打开的浏览器
        }
    @BeforeClass
    public void BeforeClass() throws Exception{
        //使用 Constant 类中的常量，设定测试数据文件的文件路径和测试数据所在的 Sheet 名称
        ExcelUtil.setExcelFile(Constant.TestDataExcelFilePath,Constant.TestDataExcelFileSheet);
        }
    }

在 TestMail126AddContactPerson 测试类的测试方法中，改为从 Excel 文件中读取测试数据，作为 AddContactPerson_Action.execute 方法的参数，从外部数据文件进行数据驱动测试。如果测试程序执行后没有发生断言失败，则会在 Excel 文件最后一列"测试执行结果"中写入"执行成功"。

经过以上步骤，数据驱动框架具备了雏形。

（23）加入 Log4j 的打印日志功能。

在工程的"src/main/resources"目录下，新建名为"log4j.xml"的文件，具体的文件内容如下。

```xml
<?xml version="1.0" encoding="UTF-8"?>

<!DOCTYPE log4j:configuration SYSTEM "log4j.dtd">

<log4j:configuration xmlns:log4j="http://jakarta.apache.org/log4j/" debug="false">

<appender name="fileAppender" class="org.apache.log4j.FileAppender">

<param name="Threshold" value="INFO"/>

<param name="File" value="Mail126TestLogfile.log"/>

<layout class="org.apache.log4j.PatternLayout">

<param name="ConversionPattern" value="%d %-5p [%c{1}] %m %n"/>

</layout>

</appender>

<root>

<level value="INFO"/>

<appender-ref ref="fileAppender"/>

</root>

</log4j:configuration>
```

XML 文件的具体含义请参阅之前章节关于 Log4j 配置文件的详细讲解。

在 cn.gloryroad.data_driver.util 的 Package 中新建 Log 类，具体代码如下。

```java
package cn.gloryroad.data_driver.util;

import org.apache.log4j.Logger;

public class Log {

    private static Logger Log = Logger.getLogger(Log.class.getName());
    //定义测试用例开始执行的打印方法，在日志中打印测试用例开始执行的信息
    public static void startTestCase(String testCaseName) {
        Log.info("--------------------        \"" + testCaseName
                + " \"开始执行        ------------------------");
```

```java
    }
    //定义测试用例执行完毕后的打印方法，在日志中打印测试用例执行完毕的信息
    public static void endTestCase(String testCaseName) {
        Log.info("--------------------          \"" + testCaseName
                + " \"测试执行结束        --------------------");
    }
    //定义打印 info 级别日志的方法
    public static void info(String message) {
        Log.info(message);
    }
    //定义打印 error 级别日志的方法
    public static void error(String message) {
        Log.error(message);
    }
    //定义打印 debug 级别日志的方法
    public static void debug(String message) {
        Log.debug(message);
    }
}
```

在 cn.gloryroad.data_driver.testScripts 的 Package 中修改 TestMail126AddContactPerson 类的代码，修改后的代码如下。

```java
package cn.gloryroad.data_driver.testScripts;

import java.util.concurrent.TimeUnit;
import org.apache.log4j.xml.DOMConfigurator;
import org.openqa.selenium.WebDriver;
import org.openqa.selenium.firefox.FirefoxDriver;
import org.testng.Assert;
import org.testng.annotations.AfterMethod;
import org.testng.annotations.BeforeClass;
import org.testng.annotations.BeforeMethod;
import org.testng.annotations.Test;
import cn.gloryroad.data_driver.appModules.AddContactPerson_Action;
import cn.gloryroad.data_driver.util.*;

public class TestMail126AddContactPerson {
    public WebDriver driver;
    //调用了 Constant 类中的常量 Constant.Url
    private String baseUrl = Constant.Url;
    @Test
    public void testAddressBook() throws Exception {
        Log.startTestCase(ExcelUtil.getCellData(1, 0));
        driver.get(baseUrl);
        //从 Excel 文件的第二行第二列中获取邮箱登录用户名
        //注意：Excel 文件的行序号和列序号均从 0 开始
```

```java
            String mailUserName = ExcelUtil.getCellData(1, 1);
            //从 Excel 文件的第二行第三列中获取邮箱登录密码
            String mailPassWord = ExcelUtil.getCellData(1, 2);
            //从 Excel 文件的第二行第四列中获取新建联系人的名字
            String contactPersonName = ExcelUtil.getCellData(1, 3);
            //从 Excel 文件的第二行第五列中获取新建联系人的电子邮件
            String contactPersonEmail = ExcelUtil.getCellData(1, 4);
            //从 Excel 文件的第二行第六列中获取新建联系人的手机号
            String contactPersonMobile = ExcelUtil.getCellData(1, 5);

            Log.info("调用 AddContactPerson_Action 类的 execute 方法");
            //使用变量 mailUsername、mailPassword、contactPersonName、
            // contactPersonEmail 和 contactPersonMobile 作为添加联系人动作的参数
            AddContactPerson_Action.execute(driver, mailUserName,mailPassWord,
contactPersonName,contactPersonEmail,contactPersonMobile);

            Log.info("调用 AddContactPerson_Action 类的 execute 方法后,休眠 3 秒");
            Thread.sleep(3000);

            Log.info("断言通讯录的页面是否包含联系人姓名的关键字");
            //断言页面是否包含 contactPersonName 变量中的文字
            Assert.assertTrue(driver.getPageSource().contains(contactPersonName));

            Log.info("断言通讯录的页面是否包含联系人电子邮件地址的关键字");
            //断言页面是否包含 contactPersonEmail 变量中的文字
            Assert.assertTrue(driver.getPageSource().contains(contactPersonEmail));

            Log.info("断言通讯录的页面是否包含联系人手机号的关键字");
            //断言页面是否包含 contactPersonMobile 变量中的文字
            Assert.assertTrue(driver.getPageSource().contains(contactPersonMobile));

            Log.info("若新建联系人的全部断言成功,在 Excel 测试数据文件的"测试执行结果"
列中写入"执行成功"");
            //若 3 个断言都成功,则在 Excel 测试数据文件的"测试执行结果"列中写入
            // "执行成功"
            ExcelUtil.setCellData(1, 9, "执行成功");
            Log.info("测试结果成功写入 Excel 数据文件的"测试执行结果"列");

            Log.endTestCase(ExcelUtil.getCellData(1, 0));
        }

        @BeforeMethod
        public void beforeMethod() {
            //若 WebDriver 无法打开 Firefox 浏览器,才需增加此行代码设定 Firefox
            //浏览器的所在路径
            System.setProperty("webdriver.firefox.bin","C:\\Program
Files\\Firefox Developer Edition\\firefox.exe");
```

```java
        //加载 Firefox 浏览器的驱动程序
        System.setProperty("webdriver.gecko.driver","d:\\geckodriver.exe");
        //打开 Firefox 浏览器
        driver = new FirefoxDriver();
        driver.manage().timeouts().implicitlyWait(10, TimeUnit.SECONDS);

    }

    @AfterMethod
    public void afterMethod() {
        driver.quit();        //关闭打开的浏览器
    }
    @BeforeClass
    public void BeforeClass() throws Exception{
    //使用 Constant 类中的常量，设定测试数据文件的文件路径和测试数据所在的 Sheet 名称
        ExcelUtil.setExcelFile(Constant.TestDataExcelFilePath,Constant.TestDataExcelFileSheet);
        String log4jFilePath = Tools.getFilePath(TestMail126AddContactPerson.class, "log4j.xml");
        DOMConfigurator.configure(log4jFilePath);
    }
}
```

在 cn.gloryroad.data_driver.appModules 的 Package 中修改 Login_Action 类的代码，修改后的代码如下。

```java
package cn.gloryroad.data_driver.appModules;

import org.openqa.selenium.WebDriver;
import cn.gloryroad.data_driver.pageObjects.LoginPage;
import cn.gloryroad.data_driver.util.Log;

public class Login_Action {

    public static void execute(WebDriver driver,String userName,String passWord) throws Exception {
        Log.info("访问网址 http://mail.126.com ");
        driver.get("http://mail.126.com");

        LoginPage loginPage = new LoginPage(driver);
        loginPage.swithToFrame();


        Log.info("在 126 邮箱登录页面的用户名输入框中输入"+userName);
        loginPage.userName().sendKeys(userName);

        Log.info("在 126 邮箱登录页面的密码输入框中输入"+passWord);
        loginPage.password().sendKeys(passWord);
```

```java
            Log.info("单击登录页面的"登录"按钮");
            loginPage.loginButton().click();
            
            Log.info("单击"登录"按钮后,休眠 5 秒,等待从登录页跳转到登录后的用户主页");
            Thread.sleep(5000);
            loginPage.defaultToFrame();
    }

}
```

在 cn.gloryroad.data_driver.appModules 的 Package 中修改 AddContactPerson_Action 类的代码,修改后的代码如下。

```java
package cn.gloryroad.data_driver.appModules;

import org.openqa.selenium.WebDriver;
import org.testng.Assert;
import cn.gloryroad.data_driver.pageObjects.AddressBookPage;
import cn.gloryroad.data_driver.pageObjects.HomePage;
import cn.gloryroad.data_driver.util.Log;

public class AddContactPerson_Action {
    public static void execute(WebDriver driver,String userName,String password,
String contactName,String contactEmail,String contactMobile) throws Exception{
        Log.info("调用 Login_Action 类的 execute 方法");
        Login_Action.execute(driver, userName, password);
        
        Log.info("断言登录后的页面是否包含"未读邮件"关键字");
        Assert.assertTrue(driver.getPageSource().contains("未读邮件"));
        
        HomePage homePage =new HomePage(driver);
        
        Log.info("在登录后的用户主页中,单击"通讯录"链接");
        homePage.addressLink().click();
        AddressBookPage addressBookPage = new AddressBookPage(driver);
        
        Log.info("休眠3秒,等待打开通讯录页面");
        Thread.sleep(3000);
        
        Log.info("在通讯录的页面,单击"新建联系人"按钮");
        addressBookPage.createContactPersonButton().click();
        
        Log.info("休眠1秒,等待弹出新建联系人的弹框");
        Thread.sleep(1000);
        
        Log.info("在联系人姓名的输入框中,输入:"+contactName);
        addressBookPage.contactPersonName().sendKeys(contactName);
```

```
        Log.info("在联系人电子邮件的输入框中，输入："+contactEmail);
        addressBookPage.contactPersonEmail().sendKeys(contactEmail);

        Log.info("在联系人手机号的输入框中，输入："+contactMobile);
        addressBookPage.contactPersonMobile().sendKeys(contactMobile);

        Log.info("在联系人手机号的输入框中，单击"确定"按钮");
        addressBookPage.saveButton().click();

        Log.info("休眠 5 秒等待，等待保存联系人后返回到通讯录的主页面");
        Thread.sleep(5000);
    }
}
```

从以上的代码修改中可以看到，在测试代码行的前面均加了一行 Log.info 的函数调用，使用此方式可以将测试代码的执行逻辑打印到名为"Mail126TestLogfile.log"的文件中，此文件可以在工程的根目录下找到。在工程的根目录下配置或创建一个"testng.xml"文件，内容如下：

```
<?xml version="1.0" encoding="UTF-8"?>
<!DOCTYPE suite SYSTEM "http://testng.org/testng-1.0.dtd">
<suite name="Suite">
  <test thread-count="5" name="Test">
    <classes>
      <class name="cn.gloryroad.data_driver.testScripts.TestMail126AddContactPerson"/>
      <!-- <class name="cn.gloryroad.data_driver.testScripts.TestMail126Login"/>-->
    </classes>
  </test> <!-- Test -->
</suite> <!-- Suite -->
```

右键单击工程根目录，单击选择"Run As"→"Maven test"命令，执行测试类 TestMail126AddContactPerson 的代码后，可以看到"Mail126TestLogfile.log"文件包含如图 17-37 所示的日志内容。

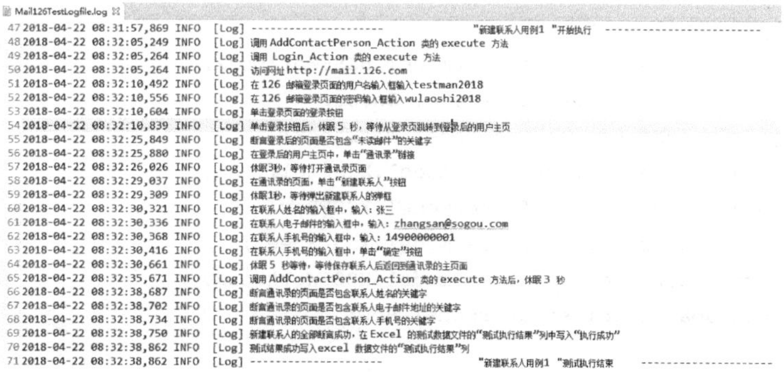

图 17-37

通过日志信息，可以查看测试执行过程中的执行逻辑，日志文件可以用于后续测试执行中的问题分析和过程监控。

（24）使用 TestNG 和 Excel 进行数据驱动测试，测试完成后将测试结果写入 Excel 数据文件的最后一列。

在 D 盘根目录下，编辑“126 邮箱的测试数据.xlsx”文件（注意扩展名必须是“.xlsx”），编辑的文件内容如图 17-38 所示。

A	B	C	D	E	F	G	H	I	J	K	L
行号	测试用例名称	邮箱登录用户名	邮箱登录用户密码	新建联系人姓名	新建联系人电子邮件地址	新建联系人的手机号	验证页面中包含关键字1	验证页面中包含关键字2	验证页面中包含关键字3	测试数据是否执行	测试执行结果
1	新建联系人用例1	testman2018	wulaoshi2	张三	zhangsan@sogou.com	14900000001	张三	zhangsan@sogou.com	14900000001	y	/
2	新建联系人用例2	testman1987	wulaoshi1	李四	lisi@sogou.com	14900000002	李四	lisi@sogou.com	14900000002	n	/
3	新建联系人用例3	testman2018	wulaoshi2	李四	lisi@sogou.com	14900000002	李四	lisi@sogou.com	14900000002	y	/

图 17-38

其中，第 1 列为序号，第 2 列是测试用例的名称，第 3～7 列是使用的测试数据，第 8～10 列是用于断言的测试结果关键字，第 11 列表示此数据行是否需要在 testing 里执行（y 表示执行，n 表示不执行），第 12 列显示测试执行的结果是否正确（在测试执行前，将此列均填写为“/”，表示测试用例未被执行，执行成功后则会显示“测试成功”或者“测试失败”）。

在 cn.gloryroad.data_driver.util 的 Package 中修改 ExcelUtil 类的代码，修改后的类代码如下。

```
package cn.gloryroad.data_driver.util;

import java.io.File;
import java.io.FileInputStream;
import java.io.FileOutputStream;
import java.io.IOException;
import java.text.DecimalFormat;
import java.util.ArrayList;
import java.util.List;
import org.apache.poi.hssf.usermodel.HSSFWorkbook;
import org.apache.poi.ss.usermodel.Sheet;
import org.apache.poi.ss.usermodel.Workbook;
import org.apache.poi.xssf.usermodel.XSSFCell;
import org.apache.poi.xssf.usermodel.XSSFRow;
import org.apache.poi.xssf.usermodel.XSSFSheet;
import org.apache.poi.xssf.usermodel.XSSFWorkbook;
import org.apache.poi.ss.usermodel.Row;

//本类主要实现扩展名为“.xlsx”的 Excel 文件操作
public class ExcelUtil {

    private static XSSFSheet ExcelWSheet;
```

```java
            private static XSSFWorkbook ExcelWBook;
            private static XSSFCell Cell;
            private static XSSFRow Row;

            // 设定要操作的 Excel 的文件路径和 Excel 文件中的 Sheet 名称
            // 在读/写 Excel 的时候，均需要先调用此方法，设定要操作的 Excel 文件路径和
            // 要操作的 Sheet 名称
            public static void setExcelFile(String Path, String SheetName)
throws Exception {
                FileInputStream ExcelFile;
                try {
                    // 实例化 Excel 文件的 FileInputStream 对象
                    ExcelFile = new FileInputStream(Path);
                    // 实例化 Excel 文件的 XSSFWorkbook 对象
                    ExcelWBook = new XSSFWorkbook(ExcelFile);
                    // 实例化 Sheet 对象，指定 Excel 文件中的 Sheet 名称，用于后续对
                    //Sheet 中行、列和单元格进行操作
                    ExcelWSheet = ExcelWBook.getSheet(SheetName);

                } catch (Exception e) {
                    throw (e);
                }

            }

            // 读取 Excel 文件指定单元格的函数，此函数只支持扩展名为 ".xlsx" 的 Excel 文件
            public static String getCellData(int RowNum, int ColNum) throws Exception
            {

                try {
                    // 通过函数参数指定单元格的行号和列号，获取指定的单元格对象
                    Cell = ExcelWSheet.getRow(RowNum).getCell(ColNum);
                    // 如果单元格的内容为字符串类型，则使用 getStringCellValue 方法获取
                    // 单元格的内容
                    // 如果单元格的内容为数字类型，则使用 getNumericCellValue 方法获取
                    // 单元格的内容
                    String CellData = (String) (Cell.getCellType() == XSSFCell.CELL_
TYPE_ STRING ? Cell .getStringCellValue() + "": Cell.getNumericCellValue());

                    return CellData;

                } catch (Exception e) {
                    return "";
                }

            }
```

```java
        // 在 Excel 文件的执行单元格中写入数据，此函数只支持扩展名为 ".xlsx" 的 Excel 文件
        public static void setCellData(int RowNum, int ColNum, String Result)
    throws Exception {

            try {
                // 获取 Excel 文件中的行对象
                Row = ExcelWSheet.getRow(RowNum);
                // 如果单元格为空，则返回 Null
                Cell = Row.getCell(ColNum, Row.RETURN_BLANK_AS_NULL);

                if (Cell == null) {
                    // 当单元格对象是 Null 的时候，创建单元格
                    // 如果单元格为空，无法直接调用单元格对象的 setCellValue 方法
                    //设定单元格的值
                    Cell = Row.createCell(ColNum);
                    // 创建单元格后，可以调用单元格对象的 setCellValue 方法设定单元格的值
                    Cell.setCellValue(Result);

                } else {
                    // 如果单元格中有内容，则可以直接调用单元格对象的 setCellValue
                    //方法设定单元格的值
                    Cell.setCellValue(Result);

                }
                // 实例化写入 Excel 文件的文件输出流对象
                FileOutputStream fileOut = new FileOutputStream(
        Constant.TestDataExcelFilePath);
                // 将内容写入 Excel 文件
                ExcelWBook.write(fileOut);
                // 调用 flush 方法强制刷新写入文件
                fileOut.flush();
                // 关闭文件输出流对象
                fileOut.close();

            } catch (Exception e) {
                throw (e);
            }
        }

        // 从 Excel 文件获取测试数据的静态方法
        public static Object[][] getTestData(String excelFilePath,
    String sheetName) throws IOException {

            // 根据参数传入的数据文件路径和文件名称，组合出 Excel 数据文件的绝对路径
            // 声明一个 File 文件对象
            File file = new File(excelFilePath);
```

```java
// 创建 FileInputStream 对象,用于读取 Excel 文件
FileInputStream inputStream = new FileInputStream(file);

// 声明 Workbook 对象
Workbook Workbook = null;

// 获取文件名参数的扩展名,判断是".xlsx"文件还是".xls"文件
String fileExtensionName = excelFilePath.substring(excelFilePath.indexOf("."));

// 文件类型如果是".xlsx",则使用 XSSFWorkbook 对象进行实例化
// 文件类型如果是".xls",则使用 SSFWorkbook 对象进行实例化
if (fileExtensionName.equals(".xlsx")) {

    Workbook = new XSSFWorkbook(inputStream);

} else if (fileExtensionName.equals(".xls")) {

    Workbook = new HSSFWorkbook(inputStream);

}

// 通过 sheetName 参数,生成 Sheet 对象
Sheet Sheet = Workbook.getSheet(sheetName);

// 获取 Excel 数据文件 Sheet1 中数据的行数,利用 getLastRowNum 方法获取
// 数据的最后行号
// 利用 getFirstRowNum 方法获取数据的第一行行号,相减之后算出数据的行数
// 注意:Excel 文件的行号和列号都是从 0 开始的
int rowCount = Sheet.getLastRowNum() - Sheet.getFirstRowNum();

// 创建名为"records"的 List 对象来存储从 Excel 数据文件中读取的数据
List<Object[]> records = new ArrayList<Object[]>();
// 使用两个 for 循环遍历 Excel 数据文件的所有数据(除了第一行,第一行是
// 数据列名称)
// 所以 i 从 1 开始
for (int i = 1; i<rowCount + 1; i++) {
    // 使用 getRow 方法获取行对象
    Row row = Sheet.getRow(i);
/* 声明一个数组,用来存储 Excel 数据文件每行中的测试用例和数据,数组的大小用
 * "getLastCellNum-2" 来进行动态声明,实现测试数据个数和数组大小的一致,因为
 * Excel 数据文件中的测试数据行的最后一个单元格为测试执行结果,倒数第二个单元格
 * 是否运行的状态位,所以最后两列的单元格数据并不需要传入测试方法,所以使用
 * 为此测试数据行"getLastCellNum-2"的方式去掉每行中的最后两个单元格数据,计
 * 算出需要存储的测试数据 个数,并作为测试数据数组的初始大小
 */
```

```java
            String fields[] = new String[row.getLastCellNum() - 2];
/* if 用于判断数据行是否参与测试的执行,Excel 文件的倒数第二列为数据行的状态位,
 * 标记为"y"表示此数据行要被测试脚本执行,标记为非"y"的数据行均被认为不会参与
 * 测试脚本的执行,会被跳过
 */

            if (row.getCell(row.getLastCellNum()-2).getStringCellValue().equals("y")) {
                DecimalFormat df = new DecimalFormat("0");
                for (int j = 0; j<row.getLastCellNum()-2; j++) {
//判断 Excel 的单元格字段是数字还是字符,字符串格式用 getStringCellValue 方法
//获取,数字格式用 getNumericCellValue 方法获取,并格式化输出,避免使用科学计
//数法输出
                    fields[j] = (String) (row.getCell(j).getCellType() == XSSFCell.CELL_TYPE_STRING ?
                        row.getCell(j).getStringCellValue() :""+df.format(row.getCell(j).getNumericCellValue()));

                }
                // 将 fields 的数据对象存储到 records 的 List 中
                records.add(fields);
            }

        }

        // 定义函数返回值,即"Object[][]"
        // 将存储测试数据的 List 转换为一个 Object 的二维数组
        Object[][] results = new Object[records.size()][];
        // 设置二维数组每行的值,每行是一个 Object 对象
        for (int i = 0; i<records.size(); i++) {
            results[i] = records.get(i);
        }

        return results;
    }
    public static int getLastColumnNum(){
        //返回数据文件最后一列的列号,如果有 12 列,则返回 11
        return ExcelWSheet.getRow(0).getLastCellNum()-1;
    }
}
```

ExcelUtil 类主要新增了 getTestData 和 getLastColumnNum 方法,前者用于为 TestNG 提供数据驱动的数据集数组,后者用于返回 Excel 文件中的数据行数和列数。

在 cn.gloryroad.data_driver.testScripts 的 Package 中修改 TestMail126AddContactPerson 类的代码,修改后的代码如下。

```java
package cn.gloryroad.data_driver.testScripts;
```

```java
import java.io.IOException;
import java.util.concurrent.TimeUnit;
import org.apache.log4j.xml.DOMConfigurator;
import org.openqa.selenium.WebDriver;
import org.openqa.selenium.firefox.FirefoxDriver;
import org.testng.Assert;
import org.testng.annotations.AfterMethod;
import org.testng.annotations.BeforeClass;
import org.testng.annotations.BeforeMethod;
import org.testng.annotations.DataProvider;
import org.testng.annotations.Test;
import cn.gloryroad.data_driver.appModules.AddContactPerson_Action;
import cn.gloryroad.data_driver.util.*;

public class TestMail126AddContactPerson {
    public WebDriver driver;
    // 调用了 Constant 类中的常量 Constant.Url
    private String baseUrl = Constant.Url;

    //定义 dataProvider，并命名为 testData
    @DataProvider(name = "testData")
    public static Object[][] data() throws IOException {

/* 调用 ExcelUtil 类中的 getTestData 静态方法，获取 Excel 数据文件中倒数第二列标记为"y"
 * 的测试数据行，函数参数为常量 Constant.TestDataExcelFilePath 和常量
 * Constant.TestDataExcelFileSheet，指定数据文件的路径和 Sheet 名称
 */
        return ExcelUtil.getTestData(Constant.TestDataExcelFilePath,
Constant. TestDataExcelFileSheet);
}
    //使用名为"testData"的 dataProvider 作为测试方法的测试数据集
    //测试方法一共使用了 10 个参数，对应 Excel 数据文件的第 1~10 列
    @Test(dataProvider = "testData")
    public void testAddressBook(String CaseRowNumber, String testCaseName,
    String mailUserName, String mailPassWord, String contactPersonName,
            String contactPersonEmail, String contactPersonMobile,
            String assertContactPersonName, String assertContactPersonEmail,
            String assertContactPersonMobile) throws Exception {
        //传入变量 testCaseName，在日志中打印测试用例被执行的信息
        Log.startTestCase(testCaseName);
        //访问被测试网站
        driver.get(baseUrl);

        Log.info("调用 AddContactPerson_Action 类的 execute 方法");
        // 使用变量 mailUsername、mailPassword、contactPersonName、
        // contactPersonEmail 和 contactPersonMobile 作为添加联系人动作的参数
        try{
```

```java
                AddContactPerson_Action.execute(driver, mailUserName,
mailPassWord, contactPersonName, contactPersonEmail, contactPersonMobile);
            }catch(AssertionError error){
                Log.info("添加联系人失败");
          /* 执行 AddContactPerson_Action 类的 execute 方法失败时,catch 语句可以捕获
           * AssertionError 类型的异常,并设置 Excel 中测试数据行的执行结果为"测试执行失败"。
           * 由于 Excel 中的序号格式默认设定为带有一位小数,所以使用 split("[.]")[0] 语句获
           * 取序号的整数部分,并传给 setCellData 函数,在对应序号的测试数据行的最后一列设
           * 定"测试执行失败"
           */
                ExcelUtil.setCellData(Integer.parseInt(CaseRowNumber.split("[.]
")[0]),ExcelUtil.getLastColumnNum(), "测试执行失败");
                //调用 Assert 类的 fail 方法将此测试用例设定为失败状态,后续测试代码将不被执行
                Assert.fail("执行 AddContactPerson_Action 类的 execute 方法失败");
            }

            Log.info("调用 AddContactPerson_Action 类的 execute 方法后,休眠 3 秒");
            Thread.sleep(3000);

            Log.info("断言通讯录的页面是否包含联系人姓名的关键字");
            try{
                // 断言页面是否包含 contactPersonName 变量中的文字
                Assert.assertTrue(driver.getPageSource().contains(
     assertContactPersonName));
            }catch(AssertionError error){
                Log.info("断言通讯录的页面是否包含联系人姓名的关键字失败");
                ExcelUtil.setCellData(Integer.parseInt(CaseRowNumber.split("[.]")[0]),
ExcelUtil.getLastColumnNum(), "测试执行失败");
                Assert.fail("断言通讯录的页面是否包含联系人姓名的关键字失败");
            }
             Log.info("断言通讯录的页面是否包含联系人电子邮件地址的关键字");
            try{
                // 断言页面是否包含 contactPersonEmail 变量中的文字
                Assert.assertTrue(driver.getPageSource().contains(
assertContactPersonEmail));
            }catch(AssertionError error){
                Log.info("断言通讯录的页面是否包含联系人姓名的电子邮件地址失败");
                ExcelUtil.setCellData(Integer.parseInt(CaseRowNumber.split("[.]")[0]),
ExcelUtil.getLastColumnNum(), "测试执行失败");
                Assert.fail("断言通讯录的页面是否包含联系人姓名的电子邮件地址失败");
            }

            Log.info("断言通讯录的页面是否包含联系人手机号的关键字");
            try{
                // 断言页面是否包含 contactPersonMobile 变量中的文字
                Assert.assertTrue(driver.getPageSource().contains(
assertContactPersonMobile));
```

```java
        }catch(AssertionError error ){
            Log.info("断言通讯录的页面是否包含联系人手机号的关键字失败");
            ExcelUtil.setCellData(Integer.parseInt(CaseRowNumber.split("[.]")[0]),
ExcelUtil.getLastColumnNum(), "测试执行失败");
            Assert.fail("断言通讯录的页面是否包含联系人手机号的关键字失败");
        }

        Log.info("如果新建联系人的全部断言成功, 在 Excel 测试数据文件的"测试执行结果"
            列中写入"执行成功"");
     /* 若 3 个断言都成功, 则在 Excel 测试数据文件的"测试执行结果"列中写入"执行成功", 通过
      * CaseRowNumber 参数获取测试结果要写入的行号。因为在 Excel 中填写整数数字时, 会自
      * 动添加一位小数, 所以使用 split 函数获取测试用例行号的整数部分。测试用例执行成功后,
      * 测试结果会写入 Excel 文件的"测试执行结果"列
      */
        ExcelUtil.setCellData(Integer.parseInt(CaseRowNumber.split("[.]")[0]),
ExcelUtil.getLastColumnNum(), "执行成功");
        Log.info("测试结果成功写入 Excel 数据文件的"测试执行结果"列");
        //打印测试用例执行完毕的信息
        Log.endTestCase(testCaseName);
    }

    @BeforeMethod
    public void beforeMethod() {
        //若 WebDriver 无法打开 Firefox 浏览器, 才需增加此行代码设定 Firefox
        //浏览器的所在路径
        System.setProperty("webdriver.firefox.bin","C:\\Program
Files\\Firefox Developer Edition\\firefox.exe");
        //加载 Firefox 浏览器的驱动程序
        System.setProperty("webdriver.gecko.driver","d:\\geckodriver.exe");
        //打开 Firefox 浏览器
        driver = new FirefoxDriver();
        driver.manage().window().maximize();
        driver.manage().timeouts().implicitlyWait(10, TimeUnit.SECONDS);

    }

    @AfterMethod
    public void afterMethod() {
        driver.quit(); // 关闭打开的浏览器
    }

    @BeforeClass
    public void BeforeClass() throws Exception {
        // 设定测试程序使用的数据文件和 Sheet 名称
        ExcelUtil.setExcelFile(Constant.TestDataExcelFilePath,
Constant. TestDataExcelFileSheet);
        String log4jFilePath Tools.getFilePath(TestMail126AddContactPerson.
```

```
class,"log4j.xml");
        DOMConfigurator.configure(log4jFilePath);
        }
    }
```

至此，基于 Maven 构建的数据驱动测试框架完成。

17.3 基于 Maven 的数据驱动框架测试实践

在 Eclipse 工程中，所有 Package 和类的结构如图 17-39 所示，右键单击工程根目录，选择"Run As"→"Maven test"命令，可通过 Maven 一键执行"testng.xml"文件，从而运行测试用例。

图 17-39

测试执行结果：

TestMail126AddContactPerson 测试类使用 TestNG 的数据驱动注解进行数据驱动测试，并用 reportng 插件美化测试报告文件，执行此测试类完成后，打开工程中的"index.html"文件，可以看到如图 17-40 所示的执行结果。

图 17-40

单击报告中具体的测试用例名称,如单击"Test",可以查看用例执行详情,如图 17-41 所示。

图 17-41

打开 Excel 数据文件,我们可以看到序号为 1 和 3 的测试数据行的最后一列均显示"执行成功";序号为 2 的测试数据行的最后一列依旧显示"/",表示此数据行并未被测试方法调用。Excel 文件的具体内容如图 17-42 所示。

行号	测试用例名称	邮箱登录用户名	邮箱登录用户密码	新建联系人姓名	新建联系人电子邮件地址	新建联系人的手机号	验证页面中包含关键字1	验证页面中包含关键字2	验证页面中包含关键字3	测试数据是否执行	测试执行结果
1	新建联系人用例1	testman2018	wulaoshi1	张三	zhangsan@sogou.com	14900000001	张三	zhangsan@sogou.com	14900000001	y	执行成功
2	新建联系人用例2	testman1987	wulaoshi1	李四	lisi@sogou.com	14900000002	李四	lisi@sogou.com	14900000002	n	/
3	新建联系人用例3	testman2018	wulaoshi1	李四	lisi@sogou.com	14900000002	李四	lisi@sogou.com	14900000002	y	执行成功

图 17-42

基于 Maven 构建的数据驱动框架的优点主要包括以下几个方面(数据驱动框架的优点在第 16.2 节中已经进行了阐述和说明,这里只针对基于 Maven 构建自动化框架的优点进行分析)。

(1)提供中央仓库,支持按照规范的方式下载所需 JAR,且自动导入所需 JAR 包和依赖 JAR 包,十分方便。

(2)JAR 包只保存在 Maven 仓库中,只需引用文件接口就可以使用仓库中指定的 JAR 包,无须拷贝到工程中,减少了空间占用。

(3)一键构建。项目构建过程标准化,每个阶段使用一个命令完成,可以进行项目的高度自动化构建。

本例使用 Maven 构建数据驱动框架，执行"testng"文件，Maven 的功能还有很多，如果读者擅长持续集成技术，可以借鉴此框架的思想，实现利用 Jenkins 自动构建 Maven 项目。借助持续集成引擎，实现自动化打包和部署被测试应用，定时执行自动化测试用例，进行测试结果的搜集、生成美观清晰的测试报告、自动发送测试结果邮件，实现更加智能的自动化测试流程。

第四篇

常见问题和解决方法

第18章
自动化测试中的常见问题和解决方法

本章主要总结了在自动化测试实施过程中的常见问题、异常情况及解决方法，请读者在遇到脚本执行异常时查阅本章内容以获取解决方法或思路。

18.1 如何让 WebDriver 支持 IE 11

实现步骤如下：

（1）访问网址"http://www.microsoft.com/en-us/download/details.aspx?id=44069"，下载 Windows 的更新包，并在本机安装。

（2）对于 32 位的 Windows 操作系统，需要检查注册表中的信息是否是如下信息：
```
HKEY_LOCAL_MACHINE\SOFTWARE\Microsoft\Internet Explorer\Main\FeatureControl
 \FEATURE_BFCACHE
```
对于 64 位的 Windows 操作系统，需要检查注册表中的信息是否是如下信息：
```
HKEY_LOCAL_MACHINE\SOFTWARE\Wow6432Node\Microsoft\Internet Explorer\Main\
 FeatureControl\FEATURE_BFCACHE
```
"FEATURE_BFCACHE"可能存在也可能不存在，如果不存在则需要创建，选择 DWORD 类型，值设定为 0。

（3）在 IE 浏览器的"工具"菜单下选择"Internet 选项"命令，在弹出的对话框中选择"安全"选项卡，并勾选"Internet"、"本地 Intranet"、"受信任的站点"和"受限制的站点"中的"启用保护模式（要求重新启动 Internet）"复选框，如图 18-1 所示。

选择"高级"选项卡，取消勾选"启用增强保护模式*"复选框，如图 18-2 所示。

（4）执行上述操作后，如果脚本在 Firefox 浏览器中可以正常执行，但在 IE 11 中执行时，还是报页面元素无法找到的错误，则将 Windows 中 2014 年 11 月以后的所有 Windows

系统补丁包删除（刚才安装的补丁包除外），应该可以解决上述问题。

图 18-1

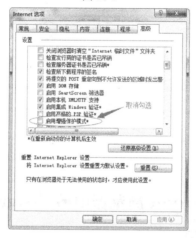

图 18-2

注意：有些版本的 Windows 操作系统默认使用 IE11，且无须进行上述配置和安装补丁包。建议读者先尝试使用 IE11 执行简单的自动化测试脚本，验证 WebDriver 是否支持 IE 11。

18.2 "Unexpected error launching Internet Explorer. Browser zoom level was set to 75%（或其他百分比）"的错误如何解决

出现此问题的原因是浏览器设定了显示区域的缩放百分比，只需要将缩放比例重新设定为 100% 即可解决此类错误。具体的设定方法如图 18-3 所示。

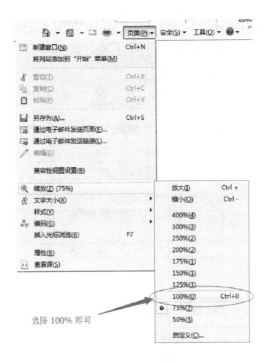

图 18-3

18.3 如何消除Chrome浏览器中的"--ignore-certificate-errors"提示

在使用 Chrome 浏览器进行测试的时候，经常看到"--ignore-certificate-errors"提示浮动框，如图 18-4 所示。

图 18-4

去掉此提示浮动框的代码如下：
```
System.setProperty("webdriver.chrome.driver", "C:\\chromedriver.exe");
DesiredCapabilities capabilities = DesiredCapabilities.chrome();
capabilities.setCapability("chrome.switches", Arrays.asList("--incognito"));
ChromeOptions options = new ChromeOptions();
```

```
options.addArguments("--test-type");
capabilities.setCapability("chrome.binary",
            "src/ucBrowserDrivers/chromedriver.exe");
capabilities.setCapability(ChromeOptions.CAPABILITY, options);
driver = new ChromeDriver(capabilities);
```

使用上述代码声明一个 ChromeDriver 对象,就可以去掉如图 18-4 所示的提示浮动框。

18.4 为什么在某些 IE 浏览器中输入数字和英文特别慢

在某些 IE 浏览器中,使用 WebDriver 在输入框中输入数字和英文会特别慢,大概 2 秒才能输入一个英文或者数字,大大降低了自动化测试的执行速度。此问题一般出在 64 位的 Windows 操作系统中。

解决方法:将"IEDriverServer.exe"的版本从 64 位变为 32 位即可。32 位版本的"IEDriverServer.exe"文件下载地址为"http://www.seleniumhq.org/download/",下载链接如图 18-5 所示。

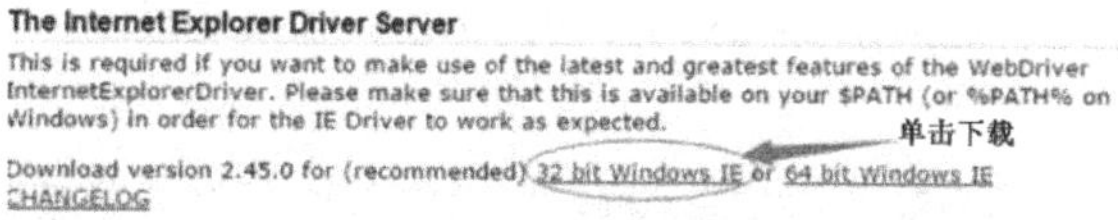

图 18-5

18.5 常见异常和解决方法

1. NoSuchElementException

解决方法:
(1) 检查页面元素的定位表达式是否正确。
(2) 如果等待很长时间依旧没有找到页面元素,建议尝试使用其他定位方式。

2. NoSuchWindowException

解决方法:
(1) 检查浏览器窗体的定位方式是否正确。

（2）在查找浏览器窗体前，等待一段时间让页面加载完成。

3．NoAlertPresentException

解决方法：

（1）确认 JavaScript 的 Alert 框是否显示在界面中。

（2）在处理 Alert 前，先等待几秒。

4．NoSuchFrameException

解决方法：

（1）检查 frame 的定位表达式是否正确。

（2）检查 frame 是否有父 frame。如果有，则需要先转换到父 frame 中，再进行对此 frame 的操作。

（3）在转换到此 frame 前，确保 WebDriver 已经转换到 default content。

（4）在转换到 frame 前，先等待几秒。

5．UnhandledAlertException

解决方法：

（1）检查界面中是否还显示 JavaScript 的提示框。如果还显示，需要单击"确定"或者"取消"按钮。

（2）如果没有显示 JavaScript 的提示框，则可能是由于打开了某些开发工具，关闭浏览器中打开的开发工具插件即可。

6．UnexpectedTagNameException

解决方法：

（1）检查目标元素的标签名称是否编写正确。

（2）等待几秒后，再进行相关操作。

7．StaleElementReferenceException

解决方法：

重新查找页面元素（因为页面已经刷新，导致页面元素不存在）。

8．TimeoutException

解决方法：

（1）检查等待条件的定位表达式是否正确。

（2）增加等待时间。